工科数学信息化教学丛书

丛书主编　李德宜 等

高等数学(下)
(第二版)

陈贵词　余胜春　主编

科 学 出 版 社

北　京

内 容 简 介

《高等数学(上、下)》(第二版)是根据编者多年的教学实践经验和教学改革成果，按照新形势下教育教学以及教材改革的精神，结合最新《工科类本科数学基础课程教学基本要求》编写而成的.

本书为下册，内容包含常微分方程、空间解析几何与向量代数、多元函数微分学及其应用、重积分、曲线积分与曲面积分、无穷级数等内容. 书中每节配有习题，每章末配有综合性习题及数学家简介，书末附有习题答案与提示. 本书对概念、方法的描述力求循序渐进、简明易懂；内容重点突出、难点分散；精选例题和习题，具有代表性和启发性.

本书适合普通高等院校理工类各专业的学生作为教材使用，也可作为其他各类高校师生和相关科技工作者的参考书.

图书在版编目(CIP)数据

高等数学. 下 / 陈贵词，余胜春主编. —2 版. —北京：科学出版社，2021.6
(工科数学信息化教学丛书 / 李德宜等主编)
ISBN 978-7-03-069046-3

Ⅰ. ①高… Ⅱ. ①陈… ②余… Ⅲ. ①高等数学-高等学校-教材 Ⅳ.①O13

中国版本图书馆 CIP 数据核字(2021)第 108286 号

责任编辑：邵　娜 / 责任校对：高　嵘
责任印制：彭　超 / 封面设计：无极书装

科 学 出 版 社 出版
北京东黄城根北街 16 号
邮政编码：100717
http://www.sciencep.com
武汉市首壹印务有限公司印刷
科学出版社发行　各地新华书店经销
*
2021 年 6 月第　二　版　开本：787×1092　1/16
2021 年 6 月第一次印刷　印张：18 1/4
字数：467 000

定价：59.00 元

(如有印装质量问题，我社负责调换)

#《高等数学(下)》(第二版)
编委会

主　编: 陈贵词　余胜春

副主编: 余　东　赵喜林　刘云冰　张　青

编　委: (按姓氏笔画为序)

冯育强　曲峰林　刘云冰　肖　俊

余　东　余胜春　张　青　陈贵词

赵喜林　祝彦成　徐树立　蒋　君

前　言

《高等数学(上、下)》(第二版)是在第一版的基础上，根据编者多年的教育教学实践经验，结合教学改革成果，按照新形势下教育教学以及教材改革的精神，进行了部分修订与增补. 在本次修订中，保留了第一版教材的系统与风格，及其体系严谨、逻辑清晰、通俗易懂、便于师生的教与学等优点，同时注意适应当前教育改革的实际和当前教材改革的一些举措，适当增加了微积分在经济应用领域的相关应用知识和数学家简介，在保证高等数学课程教学基本要求的前提下，第二版教材更能适合当前新高考改革的教学需要，成为既符合时代要求又继承传统优点的教材.

本书分为上、下两册. 上册内容包括函数与极限、导数与微分、微分中值定理与导数的应用、不定积分、定积分、定积分的应用 6 章. 下册内容包括常微分方程、空间解析几何与向量代数、多元函数微分学及其应用、重积分、曲线积分与曲面积分、无穷级数 6 章. 大部分章节末配有习题和总习题以及数学家简介，书末还附有各章节习题和总习题答案与提示，三角函数公式、二阶和三阶行列式、常用曲线和积分表详见上册. 书中带“*”号的章节可视学生的能力及专业要求由教师决定是否讲授.

本书由陈贵词、余胜春任主编，由余东、赵喜林、刘云冰、张青任副主编. 本书主要由赵喜林完成一元函数微分学部分、余胜春完成一元函数积分学部分、陈贵词完成常微分方程部分、张青完成空间解析几何与向量代数和多元函数微分学及其应用部分、余东完成重积分部分、刘云冰完成曲线积分与曲面积分和无穷级数部分的编写整理工作. 参加此次编写和整理的还有徐树立、曲峰林、肖俊、冯育强、蒋君、祝彦成等. 本书由余胜春、陈贵词提出编写思路，并完成后期的统稿、定稿工作.

在本次改版中，数学与统计系的广大教师提出了许多宝贵的意见和建议，在此表示诚挚的谢意. 对新版中存在的疏漏，欢迎广大专家、同行和读者批评指正，以便后期修订时完善.

编　者

2020 年 12 月

前言

目　　录

第 7 章　常微分方程

研究变量间的函数关系，是在各学科领域经常遇到的问题. 为了探求这些函数关系，需要建立方程，而其中有些方程常常归纳为联系着自变量、未知函数及未知函数导数(或微分)的方程，即微分方程. 其在物理、化学、生物学、工程技术和一些社会科学中都有广泛应用.

微分方程是一门独立的数学学科，有完整的理论体系，本章只介绍常微分方程的一些基本概念和几种常用的微分方程解法.

7.1　微分方程的基本概念

为了更好地理解微分方程的基本概念，先看下面几个例子.

例 7.1.1　一曲线过点 $A(0, 1)$，且在该曲线上任一点 $M(x, y)$处的导数都等于 $3x^2$，求该曲线方程.

解　设所求曲线为 $y = f(x)$，由题意可知

$$y' = 3x^2, \tag{7.1.1}$$

且曲线满足下列条件:

$$f(0) = 1.$$

对式(7.1.1)两边同时积分，得

$$y = x^3 + C. \tag{7.1.2}$$

将 $f(0) = 1$ 代入式(7.1.2)，有 $C = 1$，故所求曲线方程为 $y = x^3 + 1$.

例 7.1.2　(自由落体运动)设质量为 m 的物体，只受重力的作用，在距地面 s_0 处，以初速度 v_0 下落，求下落距离 $s(t)$(坐标向上为正)随时间 t 的变化规律.

解　由牛顿第二定律，该问题归结为求满足下列方程

$$ms''(t) = -mg, \quad 即 \quad s''(t) = -g, \tag{7.1.3}$$

以及条件 $s|_{t=0} = s_0, s'|_{t=0} = v_0$ 的函数 $s(t)$(g 为重力加速度).

对式(7.1.3)两端积分得

$$s'(t) = -gt + C_1, \tag{7.1.4}$$

再对式(7.1.4)两端积分得

$$s(t) = -\frac{1}{2}gt^2 + C_1 t + C_2, \tag{7.1.5}$$

式中: C_1、C_2 为任意常数.

将条件 $s'|_{t=0} = v_0$ 代入式(7.1.4)得 $C_1 = v_0$，将条件 $s|_{t=0} = s_0$ 代入式(7.1.5)得 $C_2 = s_0$. 故

$$s(t) = -\frac{1}{2}gt^2 + v_0t + s_0. \tag{7.1.6}$$

以上两个例题中的式(7.1.1)、式(7.1.3)都含有未知函数的导数，它们都是微分方程.

定义 7.1.1 (微分方程)表示未知函数、未知函数的导数与自变量之间的关系的方程，称为**微分方程**. 未知函数是一元函数的微分方程，称为**常微分方程**. 未知函数是多元函数的微分方程，称为**偏微分方程**. 本书只研究常微分方程.

微分方程中所含未知函数导数的最高阶数称为微分方程的**阶**. 例如，方程 $y' = 3x^2$ 是一阶微分方程；方程 $s''(t) = -g$ 是二阶微分方程. 又如

$$y^{(n)} + 1 = 0$$

是 n 阶微分方程.

一般 n 阶微分方程的形式是

$$F(x, y, y', \cdots, y^{(n)}) = 0. \tag{7.1.7}$$

这里 $F(x, y, y', \cdots, y^{(n)})$表示含 $x, y, y', \cdots, y^{(n)}$的一个数学表达式，而且一定含有 $y^{(n)}$，其他量 $x, y, y', \cdots, y^{(n-1)}$可以不出现.

若能从式(7.1.7)中解出最高阶导数，则可得微分方程

$$y^{(n)} = f(x, y, y', \cdots, y^{(n-1)}). \tag{7.1.8}$$

在研究某些实际问题时，先要建立微分方程，然后求出未知函数，即求微分方程的解.

定义 7.1.2 设函数 $f = f(x)$在区间 I 上有 n 阶连续导数，若在区间 I 上，有

$$F[x, f(x), f'(x), \cdots, f^{(n)}(x)] \equiv 0,$$

则函数 $f = f(x)$称为微分方程 $F(x, y, y', \cdots, y^{(n)}) = 0$ 在区间 I 上的**解**. 例如，式(7.1.5)和式(7.1.6)是微分方程式(7.1.3)的解, $y = x^3 + C$ 和 $y = x^3 + 1$ 都是满足式(7.1.1)的解.

定义 7.1.3 如果微分方程的解中含有任意常数，且独立的任意常数的个数与微分方程的阶数相同，这样的解称为微分方程的**通解**. 例如，式(7.1.2)、式(7.1.5)分别是微分方程式(7.1.1)和式(7.1.3)的通解. 微分方程的通解所确定的曲线，称为方程的**积分曲线簇**.

往往要求方程的解满足某些特定条件，如例 7.1.1 和例 7.1.2 中的条件. 通过这些条件，可以确定通解中的任意常数.

定义 7.1.4 对于 n 阶微分方程式(7.1.8)，给出条件，当 $x = x_0$ 时，

$$y = y_0, y' = y_1, \cdots, y^{(n-1)} = y_{n-1}, \tag{7.1.9}$$

式中: $y_0, y_1, \cdots, y_{n-1}$ 是给定的 n 个常数. 称式(7.1.9)为 n 阶微分方程式(7.1.8)的**初始条件**，将求微分方程式(7.1.8)满足初始条件式(7.1.9)的求解问题称为**初值问题**.

定义 7.1.5 微分方程式(7.1.8)的解中不含任何的任意常数，则称该解为微分方程(7.18)的**特解**. 也就是利用初始条件，确定通解中的任意常数后，就得到了微分方程的特解. 例如，函数 $y = x^3 + 1$ 是式(7.1.1)满足初始条件的特解；式(7.1.6)是式(7.1.3)满足初始条件的特解.

例 7.1.3 验证函数 $y = C_1e^{-x} + C_2e^{4x}$ 是微分方程

$$y'' - 3y' - 4y = 0 \tag{7.1.10}$$

的解.

证 求函数的一阶导数和二阶导数:

$$y' = -C_1e^{-x} + 4C_2e^{4x},$$
$$y'' = C_1e^{-x} + 16C_2e^{4x}.$$

将 y、y'、y''代入式(7.1.10)，有

$$y''-3y'-4y=C_1\mathrm{e}^{-x}+16C_2\mathrm{e}^{4x}-3(-C_1\mathrm{e}^{-x}+4C_2\mathrm{e}^{4x})-4(C_1\mathrm{e}^{-x}+C_2\mathrm{e}^{4x})=0$$

满足该方程. 故函数 $y=C_1\mathrm{e}^{-x}+C_2\mathrm{e}^{4x}$ 是式(7.1.10)的解.

例 7.1.4 已知 $y=C_1\mathrm{e}^{-x}+C_2\mathrm{e}^{4x}$ 是式(7.1.10)的通解，求满足 $y|_{x=0}=0, y'|_{x=0}=-5$ 的特解.

解 将 $y|_{x=0}=0$ 代入 $y=C_1\mathrm{e}^{-x}+C_2\mathrm{e}^{4x}$，得

$$C_1+C_2=0, \tag{7.1.11}$$

将 $y'|_{x=0}=-5$ 代入 $y'=-C_1\mathrm{e}^{-x}+4C_2\mathrm{e}^{4x}$，得

$$-C_1+4C_2=-5. \tag{7.1.12}$$

联立式(7.1.11)、式(7.1.12)，解得 $C_1=1, C_2=-1$. 故所求方程的特解为 $y=\mathrm{e}^{-x}-\mathrm{e}^{4x}$.

例 7.1.5 求 $y=C_1x+C_2\mathrm{e}^{2x}$($C_1$、$C_2$ 为任意常数)所满足的阶数最低的微分方程.

解 将原方程两边分别求一阶导数和二阶导数，得

$$y'=C_1+2C_2\mathrm{e}^{2x},\quad y''=4C_2\mathrm{e}^{2x},$$

由 $\begin{cases} y=C_1x+C_2\mathrm{e}^{2x}, \\ y'=C_1+2C_2\mathrm{e}^{2x}, \\ y''=4C_2\mathrm{e}^{2x}, \end{cases}$ 消去 C_1、C_2，得所求微分方程为

$$(1-2x)y''+4xy'-4y=0.$$

注意 若将 $y''=4C_2\mathrm{e}^{2x}$ 两边求导得 $y'''=8C_2\mathrm{e}^{2x}$，由此消去 C_2 得微分方程 $y'''=2y''$，这也是原曲线族所满足的微分方程. 但$(1-2x)y''+4xy'-4y=0$ 是满足条件的阶数最低的微分方程.

习 题 7.1

1. 验证下列各函数是否为所给微分方程的解.

(1) $y=3\sin x-4\cos x, y''+y=0$;

(2) $y=5x^2, xy'=2y$.

2. 在下列各题中确定函数式中所含参数，使函数满足所给的初始条件.

(1) $x^2-y^2=C, y|_{x=0}=5$;

(2) $y=(C_1+C_2x)\mathrm{e}^{2x}, y|_{x=0}=0, y'|_{x=0}=1$.

3. 求以 $y=C_1\mathrm{e}^{2x}+C_2\mathrm{e}^{3x}$ 为通解的微分方程.

4. 曲线上点 $P(x, y)$处的法线与 x 轴的交点为 Q，且线段 PQ 被 y 轴平分，写出该曲线满足的微分方程.

5. 用微分方程表示一物理命题：某种气体的气压 P 对于温度 T 的变化率与气压成正比，与温度的平方成反比.

7.2 一阶微分方程及其解法

一阶微分方程的一般形式为 $F(x, y, y')=0$. 在一定条件下，$F(x, y, y')=0$ 可写成 $y'=f(x, y)$ 或 $M(x, y)\mathrm{d}x+N(x, y)\mathrm{d}y=0$.

本节讨论几种特殊类型的一阶微分方程的求解方法.

7.2.1 可分离变量的微分方程

如果一阶微分方程能化为形如

$$y' = f(x)g(y) \tag{7.2.1}$$

的方程, 那么原方程就称为**可分离变量的微分方程**. 这里 $f(x)$、$g(y)$分别是 x、y 的函数.

当 $g(y)\neq 0$ 时, 微分方程式(7.2.1)可通过分离变量代换为

$$\frac{\mathrm{d}y}{g(y)}=f(x)\mathrm{d}x,$$

两端积分

$$\int\frac{\mathrm{d}y}{g(y)}=\int f(x)\mathrm{d}x.$$

得 $G(y) = F(x) + C$, 其中 C 为任意常数, 并称其为微分方程式(7.2.1)的**隐式通解**. 有时可以求出**显式通解** $y = \varphi(x, C)$.

此外, 若 $g(y) = 0$ 有根 $y = y_1$(常数), 显然 $y = y_1$ 是式(7.2.1)的解, 此解若不包含在通解中, 则称 $y = y_1$ 是式(7.2.1)的**奇解**.

可分离变量的微分方程有时也可写成如下对称形式:

$$M_1(x)M_2(y)\mathrm{d}x+N_1(x)N_2(y)\mathrm{d}y=0. \tag{7.2.2}$$

例 7.2.1 求微分方程 $2y' = (1-y^2)\tan x$ 的通解.

解 此方程为可分离变量方程. 当 $1-y^2\neq 0$ 时分离变量得

$$\frac{2}{1-y^2}\mathrm{d}y=\tan x\mathrm{d}x,$$

两边积分得

$$\ln\left|\frac{1+y}{1-y}\right|=-\ln|\cos x|+\ln|C| \quad (C\text{ 为非零常数}),$$

即

$$\frac{1+y}{1-y}=\frac{C}{\cos x}.$$

另由 $1-y^2 = 0$ 得原方程还有特解 $y = 1, y = -1$, 故所求通解为

$$y=\frac{C-\cos x}{C+\cos x} \quad (C\text{ 为任意常数}).$$

例 7.2.2 求解微分方程的初值问题 $\begin{cases} x^2y\mathrm{d}x=(1-y^2+x^2-x^2y^2)\mathrm{d}y, \\ y(1)=1. \end{cases}$

解 此方程可化为 $x^2y\mathrm{d}x = (1-y^2)(1 + x^2)\mathrm{d}y$, 分离变量得

$$\frac{x^2}{1+x^2}\mathrm{d}x=\frac{1-y^2}{y}\mathrm{d}y,$$

两端积分得

$$x-\arctan x=\ln|y|-\frac{1}{2}y^2+C,$$

代入初始条件，得 $C=\frac{3}{2}-\frac{\pi}{4}$，故所求特解为

$$x-\arctan x=\ln|y|-\frac{1}{2}y^2+\frac{3}{2}-\frac{\pi}{4}.$$

例 7.2.3 放射性元素镭，因不断放射出各种射线而逐渐减少其质量，这种现象称为衰变. 设在任意时刻 t，镭的质量为 $M(t)$. 由物理学知，镭的衰变速度与 $M(t)$成正比. 已知 $t=0$ 时镭的质量为 M_0，求在衰变过程中 $M(t)$随时间 t 的变化规律.

解 镭的衰变速度为 $\frac{\mathrm{d}M}{\mathrm{d}t}$，根据题意可建立微分方程

$$\frac{\mathrm{d}M}{\mathrm{d}t}=-kM, \tag{7.2.3}$$

式中: $k\ (k>0)$为常数，叫做衰变系数，k 前面置负号是由于 $M(t)$是 t 的单调减少函数.

依题意，初始条件为 $M|_{t=0}=M_0$，式(7.2.3)是可分离变量方程，分离变量得

$$\frac{\mathrm{d}M}{M}=-k\mathrm{d}t,$$

两端积分得

$$\int\frac{\mathrm{d}M}{M}=-\int k\mathrm{d}t,$$

$$\ln M=-kt+\ln C,$$

即

$$M=C\mathrm{e}^{-kt}.$$

这就是式(7.2.3)的通解，以初始条件代入上式，得 $C=M_0$. 所以衰变过程中 $M(t)$随时间 t 的变化规律为 $M=M_0\mathrm{e}^{-kt}$. 由此可以看出当 $t\to+\infty$时, $M\to 0$.

例 7.2.4 假设在温度 20 ℃的房间里，一杯 90 ℃的饮料 10 min 之后冷却到 60 ℃. 应用牛顿冷却定律(物体降温或升温的速度与其所在介质的温差成正比)，计算再经过多久后这杯饮料会冷却到 35 ℃？

解 设时刻 t 的温度用 $x(t)$表示，根据题意可得

$$\frac{\mathrm{d}x}{\mathrm{d}t}=k(x-20),$$

分离变量得

$$\frac{\mathrm{d}x}{x-20}=k\mathrm{d}t,$$

两边积分并整理得

$$x(t)=20+C\mathrm{e}^{kt}. \tag{7.2.4}$$

依题意，初始条件为

$$x(0)=90,\quad x(10)=60.$$

将上述条件代入式(7.2.4)得 $C=70$，$k=\frac{1}{10}\ln\frac{4}{7}\approx-0.056$. 将以上常数的值及 $x(t)=35$ 代入式(7.2.4)得 $t=27.5$ min. 所以经过 27.5 min 后这杯饮料冷却到 35 ℃.

在这里介绍一种在许多领域都有着广泛应用的数学模型——**逻辑谛蒂方程**.

为方便理解，这里通过一棵小树的生长过程来说明该模型的建立过程．一棵小树刚栽下去的时候长得比较慢，渐渐地越长越快，但生长到一定高度时，它的生长速度趋于稳定，然后再慢慢降下来．这一现象具有普遍性，现在来建立这种现象的数学模型．

假设树的生长速度与当前的树高成正比，显然不符合两端的生长情况，特别是后期树的生长，但假设树的生长速度与最大高度和当前树高的差成正比，则又不符合中间一段树的生长过程．折中一下，假设树的生长速度与当前高度成正比，同时与最大高度和当前高度的差成正比．

设树生长的最大高度为 H，在 t 时刻的高度为 $h(t)$，则有

$$\frac{\mathrm{d}h(t)}{\mathrm{d}t}=kh(t)[H-h(t)],$$

其中 $k>0$ 是比例常数，这个方程称为**逻辑斯谛(Logistic)方程**．显然它是可分离变量的方程．

首先，分离变量可得

$$\frac{\mathrm{d}h(t)}{h(t)[H-h(t)]}=k\mathrm{d}t,$$

两边积分 $\int\frac{\mathrm{d}h(t)}{h(t)[H-h(t)]}=\int k\mathrm{d}t$ 得

$$\frac{1}{H}[\ln h(t)-\ln(H-h(t))]=kt+C_1,$$

故所求的通解为

$$h(t)=\frac{H}{1+C\mathrm{e}^{-kHt}},$$

其中 C 是正常数．

函数 $h(t)$ 的图形称为 **Logistic 曲线**，如图 7.2.1 所示，由于它的形状，一般也称为 **S 曲线**．可以看到，它基本符合上述描述的树的生长情况，而且还可以计算得到

$$\lim_{t\to\infty}h(t)=H.$$

这说明树的增长有一个限制，因此也称为**限制性增长模式**．

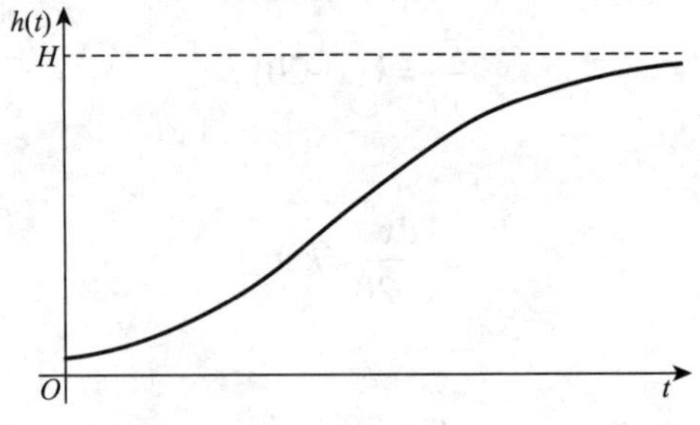

图 7.2.1

注意 Logistic 的中文意思有逻辑的含义，而逻辑在字典中的解释是“客观事物发展的规律性”，因此许多现象本质上都符合这种 S 规律．例如，信息的传播、新技术的推广、传染病的扩散以及某些商品的销售等．

7.2.2 齐次方程

形如

$$\frac{dy}{dx}=\varphi\left(\frac{y}{x}\right) \tag{7.2.5}$$

的方程称为**齐次方程**.

在齐次方程$\frac{dy}{dx}=\varphi\left(\frac{y}{x}\right)$中，令$u=\frac{y}{x}$，有$y=ux, \frac{dy}{dx}=u+x\frac{du}{dx}$. 则方程(7.2.5)可化为

$$u+x\frac{du}{dx}=\varphi(u),$$

分离变量得

$$\frac{du}{\varphi(u)-u}=\frac{dx}{x},$$

两端积分得

$$\int\frac{du}{\varphi(u)-u}=\int\frac{dx}{x}.$$

求出积分后，再用$\frac{y}{x}$代替u，便得齐次方程的通解.

例 7.2.5 求初值问题$y'=\frac{x}{y}+\frac{y}{x}, y(-1)=2$的解.

解 令$u=\frac{y}{x}$，有$y=ux, \frac{dy}{dx}=u+x\frac{du}{dx}$. 方程化为

$$u+x\frac{du}{dx}=\frac{1}{u}+u,$$

即

$$x\frac{du}{dx}=\frac{1}{u},$$

分离变量得

$$u\,du=\frac{dx}{x},$$

两端积分得

$$\frac{1}{2}u^2=\ln|x|+C.$$

由$y(-1)=2$得$u(-1)=-2$，代入上式得$C=2$.

以$\frac{y}{x}$代替u，得

$$y^2=x^2\cdot 2(\ln|x|+2).$$

故所给方程满足初始条件的特解为

$$y=-x\sqrt{2(\ln|x|+2)}.$$

例 7.2.6 设L是一条平面曲线，其上任意一点$P(x, y)$ $(x>0)$到坐标原点的距离，恒等于该

点处的切线在 y 轴上的截距, 且 L 经过点 $\left(\frac{1}{2},0\right)$, 试求曲线 L 的方程.

解 设曲线 L 的方程为 $y=y(x)$, 则过点 $P(x, y)$ 的切线方程为

$$Y-y=y'(X-x).$$

其中 (X, Y) 为切线上的动点坐标. 令 $X=0$, 则得该切线在 y 轴上的截距为 $y-xy'$.

依题意知 $\sqrt{x^2+y^2}=y-xy'$. 这是齐次方程, 令 $u=\frac{y}{x}$, 则此方程可化为

$$\frac{\mathrm{d}u}{\sqrt{1+u^2}}=-\frac{\mathrm{d}x}{x},$$

$$\ln\left(u+\sqrt{1+u^2}\right)=-\ln x+\ln C,$$

$$x\left(u+\sqrt{1+u^2}\right)=C.$$

以 $\frac{y}{x}$ 代替 u, 得

$$y+\sqrt{x^2+y^2}=C.$$

由曲线 L 经过点 $\left(\frac{1}{2},0\right)$, 知 $C=\frac{1}{2}$, 故 L 的方程为 $y+\sqrt{x^2+y^2}=\frac{1}{2}$, 即 $y=\frac{1}{4}-x^2$.

7.2.3 一阶线性微分方程

形如

$$\frac{\mathrm{d}y}{\mathrm{d}x}+P(x)y=Q(x) \tag{7.2.6}$$

的方程称为一阶线性微分方程, 若 $Q(x)\equiv 0$, 则方程

$$\frac{\mathrm{d}y}{\mathrm{d}x}+P(x)y=0 \tag{7.2.7}$$

称为**齐次的**; 否则称为**非齐次的**. 式(7.2.7)称为是式(7.2.6)对应的齐次线性方程.

先讨论其对应的齐次线性方程的解法.

齐次线性方程 $\frac{\mathrm{d}y}{\mathrm{d}x}+P(x)y=0$ 是可分离变量方程, 分离变量得

$$\frac{\mathrm{d}y}{y}=-P(x)\mathrm{d}x,$$

两端积分得

$$\ln|y|=-\int P(x)\mathrm{d}x+C_1,$$

即

$$y=C\mathrm{e}^{-\int P(x)\mathrm{d}x} \quad (C=\pm \mathrm{e}^{C_1}),$$

这就是**齐次线性方程的通解**($\int P(x)\mathrm{d}x$ 表示 $P(x)$ 的某个确定的原函数, 不再包含任意常数).

下面求非齐次线性方程式(7.2.6)的解. 由于式(7.2.7)是式(7.2.6)的特殊情形, 可以想象它们的解之间应有一定联系. 在此使用**常数变易法**求非齐次线性方程的解.

将齐次线性方程通解 $y=Ce^{-\int P(x)\mathrm{d}x}$ 中的常数 C 换成待定函数 $u(x)$, 即作变换

$$y=u(x)e^{-\int P(x)\mathrm{d}x}.$$

代入非齐次线性方程式(7.2.6)求得

$$u'(x)e^{-\int P(x)\mathrm{d}x}-u(x)e^{-\int P(x)\mathrm{d}x}P(x)+P(x)u(x)e^{-\int P(x)\mathrm{d}x}=Q(x).$$

化简得

$$u'(x)=Q(x)e^{\int P(x)\mathrm{d}x},$$

两端积分得

$$u(x)=\int Q(x)e^{\int P(x)\mathrm{d}x}\mathrm{d}x+C,$$

于是非齐次线性方程的通解为

$$y=e^{-\int P(x)\mathrm{d}x}\left[\int Q(x)e^{\int P(x)\mathrm{d}x}\mathrm{d}x+C\right], \tag{7.2.8}$$

或

$$y=Ce^{-\int P(x)\mathrm{d}x}+e^{-\int P(x)\mathrm{d}x}\int Q(x)e^{\int P(x)\mathrm{d}x}\mathrm{d}x.$$

上式中右端的第一项是对应的齐次线性方程式(7.2.7)的通解, 第二项是非齐次线性方程式(7.2.6)的一个特解. 由此可知: **一阶非齐次线性方程的通解等于对应的齐次线性方程的通解与它的一个特解之和.**

例 7.2.7 求方程 $\dfrac{\mathrm{d}y}{\mathrm{d}x}-\dfrac{2y}{x+1}=(x+1)^2\sin x$ 的通解.

解 这是一个一阶非齐次线性方程. 先求对应的齐次线性方程 $\dfrac{\mathrm{d}y}{\mathrm{d}x}-\dfrac{2y}{x+1}=0$ 的通解. 分离变量得

$$\frac{\mathrm{d}y}{y}=\frac{2\mathrm{d}x}{x+1},$$

两端积分得

$$\ln|y|=2\ln|x+1|+\ln|C|,$$

故齐次线性方程的通解为

$$y=C(x+1)^2.$$

用常数变易法, 将 C 换成 $u(x)$, 即令 $y=u(x)(x+1)^2$, 代入原非齐次线性方程, 得

$$u'(x)(x+1)^2+2u(x)(x+1)-\frac{2}{x+1}u(x)(x+1)^2=(x+1)^2\sin x,$$

即

$$u'(x)=\sin x,$$

两端积分得

$$u(x)=-\cos x+C,$$

代入 $y=u(x)(x+1)^2$ 中, 即得所求方程的通解为

$$y=(x+1)^2[-\cos x+C].$$

例 7.2.8 求解 $(1+y^2)\mathrm{d}x=(\arctan y-x)\mathrm{d}y$.

解 如果视 y 为未知函数, 将原方程变形为

$$\frac{\mathrm{d}y}{\mathrm{d}x}=\frac{1+y^2}{\arctan y-x},$$

这显然是非线性方程. 但是如果视 x 为未知函数, 将原方程变形为

$$\frac{\mathrm{d}x}{\mathrm{d}y}=\frac{\arctan y-x}{1+y^2},$$

即

$$\frac{\mathrm{d}x}{\mathrm{d}y}+\frac{1}{1+y^2}x=\frac{\arctan y}{1+y^2},$$

得到一个非齐次线性方程, 这里的 x 是未知函数, 由通解公式(7.2.8), 得

$$\begin{aligned}
x&=\mathrm{e}^{-\int\frac{\mathrm{d}y}{1+y^2}}\left[\int \mathrm{e}^{\int\frac{\mathrm{d}y}{1+y^2}}\frac{\arctan y}{1+y^2}\mathrm{d}y+C\right]\\
&=\mathrm{e}^{-\arctan y}\left[\int \mathrm{e}^{\arctan y}\arctan y\,\mathrm{d}\arctan y+C\right]\\
&=\mathrm{e}^{-\arctan y}\left[\int \arctan y\,\mathrm{d}\,\mathrm{e}^{\arctan y}+C\right]\\
&=\mathrm{e}^{-\arctan y}\left[\mathrm{e}^{\arctan y}\arctan y-\mathrm{e}^{\arctan y}+C\right]\\
&=\arctan y+C\mathrm{e}^{-\arctan y}-1.
\end{aligned}$$

注意 在解方程时, 从积分角度看, x 和 y 的地位是同等的. 因此, 在有些情况下, 可以改变自变量和未知函数的地位, 以达到求解的目的.

例 7.2.9 求一个可导函数 $f(x)$ 使其满足方程 $f(x)=\sin x-\int_0^x f(x-t)\mathrm{d}t$.

解 对变上限积分 $\int_0^x f(x-t)\mathrm{d}t$, 令 $u=x-t$, 则 $t=x-u$. 原方程化为

$$f(x)=\sin x-\int_x^0 f(u)(-\mathrm{d}u),$$

即

$$f(x)=\sin x-\int_0^x f(u)\mathrm{d}u.$$

对上式两端关于 x 求导得到与之相应的微分方程:

$$f'(x)=\cos x-f(x).$$

这是一个一阶非齐次线性方程, 即

$$f'(x)+f(x)=\cos x,$$

其通解为

$$f(x)=\frac{1}{2}(\sin x+\cos x)+C\mathrm{e}^{-x}.$$

由于 $f(x)=\sin x-\int_0^x f(u)\mathrm{d}u$ 暗含初始条件 $f(0)=0$, 代入可得

$$C=-\frac{1}{2},$$

故所求函数为

$$f(x)=\frac{1}{2}(\sin x+\cos x-\mathrm{e}^{-x}).$$

例 7.2.10 在空气中自由落下初始质量为 M_0 的雨点均匀地蒸发着, 设每秒蒸发量为 m,

空气阻力和雨点速度成正比，如果开始雨点速度为 0，试求雨点运动速度与时间的关系.

解 依题意在 t 时刻，雨点质量为 M_0-mt，雨点所受的力为 $(M_0-mt)g-kv$，由牛顿第二定律知

$$(M_0-mt)\frac{\mathrm{d}v}{\mathrm{d}t}=(M_0-mt)g-kv,$$

且初始条件为 $v|_{t=0}=0$. 将方程变形为

$$\frac{\mathrm{d}v}{\mathrm{d}t}+\frac{k}{M_0-mt}v=g,$$

这是一阶线性微分方程，其解为

$$v=\mathrm{e}^{-\int\frac{k}{M_0-mt}\mathrm{d}t}\left[\int g\mathrm{e}^{\int\frac{k}{M_0-mt}\mathrm{d}t}\mathrm{d}t+C\right]=-\frac{mg}{m-k}(M_0-mt)+C(M_0-mt)^{\frac{k}{m}}.$$

又因为 $v|_{t=0}=0$，有 $C=\dfrac{mg}{m-k}M_0^{1-\frac{k}{m}}$，故两点运动速度与时间的关系为

$$v=-\frac{mg}{m-k}(M_0-mt)+\frac{mg}{m-k}M_0^{1-\frac{k}{m}}(M_0-mt)^{\frac{k}{m}}.$$

注意 除了运用常数变异法或者通解公式外，还可以用下面的办法求解一阶非齐次线性微分方程，该方法主要思路是将一阶非齐次线性微分方程标准形式的左端配成完全导数.

例如，求解式(7.2.6) $\dfrac{\mathrm{d}y}{\mathrm{d}x}+P(x)y=Q(x)$，两端同乘以函数 $\mathrm{e}^{\int P(x)\mathrm{d}x}$，方程变为

$$\mathrm{e}^{\int P(x)\mathrm{d}x}\frac{\mathrm{d}y}{\mathrm{d}x}+\mathrm{e}^{\int P(x)\mathrm{d}x}P(x)y=Q(x)\mathrm{e}^{\int P(x)\mathrm{d}x},$$

$$\frac{\mathrm{d}}{\mathrm{d}x}\left(y\mathrm{e}^{\int P(x)\mathrm{d}x}\right)=Q(x)\mathrm{e}^{\int P(x)\mathrm{d}x},$$

两端分别积分得

$$y\mathrm{e}^{\int P(x)\mathrm{d}x}=\int Q(x)\mathrm{e}^{\int P(x)\mathrm{d}x}\mathrm{d}x+C,$$

$$y=\mathrm{e}^{-\int P(x)\mathrm{d}x}\left[\int Q(x)\mathrm{e}^{\int P(x)\mathrm{d}x}\mathrm{d}x+C\right].$$

得到了式(7.2.6)的解，即一阶非齐次线性微分方程的通解公式，该方法对 $P(x)$ 较为简单时非常有效.

例 7.2.11 求解 $\dfrac{\mathrm{d}y}{\mathrm{d}x}+\dfrac{y}{x}=\dfrac{\sin x}{x}$.

解 由于 $\mathrm{e}^{\int P(x)\mathrm{d}x}=\mathrm{e}^{\int\frac{1}{x}\mathrm{d}x}=x$，对原方程两边同乘 x，得

$$xy'+y=\sin x,\quad (xy)'=\sin x,\quad xy=\int\sin x\mathrm{d}x,$$

即 $xy=-\cos x+C$，得原方程通解为 $y=\dfrac{1}{x}(-\cos x+C)$.

*7.2.4 伯努利方程

方程

$$\frac{\mathrm{d}y}{\mathrm{d}x}+P(x)y=Q(x)y^n\quad(n\neq 0,1)\tag{7.2.9}$$

为伯努利(Bernoulli)方程. 当 $n=0$ 或 $n=1$ 时, 这是一阶线性方程. 当 $n\neq 0$ 且 $n\neq 1$ 时它不是线性的. 需通过变量的代换, 可化为线性方程.

在式(7.2.9)两边同时除以 y^n, 得

$$y^{-n}\frac{\mathrm{d}y}{\mathrm{d}x}+P(x)y^{1-n}=Q(x).$$

令 $z=y^{1-n}$, 则 $\frac{\mathrm{d}z}{\mathrm{d}x}=(1-n)y^{-n}\frac{\mathrm{d}y}{\mathrm{d}x}$, 上述方程化为

$$\frac{\mathrm{d}z}{\mathrm{d}x}+(1-n)P(x)z=(1-n)Q(x).$$

这是一个关于 z 的一阶线性微分方程, 求出其通解后再将 z 替换为 y^{1-n} 即可.

例 7.2.12 求方程 $(5x^2y^3-2x)y'+y=0$ 的通解.

解 将所给方程变形为 $\frac{\mathrm{d}x}{\mathrm{d}y}-\frac{2}{y}x=-5x^2y^2$. 这是一个伯努利方程, 其中 $n=2$. 令 $z=x^{-1}$, 则上述方程成为

$$\frac{\mathrm{d}z}{\mathrm{d}y}+\frac{2}{y}z=5y^2.$$

这个线性微分方程的通解为

$$z=Cy^{-2}+y^3,$$

以 x^{-1} 代替 z, 得原方程的通解为

$$x(Cy^{-2}+y^3)=1.$$

在上述的齐次方程和伯努利方程的解法中, 都利用了变量代换这种方法. 实际上, 这种方法的应用范围很广, 关键是选择适当的变量代换. 下面再看几个例子.

例 7.2.13 解方程 $\frac{\mathrm{d}y}{\mathrm{d}x}=\frac{1}{(x+y)^2}$.

解 令 $u=x+y$, 则 $y=u-x$, $\frac{\mathrm{d}y}{\mathrm{d}x}=\frac{\mathrm{d}u}{\mathrm{d}x}-1$, 原方程化为

$$\frac{\mathrm{d}u}{\mathrm{d}x}-1=\frac{1}{u^2}, \quad 即 \quad \frac{\mathrm{d}u}{\mathrm{d}x}=\frac{u^2+1}{u^2},$$

分离变量得

$$\frac{u^2\mathrm{d}u}{u^2+1}=\mathrm{d}x,$$

两端积分得

$$u-\arctan u=x+C.$$

故原方程的解为

$$x+y-\arctan(x+y)=x+C,$$

即

$$y-\arctan(x+y)=C.$$

例 7.2.14 解方程 $\cos y\frac{\mathrm{d}y}{\mathrm{d}x}-\frac{1}{x}\sin y=\mathrm{e}^x\sin^2 y$.

解 原方程化为 $\frac{\mathrm{d}\sin y}{\mathrm{d}x}-\frac{1}{x}\sin y=\mathrm{e}^x\sin^2 y$.

令 $z=\sin y$，则原方程化为伯努利方程

$$\frac{\mathrm{d}z}{\mathrm{d}x}-\frac{1}{x}z=\mathrm{e}^x z^2,$$

$$z^{-2}\frac{\mathrm{d}z}{\mathrm{d}x}-\frac{1}{x}z^{-1}=\mathrm{e}^x.$$

令 $u=z^{-1}$，原方程化为

$$\frac{\mathrm{d}u}{\mathrm{d}x}+\frac{1}{x}u=-\mathrm{e}^x. \tag{7.2.10}$$

这是一阶非齐次线性微分方程，用配导数法很快求得

$$xu'+u=-x\mathrm{e}^x,\quad (xu)'=-x\mathrm{e}^x,\quad xu=-\int x\mathrm{e}^x\mathrm{d}x,$$

得到式(7.2.10)的通解为

$$u=\frac{1}{x}[(1-x)\mathrm{e}^x+C],$$

故原方程的通解为

$$(\sin y)^{-1}=\frac{1}{x}[(1-x)\mathrm{e}^x+C].$$

***例 7.2.15** (人才分配问题模型)每年大学毕业生中都要有一定比例的人员留在学校充实教师队伍，其余人员将分配到国民经济其他部门从事科技和管理工作．设 t 年教师人数为 $x_1(t)$，科技和管理人员数目为 $x_2(t)$，又设 1 名教员每年平均培养 α 名毕业生，每年从教育、科技和管理岗位退休、死亡或调出人员的比例为 $\delta(0<\delta<1)$，每年大学毕业生中从事教师职业所占比例为 $\beta(0<\beta<1)$，于是有方程

$$\frac{\mathrm{d}x_1}{\mathrm{d}t}=\alpha\beta x_1-\delta x_1, \tag{7.2.11}$$

$$\frac{\mathrm{d}x_2}{\mathrm{d}t}=\alpha(1-\beta)x_1-\delta x_2, \tag{7.2.12}$$

方程(7.2.11)有通解

$$x_1=C_1\mathrm{e}^{(\alpha\beta-\delta)t}.$$

若设 $x_1(0)=x_0^1$，则 $C_1=x_0^1$，于是得特解

$$x_1=x_0^1\mathrm{e}^{(\alpha\beta-\delta)t}. \tag{7.2.13}$$

将式(7.2.13)代入式(7.2.12)，则方程变为

$$\frac{\mathrm{d}x_2}{\mathrm{d}t}+\delta x_2=\alpha(1-\beta)x_0^1\mathrm{e}^{(\alpha\beta-\delta)t}, \tag{7.2.14}$$

此乃一阶非齐次线性微分方程，其通解为

$$x_2=C_2\mathrm{e}^{-\delta t}+\frac{(1-\beta)x_0^1}{\beta}\mathrm{e}^{(\alpha\beta-\delta)t}. \tag{7.2.15}$$

若设 $x_2(0)=x_0^2$，则 $C_2=x_0^2-\left(\frac{1-\beta}{\beta}\right)x_0^1$，于是得特解

$$x_2=\left[x_0^2-\left(\frac{1-\beta}{\beta}\right)x_0^1\right]\mathrm{e}^{-\delta t}+\left(\frac{1-\beta}{\beta}\right)x_0^1\mathrm{e}^{(\alpha\beta-\delta)t}. \tag{7.2.16}$$

式(7.2.13)和式(7.2.16)分别表示在初始人数为 $x_1(0), x_2(0)$ 情况下，对应于 β 的取值，在 t 年教师队伍的人数和科技经济管理人员的人数. 从结果易看出，若 $\beta=1$，即毕业生全部留在教育界，则当 $t\to\infty$ 时，由于 $\alpha>\delta$，必有 $x_1(t)\to+\infty$，而 $x_2(t)\to 0$，说明教师队伍将迅速增加，而科技和经济管理队伍不断萎缩，势必要影响经济发展，反过来也会影响教育的发展. 若 β 接近于0，则 $x_1(t)\to 0$，同时也导致 $x_2(t)\to 0$，说明如果不保证适当比例的毕业生充实教师队伍，将影响人才的培养，最终会导致两支队伍的全面萎缩. 因此，选择好比例 β，将关系到两支队伍的建设，以及整个国民经济建设的大局.

习 题 7.2

1. 单项选择题.

(1) 下列方程中，不属于可分离变量的微分方程是(　　).

A. $y'=\dfrac{1+y}{1+x}$　　B. $y'=\dfrac{y-x}{y-1}$

C. $y^2\mathrm{d}x+x^2\mathrm{d}y=0$　　D. $\dfrac{\mathrm{d}x}{y}+\dfrac{\mathrm{d}y}{x}=0$

(2) 微分方程 $y'=y\cot x$ 的通解是(　　).

A. $y=C\cos x$　　B. $y=C\sin x$

C. $y=C\tan x$　　D. $y=\sin x$

(3) 已知 $y=\dfrac{x}{\ln x}$ 是微分方程 $y'=\dfrac{y}{x}+\varphi\left(\dfrac{x}{y}\right)$ 的解，则 $\varphi\left(\dfrac{x}{y}\right)$ 的表达式为(　　).

A. $-\dfrac{y^2}{x^2}$　　B. $\dfrac{y^2}{x^2}$　　C. $-\dfrac{x^2}{y^2}$　　D. $\dfrac{x^2}{y^2}$

(4) 下列微分方程中，不是线性微分方程的是(　　).

A. $(y')^2+y=0$　　B. $y'+y=0$

C. $x^2y''+y'=x$　　D. $\dfrac{\mathrm{d}^2x}{\mathrm{d}t^2}=x$

(5) 方程 $(x-2xy-y^2)y'+y^2=0$ 是(　　).

A. 关于 y 的一阶线性非齐次方程　　B. 关于 x 的一阶线性非齐次方程

C. 可分离变量方程　　D. 伯努利方程

(6) 若连续函数 $f(x)$ 满足 $f(x)=\int_0^{3x} f\left(\dfrac{t}{3}\right)\mathrm{d}t+3x-3$，则 $f(x)=($　　$)$.

A. $-2\mathrm{e}^{3x}-1$　　B. $-3\mathrm{e}^{3x}+1$

C. $-3\mathrm{e}^{-3x}+1$　　D. $-\mathrm{e}^{3x}-2$

2. 求下列微分方程的通解.

(1) $\sec^2x\tan y\,\mathrm{d}x+\sec^2y\tan x\,\mathrm{d}y=0$;

(2) $\dfrac{\mathrm{d}y}{\mathrm{d}x}=\sqrt{\dfrac{1-y^2}{1-x^2}}$;

(3) $y'=\dfrac{y}{x}(1+\ln y-\ln x)$;

(4) $x\mathrm{d}y - y\mathrm{d}x = y\mathrm{d}y$;

(5) $y' = \sin^2(x-y+1)$;

(6) $xy' + y = x^2 + x + 1$;

(7) $y\ln y\,\mathrm{d}x + (x-\ln y)\,\mathrm{d}y = 0$;

(8) $\dfrac{\mathrm{d}y}{\mathrm{d}x}=\dfrac{y}{4x+y^2}$.

3. 求下列微分方程满足所给初始条件的特解.

(1) $(\mathrm{e}^{x+y}-\mathrm{e}^x)\mathrm{d}x + (\mathrm{e}^{x+y}+\mathrm{e}^y)\mathrm{d}y = 0,\quad y|_{x=0} = 2$;

(2) $\left(x-y\cos\dfrac{y}{x}\right)\mathrm{d}x+x\cos\dfrac{y}{x}\mathrm{d}y=0,\quad y|_{x=1}=\pi$;

(3) $x^2\mathrm{d}y + (2xy-x+1)\mathrm{d}x = 0,\quad y(1) = 0$.

4. 求下列伯努利方程的通解.

(1) $y'-2xy = 2x^3y^2$;

(2) $y'-xy + \mathrm{e}^{-x^2}y^3 = 0$.

5. 使用适当的变量代换，求下列方程的通解.

(1) $y' = \cos(x-y)$;

(2) $xy' + y = y(\ln x + \ln y)$;

(3) $x + yy' = x(x^2 + y^2)$.

6. 曲线上任一点处的切线斜率恒为该点的横坐标与纵坐标之比，又已知该曲线过点(1, 0)，求此曲线的方程.

7. 设函数$f(x)$为可微函数，且$f(x)=x+\int_0^x f(t)\mathrm{d}t$，试求$f(x)$.

8. 设$F(x)=f(x)g(x)$，其中函数$f(x)$，$g(x)$在$(-\infty,+\infty)$内满足以下条件：$f'(x)=g(x)$，$g'(x)=f(x)$，且$f(0)=0, f(x)+g(x)=2\mathrm{e}^x$.

(1) 求$F(x)$所满足的一阶微分方程；

(2) 求$F(x)$的表达式.

9. 在一个石油精炼厂，一个存储罐装 8 000 L 的汽油，其中包含 100 g 的添加剂. 为了过冬，将每升含 2 g 添加剂的汽油以 40 L/min 的速度注入存储罐，充分混合的溶液以 45 L/min 的速度泵出. 在混合过程开始后 20 min，存储罐中的添加剂有多少？

10. 在某池塘内养鱼，该池塘最多能养鱼 1 000 尾. 在t时刻，鱼数y是时间t的函数$y=y(t)$，其变化率与鱼数y及$100y$成正比. 已知在池塘内放养鱼 100 尾，3 个月后池塘内有鱼 250 尾，求放养 7 个月后，池塘内鱼数$y(t)$的公式.

7.3 可降阶的高阶微分方程

将二阶及二阶以上的微分方程称为高阶微分方程. 对于有些特殊的高阶微分方程，可采用降阶法求解.

7.3.1 $y^{(n)}=f(x)$型的微分方程

这种方程只需逐次积分n次，即可求得其通解.

例 7.3.1 求微分方程 $y''' = 12x + \sin x$ 的通解.

解 对所给方程接连积分三次, 得

$$y''=6x^2-\cos x+C_1',$$
$$y'=2x^3-\sin x+C_1'x+C_2,$$
$$y=\cos x+\frac{1}{2}x^4+\frac{1}{2}C_1'x^2+C_2x+C_3,$$
$$=\cos x+\frac{1}{2}x^4+C_1x^2+C_2x+C_3 \quad (C_1=\frac{1}{2}C_1'),$$

即为原方程的通解.

7.3.2 $y''=f(x,y')$型的微分方程

$y''=f(x,y')$ 型微分方程的右端不显含未知函数 y. 设 $y'=p$, 则 $y''=\dfrac{dp}{dx}=p'$, 方程化为

$$p'=f(x,p),$$

这是一个一阶微分方程. 设其通解为 $p=\varphi(x, C_1)$, 则

$$\frac{dy}{dx}=\varphi(x,C_1).$$

原方程的通解为

$$y=\int\varphi(x,C_1)dx+C_2.$$

例 7.3.2 求微分方程$(1+x^2)y''=2xy'$满足初始条件 $y|_{x=0}=1, y'|_{x=0}=3$ 的特解.

解 所给方程是 $y''=f(x,y')$型. 设 $y'=p$, 代入方程并分离变量后得

$$\frac{dp}{p}=\frac{2x}{1+x^2}dx,$$

两端积分得

$$\ln|p|=\ln(1+x^2)+C,$$

即

$$p=y'=C_1(1+x^2) \quad (C_1=\pm e^C).$$

由条件 $y'|_{x=0}=3$ 得

$$C_1=3,$$

所以

$$y'=3(1+x^2),$$

两端再积分得

$$y=x^3+3x+C_2,$$

又由条件 $y|_{x=0}=1$ 得

$$C_2=1,$$

于是所求的特解为

$$y=x^3+3x+1.$$

例 7.3.3 (追击问题)一敌舰在某海域进行秘密侦查活动时，我方战舰位于敌舰正西方向 1 n mile(1 n mile = 1.852 km)处，两方战舰同时发现对方. 我方战舰立刻发射制导鱼雷，敌舰开始向正北方向以速度 v 逃逸，鱼雷始终指向敌舰，追击速度是敌舰速度的两倍. 求鱼雷的运动轨迹所满足的曲线方程，敌舰行驶多远时将被鱼雷击中？

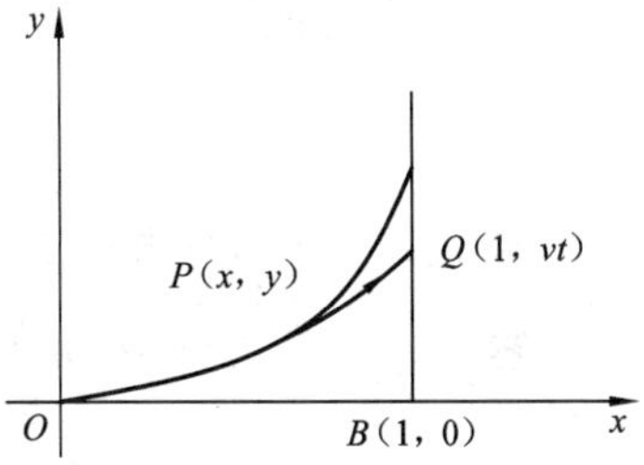

图 7.3.1

解 建立如图 7.3.1 所示的直角坐标系. 我方战舰的初始位置为原点 $O(0, 0)$，敌舰的初始位置为 $B(1, 0)$. 设鱼雷运动轨迹为 $y = y(x)$，在时刻 t 鱼雷的位置是 $P(x, y)$，敌舰的位置是 $Q(1, vt)$. 由题意，Q 点位于 $y = y(x)$ 在 $P(x, y)$ 点的切线上. 所以

$$vt - y = y'(1-x),$$

即

$$vt = y'(1-x) + y.$$

另外，鱼雷在时刻 t 所经过的距离(由弧长的计算公式)为

$$2vt = \int_0^x \sqrt{1+(y')^2}\,\mathrm{d}x.$$

因此有

$$2[y'(1-x)+y] = \int_0^x \sqrt{1+(y')^2}\,\mathrm{d}x.$$

上式两端对 x 求导，得到鱼雷运动轨迹所满足的方程

$$2(1-x)y'' = \sqrt{1+(y')^2} \quad (0 \leqslant x < 1),$$

其初始条件为 $y(0) = 0, y'(0) = 0$. 该方程是 $y'' = f(x, y')$型，设 $y' = p$，代入方程并分离变量后得

$$\frac{\mathrm{d}p}{\sqrt{1+p^2}} = \frac{\mathrm{d}x}{2(1-x)},$$

两端积分并代入条件 $y'(0) = p(0) = 0$ 得

$$\ln\left(p+\sqrt{1+p^2}\right) = -\frac{1}{2}\ln(1-x),$$

解得

$$p = y' = \frac{1}{2}\left[(1-x)^{-\frac{1}{2}} - (1-x)^{\frac{1}{2}}\right].$$

积分并代入初始条件 $y(0) = 0$ 得

$$y = \frac{1}{3}(1-x)^{\frac{3}{2}} - (1-x)^{\frac{1}{2}} + \frac{2}{3},$$

即鱼雷的运动轨迹方程. 将 $x = 1$ 代入得 $y = \frac{2}{3}$，也就是说敌舰逃至点 $B(1, 0)$正北 $\frac{2}{3}$ n mile 处被我方鱼雷击中.

7.3.3 $y'' = f(y, y')$型的微分方程

$y'' = f(y, y')$型微分方程不显含自变量 x，且显含未知函数 y. 设 $y' = p$，利用复合函数的求导法则有

$$y'' = \frac{\mathrm{d}p}{\mathrm{d}x} = \frac{\mathrm{d}p}{\mathrm{d}y}\cdot\frac{\mathrm{d}y}{\mathrm{d}x} = p\frac{\mathrm{d}p}{\mathrm{d}y}.$$

原方程化为

$$p\frac{\mathrm{d}p}{\mathrm{d}y}=f(y,p).$$

设方程 $p\frac{\mathrm{d}p}{\mathrm{d}y}=f(y,p)$ 的通解为 $y'=p=\varphi(y, C_1)$, 则原方程的通解为

$$\int\frac{\mathrm{d}y}{\varphi(y,C_1)}=x+C_2.$$

例 7.3.4 求微分方程 $yy''-y'^2=0$ 满足初始条件 $y|_{x=0}=1, y'|_{x=0}=2$ 的通解.

解 设 $y'=p$, 则 $y''=p\frac{\mathrm{d}p}{\mathrm{d}y}$, 代入方程, 得 $yp\frac{\mathrm{d}p}{\mathrm{d}y}-p^2=0$.

在 $y\neq0, p\neq0$ 时, 约去 p 并分离变量, 得 $\frac{\mathrm{d}p}{p}=\frac{\mathrm{d}y}{y}$. 两端积分得

$$\ln|p|=\ln|y|+\ln C,$$

即

$$p=C_1y \quad 或 \quad y'=C_1y \quad (C_1=\pm C).$$

由 $p|_{y=1}=2$ 得, $p=2y$, 即 $y'=2y$.

再分离变量并两端积分得 $y=C_2\mathrm{e}^{2x}$. 由 $y|_{x=0}=1$, 得 $C_2=1$, 故所求方程特解为 $y=\mathrm{e}^{2x}$.

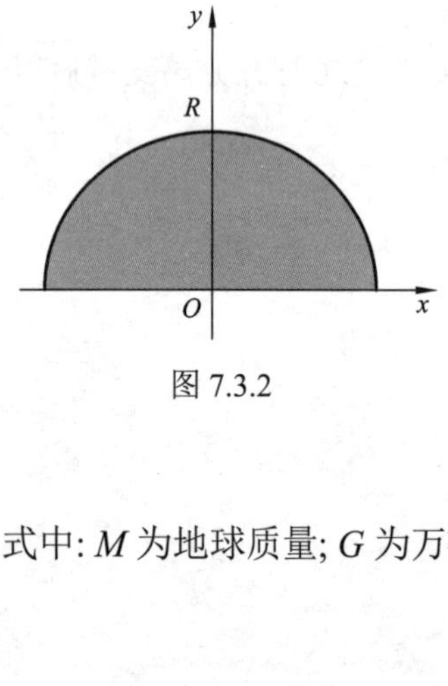

图 7.3.2

例 7.3.5 第二宇宙速度(脱离速度)计算. 设载有质量为 m 的物体的火箭, 由地面以初速度 v_0 垂直向上发射, 如果不计空气阻力, 求物体的速度与位置的关系, 并问初速度 v_0 多大时, 物体可以脱离地球引力?

解 建立坐标系如图 7.3.2. 取连接地球中心和物体重心的直线为 y 轴, 垂直向上为正, 地球中心为原点 O.

设在时刻 t 物体的位置为 $y=y(t)$. 因物体在运动过程中受到的万有引力为

$$F=-G\frac{mM}{y^2}. \tag{7.3.1}$$

式中: M 为地球质量; G 为万有引力系数. 由牛顿第二定律得 $y=y(t)$所满足的微分方程为

$$m\frac{\mathrm{d}^2y}{\mathrm{d}t^2}=-G\frac{mM}{y^2},$$

即

$$\frac{\mathrm{d}^2y}{\mathrm{d}t^2}=-G\frac{M}{y^2}. \tag{7.3.2}$$

设地球半径为 R, 初始条件为

$$y(0)=R, \quad y'(0)=v_0.$$

由于地面上重力加速度为 g, 当 $y=R$, 由式(7.3.1)得

$$g=\frac{GM}{R^2},$$

即

$$G=\frac{gM}{R^2}.$$

式(7.3.2)为

$$y''=-\frac{gR^2}{y^2},$$

此方程为 $y''=f(y,y')$型, 设 $y'=v$, 则 $y''=v\frac{\mathrm{d}v}{\mathrm{d}y}$, 代入方程, 得

$$v\frac{\mathrm{d}v}{\mathrm{d}y}=-\frac{gR^2}{y^2},$$

分离变量并积分得

$$\frac{1}{2}v^2=\frac{gR^2}{y}+C,$$

代入初始条件得

$$C=\frac{1}{2}v_0^2-gR,$$

于是得到速度 v 与高度 y 的关系式为

$$v^2=\frac{2gR^2}{y}+(v_0^2-2gR). \tag{7.3.3}$$

从式(7.3.3)可以看出, 当取 $v_0 \geqslant \sqrt{2gR}$ 时, 物体的速度 v 始终是正的, 从而物体可以摆脱地球引力, 永远飞离地球. 把其最小初速度 $v_0=\sqrt{2gR}$ 称为第二宇宙速度. 因 $g=9.80\ \mathrm{m/s^2}$, $R=6.3\times10^6\ \mathrm{m}$, 于是

$$v_0=\sqrt{2\times9.8\times6.3\times10^6}\approx11.2\times10^3\ \mathrm{m/s}.$$

习　题　7.3

1. 单项选择题.

(1) 微分方程 $y'''=y''$ 的通解是 $y=($　　$)$.

A. $\mathrm{e}^x+C_1x^2+C_2x+C_3$　　　　B. $C_1x^2+C_2x+C_3$

C. $C_1\mathrm{e}^x+C_2x+C_3$　　　　D. $C_1x^3+C_2x^2+C_3$

(2) 微分方程 $xy''-y'=0$ 满足条件 $y(1)=\frac{1}{2}, y'(1)=1$ 的解是(　　).

A. $y=\frac{x^2}{4}+\frac{1}{4}$　　　　B. $y=\frac{x^2}{2}$

C. $y=x^2-\frac{1}{2}$　　　　D. $y=-x^2+\frac{1}{2}$

2. 求下列微分方程的通解.

(1) $y''=x+\sin x$;

(2) $xy''+y'=0$;

(3) $y''=1+(y')^2$.

3. 求下列微分方程满足所给初始条件的特解.

(1) $\begin{cases} y''=2yy', \\ y(0)=1, \quad y'(0)=2; \end{cases}$

(2) $\begin{cases} y''+(y')^2=1, \\ y|_{x=0}=0, \quad y'|_{x=0}=0. \end{cases}$

4. 求 $y''=x$ 经过点(0, 1)且在此点与直线 $y=\dfrac{1}{2}x+1$ 相切的积分曲线.

5. 已知某曲线在第一象限内且过坐标原点, 其上任一点 M 的切线 MT(与 x 轴交于 T 点), 点 M 与点 M 在 x 轴上的投影 P 连成线段 MP, 与 x 轴所围成的三角形 MPT 的面积与曲边三角形 OMP 的面积之比恒为常数($K>\dfrac{1}{2}$), 又知道点 M 处的导数总为正, 试求该曲线的方程.

7.4 高阶线性微分方程解的结构

n 阶线性微分方程的一般形式:

$$y^{(n)}+p_1(x)y^{(n-1)}+\cdots+p_{n-1}(x)y'+p_n(x)y=f(x), \tag{7.4.1}$$

它所对应的齐次方程为

$$y^{(n)}+p_1(x)y^{(n-1)}+\cdots+p_{n-1}(x)y'+p_n(x)y=0. \tag{7.4.2}$$

本节着重研究二阶线性微分方程:

$$y''+P(x)y'+Q(x)y=f(x), \tag{7.4.3}$$

及其所对应的齐次方程为

$$y''+P(x)y'+Q(x)y=0. \tag{7.4.4}$$

7.4.1 函数组的线性相关与线性无关

定义 7.4.1 设 $y_1(x), y_2(x), \cdots, y_n(x)$为定义在区间 I 上的 n 个函数. 如果存在 n 个不全为 0 的常数 $k_1, k_2, \cdots, k_n$, 使得当 $x\in I$ 时有恒等式

$$k_1y_1(x)+k_2y_2(x)+\cdots+k_ny_n(x)\equiv 0$$

成立, 那么称这 n 个函数在区间 I 上**线性相关**; 否则称为**线性无关**.

例 7.4.1 判别下列函数组的线性相关性:

(1) $y_1=1, y_2=\cos^2 x, y_3=\sin^2 x, x\in(-\infty,+\infty)$;

(2) $y_1=1, y_2=x, \cdots, y_n=x^{n-1}, x\in(-\infty,+\infty)$.

解 (1) 因为取 $k_1=1, k_2=k_3=-1$, 有

$$k_1y_1+k_2y_2+k_3y_3=1-\cos^2 x-\sin^2 x\equiv 0,$$

所以 $1, \cos^2 x, \sin^2 x$ 在$(-\infty, +\infty)$内是线性相关的.

(2) 若 $1, x, \cdots, x^{n-1}$ 线性相关, 则存在 n 个不全为 0 的常数 $k_1, k_2, \cdots, k_n$, 使得对任意 $x\in(-\infty, +\infty)$, 有

$$k_1 + k_2 x + \cdots + k_n x^{n-1} \equiv 0,$$

这是不可能的, 由代数学定理可知, 上式最多只有 $n-1$ 个零点, 故该函数组线性无关.

容易证明: 对于两个非零函数 y_1 与 y_2, 它们线性相关充要条件是 $\dfrac{y_1}{y_2}\equiv C$ (常数); 若 $\dfrac{y_1}{y_2}\neq C$, 则 y_1 与 y_2 **线性无关**.

7.4.2 齐次线性微分方程解的结构

定理 7.4.1 如果函数 $y_1(x)$与 $y_2(x)$是式(7.4.4)的两个解, 那么

$$y = C_1 y_1(x) + C_2 y_2(x) \tag{7.4.5}$$

也是式(7.4.4)的解, 其中 C_1、C_2 是任意常数.

证 因为 y_1 与 y_2 是方程 $y'' + P(x)y' + Q(x)y = 0$ 的两个解, 所以

$$y_1''+P(x)y_1'+Q(x)y_1=0 \quad 及 \quad y_2''+P(x)y_2'+Q(x)y_2=0,$$

从而

$$\begin{aligned}&[C_1y_1+C_2y_2]''+P(x)[C_1y_1+C_2y_2]'+Q(x)[C_1y_1+C_2y_2]\\&=C_1[y_1''+P(x)y_1'+Q(x)y_1]+C_2[y_2''+P(x)y_2'+Q(x)y_2]=0+0=0.\end{aligned}$$

这就证明了 $y = C_1 y_1(x) + C_2 y_2(x)$也是方程 $y'' + P(x)y' + Q(x)y = 0$ 的解.

式(7.4.5)中虽然也含有两个任意常数, 但它未必是式(7.4.4)的通解. 例如, 设 $y_1(x)$是式(7.4.4)的一个解, $y_2(x) = ky_1(x)$ (k 是一个常数)也是式(7.4.4)的一个解, 此时

$$y = C_1 y_1(x) + C_2 y_2(x) = C_1 y_1(x) + C_2 k y_1(x) = (C_1 + kC_2) y_1(x) = C y_1(x)$$

中只有一个任意常数, 显然不是式(7.4.4)的通解.

由下面的定理可知, 在什么条件下, $y = C_1 y_1(x) + C_2 y_2(x)$是式(7.4.4)的通解.

齐次线性方程的这个性质表明它的解符合叠加原理.

定理 7.4.2 如果函数 $y_1(x)$与 $y_2(x)$是式(7.4.4)的两个线性无关的解, 那么

$$y = C_1 y_1(x) + C_2 y_2(x) \quad (C_1、C_2 是任意常数)$$

是式(7.4.4)的通解.

例 7.4.2 验证 $y_1 = \cos x$ 与 $y_2 = \sin x$ 是方程 $y'' + y = 0$ 的线性无关的解, 并写出其通解.

证 因为

$$\begin{aligned}y_1'' + y_1 &= -\cos x + \cos x = 0,\\ y_2'' + y_2 &= -\sin x + \sin x = 0,\end{aligned}$$

所以 $y_1 = \cos x$ 与 $y_2 = \sin x$ 都是方程的解.

又因为 $\dfrac{\sin x}{\cos x}=\tan x$ 不恒为常数, 所以 $\cos x$ 与 $\sin x$ 在$(-\infty, +\infty)$内是线性无关的.

因此, $y_1 = \cos x$ 与 $y_2 = \sin x$ 是方程 $y'' + y = 0$ 的两个线性无关解, 故方程的通解为

$$y = C_1 \cos x + C_2 \sin x.$$

定理 7.4.2 很自然地可以推广到 n 阶齐次线性方程.

推论 7.4.1 如果 $y_1(x), y_2(x), \cdots, y_n(x)$是方程

$$y^{(n)}+p_1(x)y^{(n-1)}+\cdots+p_{n-1}(x)y'+p_n(x)y=0$$

的 n 个线性无关的解，那么此方程的通解为 $y=C_1y_1(x)+C_2y_2(x)+\cdots+C_ny_n(x)$，其中 $C_1, C_2, \cdots, C_n$ 为任意常数.

7.4.3 非齐次线性微分方程解的结构

定理 7.4.3 设 $y^*(x)$ 是二阶非齐次线性方程式(7.4.3)的一个特解，$Y(x)$是对应的齐次线性方程式(7.4.4)的通解，那么

$$y=Y(x)+y^*(x)$$

是二阶非齐次线性微分方程式(7.4.3)的通解.

证

$$\begin{aligned}&[Y(x)+y^*(x)]''+P(x)[Y(x)+y^*(x)]'+Q(x)[Y(x)+y^*(x)]\\&=[Y''+P(x)Y'+Q(x)Y]+[y^{*}{}''+P(x)y^{*}{}'+Q(x)y^*]\\&=0+f(x)=f(x).\end{aligned}$$

由于对应的齐次方程的通解 $Y(x)=C_1y_1(x)+C_2y_2(x)$中含有两个相互独立的任意常数，所以 $y=Y(x)+y^*(x)$ 也含有两个相互独立的任意常数，从而它就是二阶非齐次线性方程式(7.4.3)的通解.

例 7.4.3 已知一个二阶非齐次线性方程具有三个特解 $y_1=x$, $y_2=\mathrm{e}^x$, $y_3=\mathrm{e}^{2x}$，试写出该方程的通解.

解 容易验证，非齐次线性方程式(7.4.3)的任两个解之差是齐次方程式(7.4.4)的解，这样，函数

$$y_2-y_1=\mathrm{e}^x-x \quad 与 \quad y_3-y_1=\mathrm{e}^{2x}-x$$

都是对应的齐次方程的解，并且 $\dfrac{y_2-y_1}{y_3-y_1}\neq$常数，说明 y_2-y_1 与 y_3-y_1 线性无关，所以该方程的通解为

$$y=C_1(\mathrm{e}^x-x)+C_2(\mathrm{e}^{2x}-x)+x.$$

定理 7.4.4 设非齐次线性微分方程式(7.4.3)的右端 $f(x)$是两个函数之和，如

$$y''+P(x)y'+Q(x)y=f_1(x)+f_2(x).$$

而 $y_1^*(x)$ 与 $y_2^*(x)$ 分别是方程

$$y''+P(x)y'+Q(x)y=f_1(x) \quad 与 \quad y''+P(x)y'+Q(x)y=f_2(x)$$

的特解，那么 $y_1^*(x)+y_2^*(x)$ 就是原方程的特解.

这个定理通常称为非齐次线性微分方程的解的叠加原理.

***定理 7.4.5** 设 $y_1+\mathrm{i}y_2$ 是方程

$$y''+P(x)y'+Q(x)y=f_1(x)+\mathrm{i}f_2(x)$$

的解，其中 $P(x), Q(x)$, $f_1(x)$, $f_2(x)$ 为实值函数, i 为纯虚数. 则 y_1 与 y_2 分别是方程

$$y''+P(x)y'+Q(x)y=f_1(x) \quad 与 \quad y''+P(x)y'+Q(x)y=f_2(x)$$

的解.

定理 7.4.3、定理 7.4.4 和定理 7.4.5 都可以推广到 n 阶非齐次线性微分方程.

习 题 7.4

1. 单项选择题.

(1) 设非齐次线性微分方程 $y'+P(x)y=Q(x)$有两个不同的解 $y_1(x), y_2(x)$, C 为任意常数, 则该方程的通解是(　　).

A. $C[y_1(x)-y_2(x)]$　　B. $y_1(x)+C[y_1(x)-y_2(x)]$

C. $C[y_1(x)+y_2(x)]$　　D. $y_1(x)+C[y_1(x)+y_2(x)]$

(2) 设线性无关的函数 y_1、y_2、y_3 都是一个二阶非齐次线性微分方程的解, C_1、C_2 是任意常数, 则该方程的通解是(　　).

A. $C_1y_1+C_2y_2+y_3$　　B. $C_1y_1+C_2y_2-(C_1+C_2)y_3$

C. $C_1y_1+C_2y_2-(1-C_1-C_2)y_3$　　D. $C_1y_1+C_2y_2+(1-C_1-C_2)y_3$

(3) 已知 $xy''+y'=4x$ 的一个特解为 x^2, 又对应的齐次方程 $xy''+y'=0$ 有一个特解 $\ln x$, 则 $xy''+y'=4x$ 的通解 $y=($　　$)$.

A. $C_1\ln x+C_2+x^2$　　B. $C_1\ln x+C_2x+x^2$

C. $C_1\ln x+C_2\mathrm{e}^x+x^2$　　D. $C_1\ln x+C_2\mathrm{e}^{-x}+x^2$

2. 判断下列函数组在其定义域上的线性相关性.

(1) $\cos 2x, \sin 2x$;

(2) $x, \mathrm{e}^x, x\mathrm{e}^x$;

(3) $1, \cos 2x, \cos^2 x$.

3. 设 y_1、y_2 是 $y''+P(x)y'+Q(x)y=f(x)$的任意两个解, 证明: $\alpha y_1+\beta y_2$(α、β 为常数)是该方程解的充要条件为 $\alpha+\beta=1$, 其中 $f(x)\neq 0$.

4. 证明: $y=C_1\mathrm{e}^x+C_2x^2\mathrm{e}^x+x\mathrm{e}^{2x}$ 是微分方程 $xy''-(2x+1)y'+(x+1)y=(x^2+x-1)\mathrm{e}^{2x}$ 的通解.

7.5　常系数齐次线性微分方程

7.4 节讨论了高阶线性微分方程的解的结构, 本节利用解的结构, 首先讨论二阶常系数齐次线性微分方程的解法, 再推广到 n 阶常系数齐次线性微分方程.

7.5.1　二阶常系数齐次线性微分方程

方程

$$y''+py'+qy=0 \tag{7.5.1}$$

称为二阶常系数齐次线性微分方程, 其中 p、q 均为常数.

由齐次方程的解的结构可知, 要求式(7.5.1)的通解, 只需求其两个线性无关的特解.

由于指数函数求导后仍为指数函数, 利用这个性质, 选取 $y=\mathrm{e}^{rx}$ 来尝试, 看能否选取适当的 r 使 $y=\mathrm{e}^{rx}$ 满足二阶常系数齐次线性微分方程, 为此将 $y=\mathrm{e}^{rx}$ 代入式(7.5.1), 得

$$(r^2+pr+q)\mathrm{e}^{rx}=0,$$

因为 $e^{rx}\neq 0$，所以只要 r 满足代数方程

$$r^2+pr+q=0, \tag{7.5.2}$$

函数 $y=e^{rx}$ 就是微分方程式(7.5.1)的解. 式(7.5.2)叫作微分方程式(7.5.1)的**特征方程**，并称特征方程的两个根 r_1、r_2 为**特征根**.

特征方程式(7.5.2)是一个二次代数方程，特征根 r_1、r_2 可用公式

$$r_{1,2}=\frac{-p\pm\sqrt{p^2-4q}}{2}$$

求出.

特征根有三种可能情形.

(1) 特征方程有两个不相等的实根 r_1、r_2 时，函数 $y_1=e^{r_1x}$、$y_2=e^{r_2x}$ 是方程的两个解，并且 $\frac{y_1}{y_2}=\frac{e^{r_1x}}{e^{r_2x}}=e^{(r_1-r_2)x}$ 不为常数，因此，微分方程式(7.5.1)的通解为

$$y=C_1e^{r_1x}+C_2e^{r_2x}.$$

(2) 特征方程有两个相等的实根 $r_1=r_2$ 时，只得到微分方程的一个解 $y_1=e^{r_1x}$. 为了得到微分方程的通解，还需要求出另外一个解 y_2，并且要求 $\frac{y_2}{y_1}$ 不为常数.

设 $\frac{y_2}{y_1}=u(x)$，即 $y_2=e^{r_1x}u(x)$，求 $u(x)$.

对 y_2 求导，得

$$y_2'=e^{r_1x}(u'+r_1u),$$
$$y_2''=e^{r_1x}(u''+2r_1u'+r_1^2u).$$

代入式(7.5.1)，得

$$e^{r_1x}[(u''+2r_1u'+r_1^2u)+p(u'+r_1u)+qu]=0,$$

整理后得

$$u''+(2r_1+p)u'+(r_1^2+pr_1+q)u=0.$$

因为 r_1 是特征方程的二重根，所以，$r_1^2+pr_1+q=0$ 且 $2r_1+p=0$，于是得到

$$u''=0.$$

因为这里 $u(x)$ 只要不是一个常数即可，所以尽可能地选择简单的函数，不妨选取 $u(x)=x$，得到式(7.5.1)的另一个解 $y_2=xe^{r_1x}$.

因此，式(7.5.1)的通解为

$$y=C_1e^{r_1x}+C_2xe^{r_1x},$$

即

$$y=e^{r_1x}(C_1+C_2x).$$

(3) 特征方程有一对共轭复根 $r_{1,2}=\alpha\pm i\beta$ 时，函数 $y_1=e^{(\alpha+i\beta)x}$、$y_2=e^{(\alpha-i\beta)x}$ 是式(7.5.1)的两个复数形式的解.

利用欧拉公式 $e^{i\theta}=\cos\theta+i\sin\theta$，把 y_1、y_2 改写为

$$y_1=e^{(\alpha+i\beta)x}=e^{\alpha x}(\cos\beta x+i\sin\beta x),$$
$$y_2=e^{(\alpha-i\beta)x}=e^{\alpha x}(\cos\beta x-i\sin\beta x),$$

又

$$y_1+y_2=2\mathrm{e}^{\alpha x}\cos\beta x,\ y_1-y_2=2\mathrm{i}\,\mathrm{e}^{\alpha x}\sin\beta x,$$

故由齐次线性方程解的叠加原理得 $\mathrm{e}^{\alpha x}\cos\beta x=\dfrac{y_1+y_2}{2}$， $\mathrm{e}^{\alpha x}\sin\beta x=\dfrac{y_1-y_2}{2\mathrm{i}}$ 也是式(7.5.1)的解.且 $\dfrac{\mathrm{e}^{\alpha x}\cos\beta x}{\mathrm{e}^{\alpha x}\sin\beta x}=\cot\beta x$ 不为常数，因此，式(7.5.1)的通解为

$$y=\mathrm{e}^{\alpha x}(C_1\cos\beta x+C_2\sin\beta x).$$

综上，求二阶常系数齐次线性微分方程 $y''+py'+qy=0$ 的通解的步骤如下.

第一步，写出微分方程的特征方程 $r^2+pr+q=0$;

第二步，求出特征方程的两个根 r_1、r_2;

第三步，根据特征方程的两个根的不同情况，按照表 7.5.1 写出微分方程的通解.

表 7.5.1

$r^2+pr+q=0$ 的两个根 r_1、r_2	$y''+py'+qy=0$ 的通解
两个不相等的实根 $r_1\neq r_2$	$y=C_1\mathrm{e}^{r_1x}+C_2\mathrm{e}^{r_2x}$
两个相等的实根 $r_1=r_2$	$y=\mathrm{e}^{rx}(C_1+C_2x)$
一对共轭复根 $\lambda_{1,2}=\alpha\pm\mathrm{i}\beta$	$y=\mathrm{e}^{\alpha x}(C_1\cos\beta x+C_2\sin\beta x)$

例 7.5.1 求微分方程 $y''+y'-6y=0$ 的通解.

解 所给微分方程的特征方程为

$$r^2+r-6=0,$$

其根 $r_1=2$、$r_2=-3$ 是两个不相等的实根，因此所求通解为

$$y=C_1\mathrm{e}^{2x}+C_2\mathrm{e}^{-3x}.$$

例 7.5.2 求方程 $4y''+4y'+y=0$ 满足初始条件 $y|_{x=0}=2, y'|_{x=0}=0$ 的特解.

解 所给微分方程的特征方程为

$$4r^2+4r+1=0,$$

其根 $r_1=r_2=-\dfrac{1}{2}$ 是两个相等的实根，因此所给微分方程的通解为

$$y=(C_1+C_2x)\mathrm{e}^{-\frac{x}{2}}.$$

将条件 $y|_{x=0}=2$， $y'|_{x=0}=0$ 代入通解，得 $C_1=2, C_2=1$，于是所求的特解为

$$y=(2+x)\mathrm{e}^{-\frac{x}{2}}.$$

例 7.5.3 求微分方程 $y''+2y'+3y=0$ 的通解.

解 所给微分方程的特征方程为

$$r^2+2r+3=0,$$

其根为 $r_{1,2}=-1\pm\sqrt{2}\mathrm{i}$ 是一对共轭复根. 因此，所求通解为

$$y=\mathrm{e}^{-x}(C_1\cos\sqrt{2}x+C_2\sin\sqrt{2}x).$$

例 7.5.4 水平放置的弹簧左端固定，右端与一个质量为 m 的物体相连，用力将物体从平衡位置 O 处向右拉，使弹簧伸长了 a，然后放开，由于弹簧恢复力的作用(恢复系数为 k)，物体便左右振动，如图 7.5.1 所示，设摩擦力很小可忽略，求物体的运动规律.

解 取平衡位置 O 为坐标原点，向右的方向为 x 轴的正向，设 t 时刻物体的位置为坐标 x，则在 t 时刻物体所受到的力为弹簧恢复力.

由牛顿第二定律得

$$\begin{cases} m\dfrac{\mathrm{d}^2x}{\mathrm{d}t^2}=-kx, \\ x|_{t=0}=a, x'|_{t=0}=0, \end{cases}$$

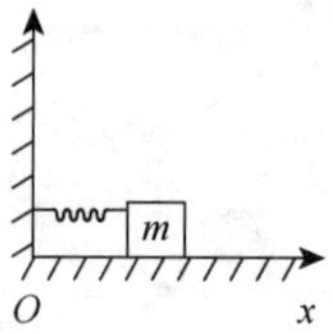

图 7.5.1

即

$$\begin{cases} \dfrac{\mathrm{d}^2x}{\mathrm{d}t^2}=-\dfrac{k}{m}x, \\ x|_{t=0}=a, x'|_{t=0}=0. \end{cases}$$

特征方程为 $r^2=-\dfrac{k}{m}$，$r=\pm\sqrt{\dfrac{k}{m}}\mathrm{i}$，于是方程的通解为

$$x=C_1\cos\sqrt{\frac{k}{m}}t+C_2\sin\sqrt{\frac{k}{m}}t.$$

代入初始条件，得 $C_1=a, C_2=0$. 故物体的运动规律为 $x=a\cos\sqrt{\dfrac{k}{m}}t$.

7.5.2 n 阶常系数齐次线性微分方程

方程

$$y^{(n)}+p_1y^{(n-1)}+p_2y^{(n-2)}+\cdots+p_{n-1}y'+p_ny=0 \tag{7.5.3}$$

称为 n 阶常系数齐次线性微分方程，其中 $p_1,p_2,\cdots,p_{n-1},p_n$ 都是常数.

方程

$$r^n+p_1r^{n-1}+p_2r^{n-2}+\cdots+p_{n-1}r+p_n=0 \tag{7.5.4}$$

称为式(7.5.3)的特征方程.

类似于二阶常系数齐次线性微分方程的解法，先求出式(7.5.4)在复数范围内的 n 个根(按根的重数计)，再根据所求的根，得到式(7.5.3)所对应的 n 个线性无关的解，然后写出这 n 个解的线性组合，从而得到式(7.5.3)的通解.

式(7.5.4)的根与式(7.5.3)的解的对应关系如下.

(1) 若 r 为特征方程式(7.5.4)的 k 重实根($1\leqslant k\leqslant n$)，则方程式(7.5.3)对应有 k 个线性无关解:

$$y_1=\mathrm{e}^{rx}, y_2=x\mathrm{e}^{rx}, \cdots, y_k=x^{k-1}\mathrm{e}^{rx}.$$

(2) 若 $r=\alpha\pm\mathrm{i}\beta$ 为特征方程式(7.5.4)的 k 重共轭复根$\left(1\leqslant k\leqslant\dfrac{n}{2}\right)$，则式(7.5.3)对应有 $2k$ 个线性无关解:

$$y_1=e^{\alpha x}\cos\beta x;\quad y_2=e^{\alpha x}\sin\beta x;$$
$$y_3=xe^{\alpha x}\cos\beta x;\quad y_4=xe^{\alpha x}\sin\beta x;$$
$$\cdots\qquad\qquad\cdots$$
$$y_{2k-1}=x^{k-1}e^{\alpha x}\cos\beta x;\quad y_{2k}=x^{k-1}e^{\alpha x}\sin\beta x.$$

例 7.5.5 求方程 $y^{(4)}-2y'''+3y''=0$ 的通解.

解 所给微分方程的特征方程为

$$r^4-2r^3+3r^2=0,\quad 即\quad r^2(r^2-2r+3)=0,$$

其根为

$$r_1=r_2=0\quad 和\quad r_{3,4}=1\pm\sqrt{2}i.$$

因此, 原方程对应的解为

$$y_1=1,\quad y_2=x,\quad y_3=e^x\cos\sqrt{2}x,\quad y_4=e^x\sin\sqrt{2}x.$$

从而原方程通解为

$$y=C_1+C_2x+e^x(C_3\cos\sqrt{2}x+C_4\sin\sqrt{2}x).$$

例 7.5.6 求方程 $y^{(4)}+2y''+y=0$ 的通解.

解 所给微分方程的特征方程为

$$r^4+2r^2+1=0,$$

即

$$(r^2+1)^2=0.$$

它有一对二重共轭复根 $r_{1,2}=\pm i$, 因此, 原方程对应的解为

$$y_1=\cos x,\quad y_2=\sin x,\quad y_3=x\cos x,\quad y_4=x\sin x.$$

故所求通解为

$$y=(C_1+C_2x)\cos x+(C_3+C_4x)\sin x.$$

例 7.5.7 求一个以 $y_1=e^x, y_2=2xe^x, y_3=\cos 2x, y_4=3\sin 2x$ 为特解的四阶常系数齐次线性微分方程, 并求其通解.

解 由 $y_1=e^x, y_2=2xe^x$ 知, 所求方程的特征根有 $r_1=r_2=1$ 的二重根.

由 $y_3=\cos 2x, y_4=3\sin 2x$ 知, 特征根有 $r_{3,4}=\pm 2i$ 的一对共轭复根. 因此, 特征方程为

$$(r-1)^2(r^2+4)=0,$$

即

$$r^4-2r^3+5r^2-8r+4=0.$$

所求微分方程为

$$y^{(4)}-2y'''+5y''-8y'+4y=0,$$

其通解为

$$y=(C_1+C_2x)e^x+C_3\cos 2x+C_4\sin 2x.$$

习　题　7.5

1. 单项选择题.

(1) 若方程 $y''+py'+qy=0$ 的系数满足 $1+p+q=0$, 则该方程有特解(　　).

A. $y=x$　　B. $y=e^x$　　C. $y=e^{-x}$　　D. $y=\sin x$

(2) 具有特解 $y_1=e^{-x}$、$y_2=2xe^{-x}$、$y_3=3e^x$ 的三阶常系数齐次线性微分方程是(　　).

A. $y'''-y''-y'+y=0$　　B. $y'''+y''-y'-y=0$

C. $y'''-6y''+11y'-6y=0$　　D. $y'''-2y''-y'+2y=0$

(3) 方程 $y''+2y'+y=0$ 的通解是(　　).

A. $C_1\cos x+C_2\sin x$　　B. $C_1e^x+C_2e^{2x}$

C. $(C_1+C_2x)e^{-x}$　　D. $C_1e^x+C_2e^{-x}$

2. 求下列微分方程的通解.

(1) $y''+y=0$;

(2) $y''+y'=0$;

(3) $3y''-2y'-8y=0$;

(4) $y^{(4)}-2y'''+5y''=0$.

3. 求满足微分方程 $y''-4y'+13y=0$, 以 $y|_{x=0}=0$、$y'|_{x=0}=3$ 为初始条件的特解.

4. 求以 $y_1=e^{2x}$、$y_2=xe^{2x}$ 为特解的二阶常系数齐次线性微分方程.

7.6　常系数非齐次线性微分方程

二阶常系数非齐次线性微分方程的一般形式是

$$y''+py'+qy=f(x), \tag{7.6.1}$$

其中: p、q 为常数.

由定理 7.4.3 可知, 二阶常系数非齐次线性微分方程的通解是对应的齐次方程

$$y''+py'+qy=0 \tag{7.6.2}$$

的通解 $y=Y(x)$与非齐次方程本身的一个特解 $y=y^*(x)$之和, 即

$$y=Y(x)+y^*(x).$$

7.5 节讨论了齐次微分方程式(7.6.2)的解法, 所以这里只需要求出式(7.6.1)的一个特解.

方程(7.6.1)的特解形式与右端的自由项 $f(x)$密切相关, 一般情形下, 要求出方程(7.6.1)的特解比较困难, 所以, 本节只对$f(x)$的两种常见情形进行讨论.

(1) $f(x)=P_m(x)e^{\lambda x}$, 其中 λ 为常数, $P_m(x)$为 x 的一个 m 次多项式:

$$P_m(x)=a_0x^m+a_1x^{m-1}+\cdots+a_{m-1}x+a_m.$$

(2) $f(x)=e^{\lambda x}[P_l(x)\cos\omega x+\tilde{P}_n(x)\sin\omega x]$, 其中 λ、ω 为常数, $P_l(x)$、$\tilde{P}_n(x)$ 分别是 x 的 l 次、n 次多项式, 且有一个可以为 0.

下面分别介绍$f(x)$为上述两种形式时特解的求法.

7.6.1 $f(x)=P_m(x)\mathrm{e}^{\lambda x}$ 型

$f(x)=P_m(x)\mathrm{e}^{\lambda x}$ 端是多项式函数和指数函数的乘积，而多项式函数和指数函数的乘积的导数仍是多项式函数和指数函数的乘积，可以推测，方程的特解也应具有这种形式. 因此，设特解的形式为$y^*=Q(x)\mathrm{e}^{\lambda x}$，将其代入式(7.6.1)并整理得

$$Q''(x)+(2\lambda+p)Q'(x)+(\lambda^2+p\lambda+q)Q(x)=P_m(x). \tag{7.6.3}$$

(1) 若λ不是特征方程$r^2+pr+q=0$的根，则$\lambda^2+p\lambda+q\neq0$. 要使式(7.6.3)成立，$Q(x)$应设为$m$次多项式:

$$Q_m(x)=b_0x^m+b_1x^{m-1}+\cdots+b_{m-1}x+b_m,$$

代入式(7.6.3)并比较等式两端同次项系数，可确定$b_0,b_1,\cdots b_m$，并得所求特解

$$y^*=Q_m(x)\mathrm{e}^{\lambda x}.$$

(2) 若λ是特征方程$r^2+pr+q=0$的单根，则$\lambda^2+p\lambda+q=0$，但$2\lambda+p\neq0$，要使式(7.6.3)成立，$Q'(x)$必须是m次多项式，$Q(x)$应为$m+1$次多项式，令

$$Q(x)=x\,Q_m(x),$$

用同样的方法确定$b_0,b_1,\cdots,b_m$，并得所求特解

$$y^*=x\,Q_m(x)\mathrm{e}^{\lambda x}.$$

(3) 若λ是特征方程$r^2+pr+q=0$的二重根，则$\lambda^2+p\lambda+q=0$，$2\lambda+p=0$. 要使式(7.6.3)成立，$Q''(x)$必须是m次多项式，$Q(x)$应设为$m+2$次多项式，令

$$Q(x)=x^2Q_m(x),$$

用同样的方法确定$b_0,b_1,\cdots,b_m$，并得所求特解

$$y^*=x^2Q_m(x)\mathrm{e}^{\lambda x}.$$

综上所述，有如下结论.

定理 7.6.1 若$f(x)=P_m(x)\mathrm{e}^{\lambda x}$，则二阶常系数非齐次线性微分方程式(7.6.1)有形如

$$y^*=x^kQ_m(x)\mathrm{e}^{\lambda x} \tag{7.6.4}$$

的特解，其中$Q_m(x)$是与$P_m(x)$同次的多项式，而k按λ不是特征方程的根，是特征方程的单根或特征方程的重根，依次取为0、1或2.

上述结论也可以推广至n阶常系数非齐次线性微分方程，其中式(7.6.4)中的k取值是：若λ不是特征方程的根，则k取为0；若λ是特征方程的s重根，则k取为s.

例 7.6.1 求微分方程$y''-2y'-3y=9x^2+1$的一个特解.

解 这是二阶常系数非齐次线性微分方程，且函数$f(x)$是$P_m(x)\mathrm{e}^{\lambda x}$型，其中$P_m(x)=9x^2+1$，$\lambda=0$.

特征方程为$r^2-2r-3=0$. 由于这里$\lambda=0$不是特征方程的根，所以应设特解为

$$y^*=Ax^2+Bx+C,$$

把它代入原方程，得

$$-3Ax^2-(4A+3B)x+2A-2B-3C=9x^2+1,$$

比较两端 x 同次幂的系数，得

$$\begin{cases}-3A=9,\\4A+3B=0,\\2A-2B-3C=1.\end{cases}$$

解得 $A=-3, B=4, C=-5$. 于是求得所给方程的一个特解为

$$y^*=-3x^2+4x-5.$$

例 7.6.2 求微分方程 $y''-3y'+2y=2x\mathrm{e}^x$ 的通解.

解 所给方程是二阶常系数非齐次线性微分方程，且 $f(x)$ 是 $P_m(x)\mathrm{e}^{\lambda x}$ 型，其中

$$P_m(x)=2x,\quad \lambda=1.$$

所给方程对应的齐次方程为 $y''-3y'+2y=0$，它的特征方程为 $r^2-3r+2=0$. 特征方程有两个实根 $r_1=1, r_2=2$. 于是对应的齐次线性微分方程的通解为

$$Y=C_1\mathrm{e}^x+C_2\mathrm{e}^{2x}.$$

因为 $\lambda=1$ 是特征方程的单根，所以应设非齐次方程的特解为

$$y^*=x(Ax+B)\mathrm{e}^x,$$

把它代入原方程，得

$$-2Ax+2A-B=2x,$$

由此求得 $A=-1, B=-2$. 于是求得非齐次方程的一个特解为

$$y^*=-x(x+2)\mathrm{e}^x,$$

从而原方程的通解为

$$y=C_1\mathrm{e}^x+C_2\mathrm{e}^{2x}-x(x+2)\mathrm{e}^x.$$

例 7.6.3 写出方程 $y''-4y'+4y=2x+1+3x\mathrm{e}^{2x}$ 的特解形式.

解 由定理 7.4.4 知，该方程的特解为以下两个方程的特解之和

$$y''-4y'+4y=2x+1, \tag{7.6.5}$$

$$y''-4y'+4y=3x\mathrm{e}^{2x}, \tag{7.6.6}$$

对应的特征方程为 $r^2-4r+4=0$，特征根为 $r_1=r_2=2$.

对于式(7.6.5)，$\lambda_1=0$ 不是特征方程的根，对应的特解为 $y_1^*=A_0x+A_1$；

对于式(7.6.6)，$\lambda_2=2$ 是特征方程的二重根，对应的特解为 $y_2^*=x^2(B_0x+B_1)\mathrm{e}^{2x}$.

故所给方程的特解形式为

$$y^*=A_0x+A_1+x^2(B_0x+B_1)\mathrm{e}^{2x}.$$

7.6.2 $f(x)=\mathrm{e}^{\lambda x}[P_l(x)\cos\omega x+\tilde{P}_n(x)\sin\omega x]$型

对于 $f(x)$ 的这种形式，我们首先通过变形，转化成“$f(x)=P_m(x)\mathrm{e}^{\lambda x}$”型，利用 7.6.1 节的结果，推导出特解表达式.

应用欧拉公式可得

$$\begin{aligned}
&e^{\lambda x}[P_l(x)\cos\omega x+\tilde{P}_n(x)\sin\omega x]\\
&=e^{\lambda x}\left[P_l(x)\frac{e^{i\omega x}+e^{-i\omega x}}{2}+\tilde{P}_n(x)\frac{e^{i\omega x}-e^{-i\omega x}}{2i}\right]\\
&=\frac{1}{2}[P_l(x)-i\tilde{P}_n(x)]e^{(\lambda+i\omega)x}+\frac{1}{2}[P_l(x)+i\tilde{P}_n(x)]e^{(\lambda-i\omega)x}\\
&=P(x)e^{(\lambda+i\omega)x}+\bar{P}(x)e^{(\lambda-i\omega)x},
\end{aligned}$$

式中：$P(x)=\frac{1}{2}(P_l-\tilde{P}_n i),\bar{P}(x)=\frac{1}{2}(P_l+\tilde{P}_n i)$ 为相互共轭的 m 次多项式，而 $m=\max\{l,n\}$.

由7.6.1节，设方程$y''+py'+qy=P(x)e^{(\lambda+i\omega)x}$的特解为$y_1^*=x^kQ_m(x)e^{(\lambda+i\omega)x}$,则$\overline{y_1^*}=x^k\bar{Q}_m(x)e^{(\lambda-i\omega)x}$必是方程$y''+py'+qy=\bar{P}(x)e^{(\lambda-i\omega)}$ 的特解，其中k按$\lambda\pm i\omega$不是特征方程的根或是特征方程的根依次取0或1.

于是方程 $y''+py'+qy=e^{\lambda x}[P_l(x)\cos\omega x+\tilde{P}_n(x)\sin\omega x]$的特解为

$$\begin{aligned}
y^*&=x^kQ_m(x)e^{(\lambda+i\omega)x}+x^k\bar{Q}_m(x)e^{(\lambda-i\omega)x}\\
&=x^ke^{\lambda x}[Q_m(x)(\cos\omega x+i\sin\omega x)+\bar{Q}_m(x)(\cos\omega x-i\sin\omega x),
\end{aligned}$$

括号内的两项是共轭的，相加后无虚部，可以写成下面实函数的形式：

$$y^*=x^ke^{\lambda x}[R_m^{(1)}(x)\cos\omega x+R_m^{(2)}(x)\sin\omega x].$$

式中：$R_m^{(1)}(x)$、$R_m^{(2)}(x)$是m次实多项式.

综上所述，有如下结论.

定理 7.6.2 若 $f(x)=e^{\lambda x}[P_l(x)\cos\omega x+\tilde{P}_n(x)\sin\omega x]$，则二阶常系数非齐次线性微分方程

$$y''+py'+qy=f(x)$$

的特解可设为

$$y^*=x^ke^{\lambda x}[R_m^{(1)}(x)\cos\omega x+R_m^{(2)}(x)\sin\omega x],$$

式中: k 按 $\lambda+i\omega$(或 $\lambda-i\omega$)不是特征方程的根或是特征方程的根依次取 0 或 1.

例 7.6.4 求微分方程 $y''-2y'+3y=e^{-x}\cos x$ 的一个特解.

解 方程右端属于 $e^{\lambda x}[P_l(x)\cos\omega x+\tilde{P}_n(x)\sin\omega x]$型，其中 $\lambda=-1,\omega=1,P_l(x)=1,\ \tilde{P}_n(x)=0$.

与所给方程对应的齐次方程为 $y''-2y'+3y=0$，它的特征方程为 $r^2-2r+3=0$.

由于这里 $\lambda\pm i\omega=-1\pm i$ 不是特征方程的根，可设特解为

$$y^*=(A\cos x+B\sin x)e^{-x}.$$

把它代入所给方程并化简得

$$e^{-x}[(5A-4B)\cos x+(4A+5B)\sin x]=e^{-x}\cos x.$$

比较两端同类项的系数，得$\begin{cases}5A-4B=1,\\4A+5B=0,\end{cases}$ 得 $A=\frac{5}{41}$，$B=-\frac{4}{41}$. 于是求得一个特解为

$$y^*=\frac{1}{41}e^{-x}(5\cos x-4\sin x).$$

例 7.6.5 写出方程 $y''-4y'-5y=xe^{-x}+\sin 5x$ 的特解形式.

解 方程右端应看作两部分的和，$f_1(x)=e^{-x},f_2(x)=\sin 5x$.

原方程对应的特征方程为 $r^2-4r-5=0$，特征根为 $r_1=-1,r_2=5,\lambda_1=-1$ 是特征方程的单根，

与 $f_1(x)=xe^{-x}$ 对应的特解为 $y_1^*=x(A_1x+A_2)e^{-x}$；$0\pm 5i$ 不是特征方程的根，与 $f_2(x)=\sin 5x$ 对应的特解为 $y_2^*=B_1\cos 5x+B_2\sin 5x$．故所给方程的特解形式为

$$y^*=x(A_1x+A_2)e^{-x}+B_1\cos 5x+B_2\sin 5x.$$

例 7.6.6 设 $f(x)=\sin x-\int_0^x (x-t)f(t)\,dt$，求 $f(x)$.

解

$$f(x)=\sin x-x\int_0^x f(t)\,dt+\int_0^x tf(t)\,dt,\quad f(0)=0,$$

$$f'(x)=\cos x-\int_0^x f(t)\,dt,\quad f'(0)=1,$$

$$f''(x)=-\sin x-f(x).$$

得初值问题：$\begin{cases} y''+y=-\sin x, \\ y(0)=0,\ y'(0)=1. \end{cases}$

$y''+y=-\sin x$ 的特征方程为 $r^2+1=0$，特征根为 $r_{1,2}=\pm i$. 方程对应的齐次方程的通解为 $Y=C_1\cos x+C_2\sin x$.

设非齐次方程的一个特解为 $y^*=x(A\cos x+B\sin x)$，将它代入原非齐次方程，解得 $A=\frac{1}{2}$，$B=0$，所以 $y^*=\frac{1}{2}x\cos x$．故所求非齐次方程的通解为

$$y=C_1\cos x+C_2\sin x+\frac{1}{2}x\cos x,\qquad y'=-C_1\sin x+C_2\cos x+\frac{1}{2}(\cos x-x\sin x),$$

代入初始条件 $y(0)=0, y'(0)=1$，得 $C_1=0, C_2=\frac{1}{2}$.

所以所求特解为 $f(x)=\frac{1}{2}(\sin x+x\cos x)$.

习 题 7.6

1. 单项选择题.

(1) 微分方程 $y''-y'=x^2$ 的特解具有形式(　　).

A. Ax^2　　B. Ax^2+Bx+C

C. Ax^3　　D. $x(Ax^2+Bx+C)$

(2) 微分方程 $y''-y=e^x+1$ 的特解具有形式(　　).

A. Ae^x+B　　B. Axe^x+Bx

C. Ae^x+Bx　　D. Axe^x+B

(3) 二阶常系数非齐次线性微分方程 $y''-2y'+y=xe^x+\sin x$ 的特解形式应为(　　).

A. $x^2(ax+b)e^x+A\sin x$　　B. $x(ax+b)e^x+A\sin x+B\cos x$

C. $x(ax+b)e^x+A\sin x$　　D. $x^2(ax+b)e^x+A\sin x+B\cos x$

2. 对于如下 $f(x)$，求微分方程 $y''-3y'+2y=f(x)$的通解.

(1) $f(x)=3e^{2x}$;

(2) $f(x)=5\sin 2x$;

(3) $f(x)=3e^{2x}+5\sin 2x$.

3. 设函数$f(x)$连续，且满足$f(x)=\mathrm{e}^x+\int_0^x tf(t)\,\mathrm{d}t-x\int_0^x f(t)\,\mathrm{d}t$，求$f(x)$.

4. 若函数$f(x)$满足$f''(x)+f'(x)-2f(x)=0, f''(x)+f(x)=2\mathrm{e}^x$，求$f(x)$.

5. 已知$y=\frac{1}{2}\mathrm{e}^{2x}+(x-\frac{1}{3})\mathrm{e}^x$是二阶常系数非齐次线性微分方程$y''+ay'+by=c\mathrm{e}^x$的一个特解，求$a$、$b$、$c$.

6. 设$f(x)$为连续函数，且满足方程$f(x)=\mathrm{e}^x+\int_0^x (x-t)f(t)\,\mathrm{d}t$，求$f(x)$的表达式.

7. 质量为m的物体在液面上由静止状态开始垂直下沉，经t_0 s后沉到容器底部，已知下沉过程中，液体对它的阻力(包括浮力)与下沉速度成正比(比例系数为k). 求物体下沉的运动规律，并求液面到底部的距离.

*7.7 差分方程

在经济与管理及其他实际问题中，许多数据都是以等间隔时间周期统计的. 例如，银行中的定期存款是按所设定的时间等间隔计息，外贸出口额按月统计，国民收入按年统计，产品的产量按月统计等. 这些量是变量，通常称这类变量为离散型变量. 描述离散型变量之间关系的数学模型称为离散型模型. 对取值是离散的经济变量，差分方程是研究它们之间变化规律的有效方法.

本节主要介绍差分方程的基本概念、基本定理及其解法，与微分方程的基本概念、基本定理及其解法非常类似，可对照微分方程的知识学习本节内容.

7.7.1 差分的定义

定义 7.7.1 设函数$y=f(x)$，记为y_x. 当自变量x取遍非负的等间隔整数$0,1,2,\cdots$时，函数值可以排成一个数列:

$$y_0,y_1,\cdots,y_x,\cdots,$$

则自变量由x变化到$x+1$时，相应的函数的增量记为

$$\Delta y_x=y_{x+1}-y_x, \tag{7.7.1}$$

称式(7.7.1)为$y=f(x)$在点x处步长为1的**一阶差分**，简称为y_x的**一阶差分**.

由于函数$y=f(x)$的函数值是一个序列，按一阶差分的定义，差分就是序列的相邻值之差. 当函数$y=f(x)$的一阶差分为正值时，表明序列是增加的，而且其值越大，表明序列增加得越快；当该函数一阶差分为负值时，表明序列是减少的.

例如，设某公司经营一种商品，第t月初的库存量是$R(t)$，第t月调进和销出这种商品的数量分别是$P(t)$和$Q(t)$，则下月月初，即第t+1月月初的库存量$R(t+1)$应是

$$R(t+1)=R(t)+P(t)-Q(t),$$

故有

$$R(t+1)-R(t)=P(t)-Q(t),$$

若记

$$\Delta R(t)=R(t+1)-R(t)$$

为相邻两月库存量的改变量, 则该式为库存量函数 $R(t)$ 在 t 时刻(此处 t 以月为单位)的一阶差分.

定义 7.7.2 按一阶差分的定义方式, 可以定义函数的高阶差分. 称

$$\Delta(\Delta y_x)=\Delta y_{x+1}-\Delta y_x=(y_{x+2}-y_{x+1})-(y_{x+1}-y_x)=y_{x+2}-2y_{x+1}+y_x \tag{7.7.2}$$

为 $y=f(x)$ **二阶差分**, 简记为 $\Delta^2 y_x$.

依次定义函数 $y=f(x)$ 在 x 的三阶差分为

$$\begin{aligned}\Delta^3 y_x&=\Delta(\Delta^2 y_x)=\Delta^2 y_{x+1}-\Delta^2 y_x\\&=(y_{x+3}-2y_{x+2}+y_{x+1})-(y_{x+2}-2y_{x+1}+y_x)\\&=y_{x+3}-3y_{x+2}+3y_{x+1}-y_x.\end{aligned} \tag{7.7.3}$$

一般地, 函数 $y=f(x)$ 在 x 处的 n 阶差分定义为

$$\begin{aligned}\Delta^n y_x&=\Delta(\Delta^{n-1} y_x)=\Delta^{n-1} y_{x+1}-\Delta^{n-1} y_x\\&=\sum_{k=0}^{n}(-1)^k\frac{n(n-1)\cdots(n-k+1)}{k!}y_{x+n-k}.\end{aligned}$$

根据定义可知, 当 C 是常数, y_x 和 z_x 是函数时, 差分满足以下性质:

(1) $\Delta(Cy_x)=C\Delta(y_x)$;

(2) $\Delta(y_x\pm z_x)=\Delta y_x\pm\Delta z_x$.

由性质(1)和(2)可得 $\Delta(ay_x+bz_x)=a\Delta y_x+b\Delta z_x$ (a, b 为任意常数).

例 7.7.1 设 $y_x=x^2$, 求 Δy_x, $\Delta^2 y_x$, $\Delta^3 y_x$.

解 $\Delta y_x=\Delta(x^2)=(x+1)^2-x^2=2x+1$.

$\Delta^2 y_x=\Delta^2(x^2)=\Delta(\Delta(x^2))=\Delta(2x+1)=[2(x+1)+1]-(2x+1)=2$.

$\Delta^3 y_x=\Delta^3(x^2)=\Delta(\Delta^2(x^2))=\Delta(2)=0$.

注意 $\Delta(C)=0$ (C 为常数).

例 7.7.2 已知 $y_x=x^\alpha\ (x\neq 0)$, α 为常数, 求 Δy_x.

解 $\Delta y_x=(x+1)^\alpha-x^\alpha$. 特别地, 当 $\alpha=n$ (n 为正整数)时,

$$\Delta y_x=\Delta(x^n)=(x+1)^n-x^n=\sum_{i=1}^{n}C_n^i x^{n-i},$$

$\Delta(x^n)$ 为 $n-1$ 次多项式.

注意 若 m,n 为正整数 $f(x)$ 为 x 的 n 次多项式, 则 $\Delta^n f(x)$ 为常数, 且

$$\Delta^m f(x)=0\quad (m>n).$$

例 7.7.3 已知 $y_x=a^x\ (0<a\neq 1)$, 求 Δy_x.

解 $\Delta y_x=a^{x+1}-a^x=a^x(a-1)$.

例 7.7.4 求 $y_x=x^2\cdot 3^x$ 的一阶差分.

解 $\Delta y_x=\Delta(x^2\cdot 3^x)=(x+1)^2\cdot 3^{x+1}-x^2\cdot 3^x=(2x^2+6x+3)3^x$,

或由差分的运算性质, 有

$$\begin{aligned}\Delta y_x&=\Delta(x^2\cdot 3^x)=(x+1)^2\Delta(3^x)+3^x\Delta(x^2)\\&=(x+1)^2\cdot 3^x\cdot 2+3^x\cdot(2x+1)=(2x^2+6x+3)3^x.\end{aligned}$$

7.7.2 差分方程的概念

例 7.7.5 设 y_0 是初始存款($x=0$ 时的存款), 年利率 $r\,(0<r<1)$, 如以复利计息, 试确定 x 年末的本利和 y_x.

解 在该问题中, 如将时间 x (x 以年为单位)看作自变量, 则本利和 y_x 可看作是 x 的函数 $y_x=f(x)$. 虽然不能立即写出函数关系 $y_x=f(x)$, 但可以写出相邻两个函数值之间的关系式:

$$y_{x+1}=y_x+ry_x=(1+r)y_x=(1+r)^2y_{x-1}\quad (r=0,1,2,\cdots), \tag{7.7.4}$$

如写作函数 $y_x=f(x)$ 在 x 的差分 $\Delta y_x=y_{x+1}-y_x$ 的形式, 则式(7.7.4)可写为

$$\Delta y_x=ry_x\quad (r=0,1,2,\cdots), \tag{7.7.5}$$

因此可算出 x 年末的本利和为

$$y_x=(1+r)^x y_0\quad (r=0,1,2,\cdots). \tag{7.7.6}$$

定义 7.7.3 类似于式(7.7.4)或式(7.7.5), 含有自变量、未知函数及其差分的方程, 称为**差分方程**.

定义 7.7.4 差分方程中所含差分的最高阶数, 称为差分方程的**阶数**. 或者说, 差分方程中未知函数下标的最大差数, 称为差分方程的阶数. 例如, 差分方程 $\Delta^2y_x-3\Delta y_x-3y_x-x=0$ 或 $y_{x+2}-5y_{x+1}+y_x-x=0$ 为二阶差分方程.

差分方程的不同形式间可以相互转换. 例如差分方程 $y_{x+2}-2y_{x+1}-y_x=5^x$ 是一个二阶差分方程, 它可以转换为 $y_x-2y_{x-1}-y_{x-2}=5^{x-2}$, 也可以写成 $\Delta^2y_x-2y_x=5^x$.

差分方程的一般形式为

$$F(x,y_x,\Delta y_x,\Delta^2y_x,\cdots,\Delta^n y_x)=0, \tag{7.7.7}$$

$$G(x,y_x,y_{x+1},\cdots,y_{x+n})=0\quad 或\quad H(x,y_x,y_{x-1},\cdots,y_{x-n})=0, \tag{7.7.8}$$

由于实际应用中经常遇到的是形如 $G(x,y_x,y_{x+1},\cdots,y_{x+n})=0$ 的差分方程, 所以只讨论此形式的差分方程.

例7.7.6 试确定下列差分方程的阶.

(1) $y_{x+3}-y_{x-2}+y_{x-4}=0$; (2) $5y_{x+5}+y_{x+1}=7$.

解 (1) 由于差分方程中未知函数下标的最大差为 7, 此差分方程的阶为 7;

(2) 由于差分方程中未知函数下标的最大差为 4, 此差分方程的阶为 4.

定义 7.7.5 若把一个函数 $y_x=\phi(x)$ 代入差分方程中, 使其成为恒等式, 则称 $y_x=\phi(x)$ 为差分方程的**解**. 含有相互独立的任意常数的个数等于差分方程的阶数的解, 称为差分方程的**通解**. 同微分方程一样差分方程也有初值问题, 用以确定通解中任意常数的条件称为**初始条件**, 给任意常数以确定值的解, 称为差分方程的**特解**.

式(7.7.6)是 y_x 与 x 之间的函数关系式, 就是要求的未知函数, 它满足差分方程(7.7.4)或差分方程(7.7.5), 这个函数称为差分方程(7.7.4)或差分方程(7.7.5)的解.

正因如此, 差分方程又可定义为含有自变量和多个点的未知函数值的函数方程.

一阶差分方程的初始条件为一个, 一般是 $y_0=a_0$ (a_0 是常数); 二阶差分方程的初始条件为两个, 一般是 $y_0=a_0$, $y_1=a_1$ (a_0, a_1 是常数)或 $y_x\big|_{x=x_0}=y_0$, $\Delta y_x\big|_{x=x_0}=\Delta y_0$ 等, 依次类推.

7.7.3 常系数线性差分方程的解

定义 7.7.6 形如

$$y_{x+n}+p_1(x)y_{x+n-1}+\cdots+p_n(x)y_x=f(x) \tag{7.7.9}$$

的差分方程，称为 ***n* 阶线性差分方程**. 其特点是 $y_{x+n},y_{x+n-1},\cdots,y_x$ 都是一次的. 其中 $f(x)$，$p_1(x),p_2(x),\cdots,p_n(x)$ 为已知函数，且 $p_n(x)\neq 0$，y_x 是未知函数. 当 $f(x)\equiv 0$ 时为**齐次的**，否则，为**非齐次**的.

注意 从前面的讨论中可以看到，关于差分方程及其解的概念与微分方程十分相似. 事实上，微分与差分都是描述变量变化的状态，只是前者描述的是连续变化过程，后者描述的是离散变化过程. 在取单位时间为 1，且单位时间间隔很小的情况下，

$$\Delta y_x=f(x+1)-f(x)\approx \mathrm{d}y=\frac{\mathrm{d}y}{\mathrm{d}x}\cdot\Delta x=\frac{\mathrm{d}y}{\mathrm{d}x},$$

即差分方程可看作连续变化的一种近似. 因此，差分方程和微分方程无论在方程结构、解的结构还是在求解方法上都有很多相似之处.

现在来讨论线性差分方程解的基本定理，将以二阶线性差分方程为例，任意阶线性差分方程都有类似结论.

二阶线性差分方程的一般形式

$$y_{x+2}+P(x)y_{x+1}+Q(x)y_x=f(x), \tag{7.7.10}$$

其中 $P(x)$，$Q(x)$ 和 $f(x)$ 均为 x 的已知函数，且 $Q(x)\neq 0$. 若 $f(x)\neq 0$，则式(7.7.10)为二阶非齐次线性差分方程，其对应的齐次线性差分方程为

$$y_{x+2}+P(x)y_{x+1}+Q(x)y_x=0, \tag{7.7.11}$$

定理 7.7.1 若函数 $y_1(x)$，$y_2(x)$ 是二阶齐次线性差分方程(7.7.11)的两个解，则

$$y(x)=C_1y_1(x)+C_2y_2(x)$$

也是该差分方程的解，其中 C_1、C_2 是任意常数.

定理 7.7.2 (齐次线性差分方程解的结构定理) 若函数 $y_1(x)$，$y_2(x)$ 是二阶齐次线性差分方程(7.7.11)的两个线性无关特解，则 $y(x)=C_1y_1(x)+C_2y_2(x)$ 是该差分方程的通解，其中 C_1、C_2 是任意常数.

定理 7.7.3 (非齐次线性差分方程解的结构定理) 若 $y^*(x)$ 是二阶非齐次线性差分方程(7.7.10)的一个特解，$Y(x)$ 是对应的齐次线性差分方程(7.7.11)的通解，则二阶非齐次线性差分方程(7.7.10)的通解为

$$y_x=Y(x)+y^*(x).$$

定理 7.7.4 (解的叠加原理) 若函数 $y_1^*(x)$，$y_2^*(x)$ 分别是二阶非齐次线性差分方程

$$y_{x+2}+P(x)y_{x+1}+Q(x)y_x=f_1(x) \quad 与 \quad y_{x+2}+P(x)y_{x+1}+Q(x)y_x=f_2(x)$$

的特解，则 $y_1^*(x)+y_2^*(x)$ 是差分方程 $y_{x+2}+P(x)y_{x+1}+Q(x)y_x=f_1(x)+f_2(x)$ 的特解.

以上定理皆可推广到 n 阶线性差分方程的情形.

例 7.7.7 指出下列等式哪一个是差分方程, 若是, 进一步指出是否为线性差分方程.

(1) $-3\Delta y_x = 3y_x + \mathrm{e}^x$; (2) $y_{x+2} - 2y_{x+1} + 3y_x = 4$.

解 (1) 将原方程变形为 $-3y_{x+1} = \mathrm{e}^x$, 因其只含有自变量的一个函数值, 所以这个方程不是差分方程.

(2) 这个方程是差分方程, 且是二阶线性差分方程.

1. 一阶常系数线性差分方程的求解

一阶非齐次常系数线性差分方程是

$$y_{x+1} + py_x = f(x) \quad (p \neq 0,\ f(x) \neq 0), \tag{7.7.12}$$

对应的一阶齐次常系数线性差分方程是

$$y_{x+1} + py_x = 0 \quad (p \neq 0), \tag{7.7.13}$$

这里我们主要介绍两个求解一阶齐次常系数线性差分方程 $y_{x+1} + py_x = 0$ 的方法.

① 迭代法

由式(7.7.13)可得 $y_{x+1} = -py_x$, 假设在初始时刻, 即 $x = 0$ 时, 函数 y_0 取常数 C. 分别以 $x = 0,1,2,\cdots$, 代入上式, 得

$$\begin{aligned} y_1 &= (-p)y_0 = C(-p), \\ y_2 &= (-p)y_1 = (-p)^2 y_0 = C(-p)^2, \\ &\cdots\cdots \\ y_x &= (-p)y_{x-1} = (-p)^x y_0 = C(-p)^x, \end{aligned}$$

最后一式 $y_x = C(-p)^x$, $x = 0,1,2,\cdots$ 就是齐次差分方程(7.7.13)的通解. 特别地, 当 $p = -1$ 时, 齐次差分方程的通解为 $y_x = C$, $x = 0,1,2,\cdots$.

例 7.7.8 求差分方程 $2y_{x+1} + 7y_x = 0$ 的通解.

解 原差分方程化为 $y_{x+1} + \frac{7}{2}y_x = 0$, $p = \frac{7}{2}$, 所以其通解为 $y_x = C\left(-\frac{7}{2}\right)^x$ (C 为任意常数).

②特征值法

根据齐次常系数线性差分方程 $y_{x+1} + py_x = 0$ 的特点, 设 $y_x = r^x$ 是其解, 代入得 $r^{x+1} + pr^x = 0$, 即 $r + p = 0$ 称为差分方程 $y_{x+1} + py_x = 0$ 的**特征方程**, 解得特征根为 $r = -p$. 那么函数 $y_x = r^x = (-p)^x \neq 0$ 为齐次常系数线性差分方程 $r^{x+1} + pr^x = 0$ 的一个非零解(线性无关解), 故其通解为 $y_x = C(-p)^x$ (C 为任意常数).

综上, 求一阶常系数齐次线性差分方程 $y_{x+1} + py_x = 0$ 的通解步骤如下.

第一步, 写出差分方程 $y_{x+1} + py_x = 0$ 的特征方程 $r + p = 0$.

第二步, 求出特征方程 $r + p = 0$ 的根 $r = -p$.

第三步, 写出差分方程的通解 $y_x = Cr^x = C(-p)^x$.

这种根据一阶常系数齐次线性差分方程的特征方程的根直接确定其通解的方法称为**特征方程法**.

例 7.7.9 求差分方程 $3y_{x+1} - 2y_x = 0$ 的通解.

解 原差分方程化为 $y_{x+1}-\frac{2}{3}y_x=0$，特征方程为 $r-\frac{2}{3}=0$，解得特征根 $r=\frac{2}{3}$，所以其通解为 $y_x=C\left(\frac{2}{3}\right)^x$ (C 为任意常数).

接下来，用待定系数法求一阶非齐次常系数线性差分方程 $y_{x+1}+py_x=f(x)$，$f(x)\neq 0$ 的特解，若 $f(x)=\lambda^x P_m(x)$ ($P_m(x)$ 是 m 次多项式，λ 是常数)，则非齐次常系数线性差分方程为

$$y_{x+1}+py_x=\lambda^x P_m(x).$$

类似常系数线性微分方程的解法，可以设其特解为

$$y_x^*=x^s\lambda^x Q_m(x)=x^s\lambda^x(b_0+b_1x+b_2x^2+\cdots+b_mx^m),$$

其中 r 是特征根，当 $\lambda\neq r$ 时，$s=0$；当 $\lambda=r$ 时，$s=1$.

例 7.7.10 求差分方程 $y_{x+1}-3y_x=7\cdot 2^x$ 的通解.

解 原差分方程对应的齐次差分方程是 $y_{x+1}-3y_x=0$，特征方程为 $r-3=0$，特征根为 $r=3$，所以对应的齐次差分方程的通解为 $Y_x=C\cdot 3^x$ (C 为任意常数).

$f(x)=7\cdot 2^x$，$P_m(x)=7$，$m=0$，$\lambda=2\neq r=3$，可设其特解为 $y_x^*=b\cdot 2^x$，代入原差分方程有 $b\cdot 2^{x+1}-3b\cdot 2^x=7\cdot 2^x$，从而得 $b=-7$.

因此，原差分方程的通解为 $y_x=C\cdot 3^x-7\cdot 2^x$.

例 7.7.11 求差分方程 $y_{x+1}-3y_x=5\cdot 3^x$ 的通解.

解 原差分方程对应的齐次差分方程是 $y_{x+1}-3y_x=0$，特征方程为 $r-3=0$，特征根为 $r=3$，对应的齐次差分方程的通解为 $Y_x=C\cdot 3^x$ (C 为任意常数).

$f(x)=5\cdot 3^x$，$P_m(x)=5$，$m=0$，$\lambda=r=3$，可设其特解为 $y_x^*=b\cdot x\cdot 3^x$，代入原差分方程有 $b\cdot(x+1)\cdot 3^{x+1}-3b\cdot x\cdot 3^x=5\cdot 3^x$，从而得 $b=\frac{5}{3}$.

因此，原差分方程的通解为 $y_x=C\cdot 3^x-\frac{5}{3}\cdot x\cdot 2^x$.

例 7.7.12 求差分方程 $3y_x-3y_{x-1}=x3^x+1$ 的通解.

解 原差分方程化为 $3y_{x+1}-3y_x=(x+1)3^{x+1}+1$，即 $y_{x+1}-y_x=(x+1)3^x+\frac{1}{3}$. 求解如下两个差分方程

$$y_{x+1}-y_x=3^x(x+1), \tag{7.7.14}$$

$$y_{x+1}-y_x=\frac{1}{3}, \tag{7.7.15}$$

式(7.7.14)的特征方程为 $r-1=0$，解得特征根 $r=1$. 齐次差分方程的通解为 $Y(x)=C$.非齐次项 $f_1(x)=3^x(x+1)=\lambda^x P_1(x)$，$\lambda=3$ 不是特征根，故设特解为 $y_1^*(x)=3^x(a+bx)$，将其代入式(7.7.14)有 $3^{x+1}\left[a+b(x+1)\right]-3^x(a+bx)=3^x(x+1)$，解得 $a=-\frac{1}{4}$，$b=\frac{1}{2}$. 因此有

$$y_1^*(x)=3^x\left(-\frac{1}{4}+\frac{1}{2}x\right).$$

式(7.7.15)的非齐次项为 $f_2(x)=\frac{1}{3}=\lambda^x P_0(x)$，$\lambda=1$是特征根，故设特解为 $y_2^*(x)=Cx$．将其代入式(7.7.15)得 $C=\frac{1}{3}$．于是 $y_2^*(x)=\frac{1}{3}x$．

因此，所求通解为

$$y_x=Y(x)+y_1^*(x)+y_2^*(x)=C+3^x\left(\frac{1}{2}x-\frac{1}{4}\right)+\frac{1}{3}x \quad (C\text{为任意常数}).$$

2. 二阶常系数线性差分方程的求解

二阶非齐次常系数线性差分方程是

$$y_{x+2}+py_{x+1}+qy_x=f(x) \quad (p,q\text{ 是常数，} f(x)\neq 0), \tag{7.7.16}$$

对应的二阶齐次常系数线性差分方程是

$$y_{x+2}+py_{x+1}+qy_x=0 \quad (p,q\text{ 是常数}). \tag{7.7.17}$$

为了得到二阶齐次常系数线性差分方程 $y_{x+2}+py_{x+1}+qy_x=0$ 的通解，先给出如下定理.

定理 7.7.5 $y_x=r^x$ 是差分方程 $y_{x+2}+py_{x+1}+qy_x=0$ 的解的充分必要条件是 r 为其特征方程 $r^2+pr+q=0$ 的根.

证 为了求出二阶齐次差分方程(7.7.17)的通解，就是要求出方程两个线性无关的解. 类似于一阶齐次差分方程的分析，设式(7.7.17)有如下形式的解

$$y_x=r^x,$$

其中 r 是非零待定常数. 将其代入差分方程(7.7.15)得

$$r^x(r^2+pr+q)=0.$$

因为 $r^x\neq 0$，所以 $y_x=r^x$ 是差分方程(7.7.15)的解的充要条件是

$$r^2+pr+q=0. \tag{7.7.18}$$

称二次代数方程(7.7.18)为二阶齐次差分方程(7.7.17)的**特征方程**，对应的根称为**特征根**.

下面分三种情况讨论二阶齐次差分方程(7.7.17)的通解的形式.

①特征方程有相异实根 $r_1\neq r_2$：

此时，齐次差分方程(7.7.17)有两个特解 $y_1(x)=r_1^x$ 和 $y_2(x)=r_2^x$，且 $\frac{y_1(x)}{y_2(x)}=\left(\frac{r_1}{r_2}\right)^x\neq$ 常数，所以它们线性无关. 于是，其通解为

$$y_x=C_1r_1^x+C_2r_2^x \quad (C_1,\ C_2\text{为任意常数}).$$

②特征方程有相同实根 $r_1=r_2$：

此时，$r_1=r_2=-\frac{1}{2}p$，齐次差分方程(7.7.17)有一个解

$$y_1(x)=r_1^x,$$

直接验证可知 $y_2(x)=xr_1^x$ 也是齐次差分方程(7.7.17)的解.显然，$y_1(x)$与 $y_2(x)$ 线性无关. 于是，齐次差分方程(7.7.17)的通解为

$$y_x=(C_1+C_2x)r_1^x \quad (C_1, C_2 为任意常数).$$

③特征方程有一对共轭复根 $r_{1,2}=\alpha\pm \mathrm{i}\beta=-\frac{p}{2}\pm\frac{\mathrm{i}}{2}\sqrt{4q-p^2}$：

此时，直接验证可知，齐次差分方程(7.7.17)有两个线性无关的解

$$y_1(x)=\rho^x\cos\theta x,\quad y_2(x)=\rho^x\sin\theta x,$$

其中 $\rho=\sqrt{\alpha^2+\beta^2}>0$，$\theta$ 由 $\tan\theta=\frac{\beta}{\alpha}$ 确定，$\theta\in(0,\pi)$．于是，齐次差分方程(7.7.17)的通解为

$$y_x=\rho^x(C_1\cos\theta x+C_2\sin\theta x) \quad (C_1, C_2 为任意常数).$$

综上，求二阶常系数齐次线性差分方程 $y_{x+2}+py_{x+1}+qy_x=0$ 的通解步骤如下．

第一步，写出差分方程 $y_{x+2}+py_{x+1}+qy_x=0$ 的特征方程 $r^2+pr+q=0$.

第二步，求出特征方程 $r^2+pr+q=0$ 的两个根 r_1、r_2.

第三步，根据特征方程的两个根的不同情况，按照表 7.7.1 写出差分方程的通解.

表 7.7.1

特征方程 $r^2+pr+q=0$ 的两个根 r_1、r_2	差分方程 $y_{x+2}+py_{x+1}+qy_x=0$ 的通解 y
两个不相等实根 $r_1\neq r_2$	$y=C_1r_1^x+C_2r_2^x$
两个相等实根 $r_1=r_2$	$y=(C_1+C_2x)r_1^x$
一对共轭复根 $r_{1,2}=\alpha\pm\mathrm{i}\beta$	$y=\rho^x(C_1\cos\theta x+C_2\sin\theta x)$ 其中 $\rho=\sqrt{\alpha^2+\beta^2}$，$\tan\theta=\frac{\beta}{\alpha}$

例 7.7.13 求差分方程 $y_{x+2}+4y_{x+1}+3y_x=0$ 的通解.

解 特征方程 $r^2+4r+3=0$，有根 $r_1=-1, r_2=-3$．原差分方程有通解

$$y_x=C_1(-1)^x+C_2(-3)^x \quad (C_1, C_2 是任意常数).$$

例 7.7.14 求差分方程 $y_{x+2}-6y_{x+1}+9y_x=0$ 的通解.

解 特征方程是 $r^2-6r+9=0$，特征根为二重根 $r_1=r_2=3$，于是，所求通解为

$$y_x=(C_1+C_2x)3^x \quad (C_1, C_2 为任意常数).$$

例 7.7.15 求差分方程 $y_{x+2}-4y_{x+1}+16y_x=0$ 满足初值条件 $y_0=1, y_1=2+2\sqrt{3}$ 的特解.

解 特征方程为 $r^2-4r+16=0$，它有一对共轭复根 $r_{1,2}=2\pm2\sqrt{3}\mathrm{i}$．则 $\rho=\sqrt{2^2+(2\sqrt{3})^2}=\sqrt{16}=4$，由 $\tan\theta=\frac{\beta}{\alpha}=\sqrt{3}$，得 $\theta=\frac{\pi}{3}$．于是原差分方程的通解为

$$y_x=4^x\left(C_1\cos\frac{\pi}{3}x+C_2\sin\frac{\pi}{3}x\right) \quad (C_1, C_2 为任意常数).$$

将初值条件 $y_0=1, y_1=2+2\sqrt{3}$ 代入上式解得 $C_1=1$，$C_2=1$．于是所求特解为

$$y_x=4^x\left(\cos\frac{\pi}{3}x+\sin\frac{\pi}{3}x\right).$$

接下来，类似于一阶非齐次常系数差分方程的求法，依然用待定系数法求二阶非齐次常系数线性差分方程 $y_{x+2}+py_{x+1}+qy_x=f(x)$ 的一个特解. 根据 $f(x)$ 的形式，按表 7.7.2 确定特解的形式，比较方程两端的系数，可得到特解 $y^*(x)$.

表 7.7.2

$f(x)$ 的形式	确定待定特解的条件	待定特解的形式	
$\lambda^x P_m(x)$ 其中 $P_m(x)$ 是 m 次多项式	λ 不是特征根	$\lambda^x Q_m(x)$	其中 $Q_m(x)$ 是 m 次待定多项式
	λ 是特征单根	$\lambda^x x Q_m(x)$	
	λ 是特征二重根	$\lambda^x x^2 Q_m(x)$	

例 7.7.16 求差分方程 $y_{x+2}-y_{x+1}-6y_x=3^x(2x+1)$ 的通解.

解 特征方程是 $r^2-r-6=0$，特征根为 $r_1=-2$，$r_2=3$. 对应的齐次差分方程的通解为

$$Y_x=C_1(-2)^x+C_2 3^x \quad (C_1,\ C_2 \text{为任意常数}).$$

又 $f(x)=3^x\left(2x+1\right)=\lambda^x P_1(x)$，其中 $m=1$，$\lambda=3$ 为单根，故设特解为

$$y_x^*=3^x x(a+bx),$$

将其代入差分方程得

$$3^{x+2}(x+2)\left[a+b(x+2)\right]-3^{x+1}(x+1)\left[a+b(x+1)\right]-6\cdot 3^x x\left(a+bx\right)=3^x\left(2x+1\right),$$

即

$$(30bx+15a+33b)3^x=3^x(2x+1).$$

解得 $a=-\dfrac{2}{25}$，$b=\dfrac{1}{15}$，因此特解为 $y_x^*=3^x x\left(\dfrac{1}{15}x-\dfrac{2}{25}\right)$. 所求通解为

$$y_x=Y_x+y_x^*=C_1(-2)^x+C_2 3^x+3^x x\left(\frac{1}{15}x-\frac{2}{25}\right) \quad (C_1,\ C_2 \text{为任意常数}).$$

例 7.7.17 求差分方程 $y_{x+2}-6y_{x+1}+9y_x=3^x$ 的通解.

解 特征方程是 $r^2-6r+9=0$，特征根为 $r_1=r_2=3$. 对应的齐次差分方程的通解为

$$Y_x=(C_1+C_2x)3^x \quad (C_1,\ C_2 \text{为任意常数}).$$

又 $f(x)=3^x=\lambda^x P_0(x)$，其中 $m=0$，$\lambda=3$ 为二重根，设特解为

$$y_x^*=bx^2 3^x,$$

将其代入原差分方程得 $b(x+2)^2 3^{x+2}-6b(x+1)^2 3^{x+1}+9bx^2 3^x=3^x$，解得 $b=\dfrac{1}{18}$，特解为 $y_x^*=\dfrac{1}{18}x^2 3^x$. 所求通解为

$$y_x=Y_x+y_x^*=(C_1+C_2x)3^x+\frac{1}{18}x^2 3^x \quad (C_1,\ C_2 \text{为任意常数}).$$

例 7.7.18 求差分方程 $y_{x+2}-3y_{x+1}+3y_x=5$ 满足初值条件 $y_0=5$，$y_1=8$ 的特解.

解　特征方程是 $r^2-3r+3=0$，特征根为 $r_{1,2}=\frac{3}{2}\pm\frac{\sqrt{3}}{2}\mathrm{i}$. 因为 $\rho=\sqrt{3}$，由 $\tan\theta=\frac{\sqrt{3}}{3}$，得 $\theta=\frac{\pi}{3}$. 所以对应的齐次差分方程的通解为

$$Y_x=(\sqrt{3})^x\left(C_1\cos\frac{\pi}{6}x+C_2\sin\frac{\pi}{6}x\right)\quad (C_1,\ C_2\text{为任意常数}).$$

$f(x)=5=\lambda^x P_0(x)$，其中 $m=0$，$\lambda=1$. 因 $\lambda=1$ 不是特征根，故设特解 $y_x^*=b$. 将其代入差分方程得 $b-3b+3b=5$，从而 $b=5$，于是所求特解 $y_x^*=5$. 因此原差分方程通解为

$$y_x=(\sqrt{3})^x\left(C_1\cos\frac{\pi}{6}x+C_2\sin\frac{\pi}{6}x\right)+5.$$

将 $y_0=5, y_1=8$ 分别代入上式，解得 $C_1=0$，$C_2=2\sqrt{3}$. 故所求特解为

$$y_x=2(\sqrt{3})^{x+1}\sin\frac{\pi}{6}x+5.$$

差分方程反映的是关于离散变量的取值与变化规律，差分方程就是针对要解决的目标，引入系统或过程中的离散变量，根据实际背景的规律、性质、平衡关系，建立离散变量所满足的平衡关系等式，从而建立差分方程，其在工程实践中有着重要的应用，特别是经济模型. 下面举例说明其应用.

例 7.7.19　(分期偿还贷款模型)国家对贫困大学生除了发放奖学金、特困补助外，还用贷款方式进行助困. 另外，贷款购房、购汽车等也逐步进入了我们的生活. 如何计算分期归还贷款的问题，是一个十分现实的问题. 这个问题的一般提法是：假设从银行贷款 P_0，年利率是 p，这笔借款在 m 年内按月等额归还，试问每月应偿还多少？

解　假设每月偿还 a 元.

第一步，计算第 1 个月应付的利息 $y_1=P_0\cdot\frac{p}{12}$.

第二步，计算第 2 个月应付的利息，第 1 个月偿还 a 元后，还需偿还的贷款是

$$P_0-a+P_0\cdot\frac{p}{12}=P_0-a+y_1.$$

故第 2 个月应付利息 $y_2=(P_0-a+y_1)\frac{p}{12}=\left(1+\frac{p}{12}\right)y_1-\frac{p}{12}a$.

类似地，可推导出第 $n+1$ 个月应付利息

$$y_{n+1}=\left(1+\frac{p}{12}\right)y_n-\frac{p}{12}a,$$

即

$$y_{n+1}-\left(1+\frac{p}{12}\right)y_n=-\frac{p}{12}a. \tag{7.7.19}$$

这是一个一阶非齐次线性差分方程，其通解为

$$y_n=C\left(1+\frac{p}{12}\right)^n+a\cdot$$

将 $y_1 = P_0 \cdot \frac{p}{12}$ 代入，得 $C = \dfrac{\frac{p}{12}P_0 - a}{1+\frac{p}{12}}$.

故式(7.7.19)满足初始条件的解是

$$y_n = \left(\frac{\frac{p}{12}P_0 - a}{1+\frac{p}{12}}\right)\left(1+\frac{p}{12}\right)^n + a = \left(\frac{p}{12}P_0 - a\right)\left(1+\frac{p}{12}\right)^{n-1} + a,$$

即

$$y_n = \frac{p}{12}P_0\left(1+\frac{p}{12}\right)^{n-1} + a - a\left(1+\frac{p}{12}\right)^{n-1}.$$

m 年的利息之和是

$$\begin{aligned}
I &= y_1 + y_2 + \cdots + y_{12m} \\
&= \frac{p}{12}P_0\sum_{n=1}^{12m}\left(1+\frac{p}{12}\right)^{n-1} + 12ma - a\sum_{n=1}^{12m}\left(1+\frac{p}{12}\right)^{n-1} \\
&= \frac{p}{12}P_0 \cdot \frac{\left(1+\frac{p}{12}\right)^{12m} - 1}{\left(1+\frac{p}{12}\right)-1} + 12ma - a\cdot\frac{\left(1+\frac{p}{12}\right)^{12m} - 1}{\left(1+\frac{p}{12}\right)-1} \\
&= 12ma - P_0 + P_0\left(1+\frac{p}{12}\right)^{12m} - \frac{12}{p}a\left[\left(1+\frac{p}{12}\right)^{12m} - 1\right].
\end{aligned}$$

上式中，$12ma$ 是 m 年还款总数，P_0 是贷款数，则 $12ma - P_0$ 等于 m 年利息总数 I，故有

$$P_0\left(1+\frac{p}{12}\right)^{12m} - \frac{12}{p}a\left[\left(1+\frac{p}{12}\right)^{12m} - 1\right] = 0.$$

解得

$$a = \frac{\frac{p}{12}P_0\left(1+\frac{p}{12}\right)^{12m}}{\left(1+\frac{p}{12}\right)^{12m} - 1}.$$

例 7.7.20 (价格与库存模型)设 P_t 为第 t 时段某类产品的价格，L_t 为第 t 时段产品的库存量，$\overline{L}$ 为该产品的合理库存量. 一般情况下，若库存量超过合理库存，则该产品的价格下跌，若库存量低于合理库存，则该产品的价格上涨，于是有方程

$$P_{t+1} - P_t = c(\overline{L} - L_t), \tag{7.7.20}$$

其中 c 为比例常数. 式(7.7.20)变形可得

$$P_{t+2} - 2P_{t+1} + P_t = -c(L_{t+1} - L_t). \tag{7.7.21}$$

又设库存量 L_t 的改变与产品销售状态有关，且在第 $t+1$ 时段库存增加量等于该时段的供

求之差，即

$$L_{t+1}-L_t=S_{t+1}-D_{t+1}, \tag{7.7.22}$$

若设供给函数 S 和需求函数 D 分别为

$$S=a(P-\alpha),\quad D=-b(P-\alpha)+\beta,$$

代入到式(7.7.22)得

$$L_{t+1}-L_t=(a+b)P_{t+1}-a\alpha-b\alpha,$$

再由式(7.7.21)得方程

$$P_{t+2}+[c(a+b)-2]P_{t+1}+P_t=(a+b)\alpha. \tag{7.7.23}$$

设方程(7.7.23)的特解为 $P_t^*=A$，代入方程得 $A=\alpha$，方程(7.7.21)对应的齐次方程的特征方程为

$$r^2+[c(a+b)-2]r+1=0,$$

解得 $r_{1,2}=-\lambda\pm\sqrt{\lambda^2-1}$，$\lambda=\dfrac{1}{2}[c(a+b)-2]$，于是:

若 $|\lambda|<1$，并设 $\lambda=\cos\theta$，则方程(7.7.22)的通解为

$$P_t=B_1\cos t\theta+B_2\sin t\theta+\alpha.$$

若 $|\lambda|>1$，则 r_1,r_2 为两个实根，方程(7.7.22)的通解为

$$P_t=A_1r_1^t+A_2r_2^t+\alpha.$$

由于 $r_2=-\lambda-\sqrt{\lambda^2-1}<-\lambda<-1$，则当 $t\to+\infty$ 时，r_2^t 将迅速变化，方程无稳定解.

因此，当 $-1<\lambda<1$，即 $0<\lambda+1<2$，亦即 $0<c<\dfrac{4}{a+b}$ 时，价格相对稳定. 其中 a,b,c 为正常数.

习　题　7.7

1. 计算下列各函数的差分.

(1) $y_x=C$ (C为常数)，求 Δy_x；

(2) $y_x=x^2$，求 $\Delta y_x,\Delta^2 y_x$；

(3) $y_x=x^2\times 3^x$，求 Δy_x.

2. 指出下列差分方程的阶及类型.

(1) $y_{x+1}-2y_x=4x$；

(2) $y_{x+3}-4y_{x+1}+3y_x=2x$；

(3) $y_{x+2}-2y_{x+1}^2=3x$.

3. 求差分方程 $y_{x+1}-7y_x=0$ 的通解.

4. 求差分方程 $3y_{x+1}-6y_x=5^x$ 的通解.

5. 求下列差分方程的通解.

(1) $y_{t+1}+y_1=0$；

(2) $y_{t+1}-2y_t=6t^2$;

(3) $y_{t+1}-y_t=t$;

(4) $y_{t+1}+y_t=2^t$.

6. 求下列差分方程在给定初始条件下的特解.

(1) $4y_{t+1}+2y_t=1, y_0=1$;

(2) $y_{t+1}-y_t=3, y_0=2$.

7. 求下列二阶差分方程的通解及特解.

(1) $y_{t+2}+3y_{t+1}-\frac{7}{4}y_t=9 \quad (y_0=6, y_1=3)$;

(2) $y_{t+2}-2y_{t+1}+2y_t=0 \quad (y_0=2, y_1=2)$.

8. 设 Y_t 为 t 期国民收入, C_t 为 t 期消费, I 为投资(各期相同). 经济学家卡恩(Kahn)曾提出如下宏观经济模型:

$$\begin{cases} Y_t=C_t+I, \\ C_t=\alpha Y_{t-1}+\beta, \quad 0<\alpha<1,\ \beta>0, \end{cases}$$

其中 α, β 均为常数, 试求 Y_t 和 C_t.

9. 设 Y_t, C_t, I_t 分别表示 t 期的国民收入、消费和投资, 三者之间满足如下关系:

$$\begin{cases} Y_t=C_t+I_t, \\ C_t=\alpha Y_t+\beta, \quad 0<\alpha<1, \beta\geqslant 0, \\ Y_{t+1}=Y_t+\gamma I_t, \quad \gamma>0, \end{cases}$$

这里 α, β, γ 均为常数, 试求 Y_t, C_t, I_t.

10. 设 Y_t 为 t 期国民收入, S_t 为 t 期储蓄, I_t 为 t 期投资, 三者之间满足如下关系:

$$\begin{cases} S_t=\alpha Y_t+\beta, \quad 0<\alpha<1, \beta\geqslant 0, \\ I_t=\gamma(Y_t-Y_{t-1}), \quad \gamma>0, \\ S_t=\delta I_t, \quad \delta>0, \end{cases}$$

这里 $\alpha, \beta, \gamma, \delta$ 均为常数, 试求 Y_t, S_t, I_t.

11. 挪威数学家汉逊(Hanssen. J. S.)研究局部化理论模型遇到如下的差分方程:

$$D_{n+2}(t)-4(ab+1)D_{n+1}(t)+4a^2b^2D_n(t)=0,$$

这里 a, b 为常数, 而 $D_n(t)$为未知函数, 若 $1+2ab>0$, 试求方程的解.

数学家简介 7

莱昂哈德·欧拉(Leonhard Euler, 1707～1783), 瑞士数学家、自然科学家. 1707 年 4 月 15 日出生于瑞士的巴塞尔, 1783 年 9 月 18 日于俄国圣彼得堡去世. 欧拉出生于牧师家庭, 自幼受父亲的影响, 13 岁时入读巴塞尔大学, 15 岁大学毕业, 16 岁获得硕士学位. 欧拉是 18 世纪数学界最杰出的人物之一, 他不仅为数学界做出了贡献, 更把整个数学推至物理的领域.

欧 拉

几乎每一个数学领域都可以看到欧拉的名字——初等几何的欧拉线、多面体的欧拉定理、立体解析几何的欧拉变换公式、数论的欧拉函数、变分法的欧拉方程、复变函数的欧拉公式等. 欧拉还是数学史上最多产的数学家, 他一生写下886本书和论文, 平均每年写出800多页, 彼得堡科学院为了整理他的著作, 足足忙碌了47年. 他的著作《无穷小分析引论》《微分学原理》《积分学原理》是18世纪欧洲标准的微积分教科书. 并且, 欧拉把数学应用到数学以外的很多领域, 法国大数学家拉普拉斯曾说过一句话——读读欧拉, 他是所有人的老师. 中国科学院数学与系统科学研究院研究员李文林表示: "欧拉其实是大家很熟悉的名字, 在数学和物理的很多分支中到处都是以欧拉命名的常数、公式、方程和定理."

在数学领域内, 18世纪可正确地称为欧拉世纪, 欧拉是18世纪数学界的中心人物, 他是继牛顿(Newton)之后最重要的数学家之一. 在他的数学研究成果中, 首推第一的是分析学, 欧拉把由伯努利家族继承下来的莱布尼茨学派的分析学内容进行整理, 为19世纪数学的发展打下了基础. 他还把微积分法在形式上进一步发展到复数范围, 并对偏微分方程、椭圆函数论、变分法的创立和发展留下先驱的业绩. 《欧拉全集》中有17卷属于分析学领域. 他被同时代的人誉为"分析的化身".

欧拉的《微分学原理》和《积分学原理》对当时的微积分方法做了最详尽、最有系统的解说, 他以其众多的发现丰富可无穷小分析的这两个分支. 《积分学原理》还展示了欧拉在常微分方程和偏方程理论方面的众多发现, 他和其他数学家在解决力学、物理问题的过程中创立了微分方程这门学科.

在常微分方程方面, 欧拉在1743年发表的论文中, 用代换给出了任意阶常系数线性齐次方程的古典解法, 最早引入了"通解"和"特解"的名词. 1753年, 他又发表了常系数非齐次线性方程的解法, 其方法是将方程的阶数逐次降低. 欧拉在18世纪30年代就开始了对偏微分方程的研究, 他在这方面最重要的工作, 是关于二阶线性方程的.

总 习 题 7

1. 单项选择题.

(1) 设 $y=f(x)$是方程 $y''-y'=-2e^{\cos x}$ 的解, 且 $f'(x_0)=0$, 则下列说法正确的是(　　).

A. $f(x)$在 $u(x_0)$内单调递增　　B. $f(x)$在 $u(x_0)$内单调递减

C. $f(x)$在 x_0 处取得极小值　　D. $f(x)$在 x_0 处取得极大值

(2) 已知函数 $y=y(x)$在任意点 x 处的增量 $\Delta y=\dfrac{y\Delta x}{1+x^2}+\alpha$, 且当 $\Delta x\to 0$ 时, α 是 Δx 的高阶无穷小, $y(0)=\pi$ 则 $y(1)=($　　$)$.

A. 2π　　B. π　　C. $e^{\frac{\pi}{4}}$　　D. $\pi e^{\frac{\pi}{4}}$

(3) 二阶微分方程 $y''-4y'+4y=6x^2+8e^{2x}$ 的特解应具有形式(　　), 其中 a、b、C、E 为常数.

A. $ax^2+bx+Ce^{2x}$　　B. $ax^2+bx+C+Ee^{2x}$

C. $ax^2+bx+C+Ex^2e^{2x}$　　　　D. $ax^2+bx+C+Exe^{2x}$

2. 填空题.

(1) $y'''+(y'')^5-2y=x^2$ 是________阶微分方程;

(2) 微分方程 $xy'+y=0$ 满足初始条件 $y(1)=2$ 的特解为________;

(3) 微分方程$(y+x^3)\mathrm{d}x-2x\mathrm{d}y=0$ 满足 $y|_{x=1}=\dfrac{6}{5}$ 的特解为________;

(4) 微分方程 $xy''+3y'=0$ 的通解为________;

(5) 已知二阶齐次线性微分方程有两个特解 $y_1=2e^{3x}, y_2=e^{-x}$, 则该微分方程为________;

(6) $y''-8y'+15y=\sin 3x$ 的特解形式为________;

(7) 已知 $y=1, y=x, y=x^2$ 是某二阶非齐次线性微分方程的三个解, 则该方程的通解为________;

(8) 一曲线上点(x, y)的切线自切点到纵坐标轴间的切线段为定长 2, 则曲线应满足的微分方程________.

3. 求下列微分方程的通解.

(1) $xyy'=(x+a)(y+b)$, a、b 为常数;

(2) $(y^2-2xy)\mathrm{d}x+x^2\mathrm{d}y=0$;

(3) $\dfrac{\mathrm{d}y}{\mathrm{d}x}=\dfrac{1}{x-y}+1$;

(4) $y''=(y')^3+y'$;

(5) $\dfrac{\mathrm{d}^2x}{\mathrm{d}t^2}-2\dfrac{\mathrm{d}x}{\mathrm{d}t}+5x=0$.

4. 求微分方程 $xy'-y=y^2$ 满足初始条件 $y|_{x=1}=1$ 的解.

5. 设 $y=e^x$ 是微分方程 $xy'+P(x)y=x$ 的一个解, 求此方程满足条件 $y|_{x=\ln 2}=0$ 的特解.

6. 设函数 $y=y(x)$在$(-\infty, +\infty)$内具有二阶导数, 且 $y'\neq 0$、$x=x(y)$是 $y=y(x)$的反函数.

(1) 试将 $x=x(y)$所满足的微分方程 $\dfrac{\mathrm{d}^2x}{\mathrm{d}y^2}+(y+\sin x)\left(\dfrac{\mathrm{d}x}{\mathrm{d}y}\right)^3=0$ 变换为 $y=y(x)$满足的微分方程;

(2) 求变换后的微分方程满足初始条件 $y(0)=0$、$y'(0)=\dfrac{3}{2}$ 的解.

7. 某飞机在机场降落时, 为了减小滑行距离, 在触地的瞬间, 飞机尾部张开减速伞, 以增大阻力, 使飞机迅速减速并停下来. 现有一质量为 9 000 kg 的飞机, 着陆时的水平速度为 700 km/h.经测试, 减速伞打开后, 飞机所受的总阻力与飞机的速度成正比(比例系数为 $k=6.0\times 10^6$). 问从着陆点算起, 飞机滑行的最长距离是多少?

8. 人工繁殖细菌, 其增长速度和当时的细菌数成正比.

(1) 如果 4 h 的细菌数为原细菌数的 2 倍, 那么经过 12 h 应有多少?

(2) 如果在 3 h 时的细菌数为10^4 个, 在 5 h 时的细菌数为4×10^4 个, 那么在开始时有多少个细菌?

9. 求下列差分方程的通解.

(1) $y_{t+1}-\alpha y_t=e^{\beta t}$ (α, β 为非零常数);

(2) $y_{t+1}+3y_t=t\cdot 2^t$.

10. 求下列差分方程在给定初始条件下的特解.

(1) $2y_{t+1}+y_t=0, y_0=3$;

(2) $y_t=-7y_{t-1}+16, y_0=5$.

11. 求下列二阶差分方程的通解及特解.

(1) $y_{t+2}+y_{t+1}-2y_t=12 \quad (y_0=0, y_1=0)$;

(2) $y_{t+2}+5y_{t+1}+4y_t=t \quad (y_0=0, y_1=0)$.

12. 某房屋总价 8 万元, 先付一半即可入住, 另一半由银行以年利率 4.8%贷款, 5 年付清, 问平均每月需付多少元? 共付利息多少元?

第 8 章　空间解析几何与向量代数

平面解析几何是将平面中的点与坐标对应，从而建立平面几何与代数的联系. 将平面推广到空间，建立空间点的坐标，类似可以建立空间几何与代数的联系. 这样几何问题可以借助代数的方法进行研究；一些代数问题可以借助几何方法进行讨论.

本章主要讨论向量代数、平面和空间直线方程，以及常见的曲面和空间曲线方程.

8.1　向量及其线性运算

8.1.1　空间直角坐标系

用类似于平面解析几何的方法，引入空间直角坐标系，将空间中的点与有序数组对应起来.

以空间一点 O 为原点，过原点 O 引三条两两垂直的坐标轴，分别称为 **x 轴(横轴)、y 轴(纵轴)、z 轴(竖轴)**，如图 8.1.1 所示. 坐标轴的正向通常符合右手法则，即以右手握住 z 轴，当右手的四个手指从 x 轴正向以 $\frac{\pi}{2}$ 角度转向 y 轴正向时，大拇指的指向就是 z 轴的正向，如图 8.1.2 所示. 其中点 O 称为**坐标原点**，三条轴 x 轴、y 轴、z 轴统称为**坐标轴**，任意两条坐标轴可以确定一个平面，称为**坐标平面**(简称坐标面). 由 x 轴与 y 轴确定的坐标平面称为 xOy 平面，类似地，有 yOz 平面、xOz 平面(简称 xOy 面、yOz 面、xOz 面). 三个坐标面将空间分成八个部分，每一部分称为一个**卦限**. 包含 x 轴、y 轴、z 轴正半轴的卦限为第一卦限，在 xOy 面上方，按逆时针方向，依次为第二、第三、第四卦限. 第一卦限的下方为第五卦限，xOy 面下方，按逆时针方向，依次为第六、第七、第八卦限. 这八个卦限用字母I、II、III、IV、V、VI、VII、VIII表示.

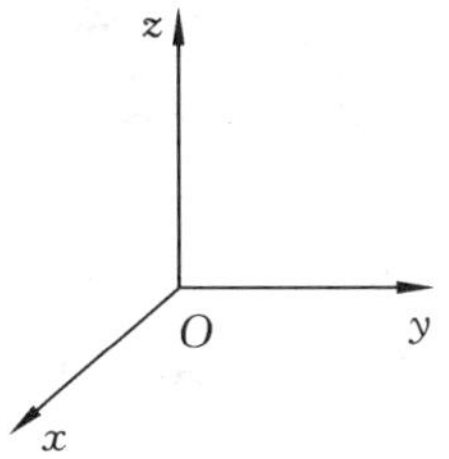

图 8.1.1

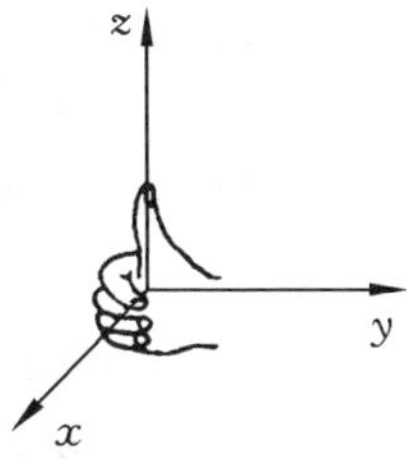

图 8.1.2

有了空间直角坐标系，就可以定义空间中的点的坐标.

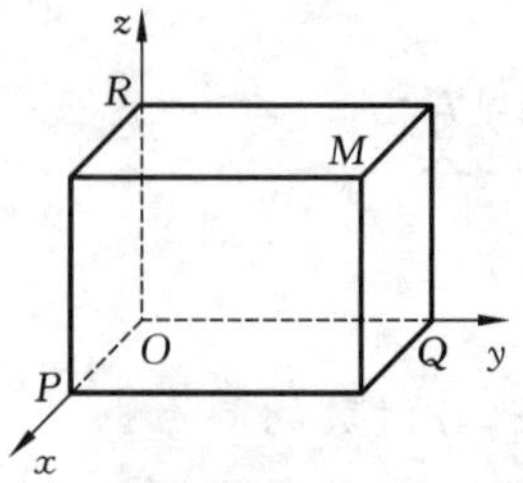

图 8.1.3

设 M 为空间中的一点, 过点 M 作三个平面分别垂直于 x 轴、y 轴和 z 轴, 交点分别为 P、Q、R, 如图 8.1.3 所示, 设这三个点在 x 轴、y 轴和 z 轴上的坐标分别为 x、y、z, 则点 M 唯一确定了一个三元有序数组(x, y, z). 反过来, 给定了一个三元有序数组(x, y, z), 则可以分别在 x 轴、y 轴和 z 轴上分别取坐标依次为 x、y、z 的三个点 P、Q、R, 然后过这三个点分别作与 x 轴、y 轴和 z 轴垂直的平面, 这三个平面有唯一的交点, 设为 M, 则一个三元有序数组(x, y, z)唯一地确定了空间一点 M. 这样, (x, y, z)与 M 建立了一一对应的关系. 称这个三元有序数组(x, y, z)为点 M 的**直角坐标**, 并依次称 x、y、z 为点 M 的**横坐标**、**纵坐标**、**竖坐标**, 坐标为(x, y, z)的点 M 记为 $M(x, y, z)$.

坐标面和坐标轴上的点, 其坐标各有其特征. 设点 $M(x, y, z)$为 xOy 面上的点, 则 $z = 0$; 若点 $M(x, y, z)$在 yOz 面上, 则 $x = 0$; 若点 $M(x, y, z)$在 xOz 面上, 则 $y = 0$. 若点 $M(x, y, z)$在 x 轴上, 则有 $y = z = 0$, 类似地, y 轴上的点的坐标为$(0, y, 0)$, z 轴上的点的坐标为$(0, 0, z)$.

8.1.2 向量概念

生活中, 测量的某些事物由其大小确定, 如记录质量、长度、时间, 只需记下一个数和一个合适的测量单位的名称. 这些是数量, 相关的实数是标量. 而为了描述诸如力、位移、速度则需要更多的信息. 例如, 为了描述一个力, 需要记录力作用的方向及大小. 这一类量称为**向量**(或矢量), 这些量可以用有向线段表示, 有向线段的长度表示向量的大小, 有向线段的方向表示向量的方向.

如图 8.1.4 所示, 以 A 为起点、B 为终点的有向线段表示向量 $\overrightarrow{AB}$, 有时也用一个黑体字母来表示, 书写时, 在字母上面加上箭头, 例如, $\boldsymbol{a}$、$\boldsymbol{v}$、$\boldsymbol{F}$ 或 $\vec{a}$、$\vec{v}$、$\vec{F}$.

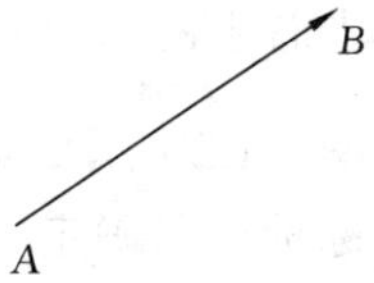

图 8.1.4

一个向量只要不改变它的大小和方向, 它的起点和终点可以任意平行移动, 这样的向量叫做**自由向量**, 物理学中讲到的力、速度等都是自由向量. 在数学上只研究自由向量, 以后简称为**向量**.

向量的大小称为向量的**模**, $\overrightarrow{AB}$、$\boldsymbol{a}$、$\vec{a}$ 的模依次记作 $|\overrightarrow{AB}|$、$|\boldsymbol{a}|$、$|\vec{a}|$. 模为 0 的向量称为**零向量**, 记作 $\mathbf{0}$ 或 $\vec{0}$, 零向量的方向是任意的. 模为 1 的向量称为**单位向量**.

如果两个向量 $\boldsymbol{a}$ 和 $\boldsymbol{b}$ 大小相等, 方向相同, 称为两个向量**相等**, 记作 $\boldsymbol{a} = \boldsymbol{b}$. 相等的两个向量经过平移后能完全重合. 与向量大小相等, 方向相反的向量称为 $\boldsymbol{a}$ 的**负向量**, 记作 $-\boldsymbol{a}$.

如果两个非零向量 $\boldsymbol{a}$ 和 $\boldsymbol{b}$, 它们的方向相同或相反, 称这两个向量**平行**, 也称为**共线**, 记作 $\boldsymbol{a} // \boldsymbol{b}$.

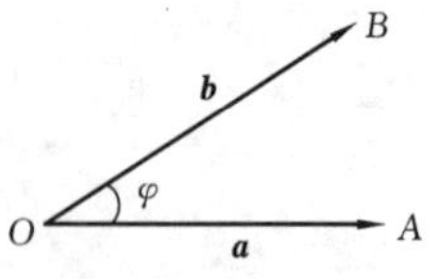

图 8.1.5

设有两个非零向量 $\boldsymbol{a}$ 和 $\boldsymbol{b}$, 如图 8.1.5 所示, 任取空间一点 O, 作 $\overrightarrow{OA} = \boldsymbol{a}$, $\overrightarrow{OB} = \boldsymbol{b}$, 规定不超过 π 的 $\angle AOB$(设 $\varphi = \angle AOB$, $0 \leqslant \varphi \leqslant \pi$)称为向量 $\boldsymbol{a}$ 和 $\boldsymbol{b}$ 的**夹角**, 记作 $(\widehat{\boldsymbol{a},\boldsymbol{b}})$ 或 $(\widehat{\boldsymbol{b},\boldsymbol{a}})$, 即 $(\widehat{\boldsymbol{a},\boldsymbol{b}}) = \varphi$.

若向量 $\boldsymbol{a}$ 和 $\boldsymbol{b}$ 中有一个是零向量, 则夹角定义为 0 到 π 之间的任意值. 特别地, 若 $\varphi = 0$ 或 $\varphi = \pi$, 则向量 $\boldsymbol{a}$ 和 $\boldsymbol{b}$ 平行. 若 $\varphi = \dfrac{\pi}{2}$, 则向量 $\boldsymbol{a}$

和 $\boldsymbol{b}$ 垂直，记作 $\boldsymbol{a}\perp\boldsymbol{b}$. 由于零向量与另一向量的夹角可以取 0 到 π 之间的任意值，所以零向量平行于任一向量，零向量垂直于任一向量.

8.1.3 向量的线性运算

1. 向量的加减运算

首先定义两个向量的加法，对于向量 $\boldsymbol{a}$ 与 $\boldsymbol{b}$，任选一点 A，作向量 $\overrightarrow{AB}=\boldsymbol{a}$，再以 B 为起点，作向量 $\overrightarrow{BC}=\boldsymbol{b}$，将 $\overrightarrow{AC}$ 表示的向量 $\boldsymbol{c}$ 称为向量 $\boldsymbol{a}$ 与 $\boldsymbol{b}$ 的**和**，记作 $\boldsymbol{c}=\boldsymbol{a}+\boldsymbol{b}$，如图 8.1.6 所示，这个相加方法称为向量相加的**三角形法则**.

向量的加法还可以用平行四边形法则给出，当向量 $\boldsymbol{a}$ 与 $\boldsymbol{b}$ 不共线时，作 $\overrightarrow{OA}=\boldsymbol{a}$，$\overrightarrow{OB}=\boldsymbol{b}$，以 OA、OB 为邻边作平行四边形 $OACB$，则向量 $\overrightarrow{OC}$ 表示 $\boldsymbol{a}$ 与 $\boldsymbol{b}$ 的和，如图 8.1.7 所示，称为向量加法的**平行四边形法则**.

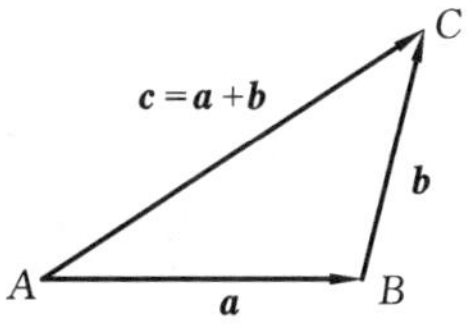

图 8.1.6

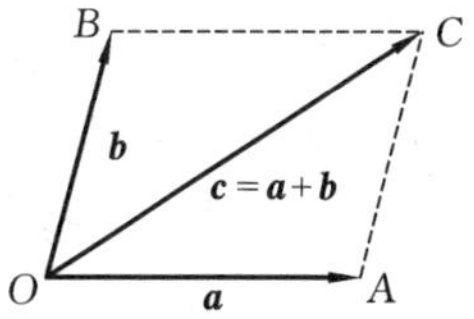

图 8.1.7

向量的加法满足下面的运算律:

(1) 交换律 $\boldsymbol{a}+\boldsymbol{b}=\boldsymbol{b}+\boldsymbol{a}$;

(2) 结合律 $(\boldsymbol{a}+\boldsymbol{b})+\boldsymbol{c}=\boldsymbol{a}+(\boldsymbol{b}+\boldsymbol{c})$.

由三角形法则容易验证上述运算律，这里不再赘述.

给出 $n\ (n\geqslant 3)$ 个向量，由向量的加法交换律和结合律，n 个向量 $\boldsymbol{a}_1,\boldsymbol{a}_2,\cdots,\boldsymbol{a}_n$ 相加可写成 $\boldsymbol{a}_1+\boldsymbol{a}_2+\cdots+\boldsymbol{a}_n$，按向量加法的三角形法则，以前一个向量的终点为后一个向量的起点，接连相继作出向量 $\boldsymbol{a}_1,\boldsymbol{a}_2,\cdots,\boldsymbol{a}_n$，再以第一个向量的起点为起点，以最后一个向量的终点为终点，作向量 $\boldsymbol{s}$，即为 $\boldsymbol{a}_1,\boldsymbol{a}_2,\cdots,\boldsymbol{a}_n$ 的和. 如图 8.1.8 所示，$\boldsymbol{s}=\boldsymbol{a}_1+\boldsymbol{a}_2+\cdots+\boldsymbol{a}_5$.

前面定义了负向量，故向量的减法可以看成加上一个向量的负向量，如向量 $\boldsymbol{a}$、$\boldsymbol{b}$，规定 $\boldsymbol{b}$ 与 $\boldsymbol{a}$ 的差 $\boldsymbol{b}-\boldsymbol{a}=\boldsymbol{b}+(-\boldsymbol{a})$，如图 8.1.9 所示. 另外，如图 8.1.10 所示，由点 O 作向量 $\overrightarrow{OA}=\boldsymbol{a}$，$\overrightarrow{OB}=\boldsymbol{b}$，有 $\overrightarrow{AB}=\overrightarrow{AO}+\overrightarrow{OB}=\overrightarrow{OB}-\overrightarrow{OA}=\boldsymbol{b}-\boldsymbol{a}$，因此，若将向量 $\boldsymbol{a}$、$\boldsymbol{b}$ 移到同一起点，则由 $\boldsymbol{a}$ 的终点指向 $\boldsymbol{b}$ 的终点的向量即为向量 $\boldsymbol{b}$ 与 $\boldsymbol{a}$ 的差 $\boldsymbol{b}-\boldsymbol{a}$.

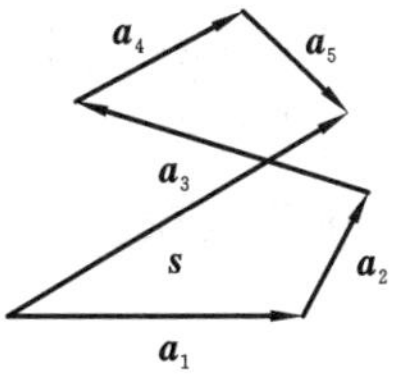

图 8.1.8

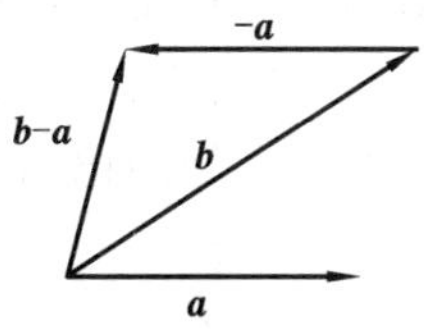

图 8.1.9

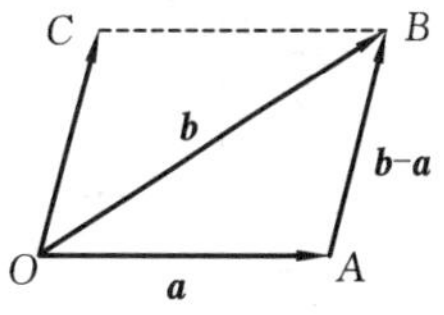

图 8.1.10

由向量的加减法与三角形两边之和大于第三边、两边之差小于第三边的结论，可以得到下面的不等式:

$$|\boldsymbol{a}+\boldsymbol{b}| \leqslant |\boldsymbol{a}|+|\boldsymbol{b}|, \qquad |\boldsymbol{a}-\boldsymbol{b}| \leqslant |\boldsymbol{a}|+|\boldsymbol{b}|;$$

$$|\boldsymbol{a}|-|\boldsymbol{b}| \leqslant |\boldsymbol{a}+\boldsymbol{b}|, \qquad |\boldsymbol{a}|-|\boldsymbol{b}| \leqslant |\boldsymbol{a}-\boldsymbol{b}|.$$

上面的两组不等式可以合并为$\big||\boldsymbol{a}|-|\boldsymbol{b}|\big| \leqslant |\boldsymbol{a}\pm\boldsymbol{b}| \leqslant |\boldsymbol{a}|+|\boldsymbol{b}|$，这个不等式也可以称为向量的**三角不等式**.

2. 向量与数的乘法

实数 λ 与向量 $\boldsymbol{a}$ 的**乘积**(数乘)是一个新的向量，记作 $\lambda\boldsymbol{a}$，它的模$|\lambda\boldsymbol{a}|=|\lambda||\boldsymbol{a}|$. 当 $\lambda>0$ 时，$\lambda\boldsymbol{a}$ 与 $\boldsymbol{a}$ 同向; 当 $\lambda<0$ 时，$\lambda\boldsymbol{a}$ 与 $\boldsymbol{a}$ 反向; 当 $\lambda=0$ 时，$\lambda\boldsymbol{a}$ 为零向量.

特别地，当 $\lambda=\pm1$ 时，有 $1\cdot\boldsymbol{a}=\boldsymbol{a}, (-1)\cdot\boldsymbol{a}=-\boldsymbol{a}$.

对于任意向量 $\boldsymbol{a}$、$\boldsymbol{b}$ 和任意实数 λ、μ，向量的数乘满足如下的运算律:

(1) 结合律 $\lambda(\mu\boldsymbol{a})=\mu(\lambda\boldsymbol{a})=(\lambda\mu)\boldsymbol{a}$;

(2) 分配律 $(\lambda+\mu)\boldsymbol{a}=\lambda\boldsymbol{a}+\mu\boldsymbol{a}, \lambda(\boldsymbol{a}+\boldsymbol{b})=\lambda\boldsymbol{a}+\lambda\boldsymbol{b}$.

记与非零向量 $\boldsymbol{a}$ 同向的单位向量为 $\boldsymbol{e}_a$，由前面单位向量定义，$|\boldsymbol{e}_a|=1$，按照向量与数的乘法的规定，由于$|\boldsymbol{a}|>0$，所以$|\boldsymbol{a}|\boldsymbol{e}_a$ 与 $\boldsymbol{e}_a$ 方向相同，即$|\boldsymbol{a}|\boldsymbol{e}_a$ 与 $\boldsymbol{a}$ 方向相同，又$\big||\boldsymbol{a}|\boldsymbol{e}_a\big|=|\boldsymbol{a}||\boldsymbol{e}_a|=|\boldsymbol{a}|$，所以

$$\boldsymbol{a}=|\boldsymbol{a}|\boldsymbol{e}_a.$$

当 $\lambda\neq0$ 时，将 $\dfrac{1}{\lambda}\boldsymbol{a}$ 记为 $\dfrac{\boldsymbol{a}}{\lambda}$，这样可以得到 $\boldsymbol{e}_a=\dfrac{\boldsymbol{a}}{|\boldsymbol{a}|}$.

这表明非零向量可以表示为与其同方向的单位向量和这个向量模的数乘.

定理 8.1.1 非零向量 $\boldsymbol{a}$ 与向量 $\boldsymbol{b}$ 平行的充要条件是存在唯一实数 λ 使得 $\boldsymbol{b}=\lambda\boldsymbol{a}$.

运用定理 8.1.1，可以解释数轴上的点与实数的对应关系. 数轴是定义了原点、正方向、单位长度的直线，正方向与单位长度即给出了单位向量，故给定点 O、单位向量 $\boldsymbol{i}$ 即确定了数轴 Ox. 对于数轴上任意点 P，有向量$\overrightarrow{OP}$，$\overrightarrow{OP}$当然平行于向量 $\boldsymbol{i}$，由定理 8.1.1，存在唯一实数 x，使得$\overrightarrow{OP}=x\boldsymbol{i}$(实数 x 也称为有向线段$\overrightarrow{OP}$的**值**)，即有下面的对应关系:

$$\text{点 } P \leftrightarrow \text{向量 } \overrightarrow{OP} \leftrightarrow \text{实数 } x,$$

这样数轴上的点 P 与实数 x 一一对应.

3. 向量的线性运算的坐标表示

首先给出向量的坐标的定义.

任意向量 $\boldsymbol{r}$，作$\overrightarrow{OM}=\boldsymbol{r}$，以 OM 为对角线，三条坐标轴为棱作一个长方体 $RHMK\text{-}OPNQ$，长方体与 x 轴、y 轴和 z 轴的交点依次为 P、Q、R，这三个点在 x 轴、y 轴和 z 轴上的坐标分别为 x、y、z，如图 8.1.11 所示，分别记与 x 轴、y 轴和 z 轴方向相同的单位向量为 $\boldsymbol{i}$、$\boldsymbol{j}$ 和 $\boldsymbol{k}$，则

$$\boldsymbol{r}=\overrightarrow{OM}=\overrightarrow{OP}+\overrightarrow{PN}+\overrightarrow{NM}=\overrightarrow{OP}+\overrightarrow{OQ}+\overrightarrow{OR}=x\boldsymbol{i}+y\boldsymbol{j}+z\boldsymbol{k},$$

这个式子称为向量 $\boldsymbol{r}$ 的**坐标分解式**，$x\boldsymbol{i}$、$y\boldsymbol{j}$、$z\boldsymbol{k}$ 称为向量 $\boldsymbol{r}$ 沿三个坐标轴方向的**分向量**.

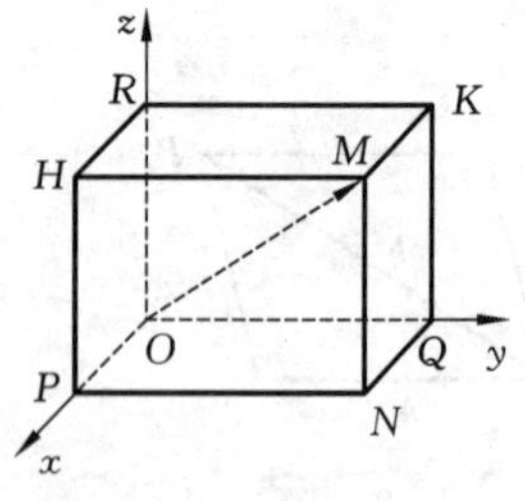

图 8.1.11

显然，向量 $\boldsymbol{r}$ 与点 M 是一一对应的，进而唯一确定一组有序实数(x, y, z)；反之，一组有序实数(x, y, z)唯一确定了点 M，也就唯一确定向量 $\boldsymbol{r}$. 于是，有下面的对应关系：

$$\text{点 } M \leftrightarrow \text{向量 } \boldsymbol{r} = \overrightarrow{OM} = x\boldsymbol{i} + y\boldsymbol{j} + z\boldsymbol{k} \leftrightarrow (x, y, z),$$

将有序实数(x, y, z)定义为向量 $\boldsymbol{r}$ 在空间直角坐标系 $Oxyz$ 中的**坐标**，记作 $\boldsymbol{r} = (x, y, z)$，有序实数$(x, y, z)$也是点 M 的坐标. 向量 $\boldsymbol{r}$ 称为点 M 关于原点 O 的**向径**.

设有空间两点 $M(x_0, y_0, z_0)$、$N(x, y, z)$，则向量

$$\begin{aligned}\overrightarrow{MN} = \overrightarrow{ON} - \overrightarrow{OM} &= (x\boldsymbol{i} + y\boldsymbol{j} + z\boldsymbol{k}) - (x_0\boldsymbol{i} + y_0\boldsymbol{j} + z_0\boldsymbol{k}) \\ &= (x-x_0)\boldsymbol{i} + (y-y_0)\boldsymbol{j} + (z-z_0)\boldsymbol{k}.\end{aligned}$$

从而，向量 $\overrightarrow{MN}$ 的坐标为$(x-x_0, y-y_0, z-z_0)$，即向量的坐标为向量终点与起点的对应坐标之差.

利用向量坐标，可得向量线性运算的坐标表示式：

设 $\boldsymbol{a} = (a_x, a_y, a_z)$, $\boldsymbol{b} = (b_x, b_y, b_z)$, λ 为任意实数，则有

$$\begin{aligned}\boldsymbol{a} \pm \boldsymbol{b} &= (a_x\boldsymbol{i} + a_y\boldsymbol{j} + a_z\boldsymbol{k}) \pm (b_x\boldsymbol{i} + b_y\boldsymbol{j} + b_z\boldsymbol{k}) \\ &= (a_x \pm b_x)\boldsymbol{i} + (a_y \pm b_y)\boldsymbol{j} + (a_z \pm b_z)\boldsymbol{k} \\ &= (a_x \pm b_x, a_y \pm b_y, a_z \pm b_z).\end{aligned}$$

类似可得

$$\lambda\boldsymbol{a} = (\lambda a_x, \lambda a_y, \lambda a_z).$$

定理 8.1.1 指出，$\boldsymbol{a} \neq \boldsymbol{0}$ 时，$\boldsymbol{b} /\!/ \boldsymbol{a}$ 的充要条件为 $\boldsymbol{b} = \lambda\boldsymbol{a}$，利用向量的坐标，很快可以得到如下结论：

$$\boldsymbol{a} \neq \boldsymbol{0} \text{ 时}, \boldsymbol{a} /\!/ \boldsymbol{b} \Leftrightarrow \frac{b_x}{a_x} = \frac{b_y}{a_y} = \frac{b_z}{a_z}. \tag{8.1.1}$$

我们约定，如果连比式(8.1.1)中有一个分母等于 0，应理解为它的分子也为 0. 例如，当 $a_x = 0$ 时，式(8.1.1)理解为

$$\begin{cases} b_x = 0, \\ \dfrac{b_y}{a_y} = \dfrac{b_z}{a_z}. \end{cases}$$

例 8.1.1　求解以向量 $\boldsymbol{x}$、$\boldsymbol{y}$ 为未知元的方程组

$$\begin{cases} \boldsymbol{x} - 2\boldsymbol{y} = \boldsymbol{a}, \\ \boldsymbol{x} - 3\boldsymbol{y} = \boldsymbol{b}, \end{cases}$$

其中 $\boldsymbol{a} = (1, 0, 2)$, $\boldsymbol{b} = (-2, 1, 1)$.

解　如同解线性方程组的方法解得 $\boldsymbol{x} = 3\boldsymbol{a} - 2\boldsymbol{b}$, $\boldsymbol{y} = \boldsymbol{a} - \boldsymbol{b}$，将 $\boldsymbol{a}$、$\boldsymbol{b}$ 的坐标代入得

$$\begin{aligned}\boldsymbol{x} &= 3(1, 0, 2) - 2(-2, 1, 1) = (7, -2, 4), \\ \boldsymbol{y} &= (1, 0, 2) - (-2, 1, 1) = (3, -1, 1).\end{aligned}$$

例 8.1.2　已知两点 $M_1(x_1, y_1, z_1)$、$M_2(x_2, y_2, z_2)$，以及实数 $\lambda \neq -1$，在直线 M_1M_2 上求一点 $M(x, y, z)$，使 $\overrightarrow{M_1M} = \lambda\overrightarrow{MM_2}$.

解　由题意可得

$$\begin{aligned}\overrightarrow{M_1M} &= (x - x_1, y - y_1, z - z_1), \\ \overrightarrow{MM_2} &= (x_2 - x, y_2 - y, z_2 - z),\end{aligned}$$

又 $\overrightarrow{M_1M} = \lambda\overrightarrow{MM_2}$，因此有

$$(x-x_1, y-y_1, z-z_1)=\lambda(x_2-x, y_2-y, z_2-z),$$

解得

$$x=\frac{x_1+\lambda x_2}{1+\lambda},\quad y=\frac{y_1+\lambda y_2}{1+\lambda},\quad z=\frac{z_1+\lambda z_2}{1+\lambda}.$$

本例中的点 M 叫做有向线段 $\overrightarrow{M_1M_2}$ 的 λ 分点. 特别地, 当 $\lambda=1$ 时, M 为线段 M_1M_2 的中点, 其坐标为 $x=\frac{x_1+x_2}{2}, y=\frac{y_1+y_2}{2}, z=\frac{z_1+z_2}{2}$.

8.1.4 向量的模、方向角、投影

1. 向量的模

向量的模即为向量的长度, 设向量 $\boldsymbol{r}=(x, y, z)$, 如图 8.1.11 所示, 作 $\boldsymbol{r}=\overrightarrow{OM}$, 有

$$|\boldsymbol{r}|=|\overrightarrow{OM}|=\sqrt{|OP|^2+|PN|^2+|NM|^2}=\sqrt{|OP|^2+|OQ|^2+|OR|^2},$$

因为 $\overrightarrow{OP}=x\boldsymbol{i}$, $\overrightarrow{OQ}=y\boldsymbol{j}$, $\overrightarrow{OR}=z\boldsymbol{k}$, 于是, 得到向量模的坐标表示式

$$|\boldsymbol{r}|=\sqrt{x^2+y^2+z^2}.$$

设 $A(x_1,y_1,z_1)$、$B(x_2,y_2,z_2)$ 为空间两点, A 点与 B 点的距离即为

$$\overrightarrow{AB}=(x_2-x_1, y_2-y_1, z_2-z_1),$$

所以 A、B 两点的距离

$$|\overrightarrow{AB}|=\sqrt{(x_2-x_1)^2+(y_2-y_1)^2+(z_2-z_1)^2}.$$

例 8.1.3 求与从 $P_1(1, 0, 1)$ 到 $P_2(3, 2, 0)$ 的向量同方向的单位向量 $\boldsymbol{e}$.

解 由已知得 $\overrightarrow{P_1P_2}=(3-1, 2-0, 0-1)=(2, 2, -1)$, 所以

$$|\overrightarrow{P_1P_2}|=\sqrt{2^2+2^2+(-1)^2}=3,$$

于是

$$\boldsymbol{e}=\frac{\overrightarrow{P_1P_2}}{|\overrightarrow{P_1P_2}|}=\left(\frac{2}{3},\frac{2}{3},-\frac{1}{3}\right).$$

2. 方向角与方向余弦

非零向量 $\boldsymbol{r}$ 与三个坐标轴正向的夹角 α、β、γ 称为向量 $\boldsymbol{a}$ 的**方向角**, $\cos\alpha$、$\cos\beta$、$\cos\gamma$ 称为**方向余弦**, 如图 8.1.12 所示, 设 $\boldsymbol{r}=\overrightarrow{OM}=(x, y, z)$, x 为有向线段 $\overrightarrow{OP}$ 的值, $MP\perp OP$, 故 $\cos\alpha=\frac{OP}{OM}=\frac{x}{|\boldsymbol{r}|}$, 类似地, $\cos\beta=\frac{OQ}{OM}=\frac{y}{|\boldsymbol{r}|}$, $\cos\gamma=\frac{OR}{OM}=\frac{z}{|\boldsymbol{r}|}$, 从而 $(\cos\alpha, \cos\beta, \cos\gamma)=\left(\frac{x}{|\boldsymbol{r}|},\frac{y}{|\boldsymbol{r}|},\frac{z}{|\boldsymbol{r}|}\right)=\frac{1}{|\boldsymbol{r}|}(x, y, z)=\boldsymbol{e}_r$.

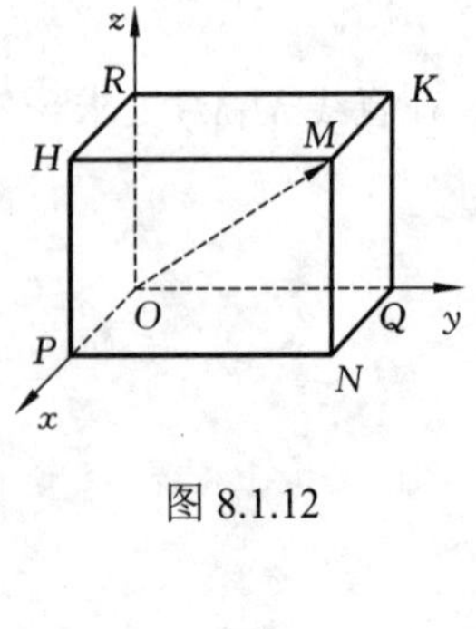

图 8.1.12

上面的式子表明, 以向量 $\boldsymbol{r}$ 的方向余弦为坐标的向量是与向量 $\boldsymbol{r}$ 同方向的单位向量, 且有 $\cos^2\alpha+\cos^2\beta+\cos^2\gamma=1$.

3. 向量在轴上的投影

考虑点 O、单位向量 $\boldsymbol{e}$ 及给定的 u 轴，设向量 $\boldsymbol{r}=\overrightarrow{OM}$，如图 8.1.13 所示，过 M 作与 u 轴垂直的平面，交点为 M'，称点 M' 为 M 在 u 轴的**投影**，向量 $\overrightarrow{OM'}$ 称为向量 $\boldsymbol{r}$ 在 u 轴上的**分向量**，设 $\overrightarrow{OM'}=\lambda\boldsymbol{e}$，则数 λ 称为向量 $\boldsymbol{r}$ 在 u 轴上的**投影**，记作 $\mathrm{Prj}_u\boldsymbol{r}$ 或 $(\boldsymbol{r})_u$.

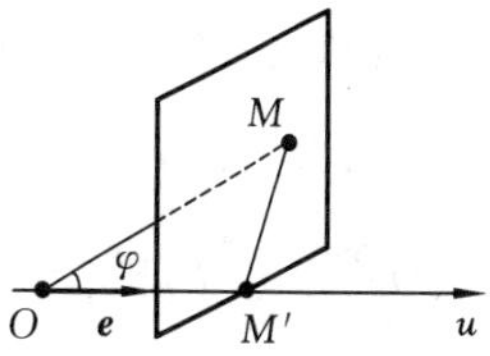

图 8.1.13

有了投影的概念，向量的坐标可以看成向量分别在三个坐标轴上的投影，设 $\boldsymbol{a}=(a_x, a_y, a_z)$，则 $a_x=\mathrm{Prj}_x\boldsymbol{a}$, $a_y=\mathrm{Prj}_y\boldsymbol{a}$, $a_z=\mathrm{Prj}_z\boldsymbol{a}$.

进而得到投影的性质.

性质 8.1.1 $\mathrm{Prj}_u\boldsymbol{a}=|\boldsymbol{a}|\cos\varphi$ (或 $(\boldsymbol{a})_u=|\boldsymbol{a}|\cos\varphi$)，其中 φ 为向量 $\boldsymbol{a}$ 与 u 轴正向的夹角.

性质 8.1.2 $\mathrm{Prj}_u(\boldsymbol{a}+\boldsymbol{b})=\mathrm{Prj}_u\boldsymbol{a}+\mathrm{Prj}_u\boldsymbol{b}$.

性质 8.1.3 $\mathrm{Prj}_u(\lambda\boldsymbol{a})=\lambda\mathrm{Prj}_u\boldsymbol{a}$.

例 8.1.4 已知点 $A(1,\sqrt{2},-2)$、$B(4,-2\sqrt{2},1)$，求向量 $\overrightarrow{AB}$ 的方向余弦、方向角.

解 $\overrightarrow{AB}=(3,-3\sqrt{2},3)=6\left(\dfrac{1}{2},-\dfrac{\sqrt{2}}{2},\dfrac{1}{2}\right)$，故 $\cos\alpha=\dfrac{1}{2}$，$\cos\beta=-\dfrac{\sqrt{2}}{2}$，$\cos\gamma=\dfrac{1}{2}$，进而 $\alpha=\dfrac{\pi}{3}$, $\beta=\dfrac{3\pi}{4}$，$\gamma=\dfrac{\pi}{3}$.

例 8.1.5 求一个长度为 3 且与向量 $\boldsymbol{m}=\left(\dfrac{1}{2},-\dfrac{1}{2},\dfrac{1}{2}\right)$ 方向相反的向量.

解 $\boldsymbol{m}=\left(\dfrac{1}{2},-\dfrac{1}{2},\dfrac{1}{2}\right)=\dfrac{\sqrt{3}}{2}\left(\dfrac{1}{\sqrt{3}},-\dfrac{1}{\sqrt{3}},\dfrac{1}{\sqrt{3}}\right)$，所求向量 $\boldsymbol{n}=3\left(-\dfrac{1}{\sqrt{3}},\dfrac{1}{\sqrt{3}},-\dfrac{1}{\sqrt{3}}\right)=\left(-\sqrt{3},\sqrt{3},-\sqrt{3}\right)$.

例 8.1.6 设点 A 位于第一卦限，$\overrightarrow{OA}$ 与 x 轴、y 轴的夹角依次为 $\dfrac{\pi}{4}$ 和 $\dfrac{\pi}{3}$，且 $|\overrightarrow{OA}|=2$，求 A 点的坐标.

解 设 $\overrightarrow{OA}$ 与 z 轴的夹角为 γ，则有 $\cos^2\dfrac{\pi}{4}+\cos^2\dfrac{\pi}{3}+\cos^2\gamma=1$，解得 $\cos\gamma=\dfrac{1}{2}$ (由于点 A 在第一卦限，故 $\cos\gamma=-\dfrac{1}{2}$ 舍)，故 $\overrightarrow{OA}=2\left(\cos\dfrac{\pi}{4},\cos\dfrac{\pi}{3},\cos\gamma\right)=2\left(\dfrac{\sqrt{2}}{2},\dfrac{1}{2},\dfrac{1}{2}\right)=(\sqrt{2},1,1)$，所以点 A 的坐标为 $(\sqrt{2},1,1)$.

习 题 8.1

1. 下列各点分别在哪个卦限？

(1) $(2,-1,5)$; (2) $(-1,-2,3)$; (3) $(5,-3,-4)$; (4) $(-2,-3,-7)$.

2. 坐标面和坐标轴上的点的坐标有什么特征？指出下列各点的位置.

(1) $(2,1,0)$; (2) $(-3,0,1)$; (3) $(0,1,0)$; (4) $(0,0,-3)$.

3. 求点 (a,b,c) 关于各坐标面、坐标轴、原点的对称点的坐标.

4. 已知空间直角坐标系中有两点 $A(1,2,-1)$、$B(2,0,2)$.

(1) 求 A、B 两点的距离;

(2) 在 x 轴上求一点 P，使 $|PA|=|PB|$;

(3) 设 M 为 xOy 平面内的一点, 若 $|MA| = |MB|$, 求 M 点的轨迹方程.

5. 求下列向量的模、方向余弦和与它同向的单位向量.

(1) $\boldsymbol{a} = (2, 2, -1)$; (2) $\boldsymbol{b} = (1, 1, 1)$.

6. 设有向量 $\overrightarrow{P_1P_2}$, 已知 $|\overrightarrow{P_1P_2}| = 2$, 它与 x 轴和 y 轴的夹角分别为 $\frac{\pi}{3}$ 和 $\frac{\pi}{4}$, P_1 的坐标为 $(1, 0, 3)$, 求 P_2 的坐标.

8.2 数量积与向量积

8.2.1 两向量的数量积

这里学习两个向量的数量积, 也称为点积, 在研究了数量积之后, 可以用它来求一个向量在另一个向量上的投影, 以及求一个恒力沿直线经过一段位移所做的功.

定义 8.2.1 对两个向量 $\boldsymbol{a}$ 和 $\boldsymbol{b}$, 它们的模为 $|\boldsymbol{a}|$、$|\boldsymbol{b}|$, 两向量夹角为 θ, 乘积 $|\boldsymbol{a}|\cdot|\boldsymbol{b}|\cos\theta$ 称为向量 $\boldsymbol{a}$ 和 $\boldsymbol{b}$ 的**数量积**(也称为**点积**、**内积**), 记为 $\boldsymbol{a}\cdot\boldsymbol{b}$, 即

$$\boldsymbol{a}\cdot\boldsymbol{b} = |\boldsymbol{a}|\cdot|\boldsymbol{b}|\cos\theta,$$

特别地, 若 $\boldsymbol{a}$ 和 $\boldsymbol{b}$ 中有一个为零向量, 则 $\boldsymbol{a}\cdot\boldsymbol{b} = 0$.

从定义可以看出, 两向量的数量积是一个数, 而不是向量.

由前面所讲投影的概念, 当 $\boldsymbol{a}\neq 0$ 时, $|\boldsymbol{b}|\cos\theta$ 表示向量 $\boldsymbol{b}$ 在向量 $\boldsymbol{a}$ 上的投影, 即有

$$\boldsymbol{a}\cdot\boldsymbol{b} = |\boldsymbol{a}|\cdot|\boldsymbol{b}|\cos\theta = |\boldsymbol{a}|\cdot \mathrm{Prj}_{\boldsymbol{a}}\boldsymbol{b},$$

类似地, 当 $\boldsymbol{b}\neq 0$ 时, $\boldsymbol{a}\cdot\boldsymbol{b} = |\boldsymbol{a}|\cdot|\boldsymbol{b}|\cos\theta = |\boldsymbol{b}|\cdot \mathrm{Prj}_{\boldsymbol{b}}\boldsymbol{a}$.

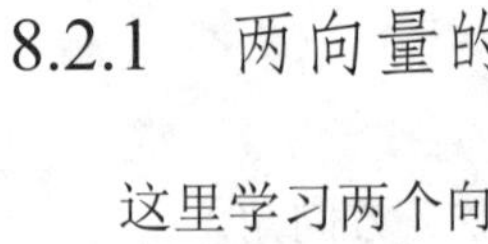

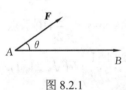

图 8.2.1

如图 8.2.1 所示, 一物体在恒力 $\boldsymbol{F}$ 的作用下, 沿直线从 A 运动到 B, $\boldsymbol{F}$ 与 $\overrightarrow{AB}$ 夹角为 θ, 则力 $\boldsymbol{F}$ 所做的功 $W = |\boldsymbol{F}|\cos\theta\cdot|\overrightarrow{AB}|$, 由向量数量积的定义, $W = \boldsymbol{F}\cdot\overrightarrow{AB}$.

由定义, 容易得到下面的两条性质.

性质 8.2.1 $|\boldsymbol{a}|^2 = \boldsymbol{a}\cdot\boldsymbol{a}$.

性质 8.2.2 非零向量 $\boldsymbol{a}$ 和 $\boldsymbol{b}$ 垂直的充分必要条件是 $\boldsymbol{a}\cdot\boldsymbol{b} = 0$.

零向量与任何向量的数量积均为 0, 故可以认为零向量与任何向量都垂直, 因此, 性质 8.2.2 可以叙述为 $\boldsymbol{a}\perp\boldsymbol{b}$ 的充分必要条件是 $\boldsymbol{a}\cdot\boldsymbol{b} = 0$.

数量积符合如下的运算规律, 设 $\boldsymbol{a}$、$\boldsymbol{b}$、$\boldsymbol{c}$ 为任意向量, λ、μ 为实数.

(1) $\boldsymbol{a}\cdot\boldsymbol{b} = \boldsymbol{b}\cdot\boldsymbol{a}$;

(2) $(\boldsymbol{a}+\boldsymbol{b})\cdot\boldsymbol{c} = \boldsymbol{a}\cdot\boldsymbol{c} + \boldsymbol{b}\cdot\boldsymbol{c}$;

(3) $\lambda\boldsymbol{a}\cdot\boldsymbol{b} = (\lambda\boldsymbol{a})\cdot\boldsymbol{b} = \boldsymbol{a}\cdot(\lambda\boldsymbol{b})$, $(\lambda\boldsymbol{a})\cdot(\mu\boldsymbol{b}) = \lambda\mu(\boldsymbol{a}\cdot\boldsymbol{b})$.

例 8.2.1 利用向量的数量积证明三角形余弦定理.

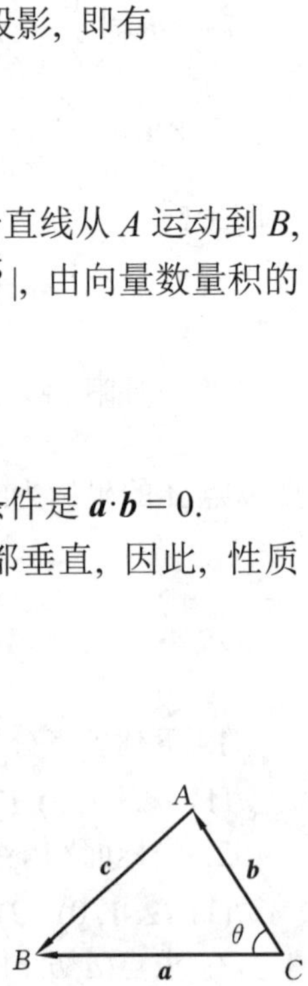

图 8.2.2

证 如图 8.2.2 所示, 三角形 ABC 中, $\angle ACB = \theta$, $|BC| = a$, $|AC| = b$, $|AB| = c$, 下面证明 $c^2 = a^2 + b^2 - 2ab\cos\theta$.

记 $\overrightarrow{CB} = \boldsymbol{a}$, $\overrightarrow{CA} = \boldsymbol{b}$, 则有 $\boldsymbol{c} = \boldsymbol{a} - \boldsymbol{b}$, 从而

$$|\boldsymbol{c}|^2 = \boldsymbol{c}\cdot\boldsymbol{c} = (\boldsymbol{a}-\boldsymbol{b})\cdot(\boldsymbol{a}-\boldsymbol{b}) = \boldsymbol{a}\cdot\boldsymbol{a} + \boldsymbol{b}\cdot\boldsymbol{b} - 2\boldsymbol{ab} = |\boldsymbol{a}|^2 + |\boldsymbol{b}|^2 - 2|\boldsymbol{a}||\boldsymbol{b}|\cos\theta.$$

下面推导数量积的坐标表示式.

设 $\boldsymbol{a}=(a_x, a_y, a_z)$, $\boldsymbol{b}=(b_x, b_y, b_z)$, 由数量积的运算规律计算如下:

$$\begin{aligned}\boldsymbol{a}\cdot\boldsymbol{b}&=(a_x\boldsymbol{i}+a_y\boldsymbol{j}+a_z\boldsymbol{k})\cdot(b_x\boldsymbol{i}+b_y\boldsymbol{j}+b_z\boldsymbol{k})\\&=a_x\boldsymbol{i}\cdot(b_x\boldsymbol{i}+b_y\boldsymbol{j}+b_z\boldsymbol{k})+a_y\boldsymbol{j}\cdot(b_x\boldsymbol{i}+b_y\boldsymbol{j}+b_z\boldsymbol{k})+a_z\boldsymbol{k}\cdot(b_x\boldsymbol{i}+b_y\boldsymbol{j}+b_z\boldsymbol{k})\\&=a_xb_x\boldsymbol{i}\cdot\boldsymbol{i}+a_xb_y\boldsymbol{i}\cdot\boldsymbol{j}+a_xb_z\boldsymbol{i}\cdot\boldsymbol{k}+a_yb_x\boldsymbol{j}\cdot\boldsymbol{i}+a_yb_y\boldsymbol{j}\cdot\boldsymbol{j}+a_yb_z\boldsymbol{j}\cdot\boldsymbol{k}\\&\quad+a_zb_x\boldsymbol{k}\cdot\boldsymbol{i}+a_zb_y\boldsymbol{k}\cdot\boldsymbol{j}+a_zb_z\boldsymbol{k}\cdot\boldsymbol{k}.\end{aligned}$$

因为 $\boldsymbol{i}\cdot\boldsymbol{i}=\boldsymbol{j}\cdot\boldsymbol{j}=\boldsymbol{k}\cdot\boldsymbol{k}=1$, $\boldsymbol{i}\cdot\boldsymbol{j}=\boldsymbol{j}\cdot\boldsymbol{i}=0$, $\boldsymbol{j}\cdot\boldsymbol{k}=\boldsymbol{k}\cdot\boldsymbol{j}=0$, $\boldsymbol{k}\cdot\boldsymbol{i}=\boldsymbol{i}\cdot\boldsymbol{k}=0$, 所以 $\boldsymbol{a}\cdot\boldsymbol{b}=a_xb_x+a_yb_y+a_zb_z$, 即为向量数量积的坐标表示式.

利用数量积的运算可以得到两向量夹角余弦的计算公式, $\boldsymbol{a}\cdot\boldsymbol{b}=|\boldsymbol{a}|\cdot|\boldsymbol{b}|\cos\theta$, 当 $\boldsymbol{a}$、$\boldsymbol{b}$ 均不是零向量时,

$$\cos\theta=\frac{\boldsymbol{a}\cdot\boldsymbol{b}}{|\boldsymbol{a}|\cdot|\boldsymbol{b}|}=\frac{a_xb_x+a_yb_y+a_zb_z}{\sqrt{a_x^2+a_y^2+a_z^2}\sqrt{b_x^2+b_y^2+b_z^2}},$$

进而, 两向量的夹角可求得.

例 8.2.2 已知 $\boldsymbol{a}=(1, 1, -4)$, $\boldsymbol{b}=(1, -2, 2)$, 求(1) $\boldsymbol{a}\cdot\boldsymbol{b}$; (2) $\boldsymbol{a}$ 与 $\boldsymbol{b}$ 的夹角; (3) $\mathrm{Prj}_{\boldsymbol{b}}\boldsymbol{a}$.

解 (1) $\boldsymbol{a}\cdot\boldsymbol{b}=1\times1+1\times(-2)+(-4)\times2=-9$;

(2) 记 $\boldsymbol{a}$ 与 $\boldsymbol{b}$ 的夹角为 θ, 有

$$\cos\theta=\frac{\boldsymbol{a}\cdot\boldsymbol{b}}{|\boldsymbol{a}||\boldsymbol{b}|}=\frac{-9}{\sqrt{1^2+1^2+(-4)^2}\cdot\sqrt{1^2+(-2)^2+2^2}}=-\frac{\sqrt{2}}{2},$$

所以 $\boldsymbol{a}$ 与 $\boldsymbol{b}$ 的夹角为 $\dfrac{3\pi}{4}$;

(3) $\mathrm{Prj}_{\boldsymbol{b}}\boldsymbol{a}=\dfrac{\boldsymbol{a}\cdot\boldsymbol{b}}{|\boldsymbol{b}|}=\dfrac{-9}{\sqrt{1^2+(-2)^2+2^2}}=-3.$

对于向量 $\boldsymbol{u}$ 和 $\boldsymbol{v}$, 可以将向量 $\boldsymbol{u}$ 表示成一个平行于 $\boldsymbol{v}$ 的向量和一个垂直于 $\boldsymbol{v}$ 的向量之和, $\boldsymbol{u}=\boldsymbol{m}+\boldsymbol{n}$, 如图 8.2.3 所示. 其中, $\boldsymbol{m}=\dfrac{\mathrm{Prj}_{\boldsymbol{v}}\boldsymbol{u}}{|\boldsymbol{v}|}\boldsymbol{v}$ 是 $\boldsymbol{u}$ 平行于 $\boldsymbol{v}$ 的分向量, $\boldsymbol{m}/\!/\boldsymbol{v}$, $\boldsymbol{n}=\boldsymbol{u}-\dfrac{\mathrm{Prj}_{\boldsymbol{v}}\boldsymbol{u}}{|\boldsymbol{v}|}\boldsymbol{v}$ 是垂直于 $\boldsymbol{v}$ 的向量,

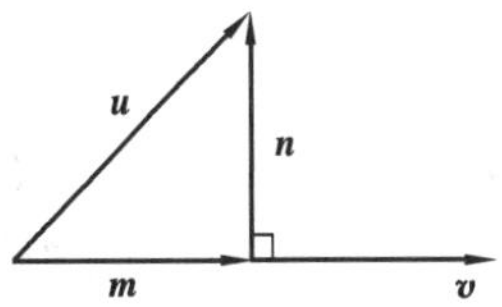

图 8.2.3

$$\boldsymbol{n}\cdot\boldsymbol{v}=\left(\boldsymbol{u}-\frac{\mathrm{Prj}_{\boldsymbol{v}}\boldsymbol{u}}{|\boldsymbol{v}|}\boldsymbol{v}\right)\cdot\boldsymbol{v}=\boldsymbol{u}\cdot\boldsymbol{v}-\mathrm{Prj}_{\boldsymbol{v}}\boldsymbol{u}\cdot|\boldsymbol{v}|=0.$$

例 8.2.3 设一液体流过平面 S 上面积为 A 的一块区域, 如图 8.2.4(a)所示, 液体在区域上各点处的流速为常向量 $\boldsymbol{v}$ (单位: m^3/s), 记 $\boldsymbol{n}$ 为垂直于 S 的单位向量, 计算单位时间内液体经过区域 A 流向 $\boldsymbol{n}$ 所指一侧的体积.

解 单位时间液体经过区域 A 的流量可以看成一个底面积为 A、斜高为 $|\boldsymbol{v}|$ 的斜柱体的体积, 如图 8.2.4(b)所示, 设向量 $\boldsymbol{v}$ 与 $\boldsymbol{n}$ 的夹角为 θ, 则有斜柱体的体积为 $A|\boldsymbol{v}|\cos\theta$, $\boldsymbol{n}$ 为单位向量, 所以该体积用向量的数量积表示为 $A\boldsymbol{v}\cdot\boldsymbol{n}$, 从而单位时间经过区域 A 流向 $\boldsymbol{n}$ 所指定的侧的流量(体积)为 $A\boldsymbol{v}\cdot\boldsymbol{n}$.

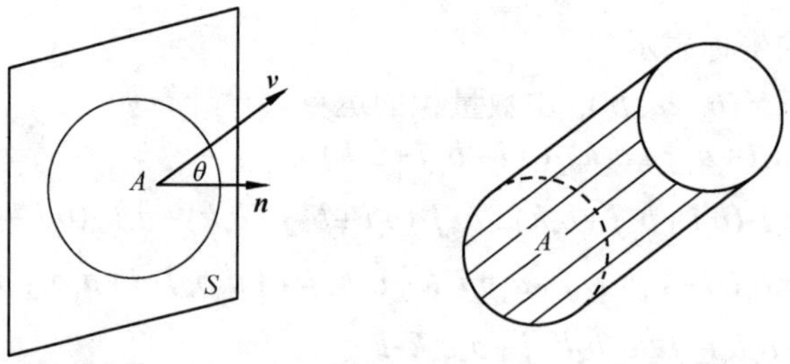

（a）　（b）

图 8.2.4

8.2.2 两向量的向量积

我们知道, 空间中的两个非零向量 $\boldsymbol{u}$ 和 $\boldsymbol{v}$, 如果不平行, 那么它们决定一个平面, 可以用右手法则确定一个垂直于这个平面的单位向量 $\boldsymbol{n}$, 右手的四个手指沿着从 $\boldsymbol{u}$ 到 $\boldsymbol{v}$ 夹角的方向握着, 大拇指所指的方向即为 $\boldsymbol{n}$ 的方向. 向量积 $\boldsymbol{u}\times\boldsymbol{v}$ 是一个向量, 这个向量的方向正是 $\boldsymbol{n}$ 所指的方向, 如图 8.2.5 所示, 具体定义如下.

定义 8.2.2 对两个向量 $\boldsymbol{a}$ 和 $\boldsymbol{b}$, $\boldsymbol{a}\times\boldsymbol{b}=|\boldsymbol{a}||\boldsymbol{b}|\sin\theta\cdot\boldsymbol{n}$, 其中 θ 为 $\boldsymbol{a}$ 和 $\boldsymbol{b}$ 的夹角, $\boldsymbol{n}$ 是单位向量, 其方向按右手法则从 $\boldsymbol{a}$ 转向 $\boldsymbol{b}$ 确定(图 8.2.5), $\boldsymbol{a}\times\boldsymbol{b}$ 称为向量 $\boldsymbol{a}$ 和 $\boldsymbol{b}$ 的**向量积**(也称为**叉积**、**外积**).

从定义 8.2.2 可知, 向量 $\boldsymbol{a}\times\boldsymbol{b}$ 的模$|\boldsymbol{a}\times\boldsymbol{b}|=|\boldsymbol{a}|\cdot|\boldsymbol{b}|\cdot\sin\theta$, $\boldsymbol{a}\times\boldsymbol{b}$ 的方向由右手法则确定.

如果 $\boldsymbol{a}$、$\boldsymbol{b}$ 中有一个为零向量, 那么 $\boldsymbol{a}\times\boldsymbol{b}=0$, 注意, 这个结果是零向量. 由定义还可以看到, 如果 $\boldsymbol{a}\times\boldsymbol{b}=0$, 那么 $\boldsymbol{a}$、$\boldsymbol{b}$ 中至少有一个为零向量或者 $\theta=0$, 即 $\boldsymbol{a}$ 平行于 $\boldsymbol{b}$.

所以非零向量 $\boldsymbol{a}/\!/\boldsymbol{b}$, 当且仅当 $\boldsymbol{a}\times\boldsymbol{b}=0$.

$|\boldsymbol{a}\times\boldsymbol{b}|$表示以 $\boldsymbol{a}$、$\boldsymbol{b}$ 为邻边的平行四边形的面积, 如图 8.2.6 所示, $h=|\boldsymbol{b}|\sin\theta$, 平行四边形面积 $S=|\boldsymbol{a}|h=|\boldsymbol{a}||\boldsymbol{b}|\sin\theta=|\boldsymbol{a}\times\boldsymbol{b}|$.

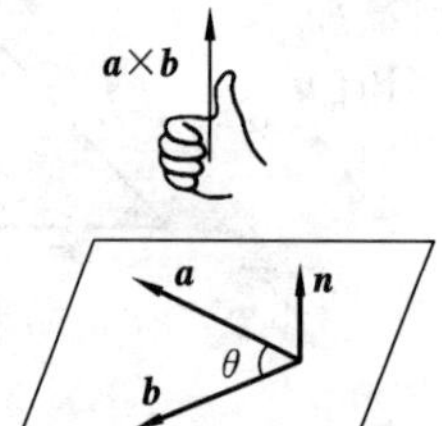

图 8.2.5

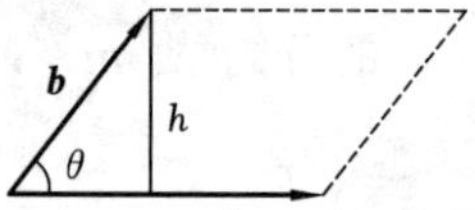

图 8.2.6

向量积符合下面的运算规律, 设 $\boldsymbol{a}$、$\boldsymbol{b}$、$\boldsymbol{c}$ 为任意向量, λ、μ 为实数.

(1) $\boldsymbol{a}\times\boldsymbol{b}=-\boldsymbol{b}\times\boldsymbol{a}$;

(2) $\boldsymbol{a}\times(\boldsymbol{b}+\boldsymbol{c})=\boldsymbol{a}\times\boldsymbol{b}+\boldsymbol{a}\times\boldsymbol{c}$;

(3) $\lambda\boldsymbol{a}\times\boldsymbol{b}=(\lambda\boldsymbol{a})\times\boldsymbol{b}=\boldsymbol{a}\times(\lambda\boldsymbol{b})$, $(\lambda\boldsymbol{a})\times(\mu\boldsymbol{b})=\lambda\mu(\boldsymbol{a}\times\boldsymbol{b})$.

下面推导数量积的坐标表示式.

设 $\boldsymbol{a}=(a_x, a_y, a_z)$, $\boldsymbol{b}=(b_x, b_y, b_z)$, 坐标轴上的三个单位向量依次为 $\boldsymbol{i}$、$\boldsymbol{j}$、$\boldsymbol{k}$, 由向量积的定义计算得

$$\boldsymbol{i}\times\boldsymbol{j}=-\boldsymbol{j}\times\boldsymbol{i}=\boldsymbol{k},\quad \boldsymbol{j}\times\boldsymbol{k}=-\boldsymbol{k}\times\boldsymbol{j}=\boldsymbol{i},\quad \boldsymbol{k}\times\boldsymbol{i}=-\boldsymbol{i}\times\boldsymbol{k}=\boldsymbol{j},$$

$$
\begin{aligned}
\boldsymbol{a}\times\boldsymbol{b} &= (a_x\boldsymbol{i}+a_y\boldsymbol{j}+a_z\boldsymbol{k})\times(b_x\boldsymbol{i}+b_y\boldsymbol{j}+b_z\boldsymbol{k})\\
&= a_x\boldsymbol{i}\times(b_x\boldsymbol{i}+b_y\boldsymbol{j}+b_z\boldsymbol{k})+a_y\boldsymbol{j}\times(b_x\boldsymbol{i}+b_y\boldsymbol{j}+b_z\boldsymbol{k})+a_z\boldsymbol{k}\times(b_x\boldsymbol{i}+b_y\boldsymbol{j}+b_z\boldsymbol{k})\\
&= a_xb_x\boldsymbol{i}\times\boldsymbol{i}+a_xb_y\boldsymbol{i}\times\boldsymbol{j}+a_xb_z\boldsymbol{i}\times\boldsymbol{k}+a_yb_x\boldsymbol{j}\times\boldsymbol{i}+a_yb_y\boldsymbol{j}\times\boldsymbol{j}+a_yb_z\boldsymbol{j}\times\boldsymbol{k}\\
&\quad +a_zb_x\boldsymbol{k}\times\boldsymbol{i}+a_zb_y\boldsymbol{k}\times\boldsymbol{j}+a_zb_z\boldsymbol{k}\times\boldsymbol{k}\\
&= (a_yb_z-a_zb_y)\boldsymbol{i}+(a_zb_x-a_xb_z)\boldsymbol{j}+(a_xb_y-a_yb_x)\boldsymbol{k}.
\end{aligned}
$$

为了便于记忆，借用三阶行列式符号，上式可写成

$$
\boldsymbol{a}\times\boldsymbol{b}=\begin{vmatrix}\boldsymbol{i} & \boldsymbol{j} & \boldsymbol{k}\\ a_x & a_y & a_z\\ b_x & b_y & b_z\end{vmatrix}=(a_yb_z-a_zb_y)\boldsymbol{i}+(a_zb_x-a_xb_z)\boldsymbol{j}+(a_xb_y-a_yb_x)\boldsymbol{k}
$$

$$
\stackrel{\Delta}{=}\begin{vmatrix}a_y & a_z\\ b_y & b_z\end{vmatrix}\boldsymbol{i}-\begin{vmatrix}a_x & a_z\\ b_x & b_z\end{vmatrix}\boldsymbol{j}-\begin{vmatrix}a_x & a_y\\ b_x & b_y\end{vmatrix}\boldsymbol{k}
$$

例 8.2.4 求垂直于点 $P(1,-1,0)$、$Q(2,1,-1)$和 $R(-1,1,2)$所在的平面的向量.

解 $\overrightarrow{PQ}=(1,2,-1)$，$\overrightarrow{PR}=(-2,2,2)$，向量$\overrightarrow{PQ}\times\overrightarrow{PR}$垂直于平面，

$$
\overrightarrow{PQ}\times\overrightarrow{PR}=\begin{vmatrix}\boldsymbol{i} & \boldsymbol{j} & \boldsymbol{k}\\ 1 & 2 & -1\\ -2 & 2 & 2\end{vmatrix}=6\boldsymbol{i}+6\boldsymbol{k},
$$

故向量(6, 0, 6)即为所求.

例 8.2.5 求以点 $P(1,-1,0)$、$Q(2,1,-1)$和 $R(-1,1,2)$为顶点的三角形的面积.

解

$$
\overrightarrow{PQ}=(1,2,-1),\ \overrightarrow{PR}=(-2,2,2),
$$

$$
\overrightarrow{PQ}\times\overrightarrow{PR}=\begin{vmatrix}\boldsymbol{i} & \boldsymbol{j} & \boldsymbol{k}\\ 1 & 2 & -1\\ -2 & 2 & 2\end{vmatrix}=6\boldsymbol{i}+6\boldsymbol{k},
$$

$$
S_{\triangle PQR}=\frac{1}{2}|\overrightarrow{PQ}\times\overrightarrow{PR}|=\frac{1}{2}\sqrt{6^2+6^2}=3\sqrt{2}.
$$

研究物体转动时，需要考虑物体受到的力所产生的力矩，如图 8.2.7 所示，设 O 为杠杆 L 的支点，力 $\boldsymbol{F}$ 作用于杆上的点 P 处，$\boldsymbol{F}$ 与$\overrightarrow{OP}$的夹角为 θ，由力学知识知，力矩 $\boldsymbol{M}$ 是一个向量，其大小为$|\boldsymbol{F}||\overrightarrow{OP}|\sin\theta$，方向按照右手法则从$\overrightarrow{OP}$转向 $\boldsymbol{F}$ 确定，由向量积的定义，力矩 $\boldsymbol{M}$ 可以表示为$\overrightarrow{OP}\times\boldsymbol{F}$.

刚体绕 l 轴以角速度 $\boldsymbol{\omega}$ 旋转，如图 8.2.8 所示，角速度的方向由右手法则定义，右手四指

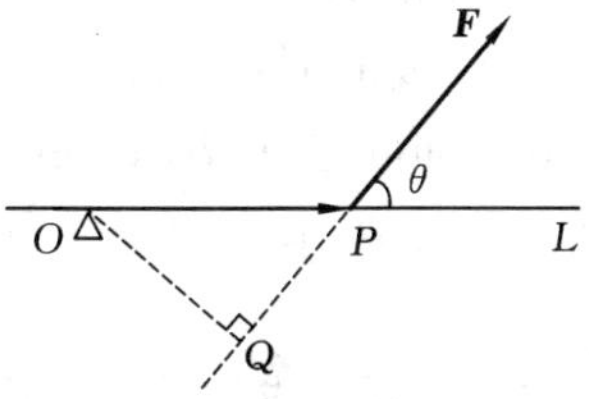

图 8.2.7

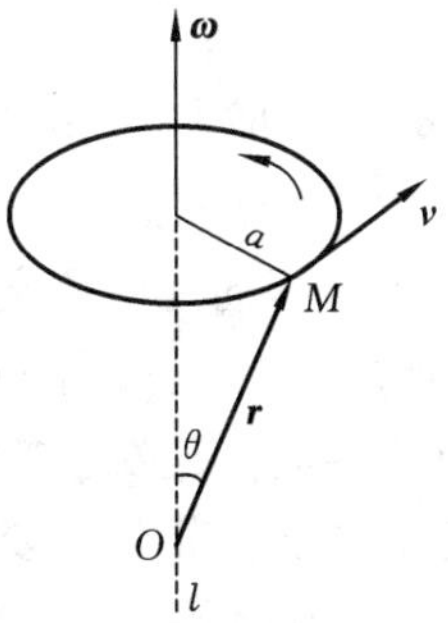

图 8.2.8

顺着转动的方向朝内弯曲，大拇指所指的方向即是角速度向量的方向，刚体上任意点 M 到旋转轴 l 的距离为 a，下面利用向量积表示点 M 的线速度 $\boldsymbol{v}$. 在轴 l 上任取一点 O，作向径 $\boldsymbol{r}=\overrightarrow{OM}$，$\theta$ 表示 $\boldsymbol{r}$ 与轴 l 的夹角，则有 $a=|\boldsymbol{r}|\sin\theta$，进而得到 $|\boldsymbol{v}|=|\boldsymbol{\omega}|a=|\boldsymbol{\omega}||\boldsymbol{r}|\sin\theta$，$\boldsymbol{v}$ 的方向按照右手法则从 $\boldsymbol{\omega}$ 转向 $\boldsymbol{r}$ 确定，所以线速度与角速度的关系可以表示为

$$\boldsymbol{v}=\boldsymbol{\omega}\times\boldsymbol{r}.$$

*8.2.3 向量的混合积

三个向量 $\boldsymbol{a}$、$\boldsymbol{b}$、$\boldsymbol{c}$ 按照 $\boldsymbol{a}\times\boldsymbol{b}\cdot\boldsymbol{c}$ 运算的结果是一个数，把这个结果称为三个向量 $\boldsymbol{a}$、$\boldsymbol{b}$、$\boldsymbol{c}$ 的**混合积**，记作 $[\boldsymbol{a}\ \boldsymbol{b}\ \boldsymbol{c}]$.

下面推出混合积的坐标表示式.

设 $\boldsymbol{a}=(a_x,a_y,a_z)$，$\boldsymbol{b}=(b_x,b_y,b_z)$，$\boldsymbol{c}=(c_x,c_y,c_z)$，有

$$\boldsymbol{a}\times\boldsymbol{b}=\begin{vmatrix}\boldsymbol{i}&\boldsymbol{j}&\boldsymbol{k}\\a_x&a_y&a_z\\b_x&b_y&b_z\end{vmatrix}=\begin{vmatrix}a_y&a_z\\b_y&b_z\end{vmatrix}\boldsymbol{i}-\begin{vmatrix}a_x&a_z\\b_x&b_z\end{vmatrix}\boldsymbol{j}+\begin{vmatrix}a_x&a_y\\b_x&b_y\end{vmatrix}\boldsymbol{k},$$

$$[\boldsymbol{a}\ \boldsymbol{b}\ \boldsymbol{c}]=(\boldsymbol{a}\times\boldsymbol{b})\cdot\boldsymbol{c}=\begin{vmatrix}a_y&a_z\\b_y&b_z\end{vmatrix}c_x-\begin{vmatrix}a_x&a_z\\b_x&b_z\end{vmatrix}c_y+\begin{vmatrix}a_x&a_y\\b_x&b_y\end{vmatrix}c_z=\begin{vmatrix}a_x&a_y&a_z\\b_x&b_y&b_z\\c_x&c_y&c_z\end{vmatrix}.$$

向量的混合积有下面的几何意义.

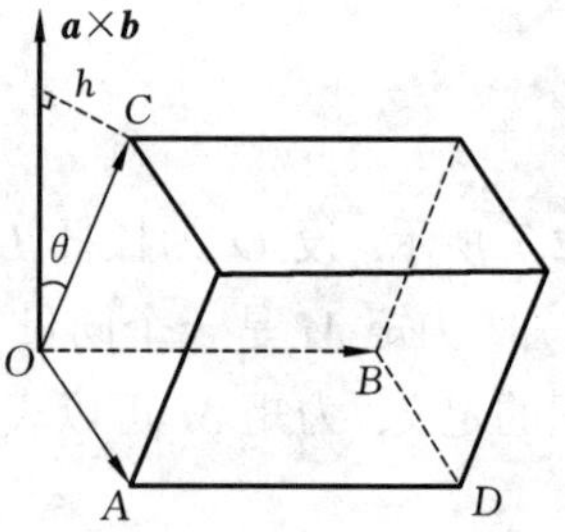

图 8.2.9

如图 8.2.9 所示，作一个以 $\overrightarrow{OA}=\boldsymbol{a}$、$\overrightarrow{OB}=\boldsymbol{b}$ 和 $\overrightarrow{OC}=\boldsymbol{c}$ 为棱的平行六面体，计算其体积 V. 底面平行四边形 $OADB$ 的面积为 $|\overrightarrow{OA}\times\overrightarrow{OB}|=|\boldsymbol{a}\times\boldsymbol{b}|$，当 $\boldsymbol{a}$、$\boldsymbol{b}$、$\boldsymbol{c}$ 组成右手系(即 $\boldsymbol{c}$ 的指向按右手法则从 $\boldsymbol{a}$ 转向 $\boldsymbol{b}$ 来确定)，$\boldsymbol{c}$ 与向量 $\boldsymbol{a}\times\boldsymbol{b}$ 的夹角 θ 为锐角，该平行六面体的高 h 可以看成向量 $\overrightarrow{OC}$ 在向量 $\boldsymbol{a}\times\boldsymbol{b}$ 上的投影，$h=|\boldsymbol{c}|\cos\theta$，于是，平行六面体的体积为

$$V=|\boldsymbol{a}\times\boldsymbol{b}||\boldsymbol{c}|\cos\theta.$$

由混合积的定义可以得到，

$$V=|\boldsymbol{a}\times\boldsymbol{b}||\boldsymbol{c}|\cos\theta=\boldsymbol{a}\times\boldsymbol{b}\cdot\boldsymbol{c}=[\boldsymbol{a}\ \ \boldsymbol{b}\ \ \boldsymbol{c}].$$

如果 $\boldsymbol{a}$、$\boldsymbol{b}$、$\boldsymbol{c}$ 组成左手系(即 $\boldsymbol{c}$ 的指向按左手法则从 $\boldsymbol{a}$ 转向 $\boldsymbol{b}$ 来确定)，那么 $\boldsymbol{c}$ 与向量 $\boldsymbol{a}\times\boldsymbol{b}$ 的夹角 θ 为钝角，平行六面体的高 $h=|\boldsymbol{c}||\cos\theta|$，进而有 $V=|\boldsymbol{a}\times\boldsymbol{b}||\boldsymbol{c}||\cos\theta|=|[\boldsymbol{a}\ \boldsymbol{b}\ \boldsymbol{c}]|$.

利用向量混合积的几何意义，可以知道若空间三向量 $\boldsymbol{a}$、$\boldsymbol{b}$、$\boldsymbol{c}$ 的混合积 $[\boldsymbol{a}\ \boldsymbol{b}\ \boldsymbol{c}]=0$，那么 $\boldsymbol{c}$ 与向量 $\boldsymbol{a}\times\boldsymbol{b}$ 垂直，这表明 $\boldsymbol{c}$ 平行于由向量 $\boldsymbol{a}$、$\boldsymbol{b}$ 所确定的平面，即向量 $\boldsymbol{a}$、$\boldsymbol{b}$、$\boldsymbol{c}$ 共面；反之，若向量 $\boldsymbol{a}$、$\boldsymbol{b}$、$\boldsymbol{c}$ 不共面，则必定能以其为棱构成平行六面体，从而 $[\boldsymbol{a}\ \boldsymbol{b}\ \boldsymbol{c}]\neq 0$. 于是有下面的结论：三向量 $\boldsymbol{a}$、$\boldsymbol{b}$、$\boldsymbol{c}$ 共面的充分必要条件是 $[\boldsymbol{a}\ \boldsymbol{b}\ \boldsymbol{c}]=0$.

例 8.2.6 求由向量 $\boldsymbol{\alpha}=(1,2,-1)$、$\boldsymbol{\beta}=(-2,0,3)$、$\boldsymbol{\gamma}=(0,7,-4)$ 所组成的平行六面体的体积.

解 因为$(\boldsymbol{\alpha}\times\boldsymbol{\beta})\cdot\boldsymbol{\gamma}=\begin{vmatrix}1 & 2 & -1\\ -2 & 0 & 3\\ 0 & 7 & -4\end{vmatrix}=-23$，所以平行六面体的体积为 23.

习 题 8.2

1. $|\boldsymbol{a}|=2, |\boldsymbol{b}|=1, (\boldsymbol{b},\boldsymbol{a})=\dfrac{\pi}{3}$，求: (1) $\boldsymbol{a}\cdot\boldsymbol{b}$; (2) $(2\boldsymbol{a}+3\boldsymbol{b})\cdot(3\boldsymbol{a}-\boldsymbol{b})$.

2. 设 $\boldsymbol{a}=2\boldsymbol{i}-3\boldsymbol{j}+\boldsymbol{k}$, $\boldsymbol{b}=\boldsymbol{i}-\boldsymbol{j}+3\boldsymbol{k}$ 和 $\boldsymbol{c}=\boldsymbol{i}-2\boldsymbol{j}$，求:
(1) $(\boldsymbol{a}\cdot\boldsymbol{b})\cdot\boldsymbol{c}-(\boldsymbol{a}\cdot\boldsymbol{c})\cdot\boldsymbol{b}$; (2) $(\boldsymbol{a}+\boldsymbol{b})\times(\boldsymbol{b}+\boldsymbol{c})$.

3. $\overrightarrow{AB}=(4,-3,4), \overrightarrow{CD}=(2,2,1)$，求 $\cos(\overrightarrow{AB},\overrightarrow{CD}), \mathrm{Prj}_{\overrightarrow{CD}}\overrightarrow{AB}$.

4. 已知 $\boldsymbol{a}=(3,6,8)$，求垂直于 $\boldsymbol{a}$ 与 x 轴的单位向量.

5. 设 $\boldsymbol{a}$、$\boldsymbol{b}$、$\boldsymbol{c}$ 两两相互垂直，且 $|\boldsymbol{a}|=1$，$|\boldsymbol{b}|=2$，$|\boldsymbol{c}|=3$，求 $|\boldsymbol{a}+\boldsymbol{b}+\boldsymbol{c}|$.

6. 在顶点为 $A(1,-1,2)$、$B(5,-6,2)$ 和 $C(1,3,-1)$ 的三角形中，求 AC 边上的高 BD.

7. 已知向量 $\boldsymbol{a}\neq 0, \boldsymbol{b}\neq 0$，证明 $|\boldsymbol{a}\times\boldsymbol{b}|^2=|\boldsymbol{a}|^2|\boldsymbol{b}|^2-(\boldsymbol{a}\cdot\boldsymbol{b})^2$.

8. 设 $\boldsymbol{a}=(3,5,-2)$, $\boldsymbol{b}=(2,1,4)$，问 λ 与 μ 满足怎样的关系才能使 $\lambda\boldsymbol{a}+\mu\boldsymbol{b}$ 与 z 轴垂直？

8.3 平面及其方程

这一节，将以向量为工具，讨论平面与空间直线. 由于平面与空间直线是曲面与空间曲线的特例，故在介绍平面与空间直线之前先引入曲面与空间曲线的概念，后面再做进一步介绍.

8.3.1 曲面方程与空间曲线的方程的概念

平面解析几何中将曲线理解为动点的运动轨迹，类似地，空间解析几何中曲面与曲线也是动点的运动轨迹. 曲面 S 与三元方程

$$F(x,y,z)=0 \tag{8.3.1}$$

满足下面的关系:

(1) 曲面 S 上任意点的坐标满足方程(8.3.1);

(2) 不在曲面 S 上的点的坐标都不满足方程(8.3.1).

那么，方程(8.3.1)称为曲面 S 的**方程**，曲面 S 称为方程(8.3.1)的**图形**.

空间曲线 C 可以看成两个曲面 S_1、S_2 的交线，如图 8.3.1 所示，设两曲面的方程分别为

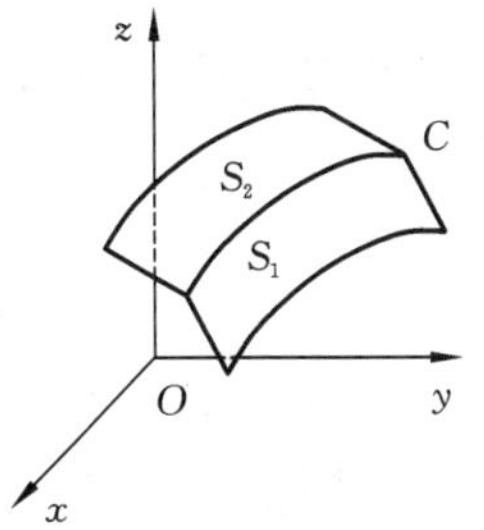

图 8.3.1

$$F(x,y,z)=0 \quad 和 \quad G(x,y,z)=0,$$

那么，方程组

$$\begin{cases}F(x,y,z)=0,\\ G(x,y,z)=0\end{cases} \tag{8.3.2}$$

即为两曲面的交线 C 的方程. 曲线 C 上任意点的坐标同时满足两个曲面方程, 所以满足方程组(8.3.2); 反之, 不在曲线 C 上的点, 不会同时在两个曲面上, 所以不满足方程组(8.3.2). 方程组(8.3.2)称为**空间曲线 C 的一般方程**.

下面讨论特殊的曲面——平面及其方程.

8.3.2 平面的点法式方程

经过空间中的一点可以作一个平面垂直于已知直线, 并且这样的平面是唯一确定的.

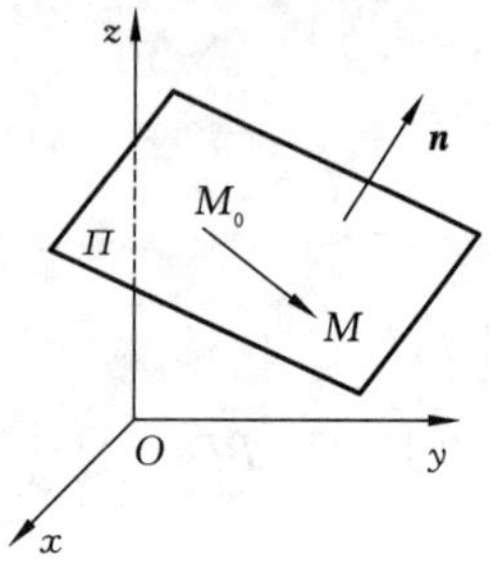

图 8.3.2

设平面 Π 过点 $M_0(x_0, y_0, z_0)$, 垂直于向量 $\boldsymbol{n} = (A, B, C)$, 如图 8.3.2 所示, 那么平面 Π 是使得向量 $\overrightarrow{M_0M}$ 垂直于 $\boldsymbol{n}$ 的所有点 $M(x, y, z)$的集合. 向量 $\boldsymbol{n} = (A, B, C)$称为**平面的法线向量**. 下面建立平面 Π 的方程.

设 $M(x, y, z)$为平面 Π 上任一点, 向量 $\overrightarrow{M_0M}$ 一定垂直于平面的法线向量 $\boldsymbol{n}$, 即

$$\overrightarrow{M_0M} \cdot \boldsymbol{n} = 0,$$

又 $\overrightarrow{M_0M} = (x-x_0, y-y_0, z-z_0)$, $\boldsymbol{n} = (A, B, C)$, 进而有

$$A(x-x_0) + B(y-y_0) + C(z-z_0) = 0, \tag{8.3.3}$$

这就是平面 Π 上任意点 M 的坐标满足的方程.

反之, 如果点 M 不在平面 Π 上, 那么向量 $\overrightarrow{M_0M}$ 不垂直于法线向量 $\boldsymbol{n}$, M 的坐标不满足方程(8.3.3).

由此可知, 平面 Π 上点的坐标都满足方程(8.3.3), 不在平面 Π 上的点的坐标不满足方程(8.3.3), 所以, 方程(8.3.3)是平面 Π 的方程, 平面 Π 是方程(8.3.3)的图形.

由于方程是由一点和一个法线向量确定的, 所以方程(8.3.3)称为**平面的点法式方程**.

例 8.3.1 求过三点 $A(2, 2, 0)$、$B(-1, -1, 3)$、$C(2, 0, 3)$的平面方程.

解 先找出平面的法向量 $\boldsymbol{n}$, 考虑到 $\boldsymbol{n}$ 同时垂直于 $\overrightarrow{AB}$、$\overrightarrow{AC}$, 又

$$\overrightarrow{AB} = (-3, -3, 3),\ \overrightarrow{AC} = (0, -2, 3),$$

$$\overrightarrow{AB} \times \overrightarrow{AC} = \begin{vmatrix} \boldsymbol{i} & \boldsymbol{j} & \boldsymbol{k} \\ -3 & -3 & 3 \\ 0 & -2 & 3 \end{vmatrix} = (-3, 9, 6),$$

所以可以取 $\boldsymbol{n} = (-1, 3, 2)$, 由平面的点法式方程可得所求的平面方程为

$$-(x-2) + 3(y-2) + 2z = 0,$$

即

$$x-3y-2z + 4 = 0.$$

例 8.3.2 求过点$(-1, 2, 1)$, 且与两向量 $\boldsymbol{s}_1 = (0,1,1)$、$\boldsymbol{s}_2 = (1,2,1)$ 都平行的平面的方程.

解 由题意得, 平面的法向量 $\boldsymbol{n}$ 同时垂直于 $\boldsymbol{s}_1$、$\boldsymbol{s}_2$, 又

$$\boldsymbol{s}_1 \times \boldsymbol{s}_2 = \begin{vmatrix} \boldsymbol{i} & \boldsymbol{j} & \boldsymbol{k} \\ 0 & 1 & 1 \\ 1 & 2 & 1 \end{vmatrix} = (-1,1,-1),$$

取 $\boldsymbol{n}=(-1,1,-1)$，由平面的点法式方程可得所求的平面方程为

$$-(x+1)+(y-2)-(z-1)=0,$$

即

$$x-y+z+2=0.$$

8.3.3 平面的一般方程

平面的点法式方程是关于 x、y、z 的三元一次方程，由于任一平面都可以用平面上一点与一个法线向量确定，所以任一平面的方程都可以用一个三元一次方程表示．方程(8.3.3)可以化为

$$Ax+By+Cz+D=0 \tag{8.3.4}$$

的形式，其中 $D=-Ax_0-By_0-Cz_0$，向量(A, B, C)为平面的法线向量，A、B、C 不同时为零，称方程(8.3.4)为**平面的一般方程**．

另外，设三元一次方程 $Ax+By+Cz+D=0$，满足方程的一组解为(x_0, y_0, z_0)，即

$$Ax_0+By_0+Cz_0+D=0. \tag{8.3.5}$$

式(8.3.4)、式(8.3.5)相减可得

$$A(x-x_0)+B(y-y_0)+C(z-z_0)=0. \tag{8.3.6}$$

从点法式方程的定义知，方程(8.3.6)对应的图形就是一个以$(A,\ B,\ C)$为法线向量，并且过点$(x_0,\ y_0,\ z_0)$的平面．而方程(8.3.6)与方程(8.3.4)是同解的，所以任意一个三元一次方程(8.3.4)的图形是一个平面．

下面讨论一些特殊的平面与它们的方程．

当 $D=0$ 时，方程(8.3.4)化为 $Ax+By+Cz=0$，表示通过原点的平面；

当 $A=0$ 时，方程(8.3.4)化为 $By+Cz+D=0$，法线向量 $\boldsymbol{n}=(0, B, C)$垂直于 x 轴，方程表示平行于 x 轴的平面，特别地，当 $A=D=0$ 时，方程表示通过 x 轴的平面．

类似地，方程 $Ax+Cz+D=0$ 和 $Ax+By+D=0$ 分别表示平行于(或包含)y 轴、z 轴的平面．

当 $A=B=0$ 时，方程(8.3.4)化为 $Cz+D=0$，法线向量 $\boldsymbol{n}=(0, 0, C)$平行于 z 轴，方程表示垂直于 z 轴的平面．也可以表述为，法线向量 $\boldsymbol{n}$ 垂直于 xOy 面，方程表示平行于(或重合于)xOy 面的平面．

类似地，方程 $Ax+D=0$ 表示平行于(或重合于)yOz 面的平面，$By+D=0$ 表示平行于(或重合于)xOz 面的平面．

例 8.3.3 设平面与 x 轴、y 轴、z 轴的交点分别为 $(a,0,0)$、$(0,b,0)$、$(0,0,c)$，并且 $abc\neq0$，求平面方程．

解 设平面的一般方程为 $Ax+By+Cz+D=0$，将三点的坐标代入得到

$$\begin{cases} Aa+D=0, \\ Bb+D=0, \\ Cc+D=0, \end{cases}$$

解得 $A=-\dfrac{D}{a}, B=-\dfrac{D}{b}, C=-\dfrac{D}{c}$, 因此所求平面方程为

$$\frac{x}{a}+\frac{y}{b}+\frac{z}{c}=1.$$

例 8.3.4 求平行于 x 轴且过点 $M_1(1, 0, 2)$和 $M_2(-1, 1, 0)$的平面方程.

解 设平面的一般方程为 $Ax+By+Cz+D=0$, 由平面平行于 x 轴可得 $A=0$, 方程化为 $By+Cz+D=0$, 将点 M_1、M_2 的坐标代入方程得到

$$\begin{cases}2C+D=0,\\ B+D=0,\end{cases}$$

解得 $C=-\dfrac{D}{2}, B=-D$, 因此所求平面方程为 $2y+z-2=0$.

8.3.4 两平面的夹角

两平面法线向量的夹角(直角或者锐角)称为**两平面的夹角**.

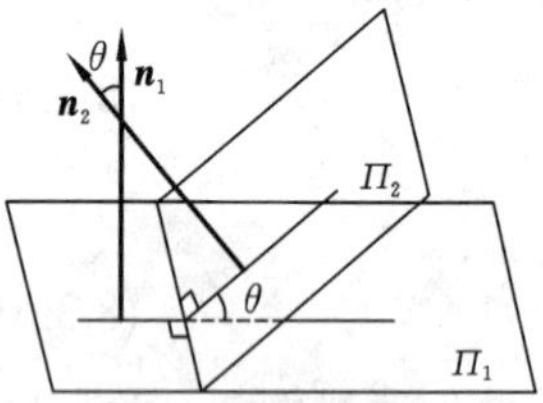

图 8.3.3

记平面 Π_1 与平面 Π_2 的法线向量分别为 $\boldsymbol{n}_1=(A_1, B_1, C_1)$, $\boldsymbol{n}_2=(A_2, B_2, C_2)$, 如图 8.3.3 所示, 那么平面 Π_1 和平面 Π_2 的夹角 θ 应是$(\boldsymbol{n}_1, \boldsymbol{n}_2)$和 $\pi-(\boldsymbol{n}_1, \boldsymbol{n}_2)$两者中的锐角. 因此, $\cos\theta=|\cos(\boldsymbol{n}_1, \boldsymbol{n}_2)|$, 由向量夹角余弦的计算公式, 得

$$\cos\theta=\frac{|A_1A_2+B_1B_2+C_1C_2|}{\sqrt{A_1^2+B_1^2+C_1^2}\cdot\sqrt{A_2^2+B_2^2+C_2^2}}. \tag{8.3.7}$$

从两向量垂直、平行的充分必要条件可以推得下列结论:

平面 Π_1 和平面 Π_2 垂直等价于 $A_1A_2+B_1B_2+C_1C_2=0$;

平面 Π_1 和平面 Π_2 平行或重合等价于 $\dfrac{A_1}{A_2}=\dfrac{B_1}{B_2}=\dfrac{C_1}{C_2}$.

例 8.3.5 求两平面 $x-y+2z-6=0$ 和 $2x+y+z-5=0$ 的夹角.

解 由式(8.3.7)知

$$\cos\theta=\frac{|1\times 2+(-1)\times 1+2\times 1|}{\sqrt{1^2+(-1)^2+2^2}\cdot\sqrt{2^2+1^2+1^2}}=\frac{1}{2},$$

所以, 两平面的夹角 $\theta=\dfrac{\pi}{3}$.

例 8.3.6 一平面通过 x 轴, 且与平面 $\sqrt{5}x+2y+z=0$ 的夹角为 $\theta=\dfrac{\pi}{3}$, 求它的方程.

解 由已知, 设所求平面方程为 $By+Cz=0$, 由式(8.3.7)知

$$\cos\theta=\cos\frac{\pi}{3}=\frac{|\sqrt{5}\times 0+B\times 2+C\times 1|}{\sqrt{(\sqrt{5})^2+2^2+1^2}\cdot\sqrt{0^2+B^2+C^2}}=\frac{1}{2},$$

即 $3B^2+8BC-3C^2=0$, 解得 $B=-3C$ 或 $C=3B$, 因此所求平面的方程为

$$y+3z=0 \quad 或 \quad 3y-z=0.$$

8.3.5 点到平面的距离

设$P_0(x_0, y_0, z_0)$是平面$\Pi: Ax + By + Cz + D = 0$外一点，下面求点$P_0$到平面$\Pi$的距离. 如图 8.3.4 所示，过点$P_0$作平面$\Pi$的法线向量$\boldsymbol{n}$，任取平面$\Pi$上的点$P_1(x_1, y_1, z_1)$，向量$\overrightarrow{P_1P_0}$与$\boldsymbol{n}$的夹角为$\theta$，考虑到$\theta$可能为钝角，所以点$P_0$到平面$\Pi$的距离为

$$d = |\mathrm{Prj}_{\boldsymbol{n}} \overrightarrow{P_1P_0}| = |\overrightarrow{P_1P_0}||\cos\theta|.$$

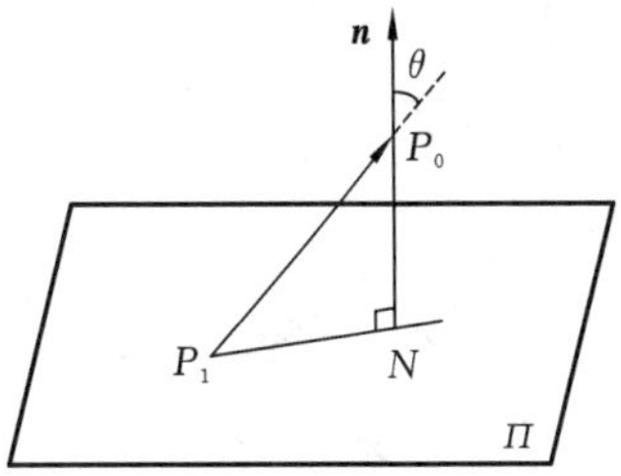

图 8.3.4

又$\overrightarrow{P_1P_0} = (x_0-x_1, y_0-y_1, z_0-z_1)$, $\boldsymbol{n} = (A, B, C)$，则有

$$\mathrm{Prj}_{\boldsymbol{n}} \overrightarrow{P_1P_0} = \frac{\overrightarrow{P_1P_0}\cdot \boldsymbol{n}}{|\boldsymbol{n}|} = \frac{A(x_0 - x_1) + B(y_0 - y_1) + C(z_0 - z_1)}{\sqrt{A^2 + B^2 + C^2}}.$$

因为点$P_1(x_1, y_1, z_1)$是平面Π上的点，故

$$Ax_1 + By_1 + Cz_1 + D = 0,$$

所以，$\mathrm{Prj}_{\boldsymbol{n}} \overrightarrow{P_1P_0} = \dfrac{Ax_0 + By_0 + Cz_0 + D}{\sqrt{A^2 + B^2 + C^2}}$，由此可以得到点$P_0$到平面$Ax + By + Cz + D = 0$的距离公式为

$$d = \frac{|Ax_0 + By_0 + Cz_0 + D|}{\sqrt{A^2 + B^2 + C^2}}. \tag{8.3.8}$$

例 8.3.7 求点(2, 0, −1)到平面$x + y-z + 1 = 0$的距离.

解 由式(8.3.8)知

$$d = \frac{|Ax_0 + By_0 + Cz_0 + D|}{\sqrt{A^2 + B^2 + C^2}} = \frac{|1\times 2 + 1\times 0 + (-1)\times(-1) + 1|}{\sqrt{1^2 + 1^2 + (-1)^2}} = \frac{4}{\sqrt{3}} = \frac{4}{3}\sqrt{3}.$$

习 题 8.3

1. 指出下列各平面的特殊位置，并画出各平面.

(1) $5x-3y-2 = 0$;

(2) $3x + 8y-4z = 0$;

(3) $y-z = 1$.

2. 求过点(1, 2, 3)，且与平面 $7x-3y + z-5 = 0$ 平行的平面方程.

3. 求过三点$M_1(1, 1, -1)$、$M_2(-2, -2, 2)$和$M_3(1, -1, 2)$的平面方程.

4. 求过点$(1,1,1)$，且与平面$\Pi_1: x-y + z = 2$，$\Pi_2: 3x + 2y-12z = 0$都垂直的平面方程.

5. 求通过z轴和点(−3, 1, −2)的平面方程.

6. 平面过原点及点(6, −3, 2)，且与平面$4x-y + 2z = 8$垂直，求此平面方程.

7. 求平面$2x-2y + z-35 = 0$与xOy面、xOz面、yOz面的夹角的余弦.

8.4 空间直线及其方程

8.4.1 空间直线的一般方程

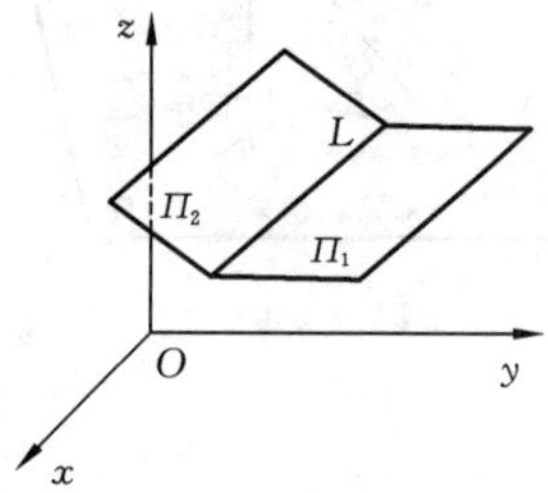

图 8.4.1

空间曲线可以看成两个曲面的交线, 空间直线 L 则可以看成两个平面 Π_1 与平面 Π_2 的交线, 如图 8.4.1 所示. 设两平面的方程分别为 $A_1x+B_1y+C_1z+D_1=0$ 与 $A_2x+B_2y+C_2z+D_2=0$, 则直线 L 上点的坐标满足的方程组为

$$\begin{cases}A_1x+B_1y+C_1z+D_1=0,\\A_2x+B_2y+C_2z+D_2=0.\end{cases}\tag{8.4.1}$$

反之, 不在直线 L 上的点, 不可能同时在平面 Π_1 与平面 Π_2 上, 所以不满足方程组(8.4.1), 因此, 直线 L 的方程可以用方程组(8.4.1)来表示, 称方程组(8.4.1)为**空间直线的一般方程**.

通过直线 L 的平面有无穷个, 任意选取其中的两个平面, 将其方程联立得到的方程组就表示空间直线 L.

8.4.2 空间直线的点向式方程与参数方程

平行于直线的非零向量称为该直线的**方向向量**, 通常记为 $\boldsymbol{s}$. 过空间一点只能作唯一一条直线平行于已知直线, 所以当直线上一点 $M_0(x_0, y_0, z_0)$和它的方向向量 $\boldsymbol{s}=(m,n,p)$ 给定时, 直线 L 也就确定了, 下面建立直线方程.

设 $M(x, y, z)$为直线 L 上任意点, $\overrightarrow{M_0M}=(x-x_0, y-y_0, z-z_0)$, 显然有 $\overrightarrow{M_0M}\,/\!/\,\boldsymbol{s}$, 从而有

$$\frac{x-x_0}{m}=\frac{y-y_0}{n}=\frac{z-z_0}{p},\tag{8.4.2}$$

即直线 L 上点的坐标满足方程(8.4.2); 反之, 如果点 M 不在直线 L 上, 那么 $\overrightarrow{M_0M}$ 与 $\boldsymbol{s}$ 不平行, 即方程(8.4.2)不满足. 所以方程(8.4.2)是直线 L 的方程, 称为**直线的点向式方程**, 也称为**对称式方程**.

设直线的方向向量 $\boldsymbol{s}=(m, n, p)$, 当 m、n、p 中有一个为零时, 不妨设 $m=0$ 时, 方程(8.4.2)应理解为

$$\begin{cases}x=x_0,\\\dfrac{y-y_0}{n}=\dfrac{z-z_0}{p},\end{cases}$$

可以看到, 当 $m=0$ 时, $\boldsymbol{s}=(0, n, p)$, 方向向量 $\boldsymbol{s}$ 平行于 yOz 面, 因此直线平行于 yOz 面. 类似可以得到 $n=0$、$p=0$ 的情形.

当 m、n、p 中有两个为零时, 不妨设 $m=n=0$, 方程(8.4.2)理解为

$$\begin{cases}x=x_0,\\y=y_0,\end{cases}\tag{8.4.3}$$

此时直线的方向向量 $\boldsymbol{s}=(0,0,p)$，平行于 z 轴，因此直线平行于 z 轴. 特别注意，在平面直角坐标系中，方程组(8.4.3)表示平面中的点 (x_0, y_0)，而在空间直角坐标系中，方程(8.4.3)表示一条平行于 z 轴的直线.

例 8.4.1 求过两点 $M_1(3,-2,1)$、$M_2(-1,0,2)$ 的直线方程.

解 $\overrightarrow{M_1M_2}=(-4,2,1)$，所以所求直线的方向向量 $\boldsymbol{s}=(-4,2,1)$，由点 M_1 与 $\boldsymbol{s}$ 即可写出所求直线的对称式方程

$$\frac{x-3}{-4}=\frac{y+2}{2}=\frac{z-1}{1}.$$

由直线的对称式方程(8.4.2)容易得到直线的参数方程

$$\begin{cases}x=x_0+mt,\\ y=y_0+nt,\\ z=z_0+pt,\end{cases} \tag{8.4.4}$$

式中: t 为参数.

方程(8.4.4)即为**直线的参数方程**.

例 8.4.2 用对称式方程表示直线

$$\begin{cases}x+y+z+1=0,\\ 2x-y+3z+4=0.\end{cases} \tag{8.4.5}$$

解 取 $x_0=1$，代入方程组(8.4.5)中，得到

$$\begin{cases}y+z+2=0,\\ -y+3z+6=0,\end{cases}$$

解得 $y_0=0, z_0=-2$，于是得到直线上一点的坐标为 $(1,0,-2)$.

下面求直线的一个方向向量，一般方程将直线看成两平面的交线，记这两个平面的法线向量分别为 $\boldsymbol{n}_1=(1,1,1), \boldsymbol{n}_2=(2,-1,3)$，有

$$\boldsymbol{n}_1\times\boldsymbol{n}_2=(1,1,1)\times(2,-1,3)=(4,-1,-3),$$

所以直线的方向向量 $\boldsymbol{s}=(4,-1,-3)$，因此所给直线的对称式方程为

$$\frac{x-1}{4}=\frac{y-0}{-1}=\frac{z+2}{-3}.$$

8.4.3 两直线的夹角

两直线方向向量的夹角(一般取锐角)称为**两直线的夹角**.

两直线 L_1 与 L_2 的方向向量依次记为 $\boldsymbol{s}_1=(m_1,n_1,p_1)$，$\boldsymbol{s}_2=(m_2,n_2,p_2)$，那么 L_1 与 L_2 的夹角 $\varphi=(\widehat{\boldsymbol{s}_1,\boldsymbol{s}_2})$ 或者 $\varphi=\pi-(\widehat{\boldsymbol{s}_1,\boldsymbol{s}_2})$ (取两者中的锐角)，因此 $\cos\varphi=\left|\cos(\boldsymbol{s}_1,\boldsymbol{s}_2)\right|$. 于是有

$$\cos\varphi=\frac{|m_1m_2+n_1n_2+p_1p_2|}{\sqrt{m_1^2+n_1^2+p_1^2}\cdot\sqrt{m_2^2+n_2^2+p_2^2}}. \tag{8.4.6}$$

两直线的位置关系可以由它们方向向量之间的关系确定，进一步可以得到两直线的位置关系的判定:

(1) 两直线 L_1 与 L_2 平行的充分必要条件为 $\frac{m_1}{m_2}=\frac{n_1}{n_2}=\frac{p_1}{p_2}$;

(2) 两直线 L_1 与 L_2 垂直的充分必要条件为 $m_1m_2+n_1n_2+p_1p_2=0$.

例 8.4.3 求直线 L_1: $\frac{x-1}{1}=\frac{y}{-4}=\frac{z+3}{1}$ 与 L_2: $\frac{x}{2}=\frac{y+2}{-2}=\frac{z}{-1}$ 的夹角.

解 两直线的方向向量分别记为 $\boldsymbol{s}_1=(1,-4,1)$, $\boldsymbol{s}_2=(2,-2,-1)$, 设直线 L_1 与 L_2 的夹角为 φ, 由式(8.4.6)知

$$\cos\varphi=\frac{|1\times 2+(-4)\times(-2)+1\times(-1)|}{\sqrt{1^2+(-4)^2+1^2}\cdot\sqrt{2^2+(-2)^2+(-1)^2}}=\frac{\sqrt{2}}{2},$$

所以两直线的夹角 $\varphi=\frac{\pi}{4}$.

8.4.4 直线与平面的夹角

空间直线 L 与平面 Π 不垂直时, 直线与其在平面上的投影直线的夹角 $\varphi\ (0\leqslant\varphi<\frac{\pi}{2})$ 称为**直线与平面的夹角**, 如图 8.4.2 所示. 当直线与平面垂直时, 夹角 $\varphi=\frac{\pi}{2}$.

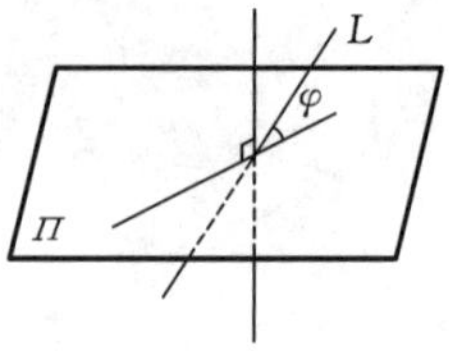

图 8.4.2

设直线 L 的方向向量 $\boldsymbol{s}=(m,n,p)$, 平面 Π 的法线向量 $\boldsymbol{n}=(A,B,C)$, 由图 8.4.2 可以看出 $\sin\varphi=|\cos(\widehat{\boldsymbol{s},\boldsymbol{n}})|$, 由两向量夹角余弦的计算公式得

$$\sin\varphi=\frac{|Am+Bn+Cp|}{\sqrt{A^2+B^2+C^2}\cdot\sqrt{m^2+n^2+p^2}}. \tag{8.4.7}$$

由此可以得到直线与平面的位置关系的判定:

(1) 直线 L 与平面 Π 平行(直线 L 在平面 Π 上)的充分必要条件为 $Am+Bn+Cp=0$;

(2) 直线 L 与平面 Π 垂直的充分必要条件为 $\frac{A}{m}=\frac{B}{n}=\frac{C}{p}$.

例 8.4.4 求直线 L: $\frac{x-2}{1}=\frac{y-3}{-1}=\frac{z-4}{2}$ 与平面 $\Pi: 2x+y+z=6$ 的夹角与交点.

解 由题意可得 $\boldsymbol{s}=(1,-1,2)$, $\boldsymbol{n}=(2,1,1)$, 由式(8.4.7)知

$$\sin\varphi=\frac{|2\times 1+1\times(-1)+1\times 2|}{\sqrt{2^2+1^2+1^2}\cdot\sqrt{1^2+(-1)^2+2^2}}=\frac{1}{2},$$

所以直线与平面的夹角为 $\frac{\pi}{6}$.

下面求直线与平面的交点, 首先写出直线的参数方程

$$x=t+2,\quad y=-t+3,\quad z=2t+4,$$

将其代入平面方程得 $3t+5=0$, 解得 $t=-\frac{5}{3}$, 将 t 的值代入直线的参数方程即求得直线与平面的交点为

$$\left(\frac{1}{3},\frac{14}{3},\frac{2}{3}\right).$$

下面介绍平面束的概念，在解题中会带来一些便利．平面束是那些相交于同一条直线的所有平面组成的集合．设直线 L 的一般方程为

$$A_1x + B_1y + C_1z + D_1 = 0, \tag{8.4.8}$$

$$A_2x + B_2y + C_2z + D_2 = 0. \tag{8.4.9}$$

其中系数 A_1、B_1、C_1 与 A_2、B_2、C_2 不成比例，即方程(8.4.8)表示的平面 Π_1 与方程(8.4.9)表示的平面 Π_2 不平行．由方程(8.4.8)与方程(8.4.9)列出一个三元一次方程

$$A_1x + B_1y + C_1z + D_1 + \lambda(A_2x + B_2y + C_2z + D_2) = 0, \tag{8.4.10}$$

式中: λ 为任意常数.

事实上，方程(8.4.10)表示的就是通过直线 L 的除了平面 Π_2 外的所有平面，称方程(8.4.10)为**通过直线 L 的平面束方程**.

例 8.4.5 求经过原点与直线 $\dfrac{x-3}{-1} = \dfrac{y-1}{2} = \dfrac{z}{1}$ 的平面方程.

解法一 (利用平面束方程求解)由已知直线的对称式方程得到其一般方程 $\begin{cases} x+z-3=0, \\ y-2z-1=0, \end{cases}$

则过直线的平面束方程为

$$x + z-3 + \lambda(y-2z-1) = 0, \tag{8.4.11}$$

由于所求平面经过原点，故将 $x = 0$、$y = 0$、$z = 0$ 代入式(8.4.11)，得到

$$\lambda = -3,$$

由此得到所求平面方程为 $x-3y + 7z = 0$.

解法二 (利用点法式方程求解)由直线方程写出直线上任意两点的坐标，得到点 $P_1(3, 1, 0)$、$P_2(2, 3, 1)$，进而得到 $\overrightarrow{OP_1} = (3, 1, 0)$、$\overrightarrow{OP_2} = (2, 3, 1)$.

$$\overrightarrow{OP_1} \times \overrightarrow{OP_2} = \begin{vmatrix} \boldsymbol{i} & \boldsymbol{j} & \boldsymbol{k} \\ 3 & 1 & 0 \\ 2 & 3 & 1 \end{vmatrix} = \boldsymbol{i}-3\boldsymbol{j} + 7\boldsymbol{k},$$

所以所求平面的法线向量 $\boldsymbol{n} = \boldsymbol{i}-3\boldsymbol{j} + 7\boldsymbol{k}$.

于是，由点法式方程得所求平面方程为 $x-3y + 7z = 0$.

例 8.4.6 求直线 L: $\begin{cases} x+y-z-1=0, \\ x-y+z+1=0 \end{cases}$ 在平面 Π: $x+y+z=0$ 上的投影直线的方程.

解 首先求出通过直线 L 且与平面 Π 垂直的平面 Π_1，如图 8.4.3 所示，平面 Π_1 与 Π 的交线 L_1 就是所求的投影直线.

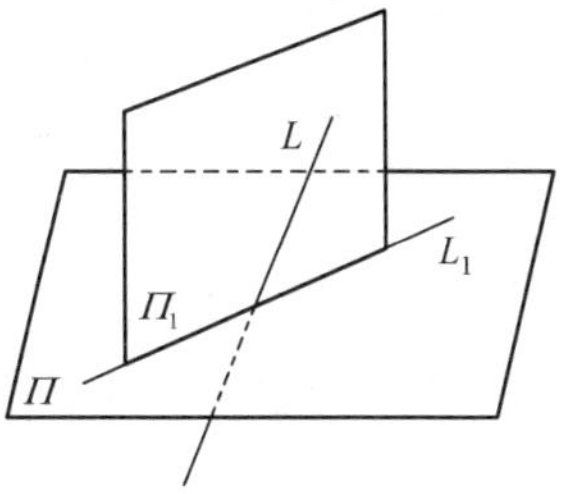

图 8.4.3

过直线 L 的平面束方程为

$$x + y-z-1 + \lambda(x-y + z + 1) = 0,$$

即

$$(1 + \lambda)x + (1-\lambda)y + (-1 + \lambda)z + (-1 + \lambda) = 0, \tag{8.4.12}$$

由 $(1 + \lambda)\cdot 1 + (1-\lambda)\cdot 1 + (-1 + \lambda)\cdot 1 = 0$ 解得 $\lambda = -1$，代入式(8.4.12)得到方程

$$2y-2z-2 = 0,$$

即

$$y-z-1=0,$$

平面 $y-z-1=0$ 就是通过直线 L 且与平面 Π 垂直的平面, 所以投影直线的方程为

$$\begin{cases} x+y+z=0, \\ y-z-1=0. \end{cases}$$

例 8.4.7 设 M_0 是直线 L 外一点, M 是直线 L 上任意一点, 且直线的方向向量为 $\boldsymbol{s}$, 证明: 点 M_0 到直线 L 的距离

$$d=\frac{\left|\overrightarrow{MM_0}\times\boldsymbol{s}\right|}{|\boldsymbol{s}|}.$$

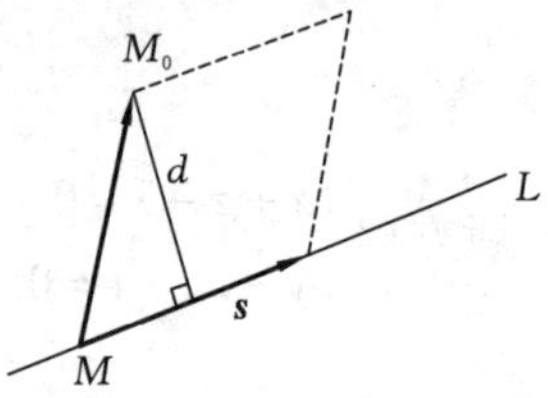

图 8.4.4

证 根据向量积模的几何意义, $|\overrightarrow{MM_0}\times\boldsymbol{s}|$表示以向量 $\overrightarrow{MM_0}$ 、$\boldsymbol{s}$ 为边的平行四边形的面积, 如图 8.4.4 所示. 而平行四边形的面积又等于$|\boldsymbol{s}|\cdot d$, 因此, 有

$$|\overrightarrow{MM_0}\times\boldsymbol{s}|=|\boldsymbol{s}|d,$$

即

$$d=\frac{\left|\overrightarrow{MM_0}\times\boldsymbol{s}\right|}{|\boldsymbol{s}|}.$$

习 题 8.4

1. 求通过点$(4, -1, 3)$且平行于直线 $\dfrac{x-3}{2}=y=\dfrac{z-1}{5}$ 的直线方程.

2. 求直线 $\begin{cases} x-y+z=1, \\ 2x+y+z=4 \end{cases}$ 的对称式方程和参数方程.

3. 求过点$(3, 1, -2)$且通过直线 $\dfrac{x-4}{5}=\dfrac{y+3}{2}=\dfrac{z}{1}$ 的平面方程.

4. 求点 $(-1,2,0)$ 在平面 $\Pi: x+2y-z+1=0$ 上的投影点.

5. 直线 L 过点 $P(-3, 5, -9)$且与直线 L_1: $\begin{cases} y=4x-7, \\ z=5x+10 \end{cases}$ 及 L_2: $x=\dfrac{y-5}{3}=\dfrac{z+3}{2}$ 都相交, 求直线 L 的方程.

6. 求点 $P(3, -1, 2)$到直线 $\begin{cases} x+y-z+1=0, \\ 2x-y+z-4=0 \end{cases}$ 的距离.

7. 求过点 $M(-1, 0, 1)$且垂直于直线 $\dfrac{x-2}{3}=\dfrac{y+1}{-4}=\dfrac{z}{1}$ 又与直线 $\dfrac{x+1}{1}=\dfrac{y-3}{1}=\dfrac{z}{2}$ 相交的直线方程.

8. 求直线 $\begin{cases} 5x-3y+3z=1, \\ 3x-2y+z=2 \end{cases}$ 和直线 $\begin{cases} 2x+2y-z=1, \\ 3x+8y+z=-1 \end{cases}$ 的夹角.

9. 求直线$\begin{cases}x+y+3z-3=0,\\x-y-z+4=0\end{cases}$与平面 $x-y-z+5=0$ 的夹角.

10. 求直线$\begin{cases}2x-y+z-1=0,\\x+y-z+1=0\end{cases}$在平面 $x+2y-z=0$ 上的投影直线方程.

8.5 曲面及其方程

在 8.3 节中, 已经知道平面方程为三元一次方程, 反之, 一个三元一次方程对应的图形是一个平面. 一般的曲面和三元方程 $F(x, y, z)=0$ 对应.

关于曲面及其方程的研究, 有下列两个基本问题:

(1) 已知曲面作为点的轨迹时, 求曲面方程;

(2) 已知曲面的方程, 研究曲面形状.

例如, 平面点法式方程的建立, 就属于第一个基本问题.

下面建立常见曲面的方程.

8.5.1 球面方程

例 8.5.1 建立球心在点 $M_0(x_0, y_0, z_0)$, 半径为 R 的球面的方程.

解 设 $M(x, y, z)$是球面上的任一点, 如图 8.5.1 所示, 则有 $|M_0M|=R$, 即

$$\sqrt{(x-x_0)^2+(y-y_0)^2+(z-z_0)^2}=R,$$

或

$$(x-x_0)^2+(y-y_0)^2+(z-z_0)^2=R^2, \tag{8.5.1}$$

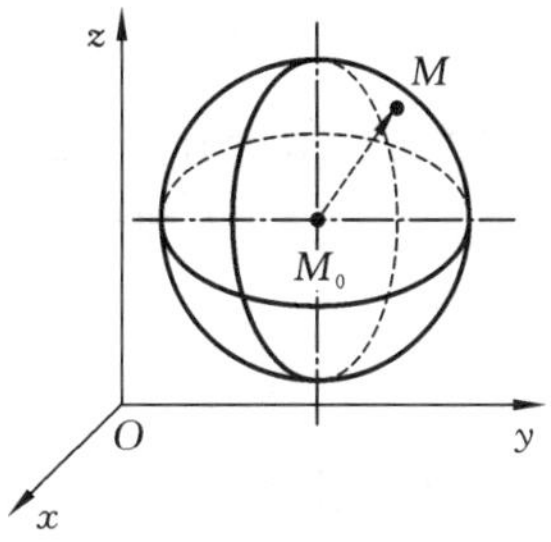

图 8.5.1

即球面上点的坐标都满足方程(8.5.1), 不在球面上的点一定不满足方程(8.5.1). 方程(8.5.1)即为球心在点 $M_0(x_0, y_0, z_0)$, 半径为 R 的球面的方程.

特别地, 若球心在原点 $O(0, 0, 0)$, 球面的方程为 $x^2+y^2+z^2=R^2$.

例 8.5.2 求空间中到点 $A(1, 2, 3)$和 $B(2, -1, 4)$距离相等的点的轨迹.

解 设点 $M(x, y, z)$满足条件, 即$|AM|=|BM|$, 所以

$$\sqrt{(x-1)^2+(y-2)^2+(z-3)^2}=\sqrt{(x-2)^2+(y+1)^2+(z-4)^2},$$

等式两边平方, 然后化简得

$$2x-6y+2z-7=0. \tag{8.5.2}$$

到A、B两点距离相等的点满足方程(8.5.2), 而不满足条件的点的坐标都不满足方程(8.5.2). 所以空间中到 A、B 两点距离相等的点的轨迹为方程(8.5.2)所表示的图形, 这个图形是一个平面, 称为**线段 *AB* 的垂直平分平面**.

下面的例子是已知曲面的方程, 研究曲面的形状.

例 8.5.3 方程 $x^2+y^2+z^2-2x+4y=0$ 表示怎样的曲面?

解 通过配方，原方程可以改写成$(x-1)^2+(y+2)^2+z^2=5$，对比方程(8.5.1)，可以知道原方程表示球心在点$M_0(1,-2,0)$，半径为$R=\sqrt{5}$的球面方程.

下面讨论空间中一类特殊的曲面，这个问题可以归类为基本问题中的第一个问题.

8.5.2 旋转曲面

一条平面曲线绕着它所在的平面上一条固定直线旋转一周所生成的曲面叫做**旋转曲面**. 旋转曲线称为**母线**，定直线称为**旋转轴**，如图 8.5.2 所示，从图 8.5.2(a)到图 8.5.2(d)描绘了旋转曲面的形成过程.

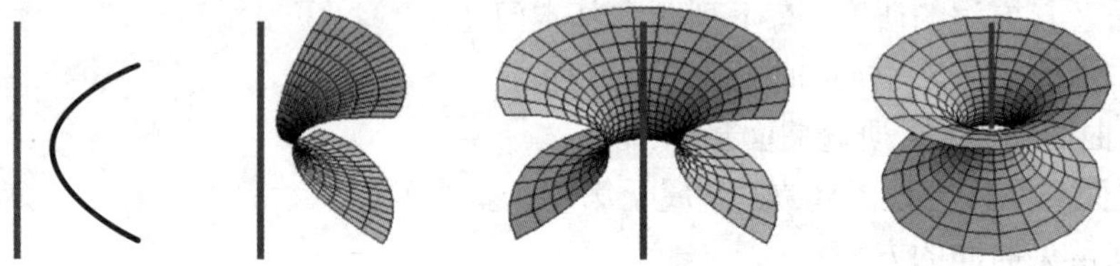

图 8.5.2

已知 yOz 面内的一条曲线 C，其方程为

$$f(y,z)=0,$$

在空间直角坐标系中，将曲线 C 绕 z 轴旋转一周，得到了一个以曲线 C 为母线，z 轴为旋转轴的旋转曲面，下面建立这个旋转曲面的方程.

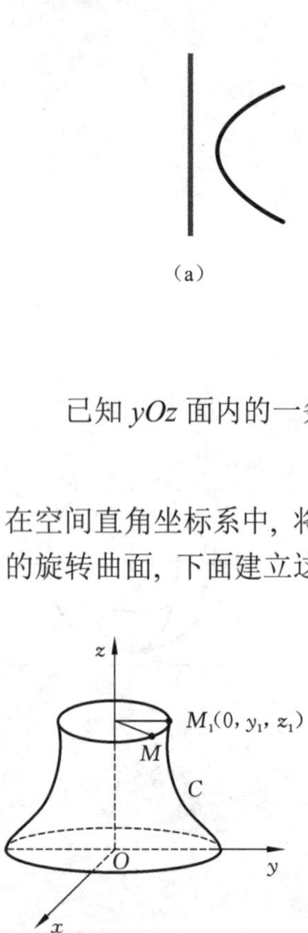

图 8.5.3

如图 8.5.3 所示，设 $M(x,y,z)$为所求曲面上任一点，由旋转曲面的形成过程知，点 M 是曲线 C 上的点 M_1 绕 z 轴旋转所得，设 M_1 的坐标为$(0,y_1,z_1)$，则有

$$f(y_1,z_1)=0, \tag{8.5.3}$$

同时，M 的坐标与 M_1 的坐标之间如下关系式成立：

$$z=z_1,\quad \sqrt{y^2+z^2}=|y_1|, \tag{8.5.4}$$

将式(8.5.4)代入式(8.5.3)，则有

$$f(\sqrt{x^2+y^2},z)=0 \quad 或 \quad f(-\sqrt{x^2+y^2},z)=0, \tag{8.5.5}$$

即为所求旋转曲面的方程.

同理，曲线 C 绕着 y 轴旋转所形成的旋转曲面方程为

$$f(y,\ \sqrt{x^2+z^2})=0 \quad 或 \quad f(y,\ -\sqrt{x^2+z^2})=0.$$

直线 L 绕另一条与 L 相交的直线旋转一周，所得旋转曲面称为**圆锥面**. 两直线的交点为圆锥面的**顶点**，两直线的夹角 $\alpha\left(0<\alpha<\dfrac{\pi}{2}\right)$ 为圆锥面的**半顶角**.

例 8.5.4 试建立顶点在坐标原点 O，旋转轴为 z 轴，半顶角为 α 的圆锥面的方程.

解 在 yOz 面内，直线 L 的方程为

$$z = y\cot\alpha, \tag{8.5.6}$$

如图 8.5.4 所示，曲线 L 绕 z 轴旋转，便得到所求的圆锥面.

在 xOy 面上方，曲线 L 上点 y 坐标非负，所以将方程(8.5.6)中的 y 改为 $\sqrt{x^2+y^2}$ 便可以得到旋转曲面的方程

$$z = \sqrt{x^2+y^2}\cot\alpha. \tag{8.5.7}$$

在 xOy 面下方，曲线 L 上点 y 坐标非正，所以将方程(8.5.6)中的 y 改为 $-\sqrt{x^2+y^2}$ 便可以得到旋转曲面的方程

$$z = -\sqrt{x^2+y^2}\cot\alpha. \tag{8.5.8}$$

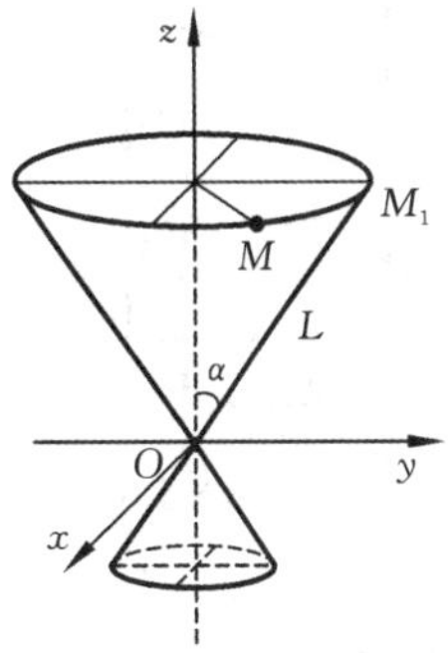

图 8.5.4

综合式(8.5.7)和式(8.5.8)就得到了所求的圆锥面方程

$$z^2 = a^2(x^2+y^2),$$

式中：$a^2 = \cot^2\alpha$.

例 8.5.5 将 xOz 坐标面上的双曲线 $\dfrac{x^2}{a^2}-\dfrac{z^2}{c^2}=1$ 分别绕 x 轴和 z 轴旋转一周，求所生成的旋转曲面的方程.

解 绕 x 轴旋转所得的旋转曲面的方程为

$$\frac{x^2}{a^2}-\frac{y^2+z^2}{c^2}=1,$$

绕 z 轴旋转所得的旋转曲面的方程为

$$\frac{x^2+y^2}{a^2}-\frac{z^2}{c^2}=1.$$

这两种曲面分别叫做**旋转双叶双曲面**[图 8.5.5(a)]和**旋转单叶双曲面**[图 8.5.5(b)].

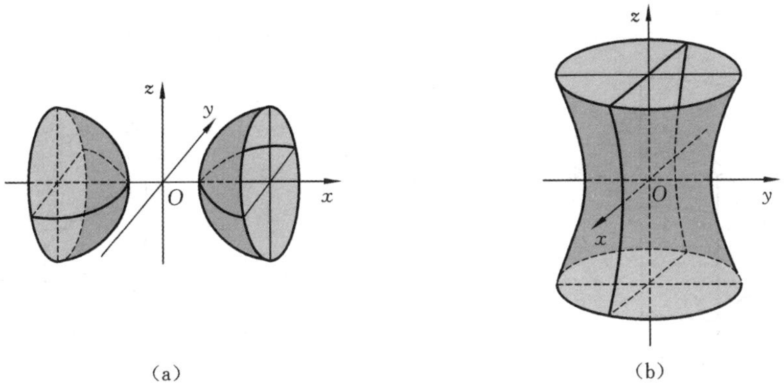

图 8.5.5

8.5.3 柱面

方程 $x^2+y^2=R^2$ 表示怎样的图形？在平面直角坐标系 xOy 中，该方程表示圆心在原点，

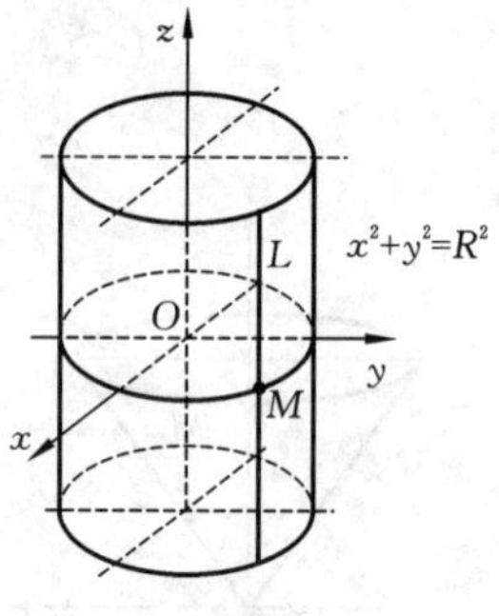

图 8.5.6

半径为R的圆周. 而在空间直角坐标系$Oxyz$中, 方程不含z坐标, 这表明, 空间中的点(x, y, z), 无论z坐标取何值, 只要坐标x、y的值能满足方程, 那么这些点就在曲面上. 所以, 过xOy面内圆周上$x^2+y^2=R^2$任意一点作平行于z轴的直线L, 直线L上点的坐标就都满足方程$x^2+y^2=R^2$, 即直线L一定在方程$x^2+y^2=R^2$所表示的曲面上. 因此, 可以将这个曲面看成是平行于z轴的直线L沿着xOy面上的圆$x^2+y^2=R^2$移动而形成的. 如图 8.5.6 所示, 这个曲面叫做**圆柱面**. xOy面内圆周$x^2+y^2=R^2$称为**准线**, 平行于z轴的直线L称为**母线**.

一般地, 把平行于定直线并沿定曲线C移动的直线L形成的轨迹叫做**柱面**, 定曲线C叫做柱面的**准线**, 动直线L叫做柱面的**母线**. 如图 8.5.7 所示, 从图 8.5.7(a)到图 8.5.7(c)表示了柱面的形成过程.

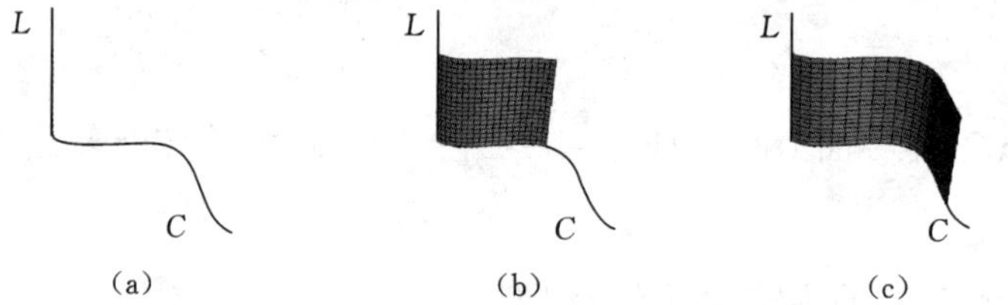

图 8.5.7

上面的例子中, 方程$x^2+y^2=R^2$在空间直角坐标系中表示圆柱面, 准线为xOy面上的圆周$x^2+y^2=R^2$, 母线为平行于z轴的直线.

类似地, 方程$y^2=2x$表示柱面的母线平行于z轴, 准线为xOy面上的抛物线$y^2=2x$, 这个柱面叫做**抛物柱面**, 如图 8.5.8 所示.

又如, 方程$x-y=0$表示母线平行于z轴的柱面, 其准线是xOy面的直线$x-y=0$, 如图 8.5.9 所示.

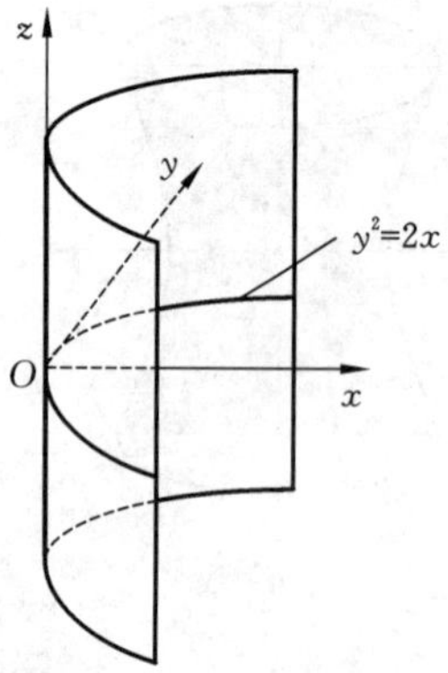

图 8.5.8

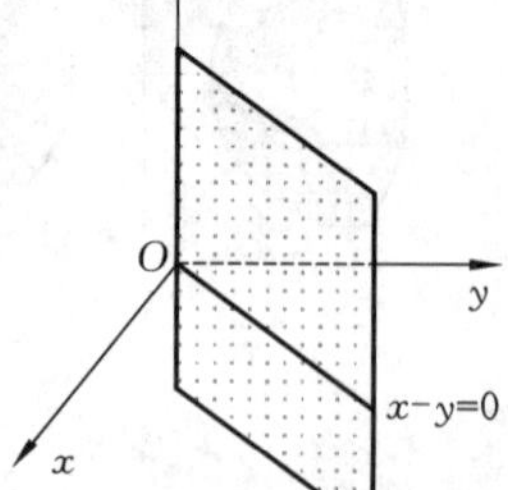

图 8.5.9

一般地, 只含有x、y的方程$F(x, y)=0$在空间直角坐标系中表示准线为xOy面上的曲线$F(x, y)=0$, 母线平行于z轴的柱面. 类似地, 只含有x、z的方程$G(x, z)=0$在空间直角坐标系

中表示准线为 xOz 面上的曲线 $G(x, z) = 0$，母线平行于 y 轴的柱面. 只含有 y、z 的方程 $H(y, z) = 0$ 在空间直角坐标系中表示准线为 yOz 面上的曲线 $H(y, z) = 0$，母线平行于 x 轴的柱面.

例如，方程 $x-z = 0$ 表示母线平行于 y 轴的柱面，准线为 xOz 面上的直线 $x-z = 0$，如图 8.5.10 所示.

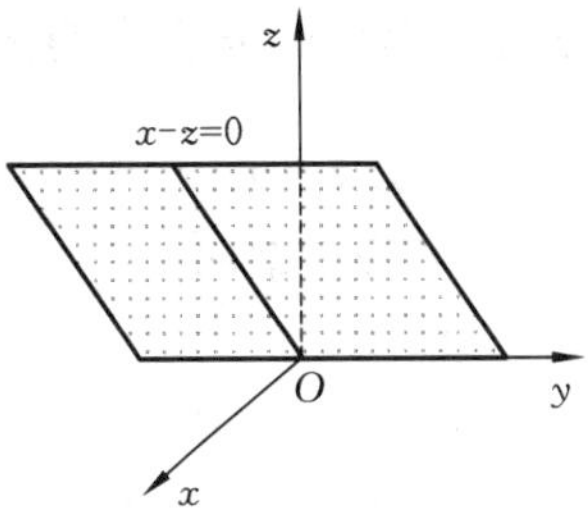

图 8.5.10

8.5.4 二次曲面

在平面直角坐标系下，二元二次方程的图像为二次曲线，类似地，在空间直角坐标系下，三元二次方程所表示的图像称为**二次曲面**，称平面为**一次曲面**. 二次曲面的一般形式是

$$Ax^2 + By^2 + Cz^2 + Dxy + Eyz + Fzx + Gx + Hy + Iz + J = 0,$$

式中: A、B、C 等均为常数.

方程可以经过平移与旋转化简，我们仅仅讨论那些化简之后的方程. 基本的二次曲面有椭球面、椭圆锥面、椭圆抛物面、双曲面与双曲抛物面(例如，球面可以看成特殊的椭球面)，下面介绍各种类型的曲面.

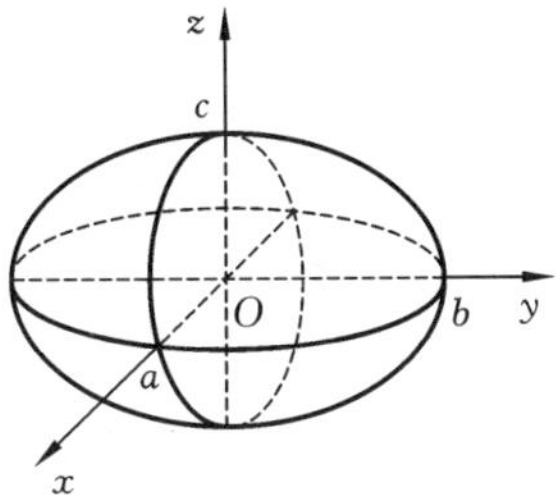

图 8.5.11

1) 椭球面

$$\frac{x^2}{a^2}+\frac{y^2}{b^2}+\frac{z^2}{c^2}=1. \tag{8.5.9}$$

如图 8.5.11 所示，椭球面(8.5.9)与三个坐标轴的交点为 $(\pm a, 0, 0)$、$(0, \pm b, 0)$和$(0, 0, \pm c)$. 三个坐标面截曲面所得曲线为椭圆，例如，$z = 0$ 时，即 xOy 面上的截痕为

$$\frac{x^2}{a^2}+\frac{y^2}{b^2}=1,$$

曲面被平行于 xOy 面的平面 $z = z_0$ $(|z_0| < c)$截得的截痕是椭圆

$$\frac{x^2}{a^2\left(1-\dfrac{z_0^2}{c^2}\right)}+\frac{y^2}{b^2\left(1-\dfrac{z_0^2}{c^2}\right)}=1,$$

类似可以讨论在 yOz 面上的截痕及平行于 yOz 面的平面 $x = x_0$ $(|x_0| < a)$截得的截痕，在 xOz 面上的截痕及平行于 xOz 面的平面 $y = y_0$ $(|y_0| < b)$截得的截痕. 其交线均为椭圆，从而了解曲面的立体形状. 这种方法称为**截痕法**.

如果 a、b、c 中任何两个相等，曲面是旋转椭球面. 不妨设 $a = b$，曲面(8.5.9)变为

$$\frac{x^2+y^2}{a^2}+\frac{z^2}{c^2}=1,$$

表示母线为 xOz 面上的椭圆 $\frac{x^2}{a^2}+\frac{z^2}{c^2}=1$，旋转轴为 z 轴的旋转椭球面.

如果 a、b、c 三者相等，曲面为球面 $x^2+y^2+z^2=a^2$，球面当然也是旋转曲面.

2) 椭圆锥面

$$\frac{x^2}{a^2}+\frac{y^2}{b^2}=z^2, \tag{8.5.10}$$

椭圆锥面如图 8.5.12 所示.

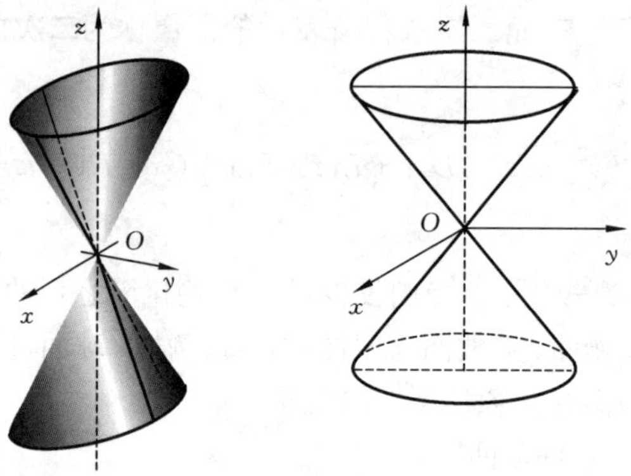

图 8.5.12

先考虑 $a=b$ 的特殊情形，此时方程(8.5.10)变为

$$\frac{x^2+y^2}{a^2}=z^2, \tag{8.5.11}$$

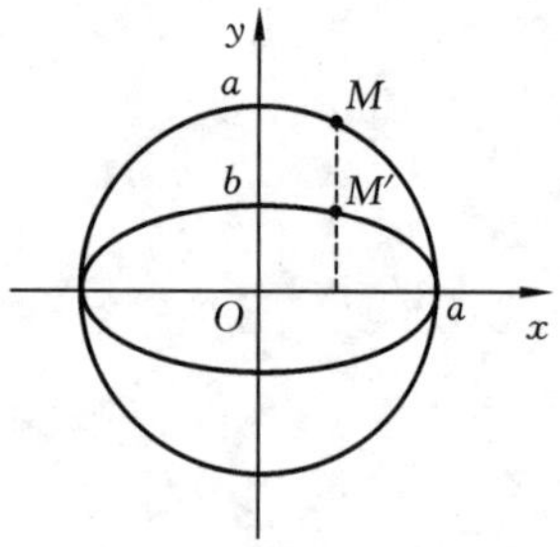

图 8.5.13

由例题 8.5.4 的方法知，方程(8.5.11)表示以 xOz 面上的直线 $z=\frac{x}{a}$ 为母线绕着 z 轴旋转所成的圆锥面. 下面用伸缩变形法得到椭圆锥面的形状.

先通过平面上点的变化说明伸缩变形法. 将 xOy 面上的点 $M(x,y)$ 变成 $M'(x,\lambda y)$，则 M 的轨迹 C 变为 M'的轨迹 C'，如图 8.5.13 所示，称为将图形 C 沿 y 轴方向伸缩 λ 倍. 设曲线 C 的方程为 $F(x,y)=0$，那么曲线 C'的方程为 $F\left(x,\frac{y}{\lambda}\right)=0$. 例如，将圆 $x^2+y^2=a^2$ 沿着 y 轴的方向伸缩 $\frac{b}{a}$ 倍，便得到了椭圆 $x^2+\left(\frac{a}{b}y\right)^2=a^2$，即

$$\frac{x^2}{a^2}+\frac{y^2}{b^2}=1.$$

运用伸缩变形法，方程(8.5.10)表示的曲面可以看成是方程(8.5.11)表示的曲面沿着 y 轴的

方向伸缩 $\frac{b}{a}$ 倍得到的. 圆锥面(8.5.11)平行于 xOy 面的截痕为圆, 椭圆锥面(8.5.10)平行于 xOy 面的截痕为椭圆.

3) 椭圆抛物面

$$\frac{x^2}{a^2}+\frac{y^2}{b^2}=z, \tag{8.5.12}$$

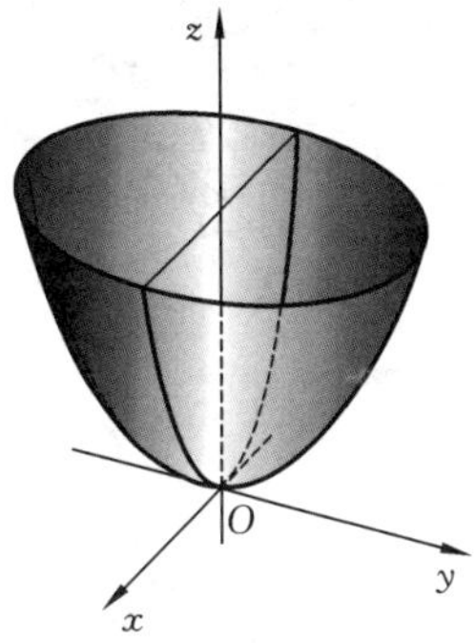

图 8.5.14

椭圆抛物面如图 8.5.14 所示. 把 xOz 面上的抛物线 $\frac{x^2}{a^2}=z$ 绕 z 轴旋转, 所得曲面为旋转抛物面 $\frac{x^2+y^2}{a^2}=z$, 再沿 y 轴方向伸缩 $\frac{b}{a}$ 倍, 即得到椭圆抛物面(8.5.12).

4) 双曲面

双曲面分为单叶双曲面 $\frac{x^2}{a^2}+\frac{y^2}{b^2}-\frac{z^2}{c^2}=1$ 与双叶双曲面 $\frac{x^2}{a^2}-\frac{y^2}{b^2}-\frac{z^2}{c^2}=1$, 如图 8.5.15(a)、8.5.15(b)所示.

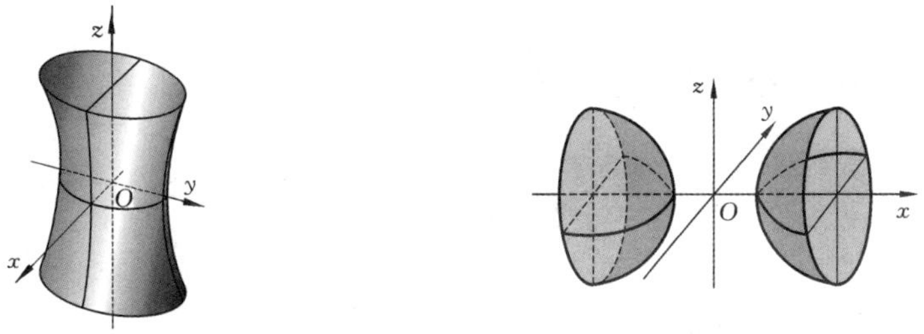

(a) (b)

图 8.5.15

将 xOz 面上的双曲线 $\frac{x^2}{a^2}-\frac{z^2}{c^2}=1$ 绕 z 轴旋转, 得旋转单叶双曲面 $\frac{x^2+y^2}{a^2}-\frac{z^2}{c^2}=1$; 再沿 y 轴方向伸缩 $\frac{b}{a}$ 倍, 得单叶双曲面 $\frac{x^2}{a^2}+\frac{y^2}{b^2}-\frac{z^2}{c^2}=1$.

将 xOz 面上的双曲线 $\frac{x^2}{a^2}-\frac{z^2}{c^2}=1$ 绕 x 轴旋转, 得旋转双叶双曲面 $\frac{x^2}{a^2}-\frac{z^2+y^2}{c^2}=1$; 再沿 y 轴方向伸缩 $\frac{b}{c}$ 倍, 得双叶双曲面 $\frac{x^2}{a^2}-\frac{y^2}{b^2}-\frac{z^2}{c^2}=1$.

5) 双曲抛物面

$$\frac{y^2}{b^2}-\frac{x^2}{a^2}=z,$$

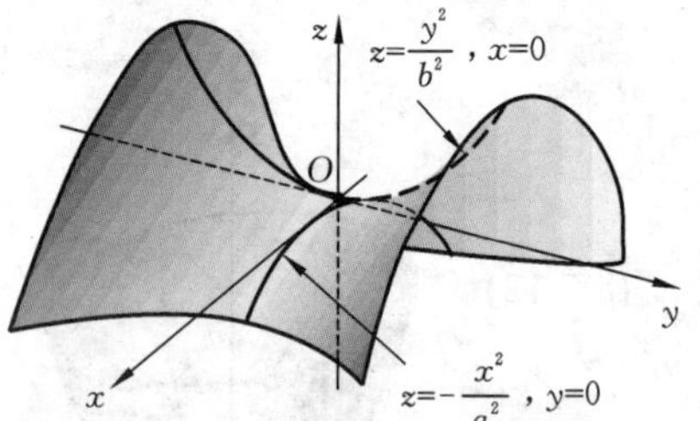

图 8.5.16

双曲抛物面又称**马鞍面**, 如图 8.5.16 所示. xOz 面截得该曲面的截痕为抛物线 $z=-\dfrac{x^2}{a^2}$, 平行于 xOz 面截得该曲面的截痕为平面 $y=y_0$ 上的抛物线 $z=-\dfrac{x^2}{a^2}+\dfrac{y_0^2}{b^2}$; yOz 面截得该曲面的截痕为抛物线 $z=\dfrac{y^2}{b^2}$, 平行于 yOz 面截得该曲面的截痕为平面 $x=x_0$ 上的抛物线 $z=\dfrac{y^2}{b^2}-\dfrac{x_0^2}{a^2}$; 平行于 xOy 面截得的截痕为平面 $z=z_0$ 上的双曲线 $\dfrac{y^2}{b^2}-\dfrac{x^2}{a^2}=z_0$.

还有三种二次曲面均为柱面, 分别如下.

(1) 椭圆柱面: $\dfrac{x^2}{a^2}+\dfrac{y^2}{b^2}=1$.

(2) 双曲柱面: $\dfrac{x^2}{a^2}-\dfrac{y^2}{b^2}=1$.

(3) 抛物柱面: $x^2=ay$.

这三种柱面的形状在 8.5.3 节中已讨论过, 这里不再赘述.

习 题 8.5

1. 指出下列方程表示的曲面类型.

(1) $16x^2+9y^2+16z^2=144$;　　(2) $4x^2-4y^2+36z^2=144$;

(3) $x^2+4y^2-z^2+9=0$;　　(4) $y^2+z^2=x$;

(5) $z=\sqrt{x^2+y^2}$.

2. 求下列旋转曲面方程.

(1) 将 xOz 面上的抛物线 $z^2=5x$ 绕 x 轴旋转一周, 求所生成的旋转曲面的方程;

(2) 将 xOz 面上的圆 $x^2+z^2=9$ 绕 z 轴旋转一周, 求所生成的旋转曲面的方程;

(3) 将 xOy 面上的双曲线 $4x^2-9y^2=36$ 分别绕 x 轴及 y 轴旋转一周, 求所生成的旋转曲面的方程.

3. 指出下列方程在平面解析几何和空间解析几何中分别表示的图形.

(1) $x=2$;　　(2) $y=x+1$;　　(3) $x^2+y^2=4$;　　(4) $x^2-y^2=1$.

4. 说明下列旋转面是怎样形成的.

(1) $\dfrac{x^2}{9}+\dfrac{y^2}{9}-\dfrac{z^2}{4}=1$;　　(2) $\dfrac{x^2}{9}+\dfrac{y^2}{4}+\dfrac{z^2}{4}=1$;

(3) $\dfrac{x^2}{9}-\dfrac{y^2}{4}+\dfrac{z^2}{9}=1$;　　(4) $y^2+z^2=(x-2)^2$.

5. 求过空间三点(1, 1, 1)、(−2, −2, 0)、(4, −2, 3), 母线平行于 z 轴的圆柱面方程.

6. 画出下列方程所表示的曲面.

(1) $\left(x-\dfrac{a}{2}\right)^2+y^2=\left(\dfrac{a}{2}\right)^2$;

(2) $-\dfrac{x^2}{4}+\dfrac{y^2}{9}=1$;

(3) $\dfrac{x^2}{9}+\dfrac{z^2}{4}=1$;

(4) $z=2-x^2$;

(5) $\dfrac{z}{3}=\dfrac{x^2}{4}+\dfrac{y^2}{9}$.

7. 设曲面 Σ 的参数方程为 $\begin{cases} x=a(u+v), \\ y=b(u-v), \\ z=uv, \end{cases}$ u、$v\in(-\infty,+\infty)$, a、$b>0$, 判别曲面 Σ 的类型.

8.6 空间曲线及其方程

8.6.1 空间曲线的一般方程

在 8.3 节中, 已经了解空间曲线可以看成两个曲面的交线. 方程组

$$\begin{cases} F(x,y,z)=0, \\ G(x,y,z)=0 \end{cases} \tag{8.6.1}$$

表示曲面 $F(x,y,z)=0$ 与 $G(x,y,z)=0$ 的交线 C 的方程. 方程组(8.6.1)称为**空间曲线 C 的一般方程**.

例 8.6.1 方程组 $\begin{cases} x^2+y^2=1, \\ 2x+3z=6 \end{cases}$ 表示怎样的曲线?

解 方程组中第一个方程表示母线平行于 z 轴的圆柱面, 其准线是 xOy 面上的圆, 圆心在原点 O, 半径为 1. 方程组中第二个方程表示一个母线平行于 y 轴的柱面, 准线是 yOz 面上的直线, 因此它是一个平面. 方程组就表示上述平面与圆柱面的交线, 如图 8.6.1 所示.

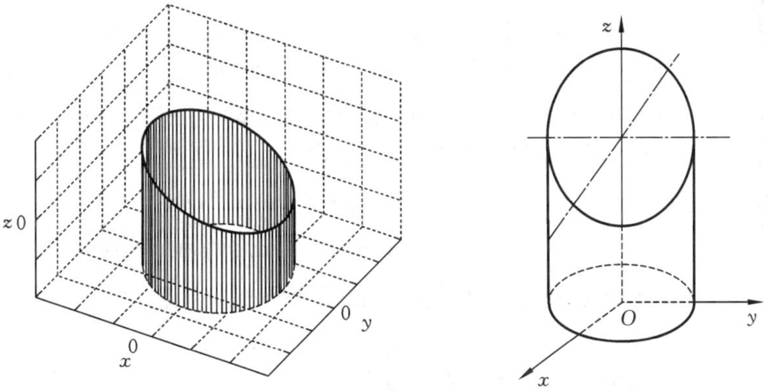

图 8.6.1

例 8.6.2 方程组$\begin{cases} z=\sqrt{4a^2-x^2-y^2}, \\ (x-a)^2+y^2=a^2 \end{cases}$表示怎样的曲线?

解 方程组中第一个方程表示球心在坐标原点 O, 半径为 $2a$ 的上半球面. 第二个方程表示母线平行于 z 轴的圆柱面, 它的准线是 xOy 面上的圆, 这圆的圆心在点$(a, 0)$, 半径为 a. 方程组表示上述半球面与圆柱面的交线, 如图 8.6.2 所示.

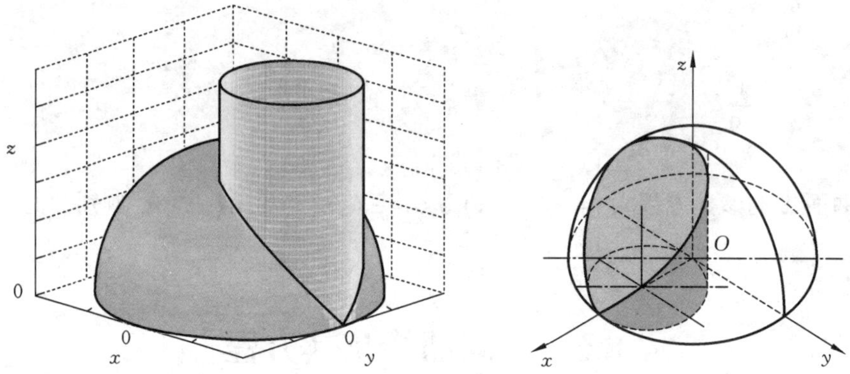

图 8.6.2

8.6.2 空间曲线的参数方程

空间曲线 C 的方程除了一般方程之外, 也可以用参数形式表示, 只要将 C 上动点的坐标(x, y, z)表示为参数 t 的函数:

$$\begin{cases} x=x(t), \\ y=y(t), \\ z=z(t). \end{cases} \tag{8.6.2}$$

当给定 $t=t_1$ 时, 就得到 C 上的一个点(x_1, y_1, z_1), 随着 t 的变动便得曲线 C 上的全部点. 方程组(8.6.2)称为**空间曲线的参数方程**.

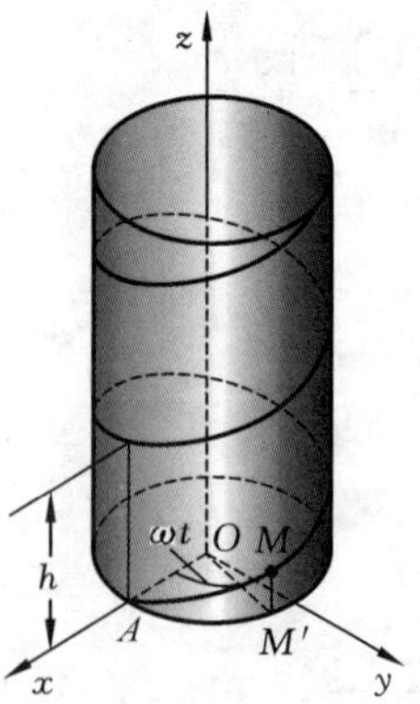

图 8.6.3

例 8.6.3 如果空间一点 M 在圆柱面 $x^2+y^2=a^2$ 上以角速度 ω 绕 z 轴旋转, 同时又以线速度 v 沿平行于 z 轴的正方向上升(其中 ω、v 都是常数), 那么点 M 构成的图形称为**螺旋线**. 试建立其参数方程.

解 以时间 t 为参数. 设当 $t=0$ 时, 动点位于 x 轴上的点 $A(a, 0, 0)$处. 经过时间 t 后, 动点由 A 运动到 $M(x, y, z)$. 记 M 在 xOy 面上的投影为 $M'(x, y, 0)$, 如图 8.6.3 所示. 由于动点在圆柱面上以角速度 ω 绕 z 轴旋转, 所以经过时间 t 后$\angle AOM'=\omega t$. 从而

$$x=|OM'|\cos\angle AOM'=a\cos\omega t,$$

$$y=|OM'|\sin\angle AOM'=a\sin\omega t,$$

由于动点同时以线速度 v 沿平行于 z 轴的正方向上升, 所以

$$z=MM'=vt.$$

因此, 螺旋线的参数方程为

$$\begin{cases} x = a\cos\omega t, \\ y = a\sin\omega t, \\ z = vt. \end{cases}$$

令 $\theta = \omega t$, 该螺旋线的参数方程也可以表示为

$$\begin{cases} x = a\cos\theta, \\ y = a\sin\theta, \\ z = b\theta, \end{cases}$$

式中: $b = \dfrac{v}{\omega}$, θ 为参数.

螺旋线中, 当参数 θ 由 θ_0 变为 $\theta_0 + 2\pi$ 时, 竖坐标 z 由 $b\theta_0$ 变为 $b\theta_0 + 2\pi b$, 即上升的高度为固定值 $h = 2\pi b$, 在工程技术中, 称这个距离为**螺距**.

8.6.3 空间曲线在坐标面上的投影

首先介绍投影柱面的概念. 设空间曲线的一般方程为式(8.6.1), 将方程组中的两个方程联立消去变量 z, 得到方程

$$H(x, y) = 0. \tag{8.6.3}$$

由 8.5 节的知识知道, 方程(8.6.3)表示母线平行于 z 轴的柱面. 另外, 方程(8.6.3)是方程组(8.6.1)消去变量 z 得到的, 因此, 满足方程组(8.6.1)的数 x、y、z 一定满足方程(8.6.3), 即空间曲线 C 上的点一定在柱面 $H(x, y) = 0$ 上, 或者说这个柱面包含空间曲线 C. 把这个柱面叫做空间曲线 C 关于 xOy 面的**投影柱面**.

投影柱面与 xOy 面的交线

$$\begin{cases} H(x, y) = 0, \\ z = 0 \end{cases}$$

叫做空间曲线 C 在 xOy 面上的**投影曲线**, 简称为**投影**.

类似地, 由方程组(8.6.1)消去变量 x 得到方程 $R(y, z) = 0$, 柱面 $R(y, z) = 0$ 称为空间曲线 C 关于 yOz 面的**投影柱面**. yOz 面上的曲线

$$\begin{cases} R(y, z) = 0, \\ x = 0 \end{cases}$$

为空间曲线 C 在 yOz 面上的**投影曲线**.

由方程组(8.6.1)消去变量 y 得到方程 $T(x, z) = 0$, 柱面 $T(x, z) = 0$ 称为空间曲线 C 关于 xOz 面的**投影柱面**. xOz 面上的曲线

$$\begin{cases} T(x, z) = 0, \\ y = 0 \end{cases}$$

为空间曲线 C 在 xOz 面的**投影曲线**.

例 8.6.4 已知两球面的方程为 $x^2 + y^2 + z^2 = 1$ 和 $x^2 + (y-1)^2 + (z-1)^2 = 1$, 求它们的交线 C 在 xOy 面上的投影方程.

解 图 8.6.4 描绘了两个球面的位置关系. 先将两个球面的方程联立, 消去 z 得

$$x^2 + 2y^2 - 2y = 0,$$

这就是交线 C 关于 xOy 面的投影柱面方程. 所以两球面的交线 C 在 xOy 面上的投影方程为

$$\begin{cases} x^2+2y^2-2y=0, \\ z=0. \end{cases}$$

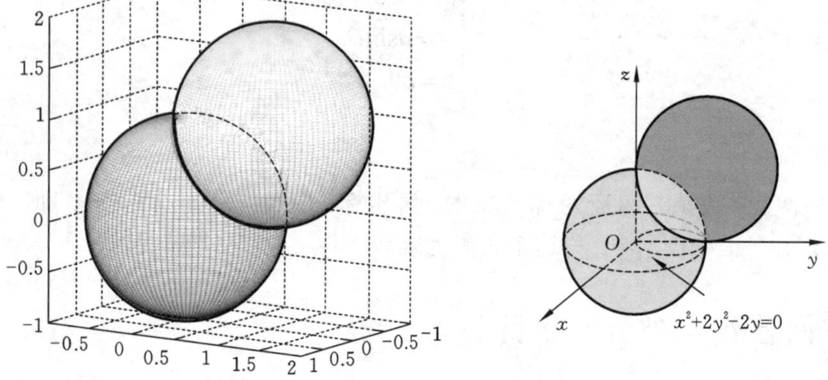

图 8.6.4

下面的例子为利用求投影曲线的方法求出空间立体在坐标面上的投影.

例 8.6.5 求由上半球面 $z=\sqrt{4-x^2-y^2}$ 和锥面 $z=\sqrt{3(x^2+y^2)}$ 所围成立体在 xOy 面上的投影.

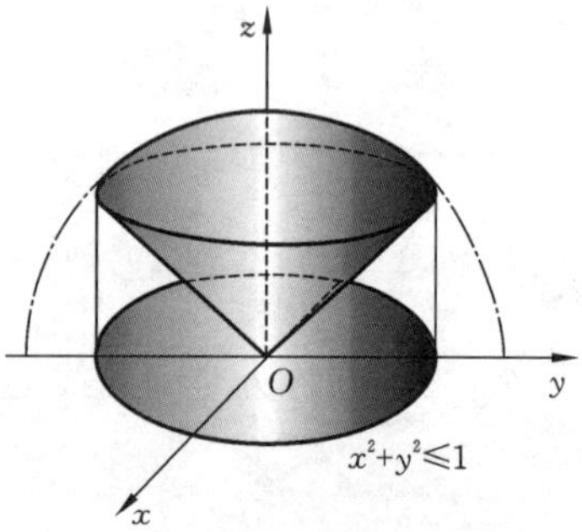

图 8.6.5

解 如图 8.6.5 所示, 半球面与锥面的交线 C 为

$$\begin{cases} z=\sqrt{4-x^2-y^2}, \\ z=\sqrt{3(x^2+y^2)}. \end{cases}$$

先求交线 C 在 xOy 面上的投影, 将已知的两个方程联立, 消去 z, 得到 $x^2+y^2=1$.

这是一个母线平行于 z 轴的圆柱面, 容易看出, 这恰好是半球面与锥面的交线 C 关于 xOy 面的投影柱面, 因此交线 C 在 xOy 面上的投影曲线为

$$\begin{cases} x^2+y^2=1, \\ z=0. \end{cases}$$

投影曲线是 xOy 面上的一个圆, 于是两个曲面所围成的立体在 xOy 面上的投影就是该圆在 xOy 面上所围的部分: $x^2+y^2\leqslant 1$.

习 题 8.6

1. 画出下列曲线在第一卦限的图形.

(1) $\begin{cases} z=\sqrt{4-x^2-y^2}, \\ x-y=0; \end{cases}$　　(2) $\begin{cases} x^2+y^2=a^2, \\ x^2+z^2=a^2. \end{cases}$

2. 将曲线$\begin{cases}x^2+y^2+z^2=9,\\ y=x\end{cases}$化为参数方程.

3. 试将曲线方程$\begin{cases}2y^2+z^2+4x=4z,\\ y^2+3z^2-8x=12z\end{cases}$换成母线分别平行于 x 轴和 z 轴的柱面的交线方程.

4. 求螺旋线$\begin{cases}x=a\cos\theta,\\ y=a\sin\theta,\\ z=b\theta\end{cases}$在三个坐标面上的投影曲线的直角坐标方程.

5. 求旋转抛物面 $z=x^2+y^2$ $(0\leqslant z\leqslant 4)$在三个坐标面上的投影.

6. 求上半球面 $z=\sqrt{a^2-x^2-y^2}$ 、柱面 $x^2+y^2-ax=0$ $(a>0)$的公共部分在 xOy 面和 xOz 面上的投影.

数学家简介 8

笛卡儿

勒内 • 笛卡儿(René Descartes, 1596～1650), 法国哲学家、数学家、物理学家. 1596 年 3 月 31 日出生于法国安德尔-卢瓦尔省, 1650 年 2 月 11 日逝于瑞典斯德哥尔摩. 他对现代数学的发展做出了重要的贡献, 因将几何坐标体系公式化而被认为是“解析几何之父”. 他还是西方现代哲学思想的奠基人之一, 是近代唯物论的开拓者, 提出了“普遍怀疑”的主张. 他的哲学思想深深影响了之后的几代欧洲人, 并为欧洲的“理性主义”哲学奠定了基础.

笛卡儿最为世人熟知的是其作为数学家的成就, 他主要数学的成果集中在他的“几何学”中. 1637 年, 他发表了《几何学》, 创立了现代数学的基础工具之一——直角坐标系. 当时, 代数还是一门比较新的科学, 几何学的思维还在数学家的头脑中占有统治地位. 在笛卡儿之前, 几何与代数是数学中两个不同的研究领域. 笛卡儿站在方法论的自然哲学的高度, 提出必须把几何与代数的优点结合起来, 建立一种“真正的数学”. 笛卡儿的思想核心是把几何学的问题归结成代数形式的问题, 用代数学的方法进行计算、证明, 从而达到最终解决几何问题的目的. 依照这种思想他创立了现代称之为的“解析几何学”. 解析几何的出现, 改变了自古希腊以来代数和几何分离的趋向, 把相互对立的“数”与“形”统一了起来, 使几何曲线与代数方程相结合. 笛卡儿的这一天才创见, 更为微积分的创立奠定了基础, 从而开拓了变量数学的广阔领域. 最为可贵的是, 笛卡儿用运动的观点, 把曲线看成点的运动的轨迹, 不仅建立了点与实数的对应关系, 而且把“形”(包括点、线、面)和“数”两个对立的对象统一起来, 建立了曲线和方程的对应关系. 这种对应关系的建立, 不仅标志着函数概念的萌芽, 而且表明“变数”进入了数学, 使数学在思想方法上发生了伟大的转折——由常量数学进入变量数学的时期. 有了变数, 运动进入了数学; 有了变数, 辩证法进入了数学; 有了变数, 微分和积分也就立刻成为必要了. 笛卡儿的这些成就, 为后来牛顿、莱布尼茨发现微积分, 为一大批数学家的新发现开辟了道路.

他在其他科学领域的成就同样硕果累累. 笛卡儿靠着天才的直觉和严密的数学推理, 在物理学方面做出了有益的贡献. 笛卡儿将其坐标几何学应用到光学研究上, 在《屈光学》中第一次对折射定律作出了理论上的推证. 在他的《哲学原理》第二章中以第一和第二自然定律的形式首次比较完整地表述了惯性定律, 并首次明确地提出了动量守恒定律. 这些都为后来牛顿等人的研究奠定了一定的基础. 他的哲学思想和方法论, 在其一生活动中则占有更重要的地位. 他的哲学思想"我思故我在"对后来的哲学和科学的发展, 产生了极大的影响. 他在心理学方面认为人的原始情绪有六种: 惊奇、爱悦、憎恶、欲望、欢乐和悲哀, 其他的情绪都是这六种原始情绪的分支, 或者组合.

笛卡儿堪称 17 世纪及其后的欧洲哲学界和科学界最有影响的巨匠之一, 被誉为"近代科学的始祖".

总 习 题 8

1. 已知点 $P(4,-3,5)$, 求: (1) P 到原点的距离; (2) P 到各个坐标轴的距离; (3) P 到各个坐标面的距离.

2. 已知 $\boldsymbol{b}=(3,-1,\sqrt{15})$, 求平行于 $\boldsymbol{b}$ 且模为 10 的向量 $\boldsymbol{a}$.

3. 已知 $\boldsymbol{b}=4\boldsymbol{i}+3\boldsymbol{j}+5\boldsymbol{k}$, 在 xOy 面上的向量 $\boldsymbol{a}$ 与 $\boldsymbol{b}$ 垂直且 $|\boldsymbol{a}|=2|\boldsymbol{b}|$, 求 $\boldsymbol{a}$.

4. 已知向量 $\boldsymbol{a}=-\boldsymbol{i}+3\boldsymbol{j}$, $\boldsymbol{b}=3\boldsymbol{i}+\boldsymbol{j}$, 向量 $\boldsymbol{c}$ 的模 $|\boldsymbol{c}|=r$, 当 $\boldsymbol{c}$ 满足关系式 $\boldsymbol{a}=\boldsymbol{b}\times\boldsymbol{c}$ 时, 求 r 的最小值.

5. 求过点(3, −2, −1)且垂直于两平面 $2x+y-z+3=0$、$x-y+2z+5=0$ 的平面方程.

6. 设平面过点(−5, 4, 3)且在三个坐标轴上的截距相等, 求此平面方程.

7. 若 M_1、M_2 两点与直线 L: $\begin{cases}2x-z=3,\\ x+2y=1\end{cases}$ 对称, 已知 $M_1(1,-1,3)$, 求 M_2 的坐标.

8. 求直线 $\dfrac{x-1}{2}=\dfrac{y-1}{0}=\dfrac{z}{3}$ 绕 x 轴旋转所得的曲面方程, 并求该曲面与平面 $x=1$ 及 $x=2$ 所围立体的体积.

9. 说明下列旋转曲面是怎样形成的.

(1) $\dfrac{x^2}{4}+\dfrac{y^2}{9}+\dfrac{z^2}{9}=1$;　　(2) $x^2-\dfrac{y^2}{4}+z^2=1$;

(3) $x^2-y^2-z^2=1$;　　(4) $(z-a)^2=x^2+y^2$.

10. 分别求母线平行于 x 轴及 y 轴而且通过曲线 $\begin{cases}2x^2+y^2+z^2=16,\\ x^2+z^2-y^2=0\end{cases}$ 的柱面方程.

11. 求球面 $x^2+y^2+z^2=9$ 与平面 $x+z=1$ 的交线在 xOy 面上的投影的方程.

第 9 章　多元函数微分学及其应用

前面的课程中，讨论了一元函数的微积分．然而在所研究的问题中，常常会涉及多方面因素．从函数的角度上看，就是一个因变量由两个或者两个以上的自变量所决定，这就提出了多元函数及多元函数微分和积分的问题．本章将在一元函数微分学的基础上，讨论多元函数的微分学及其应用．

9.1　多元函数的基本概念

9.1.1　平面点集与 n 维空间

1．平面点集

在平面上确定了直角坐标系后，二元有序实数组(x, y)与平面上的点 P 建立了一一对应的关系，即视为等同的．这种建立了坐标系的平面称为**坐标平面**．二元有序实数组(x, y)的全体，$\mathbf{R}^2=\mathbf{R}\times\mathbf{R}=\{(x, y)|x, y\in\mathbf{R}\}$就表示坐标平面．坐标平面上具有某种性质的点的集合，称为**平面点集**，记作

$$E=\{(x, y)|(x, y)\text{具有性质}\}.$$

在一元函数微分学的学习中，区间和邻域是经常用到的概念，类似地，在多元函数微分学的学习中，经常要用到邻域及区域的概念．下面以平面点集为例说明邻域及区域的概念．

设 $P_0(x_0,y_0)$ 是 xOy 面上的一个点，δ 是一正数，与点 P_0 的距离小于 δ 的点的全体称为点 P_0 的 δ **邻域**，记作 $U(P_0,\delta)$，即

$$U(P_0, \delta)=\left\{(x,y)\middle|\sqrt{(x-x_0)^2+(y-y_0)^2}<\delta\right\}.$$

如图 9.1.1 所示，从图形上看，点 P_0 的邻域表示 xOy 面上以 P_0 为中心，以 δ 为半径的圆内部的点的集合．当不需要特别强调邻域的半径时，简记为 $U(P_0)$，表示点 P_0 的某个邻域．点 P_0 的去心邻域记作 $\mathring{U}(P_0,\delta)$，即

$$\mathring{U}(P_0, \delta)=\left\{(x,y)\middle|0<\sqrt{(x-x_0)^2+(y-y_0)^2}<\delta\right\}.$$

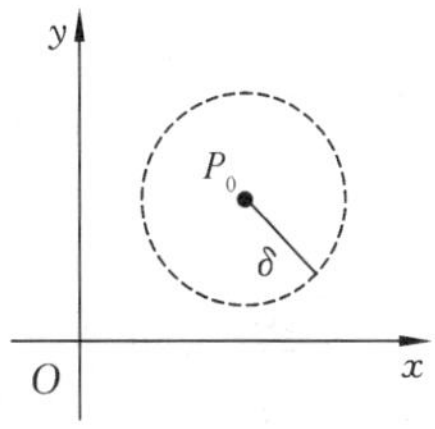

图 9.1.1

下面的定义描述了平面上点与点集的关系．

设 E 是一个平面点集，P 是坐标平面上任意一点．

内点：若存在点 P 的某一邻域 $U(P)$，使得 $U(P)\subseteq E$，则称 P 为 E 的**内点**．

外点：若存在点 P 的某个邻域 $U(P)$，使得 $U(P)\cap E=\varnothing$，则称 P 为 E 的**外点**．

边界点：若点 P 的任一邻域内既有属于 E 的点，又有不属于 E 的点，则称 P 为 E 的**边界点**．E 的边界点的全体，称为 E 的**边界**，记作 ∂E．

聚点: 若点 P 的任意去心邻域内总有 E 中的点, 则称 P 为 E 的**聚点**.

由上面的定义可以知道, 点集 E 的内点一定属于 E, E 的外点一定不属于 E, 而 E 的边界点和聚点可能属于 E, 也可能不属于 E.

根据点集中点的性质, 定义一些特殊的平面点集.

开集: 若点集 E 的点都是 E 的内点, 则称 E 为**开集**.

闭集: 若点集 E 的边界 $\partial E \subseteq E$, 则称 E 为**闭集**.

若点集 E 内任何两点都可用一条完全含于 E 的折线连接起来, 则称 E 为**连通集**. 连通的点集称为**区域**. 连通的开集称为**开区域**. 开区域连同它的边界一起所构成的点集称为**闭区域**.

例如, 区域 D_1: $|x|<1$, $|y|<2$ 为有界开区域; D_2: $|x|\leqslant 1$, $|y|\leqslant 2$ 为有界闭区域, 如图 9.1.2 所示.

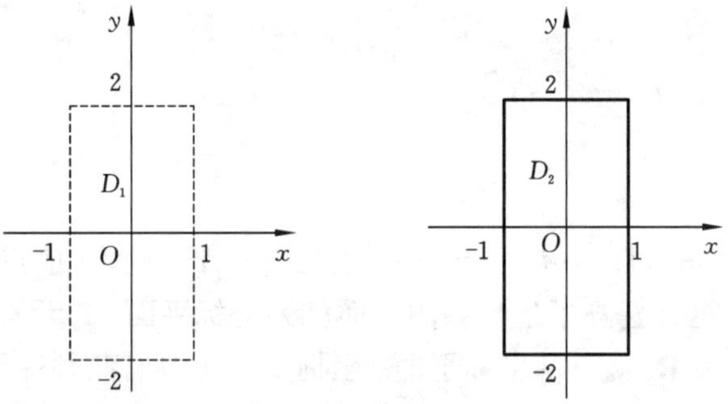

图 9.1.2

应该注意到, 平面上存在既不是开区域也不是闭区域的区域, 如

$$D=\left\{(x,y)\middle|1<x^2+y^2\leqslant 4\right\}.$$

对于平面点集 E, 若存在某一正数 r, 使得 $E\subseteq U(O,r)$, 其中 O 是坐标原点, 则称 E 为**有界集**, 否则称 E 为**无界集**.

2. n 维空间

设 n 为给定的正整数, n 元有序实数组 $(x_1,x_2,\cdots,x_n)$ 的全体构成的集合用 $\mathbf{R}^n$ 表示, 即

$$\mathbf{R}^n=\mathbf{R}\times\mathbf{R}\times\cdots\times\mathbf{R}=\{(x_1,x_2,\cdots,x_n)\,|\,x_i\in\mathbf{R}, i=1,2,\cdots,n\}.$$

集合 $\mathbf{R}^n$ 中的元素 $(x_1,x_2,\cdots,x_n)$ 有时可以表示为单个字母 $\boldsymbol{x}$, 即 $\boldsymbol{x}=(x_1,x_2,\cdots,x_n)$, 当所有 $x_i\ (i=1,2,\cdots,n)$ 都为零时, 这样的元素为 $\mathbf{R}^n$ 中的零元, 记为 $\mathbf{0}$ 或 O.

设 $\boldsymbol{x}=(x_1,x_2,\cdots,x_n)$, $\boldsymbol{y}=(y_1,y_2,\cdots,y_n)$ 为 $\mathbf{R}^n$ 中的任意两个元素, 实数 $\lambda\in\mathbf{R}$, 定义线性运算:

$$\boldsymbol{x}+\boldsymbol{y}=(x_1+y_1,x_2+y_2,\cdots,x_n+y_n),$$

$$\lambda\boldsymbol{x}=(\lambda x_1,\lambda x_2,\cdots,\lambda x_n).$$

容易看出 $\boldsymbol{x}+\boldsymbol{y}\in\mathbf{R}^n$，$\lambda\boldsymbol{x}\in\mathbf{R}^n$，线性运算在集合 $\mathbf{R}^n$ 中是封闭的. 这样定义了线性运算的集合 $\mathbf{R}^n$ 称为 ***n* 维空间**.

在解析几何中，$\mathbf{R}^2$ 中的元素通过直角坐标系与平面中的点或者向量建立一一对应，$\mathbf{R}^3$ 中的元素通过直角坐标系与空间中的点或者向量建立一一对应，这样 $\mathbf{R}^n$ 中的元素也可以和 n 维空间一个点或者(n 维)向量一一对应起来.

$\mathbf{R}^n$ 中点 $\boldsymbol{x}=(x_1,x_2,\cdots,x_n)$ 与 $\boldsymbol{y}=(y_1,y_2,\cdots,y_n)$ 之间的距离记为 $\rho(\boldsymbol{x},\boldsymbol{y})$，

$$\rho(\boldsymbol{x},\boldsymbol{y})=\sqrt{(x_1-y_1)^2+(x_2-y_2)^2+\cdots+(x_n-y_n)^2}.$$

$\mathbf{R}^n$ 中点 $\boldsymbol{x}=(x_1,x_2,\cdots,x_n)$ 与零元 $\mathbf{0}$ 之间的距离 $\rho(\boldsymbol{x},\mathbf{0})$ 记作 $\|\boldsymbol{x}\|$，在 $\mathbf{R}$、$\mathbf{R}^2$、$\mathbf{R}^3$ 中，有时也将 $\|\boldsymbol{x}\|$ 记为 $|\boldsymbol{x}|$，即

$$\|\boldsymbol{x}\|=\sqrt{x_1^{\ 2}+x_2^{\ 2}+\cdots+x_n^{\ 2}}.$$

结合向量的线性运算，$\boldsymbol{x}-\boldsymbol{y}=(x_1-y_1,x_2-y_2,\cdots,x_n-y_n)$，得到

$$\|\boldsymbol{x}-\boldsymbol{y}\|=\sqrt{(x_1-y_1)^2+(x_2-y_2)^2+\cdots+(x_n-y_n)^2}=\rho(\boldsymbol{x},\boldsymbol{y}).$$

在 n 维空间 $\mathbf{R}^n$ 中定义了距离之后，就可以定义 $\mathbf{R}^n$ 中变量的极限了，设 $\boldsymbol{x}=(x_1,x_2,\cdots,x_n)$，$\boldsymbol{a}=(a_1,a_2,\cdots,a_n)\in\mathbf{R}^n$，若 $\|\boldsymbol{x}-\boldsymbol{a}\|\to 0$，则称变量 $\boldsymbol{x}$ 在 $\mathbf{R}^n$ 中趋近于定量 $\boldsymbol{a}$，记作 $\boldsymbol{x}\to\boldsymbol{a}$.

可以得到结论，$\boldsymbol{x}\to\boldsymbol{a}\Leftrightarrow x_1\to a_1,x_2\to a_2,\cdots,x_n\to a_n$.

类似地，邻域的概念也可以引入到 $\mathbf{R}^n(n\geqslant 3)$ 中来，比如，$\boldsymbol{a}=(a_1,a_2,\cdots,a_n)\in\mathbf{R}^n$，实数 $\delta>0$，则 n 维空间中点集 $U(a,\delta)=\{\boldsymbol{x}\mid\boldsymbol{x}\in\mathbf{R}^n,\rho(x,a)<\delta\}$ 定义为 $\mathbf{R}^n$ 中点 $\boldsymbol{a}$ 的 δ 邻域，在定义了邻域的基础上，类似地就可以定义 n 维空间 $\mathbf{R}^n$ 中的内点、外点、边界点以及聚点，开集、闭集、区域等概念，这里不再赘述.

9.1.2 多元函数的概念

首先，来看一些实际问题中碰到的多个变量之间的相互关系问题.

例 9.1.1 矩形的面积 S 与其长 x 和宽 y 之间有下列函数关系:

$$S=xy.$$

例 9.1.2 一定量的理想气体的压强 P、体积 V 和热力学温度 T 之间具有关系

$$P=\frac{RT}{V},$$

其中 R 为常数. 当 V、T 在集合 $\{(V,T)|V>0,T>0\}$ 内取定一对值 (V,T) 时，压强 P 随之确定.

例 9.1.3 设 (x,y,z) 为空间中一点，于是从 (x,y,z) 到原点(0, 0, 0)的距离为

$$d=\sqrt{x^2+y^2+z^2}.$$

这些例子都有一个共同的特点，即在一定的条件之下，一个变量可以由其余变量唯一确定. 由这个性质，可以得到二元函数的定义.

定义 9.1.1 设 D 是一个二元有序实数组的集合，称映射 $f: D\to\mathbf{R}$ 为定义在 D 上的二元函数，通常记为

$$z=f(x,y),\quad (x,y)\in D,$$

或

$$z=f(P),\quad P\in D,$$

其中集合 D 称为该函数的**定义域**, x、y 称为**自变量**, z 称为**因变量**.

上面的定义中, 与一对有序实数(x, y)相对应的因变量的值 z 也称为函数 f 在点(x, y)的函数值, 记作 $f(x,y)$, 函数值 $f(x,y)$ 的全体构成的集合称为函数 f 的**值域**, 记作 $f(D)$, 即

$$f(D)=\left\{z|z=f(x,y),(x,y)\in D\right\}.$$

定义域和值域也可以记为 D_f 与 R_f.

类似地, 可以定义三元函数和 n 元函数.

对于函数的定义域, 我们约定, 若在多元函数的解析表达式中没有对定义域做特别的要求, 则以使得这个表达式有意义的自变量的取值范围为这个多元函数的**自然定义域**. 例如, $z=\dfrac{1}{x^2+y^2}$, 其自然定义域为$\left\{(x,y)\,|\,x^2+y^2\neq 0\right\}$.

例 9.1.4 讨论下列函数的定义域.

(1) $z=\sqrt{9-x^2-y^2}$;

(2) $f(x,y)=\ln(y^2-x)$;

(3) $z=\dfrac{1}{\sqrt{x+y}}-\dfrac{1}{\sqrt{x-y}}$.

解 (1) 要使函数有意义, 则必有 $9-x^2-y^2\geqslant 0$, 所以函数的定义域为

$$D=\left\{(x,y)\,|\,x^2+y^2\leqslant 9\right\},$$

如图 9.1.3 所示.

(2) 因为 $\ln(y^2-x)$只有在 $y^2-x>0$ 时才有意义, 所以 f 的定义域为

$$D=\{(x,y)|x<y^2\},$$

如图 9.1.4 所示.

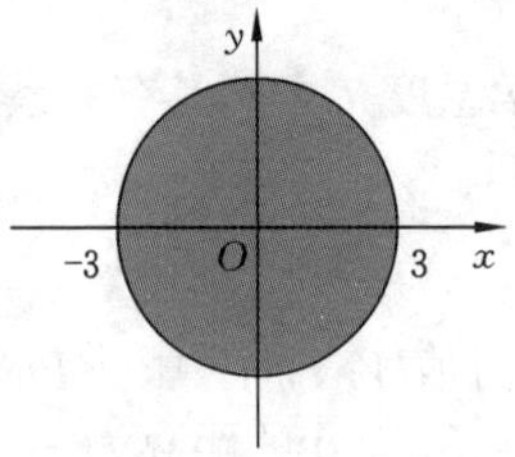

图 9.1.3

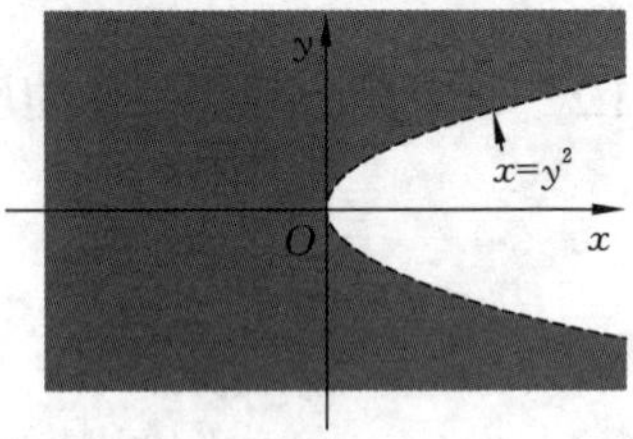

图 9.1.4

(3) 当 $x+y>0$, $x-y>0$ 同时成立时, 函数才有意义, 解不等式组

$$\begin{cases}x+y>0,\\ x-y>0,\end{cases}$$

所以定义域为

$$D=\{(x,y)|-x<y<x, x>0\},$$

如图 9.1.5 所示.

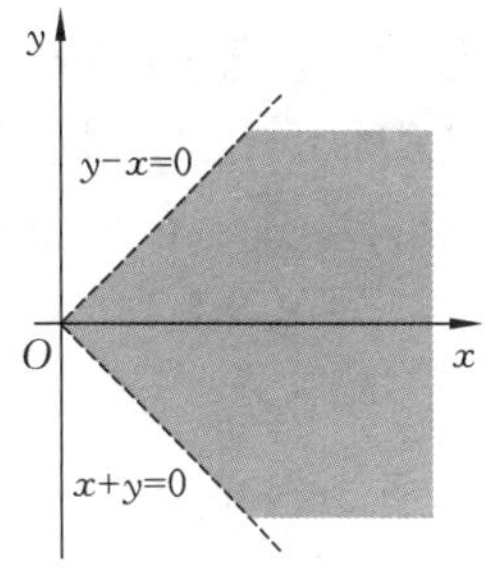

图 9.1.5

类似地, 可以定义三元函数 $u=f(x,y,z)$及三元以上的函数. 设 E 是 n 维空间 $\mathbf{R}^n$ 中的集合, 若按照某个对应法则 f, E 内每个 n 元有序实数组$(x_1,x_2,\cdots,x_n)$都有唯一的实数 u 与它相对应, 则称 f 是定义在 E 上的 ***n* 元函数**, 常记作

$$u=f(x_1,x_2,\cdots,x_n),\quad (x_1,x_2,\cdots,x_n)\in E,$$

也可记作

$$u=f(P),\quad P=(x_1,x_2,\cdots,x_n)\in E.$$

当 $n=1$ 时, n 元函数就是一元函数. 当 $n\geqslant 2$ 时, n 元函数统称为**多元函数**. 它给出了 n 维空间 $\mathbf{R}^n$ 中的点集 E 到一维空间实数集 $\mathbf{R}$ 的映射.

用 $u=f(P)$的形式表示多元函数, 使得多元函数与一元函数在形式上保持了一致, 从而一元函数的某些特性可以推广到多元函数中去.

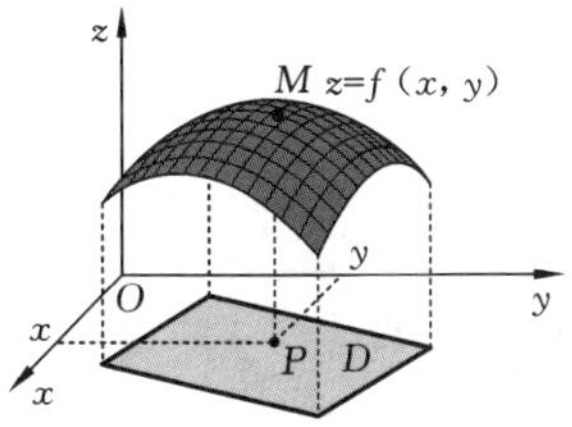

图 9.1.6

下面了解多元函数的图形, 以二元函数为例, 设函数 $z=f(x,y)$的定义域为 D, 对于任意取定的点 $P(x,y)$, 对应的函数值为 $z=f(x,y)$. 这样即在三维空间中确定了一个唯一的点 $M(x,y,z)$, 当(x,y)取遍定义域中的所有点时, 得到一个空间点集

$$\{(x,y,z)|z=f(x,y),(x,y)\in D\},$$

这个点集称为**二元函数 $z=f(x,y)$的图形**, 如图 9.1.6 所示. 通过第 8 章的知识, 我们知道, 二元函数的图形是一个曲面.

例如, 函数 $z=1-x-y$ 表示一个平面, 如图 9.1.7 所示; $z=x^2+y^2$ 表示开口向上的旋转抛物面, 如图 9.1.8 所示.

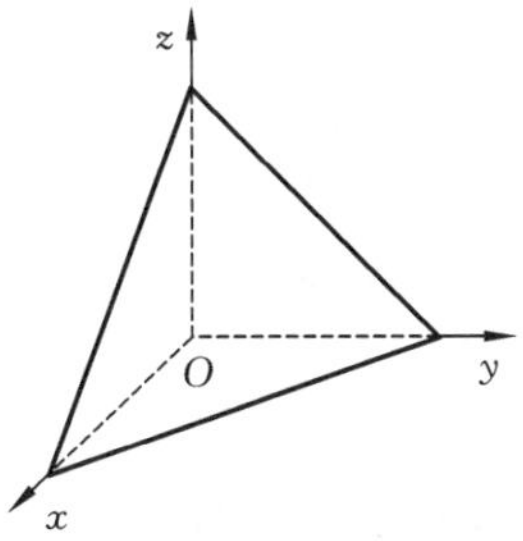

图 9.1.7

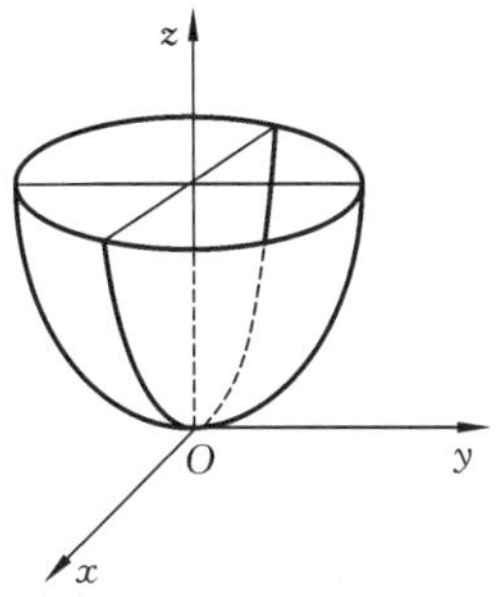

图 9.1.8

三元函数和三元以上的多元函数没有直观的几何意义.

9.1.3 二元函数的极限

与一元函数极限的概念类似, 二元函数 $z=f(x,y)$在$(x,y)\to(x_0,y_0)$时的极限可以描述为:

设二元函数 $z=f(x,y)$ 在 $P_0(x_0,y_0)$ 的去心邻域 $\mathring{U}(P_0,\delta)$ 内有定义，若点 $P(x,y)$ 以任何方式趋向于点 $P_0(x_0,y_0)$ 时，相应的函数值趋近于一个确定的常数 A，那么常数 A 就是函数 $z=f(x,y)$ 在 $(x,y)\to(x_0,y_0)$ 时的极限. 下面是二元函数极限在"ε-δ"语言下的定义.

定义 9.1.2 设点 $P_0(x_0,y_0)$ 为二元函数 $f(x,y)$ 的定义域 D 的一个聚点，A 为常数，若对任意的 $\varepsilon>0$，总存在 $\delta>0$，使得当 $P(x,y)$ 满足 $0<\sqrt{(x-x_0)^2+(y-y_0)^2}<\delta$，且 $P(x,y)\in D$ 时，恒有 $|f(x,y)-A|<\varepsilon$，则称此常数 A 为函数 $z=f(x,y)$ 在 $(x,y)\to(x_0,y_0)$ 时的**极限**，记为

$$\lim_{(x,y)\to(x_0,y_0)} f(x,y)=A \quad \text{或} \quad f(x,y)\to A,\ (x,y)\to(x_0,y_0).$$

对上面定义的理解，要特别注意点 $P(x,y)$ 趋向于点 $P_0(x_0,y_0)$ 是指两点之间的距离趋向于零，即

$$|PP_0|=\sqrt{(x-x_0)^2+(y-y_0)^2}\to 0\,.$$

为了区别于一元函数的极限，二元函数的极限称为**二重极限**. 二重极限也满足与一元函数极限类似的四则运算法则，这里不再赘述.

例 9.1.5 求下列函数的极限.

(1) $\displaystyle\lim_{(x,y)\to(0,2)}\frac{\sin(xy)}{x}$； (2) $\displaystyle\lim_{(x,y)\to(0,0)}\frac{xy^2}{x^2+y^2}$.

解 (1) $\displaystyle\lim_{(x,y)\to(0,2)}\frac{\sin(xy)}{x}=\lim_{(x,y)\to(0,2)}\frac{\sin(xy)}{xy}\cdot y=\lim_{(x,y)\to(0,2)}\frac{\sin(xy)}{xy}\cdot\lim_{(x,y)\to(0,2)}y=2.$

(2) 因为 $x^2+y^2\geqslant 2|xy|$，所以

$$0\leqslant\left|\frac{xy^2}{x^2+y^2}\right|\leqslant\frac{|y|}{2},$$

而

$$\lim_{y\to 0}\frac{|y|}{2}=0\,,$$

故由夹逼准则得

$$\lim_{(x,y)\to(0,0)}\frac{xy^2}{x^2+y^2}=0\,.$$

应当注意，二元函数的极限中自变量的变化情况较一元函数复杂得多. 对于一元函数，自变量的取值范围在数轴上，因此，$x\to x_0$ 的方式仅有两种，即沿 x 轴从 x_0 的左、右两侧趋近于 x_0. 而二元函数自变量的变化范围是在坐标平面上，$(x,y)\to(x_0,y_0)$ 的方式有无穷多种. **只有当点 $P(x,y)$ 按任何方式或沿任何路径趋向于点 $P_0(x_0,y_0)$ 时，函数值 $f(x,y)$ 都无限接近于同一个常数 A，才能判定函数 $f(x,y)$ 以 A 为极限**. 也就是说，如果当点 P 以某些特殊方式，如只是沿着某一条(或几条)定直线(或定曲线)趋于点 P_0 时，函数值 $f(x,y)$ 无限接近于某一个确定的值，还不足以判定函数的极限存在. 但是反过来，如果当点 P 沿不同的路径趋向于 P_0 时，$f(x,y)$ 趋于不同的值，那么就可以断定 $f(x,y)$ 在 P_0 处极限不存在.

例 9.1.6 证明极限 $\lim\limits_{(x,y)\to(0,0)}\dfrac{xy}{x^2+y^2}$ 不存在.

证 在定义域内令(x, y)沿着直线 $y=x$ 趋向于零, 则有

$$\lim_{y=x,x\to 0}\frac{xy}{x^2+y^2}=\lim_{y=x,x\to 0}\frac{x^2}{2x^2}=\frac{1}{2},$$

另取(x, y)沿着直线 $y=-x$ 趋向于零, 则有

$$\lim_{y=-x,x\to 0}\frac{xy}{x^2+y^2}=\lim_{y=-x,x\to 0}-\frac{x^2}{2x^2}=-\frac{1}{2},$$

可见, 沿着两条不同的路径趋向于$(0, 0)$时, 极限值不同, 即说明了极限 $\lim\limits_{(x,y)\to(0,0)}\dfrac{xy}{x^2+y^2}$ 不存在.

9.1.4 二元函数的连续性

类似一元函数连续性的定义, 可以得到二元函数连续性的定义.

定义 9.1.3 设函数 $z=f(x, y)$在点 $P_0(x_0, y_0)$的邻域 $U(P_0)$有定义, 若满足

$$\lim_{(x,y)\to(x_0,y_0)}f(x,y)=f(x_0,y_0),$$

则称函数 $z=f(x, y)$在点 $P_0(x_0, y_0)$处**连续**.

二元函数连续性的定义中蕴含着三个条件, 即: 极限 $\lim\limits_{P\to P_0}f(P)$存在; 函数在点 $P_0(x_0, y_0)$处有定义; 极限值与函数值相等.

若函数 $z=f(x, y)$在定义域 D 内的每一点都连续, 则称函数 $z=f(x, y)$在定义域 D 上是连续的, 或者称 $f(x, y)$是 D 上的**连续函数**.

前面指出一元函数极限的运算法则同样适用于二元函数, 所以可以知道, 二元连续函数的和、差、积仍为连续函数, 连续函数的商在分母不为零时仍是连续函数, 二元连续函数的复合函数也为连续函数.

这里关于二元函数的结论可以相应推广到多元函数上, 由此, 进一步可以得到如下结论:

一切多元初等函数在定义区域内是连续的. 其中, 定义区域类似于定义区间的提法, 表示包含在定义域内的开区域或闭区域.

例 9.1.7 证明函数

$$f(x,y)=\begin{cases}\dfrac{2xy}{x^2+y^2}, & (x,y)\neq(0,0),\\ 0, & (x,y)=(0,0)\end{cases}$$

在原点以外的点连续.

证 函数 f 在任意点$(x, y)\neq(0, 0)$处都是连续的, 而在点$(x, y) = (0, 0)$处, 由例 9.1.6 的

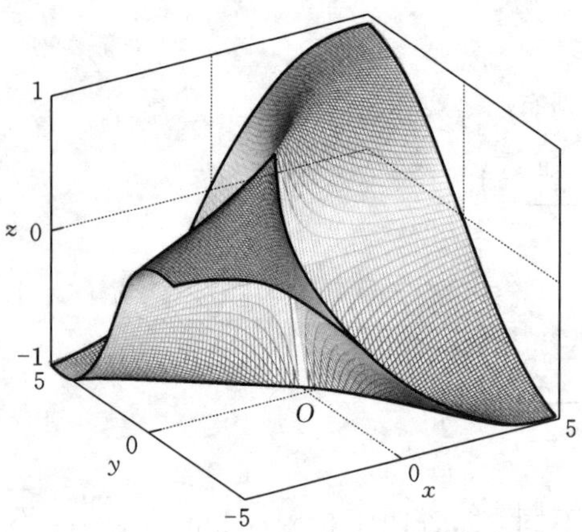

图 9.1.9

结论知，极限 $\lim\limits_{(x,y)\to(0,0)}\dfrac{xy}{x^2+y^2}$ 不存在，所以极限 $\lim\limits_{(x,y)\to(0,0)}\dfrac{2xy}{x^2+y^2}$ 不存在，即函数 f 在原点以外的点连续，如图 9.1.9 所示.

由多元函数的连续性，得到一种求极限的方法.

例 9.1.8 求极限 $\lim\limits_{(x,y)\to(1,2)}\dfrac{xy}{x^2+y^2}$.

解 因为点(1, 2)是定义域内的一个连续点，所以

$$\lim_{(x,y)\to(1,2)}\frac{xy}{x^2+y^2}=\frac{1\cdot 2}{1^2+2^2}=\frac{2}{5}.$$

例 9.1.9 求极限 $\lim\limits_{(x,y)\to(0,0)}\dfrac{\sqrt{xy+4}-2}{xy}$.

解 $\lim\limits_{(x,y)\to(0,0)}\dfrac{\sqrt{xy+4}-2}{xy}=\lim\limits_{(x,y)\to(0,0)}\dfrac{xy+4-4}{xy}\cdot\dfrac{1}{\sqrt{xy+4}+2}=\lim\limits_{(x,y)\to(0,0)}\dfrac{1}{\sqrt{xy+4}+2}=\dfrac{1}{4}.$

例 9.1.10 求极限 $\lim\limits_{(x,y)\to(0,0)}(1+xy)^{\frac{1}{x}}$.

解 $\lim\limits_{(x,y)\to(0,0)}(1+xy)^{\frac{1}{x}}=\lim\limits_{(x,y)\to(0,0)}[(1+xy)^{\frac{1}{xy}}]^y=\lim\limits_{(x,y)\to(0,0)}\mathrm{e}^y=\mathrm{e}^0=1$.

类似闭区间上一元连续函数的性质，下面给出有界闭区域上多元连续函数的相关结论.

性质 9.1.1(有界性与最大值最小值定理) 设多元函数在有界闭区域 D 上连续，则必定在 D 上有界，且能够取得最大值与最小值.

性质 9.1.2(介值定理) 设多元函数在有界闭区域 D 上连续，则必然取得介于最大值与最小值之间的任何值.

习 题 9.1

1. 画出下面的平面点集，并指出其边界，说明是否为开区域或闭区域，有界或无界.

(1) $D: x\geqslant 0, y\geqslant 0, x+y\geqslant 1$;

(2) $D: |x|+|y|<1$.

2. 来自火山爆发的火山灰 V(单位: $\mathrm{kg/km^2}$)依赖于离火山的距离 d 和火山爆发后的时间 t，其函数关系式为

$$V=f(d,t)=\sqrt{t}\mathrm{e}^{-d}.$$

(1) 对于 $t=1$ 和 $t=2$，在同一坐标系下画出 f 的截面. 随着离火山距离的增加，火山灰如何变化？讨论图形之间的关系：火山灰如何随着时间的改变而改变？从火山的角度解释你的答案.

(2) 对于 $d=0$、$d=1$ 和 $d=2$, 在同一坐标系下画出 f 的截面. 自火山爆发起, 火山灰随着时间的流逝如何变化? 讨论图形之间的关系: 作为距离的函数, 火山灰如何变化? 从火山的角度解释你的答案.

3. 求下列函数的定义域, 并画出图形.

(1) $z=\ln(y^2-4x+8)$;　　(2) $z=\dfrac{\sqrt{x+y}}{\sqrt{x-y}}$;

(3) $u=\sqrt{9-x^2-y^2-z^2}+\dfrac{1}{\sqrt{x^2+y^2+z^2-1}}$.

4. 已知 $f\left(x+y,\dfrac{y}{x}\right)=x^2-y^2$, 求函数 $f(x,y)$.

5. 求下列极限.

(1) $\lim\limits_{(x,y)\to(1,0)}\dfrac{\ln(x+e^y)}{\sqrt{x^2+y^2}}$;　　(2) $\lim\limits_{(x,y)\to(0,0)}(\sqrt[3]{x}+y)\sin\dfrac{1}{x}\cos\dfrac{1}{y}$;

(3) $\lim\limits_{(x,y)\to(0,0)}\dfrac{x^2+y^2}{\sqrt{x^2+y^2+1}-1}$;　　(4) $\lim\limits_{(x,y)\to(3,0)}\dfrac{\tan(xy)}{y}$;

(5) $\lim\limits_{(x,y)\to(0,0)}\dfrac{x^3+y^3}{x^2+y^2}$.

6. (1) 证明极限 $\lim\limits_{(x,y)\to(0,0)}\dfrac{x+y}{x-y}$ 不存在;

(2) 证明极限 $\lim\limits_{(x,y)\to(0,0)}\dfrac{x^2}{x^2+y^2-x}$ 不存在.

7. 下列函数在何处是间断的?

(1) $z=\dfrac{1}{1-x^2-y^2}$;　　(2) $z=e^{\sqrt{y^2-2x}}$.

8. 讨论函数 $z=\begin{cases}\dfrac{xy}{x^2+y^2}, & x^2+y^2\neq 0,\\ 0, & x^2+y^2=0\end{cases}$ 的连续性.

9.2 偏　导　数

9.2.1 偏导数的概念及几何意义

一元函数的导数是研究函数关于自变量的变化率, 对于多元函数而言, 其自变量的个数不止一个, 函数关于自变量的变化率有多种情况. 在这一节里, 以二元函数为例考虑多元函数关于其中一个自变量的变化率.

设二元函数 $z=f(x,y)$, 如果只有自变量 x 变化, 而自变量 y 固定不变, 这时它就是 x 的一元函数, 此时, 函数对 x 的导数, 就称为二元函数 $z=f(x,y)$ 对 x 的**偏导数**.

定义 9.2.1　设函数 $z=f(x,y)$ 在点 (x_0,y_0) 的某个邻域内有定义, 当自变量 y 固定为 y_0, 自变

量 x 在 x_0 处有增量 Δx 时，相应的函数的增量为 $f(x_0+\Delta x, y_0)-f(x_0, y_0)$，若极限

$$\lim_{\Delta x\to 0}\frac{f(x_0+\Delta x,y_0)-f(x_0,y_0)}{\Delta x} \tag{9.2.1}$$

存在，则称此极限为函数 $z=f(x, y)$在点(x_0, y_0)处对 x 的**偏导数**，记作

$$\left.\frac{\partial z}{\partial x}\right|_{(x_0,y_0)},\quad \left.\frac{\partial f}{\partial x}\right|_{(x_0,y_0)},\quad z_x(x_0,y_0)\quad 或\quad f_x(x_0,y_0).$$

类似地，函数 $z=f(x, y)$在点(x_0, y_0)处对 y 的偏导数定义为

$$\lim_{\Delta y\to 0}\frac{f(x_0,y_0+\Delta y)-f(x_0,y_0)}{\Delta y},$$

记作

$$\left.\frac{\partial z}{\partial y}\right|_{(x_0,y_0)},\quad \left.\frac{\partial f}{\partial y}\right|_{(x_0,y_0)},\quad z_y(x_0,y_0)\quad 或\quad f_y(x_0,y_0).$$

例如，式(9.2.1)可以表示为

$$f_x(x_0,y_0)=\lim_{\Delta x\to 0}\frac{f(x_0+\Delta x,y_0)-f(x_0,y_0)}{\Delta x}. \tag{9.2.2}$$

偏导数的记号 z_x, f_x 有时候也记为 z'_x 与 f'_x.

如果函数 $z=f(x, y)$在区域 D 内每一点(x, y)处对 x 的偏导数都存在，那么这个偏导数就是 x、y 的函数，称为函数 $z=f(x, y)$对自变量 x 的**偏导函数**，记作

$$\frac{\partial z}{\partial x},\quad \frac{\partial f}{\partial x},\quad z_x\quad 或\quad f_x(x,y),$$

即

$$f_x(x, y)=\lim_{\Delta x\to 0}\frac{f(x+\Delta x,y)-f(x,y)}{\Delta x}.$$

类似地，可以定义函数 $z=f(x, y)$对 y 的偏导函数，记作

$$\frac{\partial z}{\partial y},\quad \frac{\partial f}{\partial y},\quad z_y\quad 或\quad f_y(x,y).$$

特别注意：**符号 $\dfrac{\partial z}{\partial x}$ 是一个整体的记号，不能看成 ∂z 、∂x 的商，这一点与一元函数微商的理解是不同的.**

由偏导函数的定义可以知道，$f(x, y)$在(x_0, y_0)处对 x 的偏导数就是偏导函数 $f_x(x, y)$在(x_0, y_0)的函数值. 类似于一元函数的导数，在不至于混淆的时候，我们也把偏导函数简称为**偏导数**.

利用求导公式求偏导函数时，可以看成函数 $f(x, y)$中只有一个自变量在变化，而将另一个自变量视为常量.

二元函数偏导数的概念可以推广到多元函数，即将其中一个自变量看成变化的，而其余的自变量视为常量，然后利用一元函数求导的方法进行求导.

下面给出三元函数 $u=f(x, y, z)$对自变量 x 的偏导数的定义式：

$$f_x(x, y, z)=\lim_{\Delta x\to 0}\frac{f(x+\Delta x,y,z)-f(x,y,z)}{\Delta x}.$$

类似可以写出函数 $u=f(x, y, z)$对自变量 y、z 的偏导数，请读者自己完成.

例 9.2.1 求函数 $z=x^2-3xy+y^3$ 在点(1, −2)处的两个偏导数.

解 将 x 看成变量, y 看成常量, 于是得到

$$z_x=2x-3y,$$

所以

$$z_x(1,-2)=2+6=8.$$

将 y 看成变量, x 看成常量, 于是得到

$$z_y=-3x+3y^2,$$

所以

$$z_y(1,-2)=-3+12=9.$$

例 9.2.2 求 $z=x^2\sin(xy)$的两个偏导数.

解

$$\frac{\partial z}{\partial x}=2x\sin(xy)+x^2y\cos(xy);$$

$$\frac{\partial z}{\partial y}=x^3\cos(xy).$$

例 9.2.3 设 $z=x^y$ $(x>0, x\neq 1)$, 求证: $\frac{x}{y}\frac{\partial z}{\partial x}+\frac{1}{\ln x}\frac{\partial z}{\partial y}=2z.$

证 因为

$$\frac{\partial z}{\partial x}=yx^{y-1},\quad \frac{\partial z}{\partial y}=x^y\ln x,$$

所以

$$\frac{x}{y}\frac{\partial z}{\partial x}+\frac{1}{\ln x}\frac{\partial z}{\partial y}=\frac{x}{y}yx^{y-1}+\frac{1}{\ln x}x^y\ln x=x^y+x^y=2z.$$

例 9.2.4 已知 $r=\sqrt{x^2+y^2+z^2}$, 求偏导函数 $\frac{\partial r}{\partial x}$、$\frac{\partial r}{\partial y}$、$\frac{\partial r}{\partial z}$.

解

$$\frac{\partial r}{\partial x}=\frac{\frac{\partial}{\partial x}(x^2+y^2+z^2)}{2\sqrt{x^2+y^2+z^2}}=\frac{x}{\sqrt{x^2+y^2+z^2}}=\frac{x}{r};$$

$$\frac{\partial r}{\partial y}=\frac{\frac{\partial}{\partial y}(x^2+y^2+z^2)}{2\sqrt{x^2+y^2+z^2}}=\frac{y}{\sqrt{x^2+y^2+z^2}}=\frac{y}{r};$$

$$\frac{\partial r}{\partial z}=\frac{\frac{\partial}{\partial z}(x^2+y^2+z^2)}{2\sqrt{x^2+y^2+z^2}}=\frac{z}{\sqrt{x^2+y^2+z^2}}=\frac{z}{r}.$$

例 9.2.5 已知理想气体的状态方程为 $pV=RT$(R 为常数), 求证: $\frac{\partial p}{\partial V}\cdot\frac{\partial V}{\partial T}\cdot\frac{\partial T}{\partial p}=-1.$

证 因为 $p=\frac{RT}{V}, \frac{\partial p}{\partial V}=-\frac{RT}{V^2}, V=\frac{RT}{p}, \frac{\partial V}{\partial T}=\frac{R}{p}, T=\frac{pV}{R}, \frac{\partial T}{\partial p}=\frac{V}{R}$, 所以

$$\frac{\partial p}{\partial V}\cdot\frac{\partial V}{\partial T}\cdot\frac{\partial T}{\partial p}=-\frac{RT}{V^2}\cdot\frac{R}{p}\cdot\frac{V}{R}=-\frac{RT}{pV}=-1.$$

二元函数 $z=f(x,y)$的图形是一个曲面. 函数在(x_0, y_0)处对 x 的偏导数 $f_x(x_0, y_0)$的几何意义表述如下.

设 $M_0(x_0, y_0, f(x_0, y_0))$为曲面 $z=f(x, y)$上一点，过 M_0 作平面 $y=y_0$，平面 $y=y_0$ 与曲面 $z=f(x, y)$的交线为

$$\begin{cases} z=f(x,y), \\ y=y_0, \end{cases}$$

也可以理解为平面 $y=y_0$ 上的曲线 $z=f(x, y_0)$，$\begin{cases} z=f(x,y), \\ y=y_0 \end{cases}$ 在 M_0 的切线 T_x 对 x 轴的斜率用导数 $\left.\frac{\mathrm{d}}{\mathrm{d}x}f(x,y_0)\right|_{x=x_0}$ 表示，即偏导数 $f_x(x_0, y_0)$，如图 9.2.1 所示. 同样地，$z=f(x_0, y)$在(x_0, y_0)处对 y 的偏导数表示曲线$\begin{cases} z=f(x,y), \\ x=x_0 \end{cases}$在 M_0 的切线 T_y 对 y 轴的斜率.

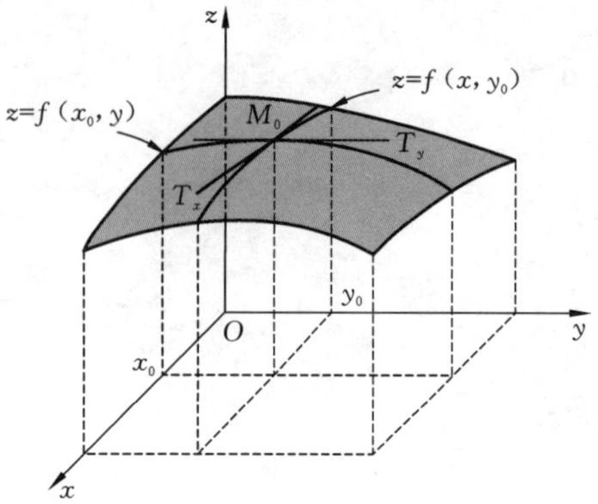

图 9.2.1

由此，可以得到下面的两个等式：

$$\left.\frac{\mathrm{d}}{\mathrm{d}x}f(x,y_0)\right|_{x=x_0}=f_x(x_0,y_0);$$

$$\left.\frac{\mathrm{d}}{\mathrm{d}y}f(x_0,y)\right|_{y=y_0}=f_y(x_0,y_0).$$

我们知道，一元函数如果在某点导数存在，那么在该点一定是连续的，但对多元函数而言，即使各偏导数在某点都存在，也不能保证函数在该点连续.

例 9.2.6 求函数 $f(x, y)=\begin{cases} \dfrac{xy}{x^2+y^2}, & x^2+y^2\neq 0, \\ 0, & x^2+y^2=0 \end{cases}$ 在点(0, 0)的偏导数.

解 由于 $f(x, 0)=0, f(0, y)=0$，故

$$f_x(0, 0)=\frac{\mathrm{d}}{\mathrm{d}x}f(x, 0)=0, \quad f_y(0, 0)=\frac{\mathrm{d}}{\mathrm{d}y}f(0, y)=0.$$

这表明函数 $f(x, y)$在点(0, 0)的两个偏导数都存在，而由 9.1 节例 9.1.6 知道，当$(x, y)\to(0, 0)$时，$f(x, y)$的极限不存在，从而该函数在(0, 0)点不连续.

9.2.2 高阶偏导数

由前面的知识可以看到，二元函数 $z=f(x, y)$在区域 D 内的偏导数仍然是 x、y 的二元函数，若这两个二元函数关于自变量 x、y 的偏导数也存在，则称它们是 $z=f(x, y)$的**二阶偏导数**，具体记号和表示如下：

$\frac{\partial z}{\partial x}$ 关于 x 的偏导数，记为 $\frac{\partial^2 z}{\partial x^2}$，即 $\frac{\partial^2 z}{\partial x^2}=\frac{\partial}{\partial x}\left(\frac{\partial z}{\partial x}\right)$，或者记为 $f_{xx}(x, y), z_{xx}$；

$\frac{\partial z}{\partial x}$ 关于 y 的偏导数，记为 $\frac{\partial^2 z}{\partial x\partial y}$，即 $\frac{\partial^2 z}{\partial x\partial y}=\frac{\partial}{\partial y}\left(\frac{\partial z}{\partial x}\right)$，或者记为 $f_{xy}(x, y), z_{xy}$；

$\dfrac{\partial z}{\partial y}$ 关于 x 的偏导数，记为 $\dfrac{\partial^2 z}{\partial y \partial x}$，即 $\dfrac{\partial^2 z}{\partial y \partial x}=\dfrac{\partial}{\partial x}\left(\dfrac{\partial z}{\partial y}\right)$，或者记为 $f_{yx}(x, y), z_{yx}$；

$\dfrac{\partial z}{\partial y}$ 关于 y 的偏导数，记为 $\dfrac{\partial^2 z}{\partial y^2}$，即 $\dfrac{\partial^2 z}{\partial y^2}=\dfrac{\partial}{\partial y}\left(\dfrac{\partial z}{\partial y}\right)$，或者记为 $f_{yy}(x, y), z_{yy}$.

与偏导数类似，二阶偏导数有时候也记为 f''_{xx}，f''_{xy} 等.

二元函数的二阶偏导数共有四个，其中将 $\dfrac{\partial^2 z}{\partial x \partial y}$ 和 $\dfrac{\partial^2 z}{\partial y \partial x}$ 称为**二阶混合偏导数**. 类似地，可以定义三阶、四阶、…、n 阶偏导数，称二阶及二阶以上的偏导数为**高阶偏导数**.

例 9.2.7 求函数 $z = x^3 + 2x^2y-3y^3$ 的二阶偏导数.

解 函数的一阶偏导数为

$$\frac{\partial z}{\partial x} = 3x^2 + 4xy, \quad \frac{\partial z}{\partial y} = 2x^2-9y^2,$$

再分别对 x、y 求偏导，得

$$\frac{\partial^2 z}{\partial x^2}=\frac{\partial}{\partial x}\left(\frac{\partial z}{\partial x}\right)=6x+4y, \quad \frac{\partial^2 z}{\partial x \partial y}=\frac{\partial}{\partial y}\left(\frac{\partial z}{\partial x}\right)=4x,$$

$$\frac{\partial^2 z}{\partial y \partial x}=\frac{\partial}{\partial x}\left(\frac{\partial z}{\partial y}\right)=4x, \quad \frac{\partial^2 z}{\partial y^2}=\frac{\partial}{\partial y}\left(\frac{\partial z}{\partial y}\right)=-18y.$$

由例题的结果可以看到，$\dfrac{\partial^2 z}{\partial x \partial y}=\dfrac{\partial^2 z}{\partial y \partial x}$，事实上，有下面的结论.

定理 9.2.1 如果函数 $z = f(x, y)$的两个二阶混合偏导数在区域 D 内连续，那么，必然有

$$\frac{\partial^2 z}{\partial x \partial y}=\frac{\partial^2 z}{\partial y \partial x}$$

成立.

例 9.2.8 设函数 $z = \ln(x^2 + y^2)$，证明函数满足等式 $\dfrac{\partial^2 z}{\partial x^2}+\dfrac{\partial^2 z}{\partial y^2}=0$.

解 因为

$$\frac{\partial z}{\partial x}=\frac{2x}{x^2+y^2}, \quad \frac{\partial z}{\partial y}=\frac{2y}{x^2+y^2},$$

故

$$\frac{\partial^2 z}{\partial x^2}=\frac{2(x^2+y^2)-2x\cdot 2x}{(x^2+y^2)^2}=\frac{2(y^2-x^2)}{(x^2+y^2)^2},$$

$$\frac{\partial^2 z}{\partial y^2}=\frac{2(x^2+y^2)-2y\cdot 2y}{(x^2+y^2)^2}=\frac{2(x^2-y^2)}{(x^2+y^2)^2},$$

所以

$$\frac{\partial^2 z}{\partial x^2}+\frac{\partial^2 z}{\partial y^2}=0.$$

例 9.2.9 设 $f(x, y, z) = xy^2 + yz^2 + zx^2$，求 $f_{xx}(0, 0, 1)$、$f_{xz}(1, 0, 2)$、$f_{zzx}(2, 0, 1)$.

解 首先求出各阶偏导数,

$$f_x=y^2+2xz,\quad f_z=2yz+x^2,$$
$$f_{xx}=2z,\quad f_{xz}=2x,\quad f_{zz}=2y,\quad f_{zzx}=0,$$

所以

$$f_{xx}(0,0,1)=2,\quad f_{xz}(1,0,2)=2,\quad f_{zzx}(2,0,1)=0.$$

例 9.2.10 证明函数 $u=\dfrac{1}{r}$ 满足方程 $\dfrac{\partial^2 u}{\partial x^2}+\dfrac{\partial^2 u}{\partial y^2}+\dfrac{\partial^2 u}{\partial z^2}=0$，其中 $r=\sqrt{x^2+y^2+z^2}$.

证 $\dfrac{\partial u}{\partial x}=-\dfrac{1}{r^2}\cdot\dfrac{\partial r}{\partial x}=-\dfrac{1}{r^2}\cdot\dfrac{x}{r}=-\dfrac{x}{r^3}$, $\dfrac{\partial^2 u}{\partial x^2}=-\dfrac{1}{r^3}+\dfrac{3x}{r^4}\cdot\dfrac{\partial r}{\partial x}=-\dfrac{1}{r^3}+\dfrac{3x^2}{r^5}$.

同理

$$\frac{\partial^2 u}{\partial y^2}=-\frac{1}{r^3}+\frac{3y^2}{r^5},\quad \frac{\partial^2 u}{\partial z^2}=-\frac{1}{r^3}+\frac{3z^2}{r^5}.$$

因此

$$\frac{\partial^2 u}{\partial x^2}+\frac{\partial^2 u}{\partial y^2}+\frac{\partial^2 u}{\partial z^2}=\left(-\frac{1}{r^3}+\frac{3x^2}{r^5}\right)+\left(-\frac{1}{r^3}+\frac{3y^2}{r^5}\right)+\left(-\frac{1}{r^3}+\frac{3z^2}{r^5}\right)$$
$$=-\frac{3}{r^3}+\frac{3(x^2+y^2+z^2)}{r^5}=-\frac{3}{r^3}+\frac{3r^2}{r^5}=0.$$

习 题 9.2

1. 求下列函数的一阶偏导数.

(1) $f(x,y)=3xy-2y^4$;　　(2) $f(x,y)=xe^{3y}$;

(3) $z=\dfrac{y}{x}+\dfrac{x}{y}$;　　(4) $z=\ln(x+\sqrt{x^2+y^2})$;

(5) $z=\ln\left(\tan\dfrac{x}{y}\right)$;　　(6) $u=\arctan(x-y)^z$;

(7) $z=\sin(xy)+\cos^2(xy)$;　　(8) $s=(1+uv)^v$;

(9) $f(x,y)=\int_y^x\cos(t^2)\mathrm{d}t$;　　(10) $f(x,y,z)=\int_{xz}^{yz}e^{t^2}\mathrm{d}t$.

2. 设函数 $f(x,y)=\sqrt[3]{x^3+y^3}$，求 $f_x(0,0)$.

3. 设函数 $f(x,y)=x(x^2+y^2)^{-\frac{3}{2}}e^{\sin(x^2y)}$，求 $f_x(1,0)$.

4. 设 $z=e^{-\left(\frac{1}{x}+\frac{1}{y}\right)}$，求证 $x^2\dfrac{\partial z}{\partial x}+y^2\dfrac{\partial z}{\partial y}=2z$.

5. 曲线 $\begin{cases}z=\dfrac{x^2+y^2}{4},\\ y=4\end{cases}$ 在点(2, 4, 5)处的切线对于 x 轴的倾斜角是多少？

6. 求下列函数的$\frac{\partial^2 z}{\partial x^2}$、$\frac{\partial^2 z}{\partial y^2}$和$\frac{\partial^2 z}{\partial x\partial y}$.

(1) $z=e^{xy^2}$;　　　　　　　　　　(2) $z=\cos^2(x+2y)$.

7. 设$f(x, y, z)=xy^4+yz^4+zx^4$，求$f_{xx}(0, 0, 1)$、$f_{xz}(1, 0, 2)$、$f_{yz}(0, -1, 1)$及$f_{zzx}(2, 0, 1)$.

8. 质量为m的物体的动量是$K=\frac{1}{2}mv^2$，证明$\frac{\partial K}{\partial m}\cdot\frac{\partial^2 K}{\partial v^2}=K$.

9. 对冰霜渗透问题的科学研究表明，深度为x(单位：in[①])处时间t(单位：d)时的温度T，可以用如下模型表示

$$T(x, t)=T_0+T_1e^{-\lambda x}\sin(\omega t-\lambda x),$$

这里$\omega=\frac{2\pi}{365}$，λ是一个正常数.

(1) 求$\frac{\partial T}{\partial x}$，解释物理意义；

(2) 求$\frac{\partial T}{\partial t}$，解释物理意义；

(3) 证明：对于固定的k，函数$T(x, t)$满足方程$T_t=kT_{xx}$.

9.3　全微分及其应用

9.3.1　全微分的概念

在一元函数微分学中，学习了函数微分的概念，知道函数在某一点可导则必定在这一点可微分，并且了解到微分的几何意义，即函数的微分可以看成函数增量的线性部分. 现在研究多元函数中，当各个自变量都取得某一增量时，相应函数值的增量. 下面以二元函数为例进行讨论.

设二元函数$z=f(x, y)$，在点$P(x, y)$的某邻域有定义，$P'(x+\Delta x, y+\Delta y)$为邻域内任一点，称$\Delta x$、$\Delta y$为自变量的**增量**，相应地有下面的两个概念.

全增量: $\Delta z=f(x+\Delta x, y+\Delta y)-f(x, y)$称为函数$z=f(x, y)$在点$P(x, y)$相应于自变量增量$\Delta x$、$\Delta y$的**全增量**.

偏增量: $f(x+\Delta x, y)-f(x, y)$与$f(x, y+\Delta y)-f(x, y)$分别表示固定自变量y和x时的**偏增量**.

当$f_x(x, y)$、$f_y(x, y)$存在时，

$$f(x+\Delta x, y)-f(x, y)\approx f_x(x, y)\Delta x,$$

$$f(x, y+\Delta y)-f(x, y)\approx f_y(x, y)\Delta y,$$

上式的右端称为函数$z=f(x, y)$在点$P(x, y)$对x、y的**偏微分**.

全增量Δz的计算比较复杂，受到一元函数微分的定义的启发，希望用Δx、Δy的线性函数来近似全增量Δz.

定义 9.3.1　设函数$z=f(x, y)$在点$P(x, y)$的邻域有定义，若在$P(x, y)$的全增量

① 1 in = 0.304 8 m.

$$\Delta z = f(x+\Delta x, y+\Delta y) - f(x, y)$$

可以表示为

$$\Delta z = A\Delta x + B\Delta y + o(\rho), \tag{9.3.1}$$

其中 A、B 不依赖于 Δx、Δy，而仅与 x、y 有关，$\rho=\sqrt{(\Delta x)^2+(\Delta y)^2}$，则称函数 $z=f(x,y)$在点 $P(x,y)$**可微分**，并称 $A\Delta x+B\Delta y$ 为函数 $z=f(x,y)$在点 $P(x,y)$的**全微分**，记作 $\mathrm{d}z$，即

$$\mathrm{d}z = A\Delta x + B\Delta y.$$

若函数在区域 D 内的任意点都可微分，则称函数**在区域 D 内可微分**.

注意到，一元函数中，函数可导与可微分是等价的，但是在多元函数中，偏导数存在并不能保证函数的可微分性，下面讨论函数 $z=f(x,y)$在点(x,y)可微分的条件.

定理 9.3.1(必要条件) 如果函数 $z=f(x,y)$在点(x,y)可微分，那么该函数在这一点的偏导数 $\dfrac{\partial z}{\partial x}$、$\dfrac{\partial z}{\partial y}$ 存在，并且函数 $z=f(x,y)$在(x,y)的全微分为

$$\mathrm{d}z = \frac{\partial z}{\partial x}\Delta x+\frac{\partial z}{\partial y}\Delta y\,. \tag{9.3.2}$$

证 设函数 $z=f(x,y)$在点 $P(x,y)$可微分，所以有式(9.3.1)成立，特别取 $\Delta y=0$，得到

$$f(x+\Delta x, y) - f(x, y) = A\Delta x + o(|\Delta x|),$$

上式的两端同时除以 Δx，再令 $\Delta x\to 0$ 求极限，得到

$$\lim_{\Delta x\to 0}\frac{f(x+\Delta x,y)-f(x,y)}{\Delta x}=A+\lim_{\Delta x\to 0}\frac{o(|\Delta x|)}{|\Delta x|}\cdot\frac{|\Delta x|}{\Delta x}=A\,.$$

由偏导数的定义式可知 $\dfrac{\partial z}{\partial x}$ 存在，且等于 A，类似地，可以证明 $\dfrac{\partial z}{\partial y}=B$，所以式(9.3.2)成立.

当函数的各个偏导数存在时，虽然可以在形式上写出 $\dfrac{\partial z}{\partial x}\Delta x+\dfrac{\partial z}{\partial y}\Delta y$ 的式子，但是这个式子不一定表示函数 $z=f(x,y)$的全微分，也就是说，函数的偏导数存在不是函数可微分的充分条件.

例如，函数 $f(x,y)=\begin{cases}\dfrac{xy}{\sqrt{x^2+y^2}}, & x^2+y^2\neq 0,\\ 0, & x^2+y^2=0\end{cases}$ 在点(0, 0)处可以求得 $f_x(0,0)=f_y(0,0)=0$，但因为极限

$$\lim_{(\Delta x,\Delta y)\to(0,0)}\frac{\Delta z-[f_x(0,0)\cdot\Delta x+f_y(0,0)\cdot\Delta y]}{\rho}=\lim_{(\Delta x,\Delta y)\to(0,0)}\frac{\Delta x\Delta y}{(\Delta x)^2+(\Delta y)^2}$$

不存在(由 9.1 节例 9.1.6 可知)，这表明

$$\Delta z-[f_x(0,0)\Delta x+f_y(0,0)\Delta y]$$

并不是当$\rho\to 0$时较ρ的高阶无穷小，即定义中的式(9.3.1)不满足. 所以函数在点(0, 0)处全微分不存在.

这个例子说明，二元函数在一点偏导数存在是可微分的必要而非充分条件.

由可微分的定义式(9.3.1)可以得到

$$\lim_{(\Delta x,\Delta y)\to(0,0)}[f(x+\Delta x,y+\Delta y)-f(x,y)]=0,$$

这表明，函数 $z=f(x,y)$在点(x,y)是连续的. 也就是说，函数 $z=f(x,y)$在点(x,y)可微分是在这一点连续的充分条件.

下面不加证明地给出函数可微分的充分条件.

定理 9.3.2(充分条件)　若函数 $z=f(x,y)$的两个偏导数$\dfrac{\partial z}{\partial x}$、$\dfrac{\partial z}{\partial y}$在点$(x,y)$处连续，则函数在该点可微分.

上面关于二元函数全微分的定义及可微分的必要条件和充分条件都可以完全类似地推广到三元及三元以上的多元函数.

习惯上，将自变量的增量 Δx、Δy 分别记为 $\mathrm{d}x$ 和 $\mathrm{d}y$，称为**自变量的微分**，这样，函数 $z=f(x,y)$在(x,y)的全微分可以写为

$$\mathrm{d}z=\frac{\partial z}{\partial x}\mathrm{d}x+\frac{\partial z}{\partial y}\mathrm{d}y. \tag{9.3.3}$$

将二元函数的全微分等于两个偏微分之和的这个式子称二元函数的微分符合**叠加原理**. 叠加原理同样适用于三元及三元以上的多元函数. 例如，三元函数 $u=f(x,y,z)$可微分，全微分表示为

$$\mathrm{d}u=\frac{\partial u}{\partial x}\mathrm{d}x+\frac{\partial u}{\partial y}\mathrm{d}y+\frac{\partial u}{\partial z}\mathrm{d}z.$$

例 9.3.1　计算函数 $z=x^2y+y^2$ 的全微分.

解　因为$\dfrac{\partial z}{\partial x}=2xy,\dfrac{\partial z}{\partial y}=x^2+2y$，所以

$$\mathrm{d}z=2xy\mathrm{d}x+(x^2+2y)\mathrm{d}y.$$

例 9.3.2　计算函数 $u=x^2+\sin 2y+\mathrm{e}^{yz}$ 的全微分.

解　因为$\dfrac{\partial u}{\partial x}=2x,\dfrac{\partial u}{\partial y}=2\cos 2y+z\mathrm{e}^{yz},\dfrac{\partial u}{\partial z}=y\mathrm{e}^{yz}$，所以

$$\mathrm{d}u=2x\mathrm{d}x+(2\cos 2y+z\mathrm{e}^{yz})\mathrm{d}y+y\mathrm{e}^{yz}\mathrm{d}z.$$

例 9.3.3　求函数 $z=f(x,y)=\dfrac{x^2}{y}$ 在点$(1,-2)$处，当 $\Delta x=0.02$、$\Delta y=-0.01$ 时的全增量与全微分.

解　先求全增量，

$$\begin{aligned}\Delta z&=f(x+\Delta x,y+\Delta y)-f(x,y)=f(1.02,-2.01)-f(1,-2)\\&=\frac{1.02^2}{-2.01}-\frac{1}{-2}\approx-0.017\,6.\end{aligned}$$

因为$f_x=\dfrac{2x}{y},f_y=-\dfrac{x^2}{y^2}$，所以函数的全微分为

$$\mathrm{d}z=\frac{2x}{y}\mathrm{d}x-\frac{x^2}{y^2}\mathrm{d}y,$$

将 $x=1$、$y=-2$、$\Delta x=\mathrm{d}x=0.02$、$\Delta y=\mathrm{d}y=-0.01$ 代入上式，得

$$\mathrm{d}z=-1\times0.02-\frac{1}{4}\times(-0.01)=-0.017\,5.$$

从这个例题中看到 $\Delta z \approx dz$, 并且进一步理解了各个符号表示的含义, 进而理解全微分的意义, 即函数的微分为函数增量的线性主要组成部分.

9.3.2 全微分在近似计算中的应用

一元函数微分学中, 学习了微分在近似计算中的应用, 利用微分和增量间的关系可以近似地求得函数在某一点的函数值. 类似地, 当二元函数 $z=f(x,y)$在点 $P(x,y)$的两个偏导数存在且连续时, 函数在该点是可微分的, 并且, 当$|\Delta x|$与$|\Delta y|$都很小时, 可以得到下面的近似等式:

$$\Delta z \approx f_x(x,y)\Delta x + f_y(x,y)\Delta y, \tag{9.3.4}$$

也可以写为

$$f(x+\Delta x, y+\Delta y) \approx f(x,y) + f_x(x,y)\Delta x + f_y(x,y)\Delta y. \tag{9.3.5}$$

可以利用式(9.3.4)与式(9.3.5)进行近似计算和误差估计.

例 9.3.4 计算 $1.02^{1.95}$ 的近似值.

解 令 $z=f(x,y)=x^y$, 取 $x=1$、$y=2$、$\Delta x=0.02$、$\Delta y=-0.05$, 求 $f(1.02, 1.95)$的近似值.

因为 $f_x = yx^{y-1}$, $f_y = x^y \ln x$, 所以

$$dz\Big|_{\substack{x=1\\y=2}} = f_x(1,2)\Delta x + f_y(1,2)\Delta y = 2\Delta x.$$

应用式(9.3.5)得到

$$f(1.02, 1.95) = f(1+0.02, 2-0.05) \approx f(1,2) + 2\times 0.02 = 1.04.$$

实际上, 由计算可得 $1.02^{1.95} \approx 1.039\,4$, 可以看到, 在$|\Delta x|$与$|\Delta y|$都很小时近似程度是较为理想的.

例 9.3.5 已知物体的质量 m、体积 V 和密度 ρ 之间有下面的关系式

$$\rho = \frac{m}{V} = \rho(m, V),$$

现在测量得到一物体的质量 $m=(25\pm 0.02)$g, 体积 $V=(50\pm 0.01)\text{cm}^3$, 求由质量和体积的测量误差引起的密度 ρ 的绝对误差和相对误差分别为多少?

解 记质量的误差 $\Delta m = \pm 0.02$, 体积的误差 $\Delta V = \pm 0.01$, 并记 $m_0 = 25$, $V_0 = 50$, 则由此引起的密度 ρ 的误差值

$$|\Delta\rho| = |\rho(m_0+\Delta m, V_0+\Delta V) - \rho(m_0, V_0)|$$

称为 ρ 的**绝对误差**, 并称 $\dfrac{|\Delta\rho|}{|\rho(m_0,V_0)|}$ 为 ρ 的**相对误差**.

由式(9.3.4)可得

$$\begin{aligned}|\Delta\rho| &\approx |\rho_m(m_0,V_0)\Delta m + \rho_V(m_0,V_0)\Delta V| \\ &\leqslant |\rho_m(m_0,V_0)|\cdot|\Delta m| + |\rho_V(m_0,V_0)|\cdot|\Delta V| \\ &= \frac{1}{V_0}\times 0.02 + \frac{m_0}{V_0^2}\times 0.01 = 0.000\,5\ \text{g/cm}^3.\end{aligned}$$

以上即为绝对误差的估计, 下面估计相对误差.

$$\frac{|\Delta\rho|}{|\rho(m_0,V_0)|} \leqslant \frac{0.0005}{\dfrac{25}{50}} = 0.001 = 0.1\%,$$

即相对误差小于 0.1%, 同时, 绝对误差小于 0.000 5 g/cm^3.

习 题 9.3

1. 求下列函数的全微分.

(1) $z=xy+y^2$; (2) $z=e^y\cos x$;

(3) $z=\dfrac{x}{y}+\arctan xy$; (4) $u=\ln\sqrt{x^2+y^2}$;

(5) $u=\sin(xyz)$; (6) $w=\dfrac{y}{\sqrt{x^2+y^2}}$.

2. 求函数 $z=x^2+y^4-4x^2y^2$ 在点(1, 1)处的全微分.

3. 已知函数 $z=\dfrac{x}{y}$,

(1) 求全微分 dz;

(2) x 从 2 变化为 2.03, 且 y 从 1 变化到 1.02, 比较 Δz 和 dz 的值.

4. 讨论函数 $f(x,y)=\begin{cases}(x^2+y^2)\sin\dfrac{1}{(x^2+y^2)}, & x^2+y^2\neq 0,\\ 0, & x^2+y^2=0\end{cases}$ 在(0, 0)处的连续性、偏导数的存在性及可微分性.

5. 计算 $1.97^{1.05}$ 的近似值($\ln 2=0.693$).

6. 设有直角三角形, 测量得到两条直角边的长分别为(7±0.1)cm、(24±0.1)cm, 试求利用上述测量值计算斜边长度时的绝对误差.

9.4 多元复合函数的求导法则及全微分形式不变性

一元函数的复合函数求导公式由链式法则给出. 现在将这个法则推广到多元函数的情形, 多元复合函数的求导法则在多元函数微分学中有着十分重要的作用.

9.4.1 多元复合函数的求导法则

与一元复合函数相比, 多元函数的复合情况要复杂得多, 所以很难用同一个公式去表达. 下面按照多元复合函数的不同复合情形, 分情况讨论.

1. 一元函数与多元函数的复合

定理 9.4.1 若函数 $u=\varphi(t)$与 $v=\psi(t)$都在点 t 处可导, 函数 $z=f(u,v)$在对应点(u,v)具有连续偏导数, 则复合函数 $z=f[\varphi(t),\psi(t)]$ 在点 t 可导, 并且

$$\frac{\mathrm{d}z}{\mathrm{d}t}=\frac{\partial z}{\partial u}\cdot\frac{\mathrm{d}u}{\mathrm{d}t}+\frac{\partial z}{\partial v}\cdot\frac{\mathrm{d}v}{\mathrm{d}t}. \tag{9.4.1}$$

证 当自变量 t 取得增量 Δt 时，中间变量 u、v 取得增量 Δu、Δv，函数 z 取得相应的增量 Δz. 由于函数 $z=f(u,v)$在对应点(u,v)具有连续偏导数，所以有

$$\Delta z=\frac{\partial z}{\partial u}\Delta u+\frac{\partial z}{\partial v}\Delta v+o(\rho),$$

上式两边各除以 Δt，得 $\dfrac{\Delta z}{\Delta t}=\dfrac{\partial z}{\partial u}\dfrac{\Delta u}{\Delta t}+\dfrac{\partial z}{\partial v}\dfrac{\Delta v}{\Delta t}+\dfrac{o(\rho)}{\Delta t}$.

因为函数 $u=\varphi(t)$及 $v=\psi(t)$在点 t 处可导，所以有

$$\frac{\mathrm{d}u}{\mathrm{d}t}=\lim_{\Delta t\to 0}\frac{\Delta u}{\Delta t},\quad \frac{\mathrm{d}v}{\mathrm{d}t}=\lim_{\Delta t\to 0}\frac{\Delta v}{\Delta t},$$

又

$$\lim_{\Delta t\to 0}\frac{o(\rho)}{\Delta t}=\lim_{\Delta t\to 0}\frac{o(\rho)}{\rho}\cdot\frac{\sqrt{(\Delta u)^2+(\Delta v)^2}}{\Delta t}=0,$$

所以

$$\lim_{\Delta t\to 0}\frac{\Delta z}{\Delta t}=\lim_{\Delta t\to 0}\left[\frac{\partial z}{\partial u}\frac{\Delta u}{\Delta t}+\frac{\partial z}{\partial v}\frac{\Delta v}{\Delta t}+\frac{o(\rho)}{\Delta t}\right]=\frac{\partial z}{\partial u}\frac{\mathrm{d}u}{\mathrm{d}t}+\frac{\partial z}{\partial v}\frac{\mathrm{d}v}{\mathrm{d}t}.$$

这就证明了复合函数 $z=F(t)=f[\varphi(t),\psi(t)]$在点 t 处可导，且有

$$\frac{\mathrm{d}z}{\mathrm{d}t}=\frac{\partial z}{\partial u}\frac{\mathrm{d}u}{\mathrm{d}t}+\frac{\partial z}{\partial v}\frac{\mathrm{d}v}{\mathrm{d}t}.$$

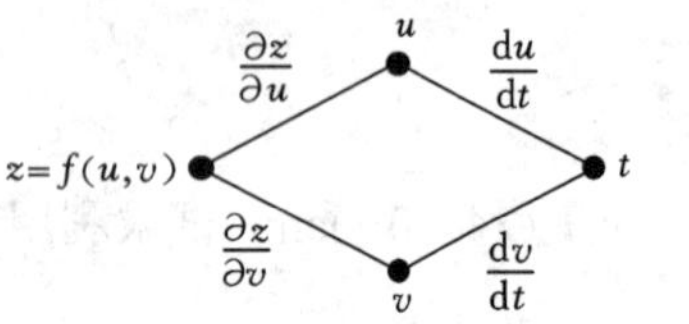

图 9.4.1

称式(9.4.1)中的导数 $\dfrac{\mathrm{d}z}{\mathrm{d}t}$ 为**全导数**. 这里的链式法则也可以通过如图 9.4.1 所示的树形图来记忆.

上面的定理以一元函数与二元函数的复合为例，一元函数与多元函数的复合有类似的结论.

例 9.4.1 对于复合函数 $z=\mathrm{e}^{x-2y}$, $x=\sin t$, $y=t^3$，求 $\dfrac{\mathrm{d}z}{\mathrm{d}t}$.

解

$$\begin{aligned}\frac{\mathrm{d}z}{\mathrm{d}t}&=\frac{\partial z}{\partial x}\cdot\frac{\mathrm{d}x}{\mathrm{d}t}+\frac{\partial z}{\partial y}\cdot\frac{\mathrm{d}y}{\mathrm{d}t}\\&=\mathrm{e}^{x-2y}\cdot\cos t-2\mathrm{e}^{x-2y}\cdot 3t^2\\&=\mathrm{e}^{\sin t-2t^3}(\cos t-6t^2).\end{aligned}$$

例 9.4.2 设 $z=(x^2+2)^{\cos x}$，求 $\dfrac{\mathrm{d}z}{\mathrm{d}x}$.

分析 此函数为幂指函数，可用对数求导法计算. 但若将此函数看成由函数 $z=u^v$ 和 $u=x^2+2$、$v=\cos x$ 复合而成，则也可以用全导数公式计算.

解 令 $z=u^v$，其中 $u=x^2+2$, $v=\cos x$，则

$$\begin{aligned}\frac{\mathrm{d}z}{\mathrm{d}x}&=\frac{\partial z}{\partial u}\cdot\frac{\mathrm{d}u}{\mathrm{d}x}+\frac{\partial z}{\partial v}\cdot\frac{\mathrm{d}v}{\mathrm{d}x}=vu^{v-1}\cdot 2x+u^v\ln u\cdot(-\sin x)\\&=(x^2+2)^{\cos x}\left[\frac{2x\cos x}{x^2+2}-\sin x\ln(x^2+2)\right].\end{aligned}$$

例 9.4.3 若 $w=xy+z$, $x=\cos t$, $y=\sin t$, $z=t$，试求 $t=0$ 时的导数值 $\dfrac{\mathrm{d}w}{\mathrm{d}t}$.

解 由链式法则,

$$\frac{\mathrm{d}w}{\mathrm{d}t}=\frac{\partial w}{\partial x}\frac{\mathrm{d}x}{\mathrm{d}t}+\frac{\partial w}{\partial y}\frac{\mathrm{d}y}{\mathrm{d}t}+\frac{\partial w}{\partial z}\frac{\mathrm{d}z}{\mathrm{d}t}=y(-\sin t)+x\cos t+1\cdot 1=-\sin^2 t+\cos^2 t+1=1+\cos 2t,$$

所以

$$\left.\frac{\mathrm{d}w}{\mathrm{d}t}\right|_{t=0}=1+\cos 0=2.$$

若将 $w=T(x,y,z)=xy+z$ 看成沿着参数方程 $x=\cos t,\ y=\sin t,\ z=t$ 所表示的曲线 C 上任意点(x,y,z)处的温度，则导数值 $\frac{\mathrm{d}w}{\mathrm{d}t}$ 表示温度沿着曲线的变化在 t 时刻的瞬时变化率.

2. 多元函数与多元函数的复合

首先介绍二元函数与二元函数复合的情形. 其他多元函数与多元函数复合的情形有类似的结论.

定理 9.4.2 若函数 $u=\varphi(x,y)$、$v=\psi(x,y)$在点(x,y)具有对 x、y 的偏导数，函数 $z=f(u,v)$ 在对应点(u,v)具有连续偏导数，则复合函数 $z=f[\varphi(x,y),\psi(x,y)]$ 在点(x,y)的两个偏导数都存在，且有

$$\frac{\partial z}{\partial x}=\frac{\partial z}{\partial u}\cdot\frac{\partial u}{\partial x}+\frac{\partial z}{\partial v}\cdot\frac{\partial v}{\partial x}, \tag{9.4.2}$$

$$\frac{\partial z}{\partial y}=\frac{\partial z}{\partial u}\cdot\frac{\partial u}{\partial y}+\frac{\partial z}{\partial v}\cdot\frac{\partial v}{\partial y}. \tag{9.4.3}$$

类似地，对于三元的复合函数 $z=f(u,v,w)$，其中 $u=\varphi(x,y)$，$v=\psi(x,y)$，$w=\omega(x,y)$，复合函数 $z=f[\varphi(x,y),\psi(x,y),\omega(x,y)]$ 对自变量 x、y 的偏导数为

$$\frac{\partial z}{\partial x}=\frac{\partial z}{\partial u}\cdot\frac{\partial u}{\partial x}+\frac{\partial z}{\partial v}\cdot\frac{\partial v}{\partial x}+\frac{\partial z}{\partial w}\cdot\frac{\partial w}{\partial x},$$

$$\frac{\partial z}{\partial y}=\frac{\partial z}{\partial u}\cdot\frac{\partial u}{\partial y}+\frac{\partial z}{\partial v}\cdot\frac{\partial v}{\partial y}+\frac{\partial z}{\partial w}\cdot\frac{\partial w}{\partial y}.$$

定理 9.4.2 所表示的链式法则可以用如图 9.4.2 所示的树形图表示.

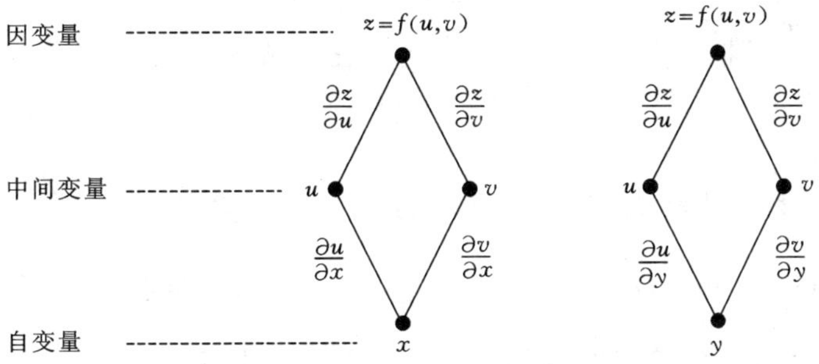

图 9.4.2

例 9.4.4 设 $z=\mathrm{e}^u\sin v$，而 $u=xy,\ v=x+y$，求 $\frac{\partial z}{\partial x}$、$\frac{\partial z}{\partial y}$.

解 由复合函数求导的链式法则,

$$\frac{\partial z}{\partial x}=\frac{\partial z}{\partial u}\cdot\frac{\partial u}{\partial x}+\frac{\partial z}{\partial v}\cdot\frac{\partial v}{\partial x}=\mathrm{e}^u\sin v\cdot y+\mathrm{e}^u\cos v\cdot 1=\mathrm{e}^{xy}[y\sin(x+y)+\cos(x+y)],$$

$$\frac{\partial z}{\partial y}=\frac{\partial z}{\partial u}\cdot\frac{\partial u}{\partial y}+\frac{\partial z}{\partial v}\cdot\frac{\partial v}{\partial y}=\mathrm{e}^u\sin v\cdot x+\mathrm{e}^u\cos v\cdot 1=\mathrm{e}^{xy}[x\sin(x+y)+\cos(x+y)].$$

多元函数与多元函数复合的情形比较复杂, 有多种特殊的情况, 用下面的例子说明这一点.

例 9.4.5 设 $z=u+\sin v$, 其中 $u=\mathrm{e}^{xy}$, $v=2x$. 求 $\frac{\partial z}{\partial x}$、$\frac{\partial z}{\partial y}$.

解 由复合函数求导的链式法则,

$$\frac{\partial z}{\partial x}=\frac{\partial z}{\partial u}\cdot\frac{\partial u}{\partial x}+\frac{\partial z}{\partial v}\cdot\frac{\mathrm{d}v}{\mathrm{d}x}=1\cdot\mathrm{e}^{xy}y+\cos v\cdot 2=y\mathrm{e}^{xy}+2\cos 2x,$$

$$\frac{\partial z}{\partial y}=\frac{\partial z}{\partial u}\cdot\frac{\partial u}{\partial y}=x\mathrm{e}^{xy}.$$

例 9.4.6 若 $z=f(u,v,w)$, $u=x+y$, $v=xy$, $w=x-2y$, 求 $\frac{\partial z}{\partial x}$、$\frac{\partial z}{\partial y}$.

解 由复合函数求导的链式法则,

$$\frac{\partial z}{\partial x}=\frac{\partial z}{\partial u}\cdot\frac{\partial u}{\partial x}+\frac{\partial z}{\partial v}\cdot\frac{\partial v}{\partial x}+\frac{\partial z}{\partial w}\cdot\frac{\partial w}{\partial x}=f_1'+f_2'\cdot y+f_3',$$

$$\frac{\partial z}{\partial y}=\frac{\partial z}{\partial u}\cdot\frac{\partial u}{\partial y}+\frac{\partial z}{\partial v}\cdot\frac{\partial v}{\partial y}+\frac{\partial z}{\partial w}\cdot\frac{\partial w}{\partial y}=f_1'+f_2'\cdot x+f_3'(-2)=f_1'+xf_2'-2f_3'.$$

这里下标 1 表示对函数 f 的第一个变量 u 求偏导数; 下标 2 表示对函数 f 的第二个变量 v 求偏导数; 下标 3 表示对函数 f 的第三个变量 w 求偏导数.

例 9.4.7 设 $u=f(x,y,z)=\mathrm{e}^{x^2+y^2+z^2}$, $z=x^2\sin y$, 求 $\frac{\partial u}{\partial x}$ 和 $\frac{\partial u}{\partial y}$.

解

$$\frac{\partial u}{\partial x}=\frac{\partial f}{\partial x}+\frac{\partial f}{\partial z}\cdot\frac{\partial z}{\partial x}=2x\mathrm{e}^{x^2+y^2+z^2}+2z\mathrm{e}^{x^2+y^2+z^2}\cdot 2x\sin y,$$

$$\frac{\partial u}{\partial y}=\frac{\partial f}{\partial y}+\frac{\partial f}{\partial z}\cdot\frac{\partial z}{\partial y}=2y\mathrm{e}^{x^2+y^2+z^2}+2z\mathrm{e}^{x^2+y^2+z^2}\cdot x^2\cos y.$$

注意区别符号 $\frac{\partial u}{\partial x}$、$\frac{\partial f}{\partial x}$ 的不同含义: $\frac{\partial u}{\partial x}$ 是把复合函数 $u=f[x,y,z(x,y)]$ 中的 y 看成不变而对 x 求导的结果; $\frac{\partial f}{\partial x}$ 是把三元法则 $f(x,y,z)$ 中的 y、z 看成固定量, 对 x 求导的结果. $\frac{\partial u}{\partial y}$ 与 $\frac{\partial f}{\partial y}$ 也有类似的区别.

例 9.4.8 设 f、g 为可微分函数, $u=f(x,xy)$, $v=g(x+xy)$, 求 $\frac{\partial u}{\partial x}$、$\frac{\partial u}{\partial y}$、$\frac{\partial v}{\partial x}$、$\frac{\partial v}{\partial y}$.

解 $u=f(x,xy)$ 由二元函数 $u=f(s,t)$ 和 $s=x$、$t=xy$ 复合而成, 为了表达简便, 引入记号: $f_1'=\frac{\partial f(s,t)}{\partial s}$, $f_2'=\frac{\partial f(s,t)}{\partial t}$. 根据复合函数求导的链式法则, 有

$$\frac{\partial u}{\partial x}=\frac{\partial u}{\partial s}\frac{\partial s}{\partial x}+\frac{\partial u}{\partial t}\frac{\partial t}{\partial x}=f_1'+yf_2',$$

$$\frac{\partial u}{\partial y}=\frac{\partial u}{\partial t}\frac{\partial t}{\partial y}=xf_2'.$$

函数 $v=g(x+xy)$ 由一元函数 $v=g(z)$ 和二元函数 $z=x+xy$ 复合而成. 由复合函数求导的链式法则，有

$$\frac{\partial v}{\partial x}=\frac{\mathrm{d}v}{\mathrm{d}z}\frac{\partial z}{\partial x}=(1+y)g', \quad \frac{\partial v}{\partial y}=\frac{\mathrm{d}v}{\mathrm{d}z}\frac{\partial z}{\partial y}=xg'.$$

例 9.4.9 设 $w=f(x+y+z,xyz)$, f 具有二阶连续偏导数，求 $\frac{\partial w}{\partial x}$ 及 $\frac{\partial^2 w}{\partial x\partial z}$.

解 令 $u=x+y+z$, $v=xyz$, 则 $w=f(u,v)$. 为了表述简便，引入记号：$f_1'=\frac{\partial f(u,v)}{\partial u}$, $f_2'=\frac{\partial f(u,v)}{\partial v}$, $f_{12}''=\frac{\partial^2 f(u,v)}{\partial u\partial v}$.

因所给函数由 $w=f(u,v)$ 及 $u=x+y+z$、$v=xyz$ 复合而成，则有

$$\frac{\partial w}{\partial x}=\frac{\partial f}{\partial u}\frac{\partial u}{\partial x}+\frac{\partial f}{\partial v}\frac{\partial v}{\partial x}=f_1'+yzf_2',$$

$$\frac{\partial^2 w}{\partial x\partial z}=\frac{\partial}{\partial z}(f_1'+yzf_2')=\frac{\partial f_1'}{\partial z}+yf_2'+yz\frac{\partial f_2'}{\partial z}.$$

求 $\frac{\partial f_1'}{\partial z}$、$\frac{\partial f_2'}{\partial z}$ 时，应注意 $f'_1(u,v)$ 及 $f'_2(u,v)$ 中 u、v 是中间变量，根据复合函数求导的链式法则，有 $\frac{\partial f_1'}{\partial z}=\frac{\partial f_1'}{\partial u}\cdot\frac{\partial u}{\partial z}+\frac{\partial f_1'}{\partial v}\cdot\frac{\partial u}{\partial z}=f_{11}''+xyf_{12}''$, $\frac{\partial f_2'}{\partial z}=\frac{\partial f_2'}{\partial u}\cdot\frac{\partial u}{\partial z}+\frac{\partial f_2'}{\partial v}\cdot\frac{\partial v}{\partial z}=f_{21}''+xyf_{22}''$.

因为 f 具有二阶连续偏导数，所以 $f_{12}''=f_{21}''$. 于是

$$\begin{aligned}\frac{\partial^2 w}{\partial x\partial z}&=f_{11}''+xyf_{12}''+yf_2'+yzf_{21}''+xy^2zf_{22}''\\&=f_{11}''+y(x+z)f_{12}''+yf_2'+xy^2zf_{22}''.\end{aligned}$$

9.4.2 全微分形式不变性

若以 u、v 为自变量的函数 $z=f(u,v)$ 具有连续偏导数，则其全微分为

$$\mathrm{d}z=\frac{\partial z}{\partial u}\mathrm{d}u+\frac{\partial z}{\partial v}\mathrm{d}v.$$

若 u、v 又是中间变量，即 $u=\varphi(x,y)$, $v=\psi(x,y)$, 且这两个函数也具有连续偏导数，则复合函数 $z=f[\varphi(x,y),\psi(x,y)]$ 的全微分为

$$\mathrm{d}z=\frac{\partial z}{\partial x}\mathrm{d}x+\frac{\partial z}{\partial y}\mathrm{d}y,$$

其中 $\frac{\partial z}{\partial x}$ 和 $\frac{\partial z}{\partial y}$ 分别由式(9.4.2)和式(9.4.3)给出. 将式(9.4.2)和式(9.4.3)中的 $\frac{\partial z}{\partial x}$ 和 $\frac{\partial z}{\partial y}$ 代入上式，得

$$
\begin{aligned}
\mathrm{d}z&=\left(\frac{\partial z}{\partial u}\frac{\partial u}{\partial x}+\frac{\partial z}{\partial v}\frac{\partial v}{\partial x}\right)\mathrm{d}x+\left(\frac{\partial z}{\partial u}\frac{\partial u}{\partial y}+\frac{\partial z}{\partial v}\frac{\partial v}{\partial y}\right)\mathrm{d}y\\
&=\frac{\partial z}{\partial u}\left(\frac{\partial u}{\partial x}\mathrm{d}x+\frac{\partial u}{\partial y}\mathrm{d}y\right)+\frac{\partial z}{\partial v}\left(\frac{\partial u}{\partial x}\mathrm{d}x+\frac{\partial v}{\partial y}\mathrm{d}y\right)\\
&=\frac{\partial z}{\partial u}\mathrm{d}u+\frac{\partial z}{\partial v}\mathrm{d}v.
\end{aligned}
$$

由此可见, 无论 u、v 是自变量还是中间变量, 函数 $z=f(u,v)$的全微分形式是一样的. 这个性质叫做**全微分形式不变性**.

例 9.4.10 利用全微分形式不变性求解 9.4 节例 9.4.4.

解
$$
\begin{aligned}
\mathrm{d}z&=\frac{\partial z}{\partial u}\mathrm{d}u+\frac{\partial z}{\partial v}\mathrm{d}v=\mathrm{e}^u\sin v\mathrm{d}u+\mathrm{e}^u\cos v\mathrm{d}v\\
&=\mathrm{e}^u\sin v(y\mathrm{d}x+x\mathrm{d}y)+\mathrm{e}^u\cos v(\mathrm{d}x+\mathrm{d}y)\\
&=(y\mathrm{e}^u\sin v+\mathrm{e}^u\cos v)\mathrm{d}x+(x\mathrm{e}^u\sin v+\mathrm{e}^u\cos v)\mathrm{d}y\\
&=\mathrm{e}^{xy}[y\sin(x+y)+\cos(x+y)]\mathrm{d}x+\mathrm{e}^{xy}[x\sin(x+y)+\cos(x+y)]\mathrm{d}y.
\end{aligned}
$$

由全微分形式不变性可知,

$$
\frac{\partial z}{\partial x}=\mathrm{e}^{xy}[y\sin(x+y)+\cos(x+y)],\quad \frac{\partial z}{\partial y}=\mathrm{e}^{xy}[x\sin(x+y)+\cos(x+y)].
$$

习 题 9.4

1. 设 $z=\mathrm{e}^{x-2y}$, 而 $x=\sin t, y=t^3$, 求 $\dfrac{\mathrm{d}z}{\mathrm{d}t}$.

2. 设 $w=xy+yz^2$, 而 $x=\mathrm{e}^t, y=\mathrm{e}^t\sin t, z=\mathrm{e}^t\cos t$, 求 $\dfrac{\mathrm{d}w}{\mathrm{d}t}$.

3. 设 $z=x^2y-xy^2$, 而 $x=\rho\cos\theta, y=\rho\sin\theta$, 求 $\dfrac{\partial z}{\partial\rho}$、$\dfrac{\partial z}{\partial\theta}$.

4. 设 $z=\arctan(2x+y)$, 而 $x=s^2t, y=s\ln t$, 求 $\dfrac{\partial z}{\partial s}$ 和 $\dfrac{\partial z}{\partial t}$.

5. 设 $z=x^2+xy^3$, 而 $x=uv^2+w^3, y=u+v\mathrm{e}^w$, 当 $u=2, v=1, w=0$ 时, 求 $\dfrac{\partial z}{\partial u}$、$\dfrac{\partial z}{\partial v}$、$\dfrac{\partial z}{\partial w}$ 的值.

6. 设 $w=x\mathrm{e}^{y-z^2}$, 而 $x=2uv, y=u-v, z=u+v$, 求 $\dfrac{\partial w}{\partial u}$、$\dfrac{\partial w}{\partial v}$.

7. 设函数 f 具有一阶连续导数(偏导数), 求下列函数的一阶偏导数.

(1) $u=f(2r-s, s^2-4r)$; (2) $u=f\left(\dfrac{x}{y},\dfrac{y}{z}\right)$;

(3) $u=f(x^2+y^2, \mathrm{e}^{xz}, z)$; (4) $z=\dfrac{1}{x}f(3x-y,\cos y)$.

8. 设函数 f、φ 具有一阶连续导数, 求函数 $z=f\left(\dfrac{y}{x}\right)+\varphi(xy)$ 的一阶偏导数.

9. 若 $z=f(x, y)$, 其中 f 是可微分的, $x=g(t)$, $y=h(t)$, $g(3)=2$, $g'(3)=5$, $h(3)=7$, $h'(3)=-4$, $f_x(2, 7)=6$, $f_y(2, 7)=-8$, 试在 $t=3$ 时求 $\dfrac{\mathrm{d}z}{\mathrm{d}x}$.

10. 设 $z=\dfrac{y}{f(x^2-y^2)}$, 其中 f 为可导函数, 验证 $\dfrac{1}{x}\dfrac{\partial z}{\partial x}+\dfrac{1}{y}\dfrac{\partial z}{\partial y}=\dfrac{z}{y^2}$.

11. 设函数 f 具有二阶连续偏导数, 求下列函数的二阶偏导数 $\dfrac{\partial^2 z}{\partial x^2}$、$\dfrac{\partial^2 z}{\partial y^2}$ 和 $\dfrac{\partial^2 z}{\partial x\partial y}$.

(1) $z=f(x^2+y^2)$;　　(2) $z=f(xy^2, x^2y)$;

(3) $z=f(\sin x, \cos y, \mathrm{e}^{x+y})$.

12. 设 f 二阶偏导数存在, $z=f(u, x, y)$, 其中 $u=x\mathrm{e}^y$, 求 $\dfrac{\partial^2 z}{\partial x\partial y}$.

13. 已知点 (x, y) 的温度是 $T(x, y)$, 单位为℃. 一个小虫在 t 时刻的坐标为 $x=\sqrt{1+t}$, $y=2+\dfrac{1}{3}t$, 温度函数满足 $T_x(2, 3)=4$, $T_y(2, 3)=3$, 那么 $t=3$ s 时小虫爬行路线上温度升高的速度为多少?

14. 一个函数 f 被称为 n 次齐次的, 如果它对于所有的 t 满足方程

$$f(tx, ty)=t^n f(x, y),$$

其中 n 是正整数, f 有连续的二阶偏导数.

(1) 证明: $f(x, y)=x^2y+2xy^2+5y^3$ 是一个三次齐次函数;

(2) 如果 f 是 n 次齐次的, 证明等式 $x\dfrac{\partial f}{\partial x}+y\dfrac{\partial f}{\partial y}=nf(x,y)$ 和 $f_x(tx, ty)=t^{n-1}f_x(x, y)$ 成立.

9.5　隐函数的求导法则

一元函数微分学中, 引入了隐函数的概念, 讨论了由 $F(x, y)=0$ 确定的隐函数 $y=y(x)$ 求导数的问题. 现在利用多元复合函数的求导法则, 得到一元隐函数的一般求导公式, 并将其推广到多元隐函数中去.

9.5.1　一个方程确定的隐函数的情形

定理 9.5.1(隐函数存在定理)　设函数 $F(x, y)$ 在点 $P(x_0, y_0)$ 的某一邻域内具有连续偏导数, $F(x_0, y_0)=0$, $F_y(x_0, y_0)\neq 0$, 则方程 $F(x, y)=0$ 在点 (x_0, y_0) 的某一邻域内恒能唯一确定一个连续且具有连续导数的函数 $y=f(x)$, 它满足条件 $y_0=f(x_0)$, 并有

$$\frac{\mathrm{d}y}{\mathrm{d}x}=-\frac{F_x}{F_y}. \tag{9.5.1}$$

这个定理不证明, 仅做如下推导.

将方程 $F(x, y)=0$ 所确定的一元隐函数 $y=f(x)$ 代入 $F(x, y)=0$, 得恒等式 $F[x, f(x)]\equiv 0$, 其左端可以看成是 x 的一个复合函数. 等式两边对 x 求导, 得

$$\frac{\partial F}{\partial x}+\frac{\partial F}{\partial y}\frac{\mathrm{d}y}{\mathrm{d}x}=0,$$

由于 F_y 连续，且 $F_y(x_0, y_0)\neq 0$，所以存在 (x_0, y_0) 的一个邻域，在这个邻域内 $F_y\neq 0$，于是得

$$\frac{\mathrm{d}y}{\mathrm{d}x}=-\frac{F_x}{F_y}.$$

隐函数存在定理还可以推广到多元函数. 既然一个二元方程 $F(x, y) = 0$ 可以确定一个一元隐函数，那么一个三元方程 $F(x, y, z) = 0$ 就可能确定一个二元隐函数.

定理 9.5.2(隐函数存在定理) 设函数 $F(x, y, z)$ 在点 $P(x_0, y_0, z_0)$ 的某一邻域内具有连续的偏导数，且 $F(x_0, y_0, z_0) = 0$，$F_z(x_0, y_0, z_0)\neq 0$，则方程 $F(x, y, z) = 0$ 在点 (x_0, y_0, z_0) 的某一邻域内恒能唯一确定一个连续且具有连续偏导数的函数 $z = f(x, y)$，它满足条件 $z_0 = f(x_0, y_0)$，并有

$$\frac{\partial z}{\partial x}=-\frac{F_x}{F_z},\quad \frac{\partial z}{\partial y}=-\frac{F_y}{F_z}. \tag{9.5.2}$$

和定理 9.5.1 类似，这个定理不证明，仅做如下推导. 需要注意的是，在上面的两个公式中，F_x、F_y、F_z 表示三元函数 $F(x, y, z)$ 分别对三个自变量 x、y、z 的偏导.

将方程 $F(x, y, z) = 0$ 两边微分，得

$$\mathrm{d}F(x, y, z) = 0,$$

利用全微分形式不变性，得

$$F_x\mathrm{d}x + F_y\mathrm{d}y + F_z\mathrm{d}z = 0,$$

从而

$$\mathrm{d}z=-\frac{F_x}{F_z}\mathrm{d}x-\frac{F_y}{F_z}\mathrm{d}y,$$

于是

$$\frac{\partial z}{\partial x}=-\frac{F_x}{F_z},\quad \frac{\partial z}{\partial y}=-\frac{F_y}{F_z}.$$

例 9.5.1 若 $y^2-x^2-\sin xy = 0$，求 $\frac{\mathrm{d}y}{\mathrm{d}x}$.

解 设 $F(x, y) = y^2-x^2-\sin xy$，则

$$F_x = -2x-y\cos xy,\quad F_y = 2y-x\cos xy,$$

应用式(9.5.1)得

$$\frac{\mathrm{d}y}{\mathrm{d}x}=-\frac{F_x}{F_y}=-\frac{-2x-y\cos xy}{2y-x\cos xy}=\frac{2x+y\cos xy}{2y-x\cos xy}.$$

例 9.5.2 求方程 $\mathrm{e}^{-xy}-2z + \mathrm{e}^z = 0$ 确定的函数 $z = f(x, y)$ 关于 x、y 的偏导数.

解法一 令 $F(x, y, z) = \mathrm{e}^{-xy}-2z + \mathrm{e}^z$，则

$$F_x = -y\mathrm{e}^{-xy},\quad F_y = -x\mathrm{e}^{-xy},\quad F_z = -2 + \mathrm{e}^z,$$

由式(9.5.2)得

$$\frac{\partial z}{\partial x}=-\frac{F_x}{F_z}=\frac{y\mathrm{e}^{-xy}}{\mathrm{e}^z-2},$$

$$\frac{\partial z}{\partial y}=-\frac{F_y}{F_z}=\frac{x\mathrm{e}^{-xy}}{\mathrm{e}^z-2}.$$

解法二 方程两边对 x 求偏导, 并注意 $z=f(x,y)$, 得

$$e^{-xy}\cdot(-y)-2\frac{\partial z}{\partial x}+e^{z}\frac{\partial z}{\partial x}=0,$$

从上式解得

$$\frac{\partial z}{\partial x}=\frac{ye^{-xy}}{e^{z}-2},$$

方程两边对 y 求偏导, 注意 $z=f(x,y)$, 得

$$e^{-xy}\cdot(-x)-2\frac{\partial z}{\partial y}+e^{z}\frac{\partial z}{\partial y}=0,$$

从上式解得

$$\frac{\partial z}{\partial y}=\frac{xe^{-xy}}{e^{z}-2}.$$

解法三 方程两边求微分, 得

$$de^{-xy}-2dz+de^{z}=0,$$

即

$$e^{-xy}d(-xy)-2dz+e^{z}dz=0,$$

即

$$-e^{-xy}(ydx+xdy)-2dz+e^{z}dz=0,$$

所以

$$dz=\frac{e^{-xy}ydx+e^{-xy}xdy}{e^{z}-2}=\frac{ye^{-xy}}{e^{z}-2}dx+\frac{xe^{-xy}}{e^{z}-2}dy,$$

从而

$$\frac{\partial z}{\partial x}=\frac{ye^{-xy}}{e^{z}-2},\quad \frac{\partial z}{\partial y}=\frac{xe^{-xy}}{e^{z}-2}.$$

这类隐函数求偏导的问题一般都有像例 9.5.2 一样的三种解法: 公式法、两边求导法和微分法, 它们实质上是相同的.

例 9.5.3 求方程 $f(x+y,y-z,z+x)=0$ 所确定函数的全微分 dz.

解法一 方程两边对 x 求偏导数(这里将 y 视为常数, z 是由方程所确定的 x、y 的二元函数), 得

$$f_1'-f_2'\frac{\partial z}{\partial x}+f_3'\left(1+\frac{\partial z}{\partial x}\right)=0,$$

所以

$$\frac{\partial z}{\partial x}=\frac{f_1'+f_3'}{f_2'-f_3'},$$

方程两边再对 y 求偏导数, 得

$$f_1'+f_2'\left(1-\frac{\partial z}{\partial y}\right)+f_3'\frac{\partial z}{\partial y}=0\ ,$$

所以

$$\frac{\partial z}{\partial y}=\frac{f_1'+f_2'}{f_2'-f_3'}\ ,$$

从而

$$\mathrm{d}z=\frac{\partial z}{\partial x}\mathrm{d}x+\frac{\partial z}{\partial y}\mathrm{d}y=\frac{(f_1'+f_3')\mathrm{d}x+(f_1'+f_2')\mathrm{d}y}{f_2'-f_3'}.$$

解法二 用公式法, 令 $F(x, y, z) = f(x + y, y-z, z + x)$, 应用复合函数求导的链式法则得

$$F_x = f_1'+f_3',\ F_y = f_1'+f_2',\ F_z = -f_2'+f_3',$$

应用式(9.5.2)得

$$\frac{\partial z}{\partial x}=-\frac{F_x}{F_z}=\frac{f_1'+f_3'}{f_2'-f_3'},\quad \frac{\partial z}{\partial y}=-\frac{F_y}{F_z}=\frac{f_1'+f_2'}{f_2'-f_3'},$$

因此

$$\mathrm{d}z=\frac{\partial z}{\partial x}\mathrm{d}x+\frac{\partial z}{\partial y}\mathrm{d}y=\frac{(f_1'+f_3')\mathrm{d}x+(f_1'+f_2')\mathrm{d}y}{f_2'-f_3'}.$$

解法三 方程两边微分, 得

$$\mathrm{d}(f(x+y, y-z, z+x)) = 0\ ,$$

即

$$f_1'(\mathrm{d}x+\mathrm{d}y)+f_2'(\mathrm{d}y-\mathrm{d}z)+f_3'(\mathrm{d}z+\mathrm{d}x)=0\ ,$$

解出 $\mathrm{d}z$, 得

$$\mathrm{d}z=\frac{(f_1'+f_3')\mathrm{d}x+(f_1'+f_2')\mathrm{d}y}{f_2'-f_3'}.$$

例 9.5.4 设 $x^2 + y^2 + z^2-4z = 0$, 求 $\dfrac{\partial^2 z}{\partial x^2}$.

解 设 $F(x, y, z) = x^2 + y^2 + z^2-4z$, 则 $F_x = 2x, F_y = 2z-4$, 应用式(9.5.2)得

$$\frac{\partial z}{\partial x}=-\frac{F_x}{F_z}=\frac{2x}{2z-4}=\frac{x}{2-z},$$

继续对 x 求偏导数, 得

$$\frac{\partial^2 z}{\partial x^2}=\frac{(2-z)+x\dfrac{\partial z}{\partial x}}{(2-z)^2}=\frac{(2-z)+x\left(\dfrac{x}{2-x}\right)}{(2-z)^2}=\frac{(2-z)^2+x^2}{(2-z)^3}.$$

9.5.2 方程组确定的隐函数(组)的情形

下面将上述隐函数的情形作推广, 不仅增加方程中变量的个数, 而且增加方程的个数. 例如, 将方程组

$$\begin{cases} xu-yv=0, \\ yu+xv=1 \end{cases}$$

中的变量 x、y 看成常量, u、v 可以表示为 x、y 的函数,

$$u=\frac{y}{x^2+y^2},\quad v=\frac{x}{x^2+y^2}.$$

因此该方程组确定两个二元函数.

在不求出 u、v 的显函数形式情况下, 类似一个方程确定隐函数的情形, 可以用在方程组两边对自变量求导的方法求 u、v 的偏导.

例 9.5.5 设 $xu-yv=0, yu+xv=1$, 求 $\frac{\partial u}{\partial x}$、$\frac{\partial v}{\partial x}$、$\frac{\partial u}{\partial y}$ 和 $\frac{\partial v}{\partial y}$.

解 将所给方程组两边对 x 求偏导, 并注意 u、v 分别是 x、y 的函数, 得关于 $\frac{\partial u}{\partial x}$ 和 $\frac{\partial v}{\partial x}$ 的方程组

$$\begin{cases} x\frac{\partial u}{\partial x}-y\frac{\partial v}{\partial x}=-u, \\ y\frac{\partial u}{\partial x}+x\frac{\partial v}{\partial x}=-v. \end{cases}$$

当 $J=\begin{vmatrix} x & -y \\ y & x \end{vmatrix}=x^2+y^2\neq 0$ 时, 解得

$$\frac{\partial u}{\partial x}=-\frac{xu+yv}{x^2+y^2},\quad \frac{\partial v}{\partial x}=\frac{yu-xv}{x^2+y^2}.$$

所给方程两边对 y 求偏导并整理得关于 $\frac{\partial u}{\partial y}$ 和 $\frac{\partial v}{\partial y}$ 的方程组

$$\begin{cases} x\frac{\partial u}{\partial y}-y\frac{\partial v}{\partial y}=v, \\ y\frac{\partial u}{\partial y}+x\frac{\partial v}{\partial y}=-u. \end{cases}$$

当 $x^2+y^2\neq 0$ 时, 解得

$$\frac{\partial u}{\partial y}=\frac{xv-yu}{x^2+y^2},\quad \frac{\partial v}{\partial y}=-\frac{xu+yv}{x^2+y^2}.$$

例 9.5.6 设 $\begin{cases} z=x^2+y^2, \\ x+y+z=1, \end{cases}$ 求 $\frac{\mathrm{d}y}{\mathrm{d}x}$、$\frac{\mathrm{d}z}{\mathrm{d}x}$.

解 在方程组两边对 x 求导, 并注意到 y、z 是 x 的函数, 得

$$\begin{cases} \frac{\mathrm{d}z}{\mathrm{d}x}=2x+2y\frac{\mathrm{d}y}{\mathrm{d}x}, \\ 1+\frac{\mathrm{d}y}{\mathrm{d}x}+\frac{\mathrm{d}z}{\mathrm{d}x}=0. \end{cases}$$

当 $1+2y\neq 0$ 时，从上述方程组中解出 $\frac{\mathrm{d}y}{\mathrm{d}x}$、$\frac{\mathrm{d}z}{\mathrm{d}x}$，得

$$\frac{\mathrm{d}y}{\mathrm{d}x}=-\frac{1+2x}{1+2y},\quad \frac{\mathrm{d}z}{\mathrm{d}x}=\frac{2x-2y}{1+2y}.$$

一般地，有下面的隐函数存在定理.

定理 9.5.3(隐函数存在定理) 设 $F(x, y, u, v)$、$G(x, y, u, v)$在点 $P(x_0, y_0, u_0, v_0)$的某一邻域内具有对各个变量的连续偏导数，又 $F(x_0, y_0, u_0, v_0)=0$, $G(x_0, y_0, u_0, v_0)=0$，且偏导数所组成的函数行列式[或称**雅可比(Jacobi)式**]

$$J=\frac{\partial(F,G)}{\partial(u,v)}=\begin{vmatrix}\frac{\partial F}{\partial u} & \frac{\partial F}{\partial v}\\ \frac{\partial G}{\partial u} & \frac{\partial G}{\partial v}\end{vmatrix}=\begin{vmatrix}F_u & F_v\\ G_u & G_v\end{vmatrix}$$

在点 $P(x_0, y_0, u_0, v_0)$不等于零，则方程组 $F(x, y, u, v)=0$, $G(x, y, u, v)=0$ 在点 $P(x_0, y_0, u_0, v_0)$的某一邻域内恒能唯一确定一组连续且具有连续偏导数的函数 $u=u(x, y)$、$v=v(x, y)$，它们满足条件 $u_0=u(x_0, y_0)$, $v_0=v(x_0, y_0)$，并且有

$$\begin{cases}\dfrac{\partial u}{\partial x}=-\dfrac{1}{J}\dfrac{\partial(F,G)}{\partial(x,v)}=-\dfrac{\begin{vmatrix}F_x & F_v\\ G_x & G_v\end{vmatrix}}{\begin{vmatrix}F_u & F_v\\ G_u & G_v\end{vmatrix}},\quad \dfrac{\partial v}{\partial x}=-\dfrac{1}{J}\dfrac{\partial(F,G)}{\partial(u,x)}=-\dfrac{\begin{vmatrix}F_u & F_x\\ G_u & G_x\end{vmatrix}}{\begin{vmatrix}F_u & F_v\\ G_u & G_v\end{vmatrix}},\\ \dfrac{\partial u}{\partial y}=-\dfrac{1}{J}\dfrac{\partial(F,G)}{\partial(y,v)}=-\dfrac{\begin{vmatrix}F_y & F_v\\ G_y & G_v\end{vmatrix}}{\begin{vmatrix}F_u & F_v\\ G_u & G_v\end{vmatrix}},\quad \dfrac{\partial v}{\partial y}=-\dfrac{1}{J}\dfrac{\partial(F,G)}{\partial(u,y)}=-\dfrac{\begin{vmatrix}F_u & F_y\\ G_u & G_y\end{vmatrix}}{\begin{vmatrix}F_u & F_v\\ G_u & G_v\end{vmatrix}}.\end{cases}\tag{9.5.3}$$

与前两个定理类似，仅推导求导公式式(9.5.3).

将方程组

$$\begin{cases}F(x,y,u,v)=0,\\ G(x,y,u,v)=0\end{cases}$$

所确定的一对二元函数 $u=u(x, y)$、$v=v(x, y)$代入方程组，得恒等式

$$\begin{cases}F[x,y,u(x,y),v(x,y)]\equiv 0,\\ G[x,y,u(x,y),v(x,y)]\equiv 0.\end{cases}$$

两边分别对 x 求导，应用复合函数求导的链式法则得

$$\begin{cases}F_x+F_u\dfrac{\partial u}{\partial x}+F_v\dfrac{\partial v}{\partial x}=0,\\ G_x+G_u\dfrac{\partial u}{\partial x}+G_v\dfrac{\partial v}{\partial x}=0.\end{cases}$$

这是关于$\dfrac{\partial u}{\partial x}$和$\dfrac{\partial u}{\partial y}$的线性方程组，由假设可知在点 $P(x_0, y_0, u_0, v_0)$的一个邻域内，系数行列式$J=\begin{vmatrix} F_u & F_v \\ G_u & G_v \end{vmatrix}\neq 0$，从而可解得

$$\frac{\partial u}{\partial x}=-\frac{1}{J}\frac{\partial(F,G)}{\partial(x,v)}=-\frac{\begin{vmatrix} F_x & F_v \\ G_x & G_v \end{vmatrix}}{\begin{vmatrix} F_u & F_v \\ G_u & G_v \end{vmatrix}},\quad \frac{\partial v}{\partial x}=-\frac{1}{J}\frac{\partial(F,G)}{\partial(u,x)}=-\frac{\begin{vmatrix} F_u & F_x \\ G_u & G_x \end{vmatrix}}{\begin{vmatrix} F_u & F_v \\ G_u & G_v \end{vmatrix}},$$

同理可以得到

$$\frac{\partial u}{\partial y}=-\frac{1}{J}\frac{\partial(F,G)}{\partial(y,v)}=-\frac{\begin{vmatrix} F_y & F_v \\ G_y & G_v \end{vmatrix}}{\begin{vmatrix} F_u & F_v \\ G_u & G_v \end{vmatrix}},\quad \frac{\partial v}{\partial y}=-\frac{1}{J}\frac{\partial(F,G)}{\partial(u,y)}=-\frac{\begin{vmatrix} F_u & F_y \\ G_u & G_y \end{vmatrix}}{\begin{vmatrix} F_u & F_v \\ G_u & G_v \end{vmatrix}}.$$

习　题　9.5

1. 设方程 $xy-\ln y=1$，求$\dfrac{\mathrm{d}y}{\mathrm{d}x}$.

2. 设方程 $x-z=\arctan(yz)$确定了隐函数 $z=z(x, y)$，求$\dfrac{\partial z}{\partial x}$、$\dfrac{\partial z}{\partial y}$.

3. 隐函数 $x=x(y, z)$由方程 $x^2-4x+y^2+z^2=0$ 确定，求$\dfrac{\partial x}{\partial y}$、$\dfrac{\partial x}{\partial z}$.

4. 设方程 $x^2+y^2+z^2=xyf\left(\dfrac{z}{x}\right)$确定了隐函数 $z=z(x, y)$，其中 f 可微分，求 $\mathrm{d}z$.

5. 设方程 $z^5-xz^4+yz^3=1$ 确定了隐函数 $z=z(x, y)$，求$\left.\dfrac{\partial^2 z}{\partial x\partial y}\right|_{(0,0)}$.

6. 设 $\mathrm{e}^z-xyz=0$，求$\dfrac{\partial^2 z}{\partial x^2}$.

7. 证明由方程 $\varphi(cx-az, cy-bz)=0$[$\varphi(u, v)$具有连续的偏导数，a、b、c 为常数]所确定的函数 $z=f(x, y)$满足关系式 $a\dfrac{\partial z}{\partial x}+b\dfrac{\partial z}{\partial y}=c$.

8. 求由下列方程组所确定的函数的导数或偏导数.

(1) 设$\begin{cases} x^2+2y^2+3z^2=20, \\ z=x^2+y^2, \end{cases}$ 求$\dfrac{\mathrm{d}y}{\mathrm{d}x}$、$\dfrac{\mathrm{d}z}{\mathrm{d}x}$.

(2) 设$\begin{cases} u=f(uy, v+x), \\ v=g(u-y, v^2x), \end{cases}$ 其中 f、g 具有一阶连续偏导数，求$\dfrac{\partial u}{\partial y}$、$\dfrac{\partial v}{\partial y}$.

9. 设 $y=f(x, t)$，而 $t=t(x, y)$是由方程 $F(x, y, t)=0$ 所确定的函数，其中 f、F 具有一阶连

续偏导数，试证明: $\dfrac{dy}{dx}=\dfrac{\dfrac{\partial f}{\partial x}\cdot\dfrac{\partial F}{\partial t}-\dfrac{\partial f}{\partial t}\cdot\dfrac{\partial F}{\partial x}}{\dfrac{\partial f}{\partial t}\cdot\dfrac{\partial F}{\partial y}+\dfrac{\partial F}{\partial t}}$.

9.6 多元函数微分学的几何应用

本节介绍多元函数微分学在几何学上的一些应用.

9.6.1 向量值函数的概念

当空间中的点 $M(x, y, z)$经过时间区间 I 在空间内运动时，可以将点的坐标看成定义在 I 上的参数方程:

$$\begin{cases} x=x(t), \\ y=y(t), \quad t\in I, \\ z=z(t), \end{cases} \tag{9.6.1}$$

点 $M(x, y, z)$的轨迹形成空间曲线 C.

如图 9.6.1 所示，在 t 时刻，从原点到点 $M(x, y, z)$的向量为

$$\boldsymbol{r}(t)=(x(t), y(t), z(t)), \tag{9.6.2}$$

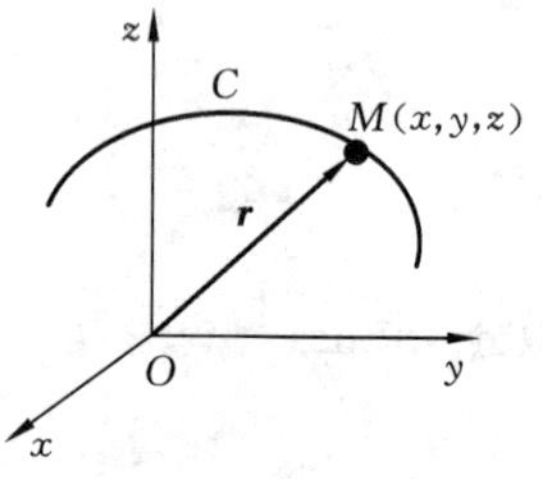

图 9.6.1

式(9.6.2)称为定义在区间 I 上的**一元向量值函数**，自变量为 t，因变量为向量 $\boldsymbol{r}$. 函数 $x(t)$、$y(t)$和 $z(t)$称为其**分量函数**(简称**分量**). 本教材中仅讨论一元向量值函数，故简称为**向量值函数**，并将普通的实值函数称为**标量函数**或者**数量函数**，向量值函数的分量函数就是数量函数.

当 t 改变时，$\boldsymbol{r}$ 跟着改变，从而 $\boldsymbol{r}$ 的终点 $M(x, y, z)$也随之改变，M 的轨迹空间曲线 C 称为向量值函数 $\boldsymbol{r}(t)=(x(t), y(t), z(t))$的**图形**.

通过分量函数来定义向量值函数的极限与连续.

定义 9.6.1 设 $\boldsymbol{r}(t)=(x(t), y(t), z(t))$，若 $\lim\limits_{t\to t_0}x(t)$、$\lim\limits_{t\to t_0}y(t)$、$\lim\limits_{t\to t_0}z(t)$都存在，则 $\lim\limits_{t\to t_0}\boldsymbol{r}(t)$存在，

$$\lim_{t\to t_0}\boldsymbol{r}(t)=\lim_{t\to t_0}(x(t),y(t),z(t))=(\lim_{t\to t_0}x(t),\lim_{t\to t_0}y(t),\lim_{t\to t_0}z(t)). \tag{9.6.3}$$

定义 9.6.2 设 $\boldsymbol{r}(t)=(x(t), y(t), z(t))$，若

$$\lim_{t\to t_0}\boldsymbol{r}(t)=\boldsymbol{r}(t_0),$$

则称向量值函数 $\boldsymbol{r}(t)$在 t_0 处**连续**.

由式(9.6.3)可以看到，$\boldsymbol{r}(t)$在 t_0 处连续的充分必要条件是三个分量函数 $x(t)$、$y(t)$和 $z(t)$在 t_0 处连续.

下面定义向量值函数的导数.

定义 9.6.3 向量值函数 $\boldsymbol{r}(t)=(x(t), y(t), z(t))$在点 $t=t_0$ 可导，当且仅当 $x(t)$、$y(t)$和 $z(t)$在 t_0 处可导，则向量值函数 $\boldsymbol{r}(t)$在点$(x(t_0), y(t_0), z(t_0))$处的**导数**为

$$\boldsymbol{r}'(t_0)=\lim_{\Delta t\to 0}\frac{\boldsymbol{r}(t_0+\Delta t)-\boldsymbol{r}(t_0)}{\Delta t}=(x'(t_0),y'(t_0),z'(t_0)).$$

若 $\boldsymbol{r}(t)$在区间 I 内的每一点都可导，则称 $\boldsymbol{r}(t)$在区间 I **可导**.

下面讨论向量值函数导数的几何意义.

如图 9.6.2 所示，点 P 和点 Q 为向量 $\boldsymbol{r}(t)$和向量 $\boldsymbol{r}(t+\Delta t)$的终点，向量 $\overrightarrow{PQ}$ 表示 $\Delta\boldsymbol{r}=\boldsymbol{r}(t+\Delta t)-\boldsymbol{r}(t)$，向量 $\frac{1}{\Delta t}\cdot\Delta\boldsymbol{r}=\frac{1}{\Delta t}\cdot[\boldsymbol{r}(t+\Delta t)-\boldsymbol{r}(t)]$ 表示与向量 $\overrightarrow{PQ}$ 同方向的向量，当 $\Delta t\to 0$ 时，$\frac{1}{\Delta t}\cdot\Delta\boldsymbol{r}$ 趋向于曲线 C 在点 P 的切向量，当 $\lim\limits_{\Delta t\to 0}\frac{1}{\Delta t}\cdot\Delta\boldsymbol{r}=r'(t)\neq 0$ 时，$\boldsymbol{r}'(t)$表示曲线在点 P 的切向量，指向 t 增加的方向.

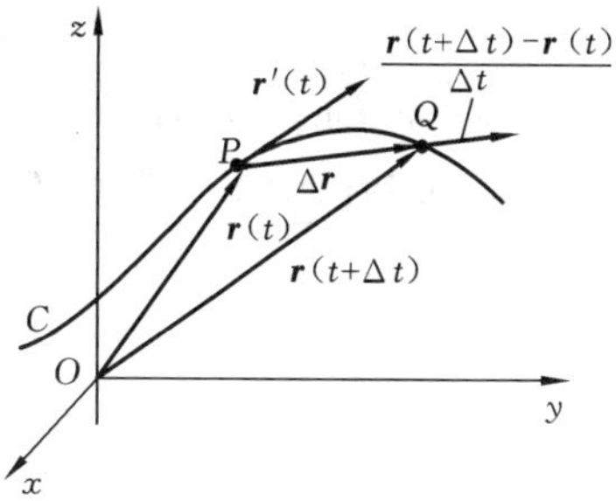

图 9.6.2

9.6.2 空间曲线的切线与法平面

由第 8 章的知识知道空间曲线的方程有多种形式，为了讨论方便，这里设空间曲线 $\varGamma$ 由下面的参数方程给出：

$$\begin{cases}x=\varphi(t),\\ y=\psi(t), \quad t\in[\alpha,\beta],\\ z=\omega(t),\end{cases}$$

假定 $\varphi(t)$、$\psi(t)$、$\omega(t)$在$[\alpha,\beta]$上可导且不同时为零，设 $P_0(x_0, y_0, z_0)$为 $\varGamma$ 上的一点，P_0 对应的参数为 $t_0\in(\alpha, \beta)$，求曲线 $\varGamma$ 在点 $P_0(x_0, y_0, z_0)$处的切线与法平面方程.

由空间曲线 $\varGamma$ 的参数方程得到向量值函数 $\boldsymbol{r}(t)=(\varphi(t), \psi(t), \omega(t))$，由向量值函数的导数的定义与几何意义，空间曲线 $\varGamma$ 在 $P_0(x_0, y_0, z_0)$的**切向量** $\boldsymbol{T}$ 可以用向量值函数在 t_0 的导数表示：

$$\boldsymbol{T}=\boldsymbol{r}'(t)=(\varphi'(t_0), \psi'(t_0), \omega'(t_0)).$$

所以，切线方程为

$$\frac{x-x_0}{\varphi'(t_0)}=\frac{y-y_0}{\psi'(t_0)}=\frac{z-z_0}{\omega'(t_0)}.$$

过点 $P_0(x_0, y_0, z_0)$且垂直于切线的平面称为曲线 $\varGamma$ 在点 $P_0(x_0, y_0, z_0)$的法平面. 由平面的点法式方程，法平面的方程为

$$\varphi'(t_0)(x-x_0)+\psi'(t_0)(y-y_0)+\omega'(t_0)(z-z_0)=0.$$

例 9.6.1 求曲线 $x=t, y=2t^2, z=3t^3$ 在点(1, 2, 3)的切线及法平面.

解 由题意可知点(1, 2, 3)对应的参数为 $t=1$，曲线上任一点的切向量为$(1, 4t, 9t^2)$，所以在点(1, 2, 3)处的切向量为(1, 4, 9)，所以切线方程为

$$\frac{x-1}{1}=\frac{y-2}{4}=\frac{z-3}{9},$$

法平面方程为

$$x-1+4(y-2)+9(z-3)=0,$$

即

$$x+4y+9z=36.$$

例 9.6.2 求螺旋线$\begin{cases}x=2\cos t,\\ y=2\sin t,\\ z=t,\end{cases}$在点 $P_0(2, 0, 2\pi)$处的切线和法平面.

解 点 $P_0(2, 0, 2\pi)$对应的参数 $t=2\pi$, 螺旋线上任一点的切向量为$(-2\sin t, 2\cos t, 1)$, 所以在 $P_0(2, 0, 2\pi)$处的切向量为$(0, 2, 1)$, 则有切线方程为

$$\frac{x-2}{0}=\frac{y}{2}=\frac{z-2\pi}{1},$$

即

$$\begin{cases}y-2z+4\pi=0,\\ x=2.\end{cases}$$

法平面方程为

$$0\cdot(x-2)+2\cdot(y-0)+(z-2\pi)=0,$$

即

$$2y+z-2\pi=0.$$

若空间曲线以一般方程的形式给出, 例如

$$\begin{cases}F(x,y,z)=0,\\ G(x,y,z)=0,\end{cases}$$

$M_0(x_0, y_0, z_0)$是曲线上一点, 假设此方程组能确定一组隐函数 $y=\varphi(x)$、$z=\psi(x)$, 则曲线的一般方程可看成与之等价的方程组

$$\begin{cases}y=\varphi(x),\\ z=\psi(x).\end{cases}$$

故要求曲线在点 M_0 处的切线方程和法平面方程, 只要求出 $\varphi'(x_0)$、$\psi'(x_0)$ 即可. 由此, 利用隐函数组求导的方法, 在恒等式

$$\begin{cases}F[x,\varphi(x),\psi(x)]\equiv 0,\\ G[x,\varphi(x),\psi(x)]\equiv 0\end{cases}$$

两边分别对 x 求导, 得方程组

$$\begin{cases}F_x+F_y\dfrac{\mathrm{d}y}{\mathrm{d}x}+F_z\dfrac{\mathrm{d}z}{\mathrm{d}x}=0,\\ G_x+G_y\dfrac{\mathrm{d}y}{\mathrm{d}x}+G_z\dfrac{\mathrm{d}z}{\mathrm{d}x}=0.\end{cases}$$

当 $\left.\dfrac{\partial(F,G)}{\partial(y,z)}\right|_{(x_0,y_0,z_0)}\neq 0$ 时, 可由方程组解得 $\dfrac{\mathrm{d}y}{\mathrm{d}x}$ 和 $\dfrac{\mathrm{d}z}{\mathrm{d}x}$. 于是得到曲线 Γ 在点 $M_0(x_0, y_0, z_0)$的一个切向量

$$\boldsymbol{T}=\left(1,\frac{\mathrm{d}y}{\mathrm{d}x},\frac{\mathrm{d}z}{\mathrm{d}x}\right)\bigg|_{M_0},$$

从而就能写出曲线 Γ 在点 $M_0(x_0, y_0, z_0)$处的切线方程和法平面方程.

例 9.6.3 求曲线 $x^2+y^2+z^2=6, x+y+z=0$ 在点(1, −2, 1)处的切线及法平面方程.

解 为求切向量, 将所给方程的两边对 x 求导数, 得

$$\begin{cases}2x+2y\dfrac{\mathrm{d}y}{\mathrm{d}x}+2z\dfrac{\mathrm{d}z}{\mathrm{d}x}=0,\\ 1+\dfrac{\mathrm{d}y}{\mathrm{d}x}+\dfrac{\mathrm{d}z}{\mathrm{d}x}=0.\end{cases}$$

解方程组得

$$\frac{\mathrm{d}y}{\mathrm{d}x}=\frac{z-x}{y-z},\quad \frac{\mathrm{d}z}{\mathrm{d}x}=\frac{x-y}{y-z}.$$

在点(1, −2, 1)处, $\dfrac{\mathrm{d}y}{\mathrm{d}x}=0$, $\dfrac{\mathrm{d}z}{\mathrm{d}x}=-1$, 从而 $\boldsymbol{T}=(1, 0, -1)$, 故所求切线方程为

$$\frac{x-1}{1}=\frac{y+2}{0}=\frac{z-1}{-1},$$

即

$$\begin{cases}x+z-2=0,\\ y+2=0.\end{cases}$$

法平面方程为

$$(x-1)+0\times(y+2)-(z-1)=0,$$

即

$$x-z=0.$$

9.6.3 曲面的切平面与法线

首先, 来看看曲面的切平面的定义方式. 如图 9.6.3 所示, 设曲面 Σ 的方程为 $F(x, y, z)=0$, $M(x_0, y_0, z_0)$为曲面 Σ 上的点, Σ 上经过点 $M(x_0, y_0, z_0)$的曲线 Γ 在点 M 有一条切线.可以证明, Σ 上所有的过点 M 的曲线的切线是共面的, 称这个平面为曲面 Σ 在 $M(x_0, y_0, z_0)$处的**切平面**.

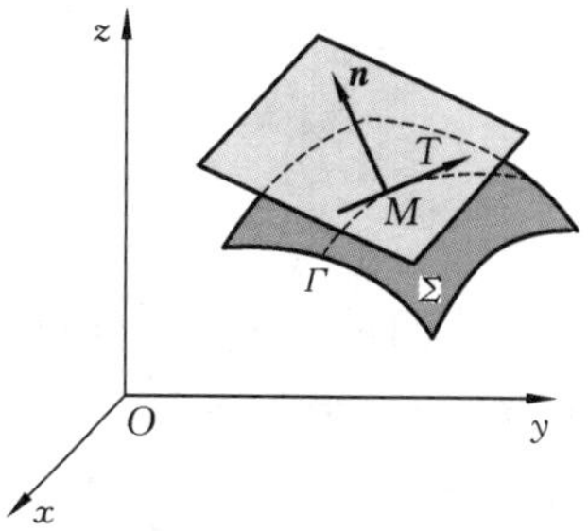

图 9.6.3

下面说明这些切线是共面的, 记过 M 的曲线 Γ 为

$$\begin{cases}x=x(t),\\ y=y(t),\\ z=z(t),\end{cases}\tag{9.6.4}$$

M 对应的参数为 $t=t_0$, 因为曲线 Γ 在曲面 Σ 上, 则有

$$F[x(t),y(t),z(t)]=0,$$

对这个式子的两边同时关于变量 t 求全导数, 并取 $t=t_0$, 由复合函数的求导法则, 得

$$F_x(x_0, y_0, z_0)\cdot x'(t_0)+F_y(x_0, y_0, z_0)\cdot y'(t_0)+F_z(x_0, y_0, z_0)\cdot z'(t_0)=0,\tag{9.6.5}$$

其中，向量

$$\boldsymbol{T}=(x'(t_0), y'(t_0), z'(t_0))$$

是空间曲线 Γ 在 $M(x_0, y_0, z_0)$的切向量，定义向量

$$\boldsymbol{n}=(F_x(x_0, y_0, z_0), F_y(x_0, y_0, z_0), F_z(x_0, y_0, z_0)),$$

这样，式(9.6.5)可以表示为

$$\boldsymbol{T}\cdot\boldsymbol{n}=0,$$

即向量 $\boldsymbol{n}$ 与向量 $\boldsymbol{T}$ 垂直，并且 $\boldsymbol{n}$ 只与点 M 相关，而与曲线(9.6.4)的表达式没有关系，这表明经过点 M 的任意曲线，其切向量都垂直于 $\boldsymbol{n}$，称 $\boldsymbol{n}$ 为空间曲面 Σ 在 $M(x_0, y_0, z_0)$处的**法向量**.

由此得到切平面方程为

$$F_x(x_0, y_0, z_0)(x-x_0)+F_y(x_0, y_0, z_0)(y-y_0)+F_z(x_0, y_0, z_0)(z-z_0)=0, \tag{9.6.6}$$

法线方程为

$$\frac{x-x_0}{F_x(x_0,y_0,z_0)}=\frac{y-y_0}{F_y(x_0,y_0,z_0)}=\frac{z-z_0}{F_z(x_0,y_0,z_0)}. \tag{9.6.7}$$

若用 α、β、γ 表示法向量 $\boldsymbol{n}$ 的三个方向角，则有

$$\cos\alpha=\frac{F_x}{\sqrt{F_x^2+F_y^2+F_z^2}},\quad \cos\beta=\frac{F_y}{\sqrt{F_x^2+F_y^2+F_z^2}},\quad \cos\gamma=\frac{F_z}{\sqrt{F_x^2+F_y^2+F_z^2}}.$$

例 9.6.4 求椭球面 $2x^2+y^2+z^2=15$ 在点(1, 2, 3)的切平面与法线.

解 令 $F(x, y, z)=2x^2+y^2+z^2-15$，则有 $F_x=4x$，$F_y=2y$，$F_z=2z$，所以曲面在点(1, 2, 3)的法向量 $\boldsymbol{n}=(4, 4, 6)$，则切平面方程为

$$4(x-1)+4(y-2)+6(z-3)=0,$$

即

$$2x+2y+3z-15=0.$$

法线方程为

$$\frac{x-1}{4}=\frac{y-2}{4}=\frac{z-3}{6},$$

即

$$\frac{x-1}{2}=\frac{y-2}{2}=\frac{z-3}{3}.$$

曲面的方程可以由显函数形式给出如上面的例子，也可以由隐函数形式给出. 例如，$z=f(x, y)$，此时令 $F(x, y, z)=z-f(x, y)$，这样按照同样的方法即可求出相应的切平面方程和法线方程，通过下面的例子来说明求解的方法.

例 9.6.5 求旋转抛物面 $z=x^2+y^2$ 在点(1, 1, 2)处的切平面与法线.

解 令 $F(x, y, z)=z-x^2-y^2$，则抛物面上任一点的法向量

$$\boldsymbol{n}=(F_x, F_y, F_z)=(-f_x, -f_y, 1)=(-2x, -2y, 1),$$

所以在点(1, 1, 2)处，$\boldsymbol{n}=(-2, -2, 1)$，则切平面方程为

$$-2(x-1)-2(y-1)+(z-2)=0,$$

即

$$2x+2y-z=2,$$

法线方程为

$$\frac{x-1}{2}=\frac{y-1}{2}=\frac{z-2}{-1}.$$

从这个例子中，可以看到曲面 $z=f(x,y)$ 上点 (x,y,z) 处的法向量为

$$\boldsymbol{n}=(-f_x,-f_y,1) \quad 或 \quad \boldsymbol{n}=(f_x,f_y,-1).$$

切平面方程可写为

$$z-z_0=f_x(x_0,y_0)(x-x_0)+f_y(x_0,y_0)(y-y_0). \tag{9.6.8}$$

方程(9.6.8)右端恰好是函数 $z=f(x,y)$ 在点 (x_0,y_0) 的全微分的表达式，而左端是切平面上点的竖坐标的增量. 因此，函数 $z=f(x,y)$ 在点 (x_0,y_0) 的全微分，在几何上表示曲面 $z=f(x,y)$ 在点 (x_0,y_0,z_0) 处的切平面上点的竖坐标的增量.

例 9.6.6 求曲面 $x^2+y^2+4z^2=9$ 的切平面方程，使该切平面与平面 $x-2y-4z=0$ 平行.

分析 所求的切平面要求与已知平面平行，所以可以将已知平面的法向量 $\boldsymbol{n}=(1,-2,-4)$ 作为所求切平面的法向量. 那么，下面只需求出曲面上切点的坐标即可.

解 设切点为 $P_0(x_0,y_0,z_0)$，令 $F(x,y,z)=x^2+y^2+4z^2-9$，则切平面的一个法向量为

$$\boldsymbol{n}_1=(F_x,F_y,F_z)=(2x_0,2y_0,8z_0).$$

由于 $\boldsymbol{n}_1 /\!/ \boldsymbol{n}$，所以

$$\frac{2x_0}{1}=\frac{2y_0}{-2}=\frac{8z_0}{-4}.$$

又因为 P_0 在曲面上，于是有 $x_0^2+y_0^2+4z_0^2=9$，解方程组可得切点 P_0 的坐标为 $(1,-2,-1)$ 或 $(-1,2,1)$，所以切平面方程为

$$(x-1)-2(y+2)-4(z+1)=0 \quad 或 \quad (x+1)-2(y-2)-4(z-1)=0,$$

即

$$x-2y-4z-9=0 \quad 或 \quad x-2y-4z+9=0.$$

习 题 9.6

1. 求曲线 $x=\dfrac{t}{1+t}$，$y=\dfrac{1+t}{t}$，$z=t^2$ 在对应 $t_0=1$ 的点处的切线及法平面方程.
2. 求出曲线 $x=t, y=t^2, z=t^3$ 上的点，使在该点的切线平行于平面 $x+2y+z=4$.
3. 求曲线 $\begin{cases}x+y+z=0,\\ x^2+y^2+z^2=6\end{cases}$ 在点 $(1,1,-2)$ 处的切线和法平面方程.
4. 求曲面 $z=x^2+2y^2$ 在点 $(1,-1,3)$ 处的切平面和法线方程.
5. 求曲面 $e^z-z+xy=3$ 在点 $(2,1,0)$ 处的切平面和法线方程.
6. 求曲面 $x^2+2y^2+3z^2=21$ 上平行于平面 $x+4y+6z=0$ 的切平面方程.
7. 证明球面上任意点处的法线都通过球心(提示：设球面方程为 $x^2+y^2+z^2=1$).
8. 证明曲面 $xyz=a^3(a>0)$ 上任一点处的切平面与三坐标面所围成的四面体的体积为一常数.
9. 试证曲面 $\sqrt{x}+\sqrt{y}+\sqrt{z}=\sqrt{a}\ (a>0)$ 上任何点处的切平面在各坐标轴上的截距之和等于 a.

9.7 方向导数与梯度

9.7.1 方向导数

函数 $z=f(x,y)$在点(x_0,y_0)处对 x 的偏导数 $f_x(x_0,y_0)$刻画了函数 $f(x,y)$在点(x_0,y_0)处沿直线 $y=y_0$ 的变化率，即沿 x 轴方向的变化率，对 y 的偏导数$f_y(x_0,y_0)$则刻画了函数$f(x,y)$在点(x_0,y_0)处沿 y 轴方向的变化率.

然而，在许多实际问题中，仅仅考虑函数沿坐标轴方向的变化率是不够的. 例如，若 $f(P)$表示物体内一点 P 处的温度，那么在这点处的热传导情形，就与沿各个方向的温度分布不同有关. 因此，有必要讨论多元函数在一点处沿任一指定方向的变化率.

设 $\boldsymbol{l}$ 是 xOy 面上以 $P_0(x_0,y_0)$为起点的一条射线，$\boldsymbol{e}_l=(\cos\alpha,\cos\beta)$是与 $\boldsymbol{l}$ 同方向的单位向量. 射线 $\boldsymbol{l}$ 的参数方程为

$$x=x_0+t\cos\alpha,\quad y=y_0+t\cos\beta\quad(t\geqslant 0).$$

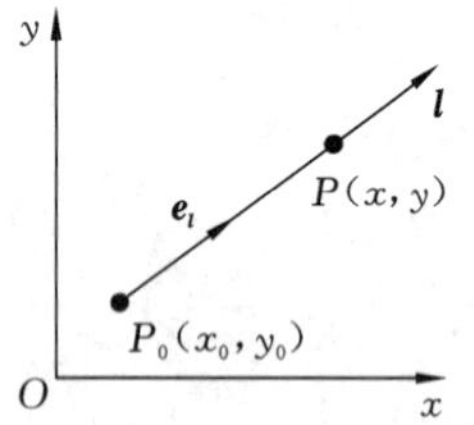

图 9.7.1

如图 9.7.1 所示，设函数 $z=f(x,y)$在点 $P_0(x_0,y_0)$的某一邻域 $U(P_0)$内有定义，$P(x_0+t\cos\alpha,y_0+t\cos\beta)$为$\boldsymbol{l}$上另一点，且$P\in U(P_0)$. 若函数增量 $f(x_0+t\cos\alpha,y_0+t\cos\beta)-f(x_0,y_0)$与 P 到 P_0 的距离$|PP_0|=t$ 的比值为

$$\frac{f(x_0+t\cos\alpha,y_0+t\cos\beta)-f(x_0,y_0)}{t},$$

当 P 沿着 $\boldsymbol{l}$ 趋于 P_0(即 $t\to 0^+$)时的极限存在，则称此极限为函数 $f(x,y)$在点 P_0 沿方向 $\boldsymbol{l}$ 的**方向导数**，记作 $\left.\dfrac{\partial f}{\partial \boldsymbol{l}}\right|_{(x_0,y_0)}$，即

$$\left.\frac{\partial f}{\partial \boldsymbol{l}}\right|_{(x_0,y_0)}=\lim_{t\to 0^+}\frac{f(x_0+t\cos\alpha,y_0+t\cos\beta)-f(x_0,y_0)}{t}. \tag{9.7.1}$$

从方向导数的定义可知，方向导数 $\left.\dfrac{\partial f}{\partial \boldsymbol{l}}\right|_{(x_0,y_0)}$ 就是函数 $f(x,y)$在点 $P_0(x_0,y_0)$处沿方向 $\boldsymbol{l}$ 的变化率.

比较方向导数的定义和偏导数的定义，可以发现如果函数$f(x,y)$在点$P_0(x_0,y_0)$对 x 的偏导数存在，那么取 $\boldsymbol{e}_l=\boldsymbol{i}=(1,0)$，即 $\cos\alpha=1$, $\cos\beta=0$，则有

$$\left.\frac{\partial f}{\partial \boldsymbol{l}}\right|_{(x_0,y_0)}=\lim_{t\to 0^+}\frac{f(x_0+t,y_0)-f(x_0,y_0)}{t}=f_x(x_0,y_0),$$

即函数 $f(x,y)$在点 $P_0(x_0,y_0)$沿方向 $\boldsymbol{e}_l=\boldsymbol{i}=(1,0)$的方向导数等于它在该点处对 x 的偏导数. 类似地，若函数 $f(x,y)$在点 $P_0(x_0,y_0)$对 y 的偏导数存在，则函数 $f(x,y)$在点 $P_0(x_0,y_0)$沿方向 $\boldsymbol{e}_l=\boldsymbol{j}=(0,1)$的方向导数就是 $f_y(x_0,y_0)$.

反过来，若函数$f(x,y)$在点$P_0(x_0,y_0)$沿方向$\boldsymbol{e}_l=\boldsymbol{i}=(1,0)$的方向导数$\left.\dfrac{\partial f}{\partial \boldsymbol{l}}\right|_{(x_0,y_0)}$ 存在，但$f_x(x_0,y_0)$不一定存在. 例如，$z=\sqrt{x^2+y^2}$ 在点$(0,0)$处沿方向 $\boldsymbol{e}_l=\boldsymbol{i}=(1,0)$的方向导数$\left.\dfrac{\partial z}{\partial \boldsymbol{l}}\right|_{(0,0)}=1$，但偏导数 $z_x(0,0)$不存在.

下面的定理给出了可微分函数的方向导数的计算方法.

定理 9.7.1 如果函数 $z=f(x,y)$在点 $P_0(x_0,y_0)$可微分，那么函数在该点沿任一方向 $\boldsymbol{l}$ 的方向导数都存在，且有

$$\left.\frac{\partial f}{\partial \boldsymbol{l}}\right|_{(x_0,y_0)}=f_x(x_0,y_0)\cos\alpha+f_y(x_0,y_0)\cos\beta, \tag{9.7.2}$$

其中 $\cos\alpha$、$\cos\beta$ 是方向 $\boldsymbol{l}$ 的方向余弦.

证 由于$f(x,y)$在点(x_0,y_0)可微分，故有

$$f(x_0+\Delta x,y_0+\Delta y)-f(x_0,y_0)=f_x(x_0,y_0)\Delta x+f_y(x_0,y_0)\Delta y+o[\sqrt{(\Delta x)^2+(\Delta y)^2}\,].$$

又因为点$(x_0+\Delta x,y_0+\Delta y)$在以$(x_0,y_0)$为始点的射线 $\boldsymbol{l}$ 上，故 $\Delta x=t\cos\alpha$，$\Delta y=t\cos\beta$，$\sqrt{(\Delta x)^2+(\Delta y)^2}=t$，所以

$$\lim_{t\to0^+}\frac{f(x_0+t\cos\alpha,y_0+t\cos\beta)-f(x_0,y_0)}{t}=f_x(x_0,y_0)\cos\alpha+f_y(x_0,y_0)\cos\beta,$$

这就证明了方向导数存在，且其值为

$$\left.\frac{\partial f}{\partial \boldsymbol{l}}\right|_{(x_0,y_0)}=f_x(x_0,y_0)\cos\alpha+f_y(x_0,y_0)\cos\beta.$$

例 9.7.1 求函数 $z=xe^{xy}$ 在点 $P(1,0)$沿从点 $P(1,0)$到点 $Q(2,-1)$的方向的方向导数.

解 这里方向 $\boldsymbol{l}$ 即向量 $\overrightarrow{PQ}=(1,-1)$ 的方向，与 $\boldsymbol{l}$ 同向的单位向量为 $\boldsymbol{e_l}=\left(\frac{1}{\sqrt2},-\frac{1}{\sqrt2}\right)$.

因为函数可微分，且 $z_x(1,0)=(e^{xy}+xye^{xy})\big|_{(1,0)}=1$，$z_y(1,0)=x^2e^{xy}\big|_{(1,0)}=1$，所以所求方向导数为

$$\left.\frac{\partial z}{\partial \boldsymbol{l}}\right|_{(1,0)}=1\cdot\frac{1}{\sqrt2}+1\cdot\left(-\frac{1}{\sqrt2}\right)=0.$$

对于三元函数$f(x,y,z)$来说，它在空间一点 $P_0(x_0,y_0,z_0)$沿 $\boldsymbol{e_l}=(\cos\alpha,\cos\beta,\cos\gamma)$ 的方向导数为

$$\left.\frac{\partial f}{\partial \boldsymbol{l}}\right|_{(x_0,y_0,z_0)}=\lim_{t\to0^+}\frac{f(x_0+t\cos\alpha,y_0+t\cos\beta,z_0+t\cos\gamma)-f(x_0,y_0,z_0)}{t}. \tag{9.7.3}$$

同样可以证明，若函数 $f(x,y,z)$在点(x_0,y_0,z_0)可微分，则函数在该点沿着方向 $\boldsymbol{e_l}=(\cos\alpha,\cos\beta,\cos\gamma)$ 的方向导数为

$$\left.\frac{\partial f}{\partial \boldsymbol{l}}\right|_{(x_0,y_0,z_0)}=f_x(x_0,y_0,z_0)\cos\alpha+f_y(x_0,y_0,z_0)\cos\beta+f_z(x_0,y_0,z_0)\cos\gamma \tag{9.7.4}$$

例 9.7.2 求函数$f(x,y,z)=xy+yz+zx$ 在点$(1,1,2)$沿方向 $\boldsymbol{l}$ 的方向导数，其中 $\boldsymbol{l}$ 的方向角分别为 60°, 45°, 60°.

解 与 $\boldsymbol{l}$ 同方向的单位向量为

$$\boldsymbol{e_l}=(\cos60^\circ,\cos45^\circ,\cos60^\circ)=\left(\frac12,\frac{\sqrt2}{2},\frac12\right).$$

因为函数可微分，且

$$f_x(1,1,2)=(y+z)\big|_{(1,1,2)}=3,$$

$$f_y(1,1,2)=(x+z)\big|_{(1,1,2)}=3,$$
$$f_z(1,1,2)=(y+x)\big|_{(1,1,2)}=2,$$

所以

$$\left.\frac{\partial f}{\partial \boldsymbol{l}}\right|_{(1,1,2)}=3\cdot\frac{1}{2}+3\cdot\frac{\sqrt{2}}{2}+2\cdot\frac{1}{2}=\frac{1}{2}(5+3\sqrt{2}).$$

9.7.2 梯度

注意到式(9.7.2)中的方向导数可以写成两个向量的数量积的形式，即

$$\begin{aligned}\left.\frac{\partial f}{\partial \boldsymbol{l}}\right|_{(x_0,y_0)}&=f_x(x_0,y_0)\cos\alpha+f_y(x_0,y_0)\cos\beta\\&=(f_x(x_0,y_0),f_y(x_0,y_0))\cdot(\cos\alpha,\cos\beta),\end{aligned}\tag{9.7.5}$$

式(9.7.5)中两个向量数量积的第一个向量不仅在计算方向导数时有用，在其他地方也将用到，所以称其为梯度.

定义 9.7.1 设函数 $z=f(x,y)$在平面区域 D 内具有一阶连续偏导数，则对于每一点 $P_0(x_0,y_0)\in D$，都可确定一个向量

$$f_x(x_0,y_0)\boldsymbol{i}+f_y(x_0,y_0)\boldsymbol{j},$$

该向量称为函数$f(x,y)$在点$P_0(x_0,y_0)$的**梯度**，记作 $\mathbf{grad}f(x_0,y_0)$或$\nabla f(x_0,y_0)$，即

$$\mathbf{grad}f(x_0,y_0)=\nabla f(x_0,y_0)=f_x(x_0,y_0)\boldsymbol{i}+f_y(x_0,y_0)\boldsymbol{j}.$$

有了梯度向量的概念及记号，式(9.7.2)中函数 $f(x,y)$在点 $P_0(x_0,y_0)$处沿方向 $\boldsymbol{l}$ 的方向导数可以写为

$$\left.\frac{\partial f}{\partial \boldsymbol{l}}\right|_{(x_0,y_0)}=\mathbf{grad}f(x_0,y_0)\cdot\boldsymbol{e_l},\tag{9.7.6}$$

其中 $\boldsymbol{e_l}=(\cos\alpha,\cos\beta)$是和 $\boldsymbol{l}$ 同方向的单位向量.

梯度概念可以类似地推广到三元函数的情形. 设函数$f(x,y,z)$在空间区域G内具有一阶连续偏导数，则对于每一点 $P_0(x_0,y_0,z_0)\in G$，都可定义一个向量

$$f_x(x_0,y_0,z_0)\boldsymbol{i}+f_y(x_0,y_0,z_0)\boldsymbol{j}+f_z(x_0,y_0,z_0)\boldsymbol{k},$$

这向量称为函数$f(x,y,z)$在点 $P_0(x_0,y_0,z_0)$的**梯度**，记为 $\mathbf{grad}f(x_0,y_0,z_0)$或$\nabla f(x_0,y_0,z_0)$，即

$$\mathbf{grad}f(x_0,y_0,z_0)=\nabla f(x_0,y_0,z_0)=f_x(x_0,y_0,z_0)\boldsymbol{i}+f_y(x_0,y_0,z_0)\boldsymbol{j}+f_z(x_0,y_0,z_0)\boldsymbol{k}.$$

例 9.7.3 设 $f(x,y)=xe^y+\cos xy$，求 $f(x,y)$在点(2, 0)的梯度 $\mathbf{grad}f(2,0)$.

解 $f_x(2,0)=(e^y-y\sin xy)\big|_{(2,0)}=1$，$f_y(2,0)=(xe^y-x\sin xy)\big|_{(2,0)}=2$，

故 $f(x,y)$在点(2, 0)的梯度为

$$\mathbf{grad}f(2,0)=f_x(2,0)\boldsymbol{i}+f_y(2,0)\boldsymbol{j}=\boldsymbol{i}+2\boldsymbol{j}.$$

例 9.7.4 设函数 $f(x,y,z)=x\sin yz$，求: (1) 此函数的梯度; (2) 函数在点(1, 3, 0)处沿方向 $\boldsymbol{v}=\boldsymbol{i}+2\boldsymbol{j}-\boldsymbol{k}$ 的方向导数; (3) 函数在点(1, 3, 0)处沿梯度方向的方向导数.

解 (1) 函数 $f(x,y,z)=x\sin yz$ 的梯度是

$$\mathbf{grad}f(x,y,z)=(f_x(x,y,z),f_y(x,y,z),f_z(x,y,z))=(\sin yz,xz\cos yz,xy\cos yz).$$

(2) 在点(1, 3, 0)处,

$$\mathbf{grad}f(1,3,0)=(f_x(1,3,0),f_y(1,3,0),f_z(1,3,0))=(\sin 0,0,3\cos 0)=(0,0,3),$$

又和 $\boldsymbol{v}$ 同方向的单位向量为

$$\boldsymbol{e}_v=\frac{1}{\sqrt{6}}\boldsymbol{i}+\frac{2}{\sqrt{6}}\boldsymbol{j}-\frac{1}{\sqrt{6}}\boldsymbol{k},$$

所以由式(9.7.6)得函数在点(1, 3, 0)处沿方向 $\boldsymbol{v}=\boldsymbol{i}+2\boldsymbol{j}-\boldsymbol{k}$ 的方向导数为

$$\left.\frac{\partial f}{\partial \boldsymbol{v}}\right|_{(1,3,0)}=\mathbf{grad}f(1,3,0)\cdot\boldsymbol{e}_v=3\boldsymbol{k}\left(\frac{1}{\sqrt{6}}\boldsymbol{i}+\frac{2}{\sqrt{6}}\boldsymbol{j}-\frac{1}{\sqrt{6}}\boldsymbol{k}\right)=\frac{\sqrt{6}}{2}.$$

(3) 由于在点(1, 3, 0)处, $\mathbf{grad}f(1,3,0)=(0,0,3)$, 所以梯度方向上的单位向量为 $\boldsymbol{k}$, 从而函数在点(1, 3, 0)处沿梯度方向的方向导数为 $\mathbf{grad}f(1,3,0)\cdot\boldsymbol{k}=3\boldsymbol{k}\cdot\boldsymbol{k}=3$.

9.7.3 方向导数和梯度向量的关系

考虑函数 $f(x,y)$在某一给定点处的全部可能的方向导数, 这些导数反映了函数在各个方向上的变化率. 那么, 函数沿哪个方向变化最快(或最慢)呢? 最大(或最小)的变化率又是多少呢? 对式(9.7.6)做进一步的分析, 就可以得到答案了.

式(9.7.6)中函数 $f(x,y)$在点 $P_0(x_0,y_0)$沿方向 $\boldsymbol{l}$ 的方向导数可以写成

$$\left.\frac{\partial f}{\partial \boldsymbol{l}}\right|_{(x_0,y_0)}=|\mathbf{grad}f(x_0,y_0)|\cdot\cos\theta,$$

其中 $\theta=(\widehat{\mathbf{grad}f(x_0,y_0),\boldsymbol{e}_l})$. 由此关系可知:

(1) 当向量 $\boldsymbol{e}_l$ 与 $\mathbf{grad}f(x_0,y_0)$的夹角 $\theta=0$, 即 $\boldsymbol{e}_l$ 与梯度 $\mathbf{grad}f(x_0,y_0)$方向相同时, $\cos\theta$ 取得最大值 1, 从而函数的方向导数 $\left.\frac{\partial f}{\partial \boldsymbol{l}}\right|_{(x_0,y_0)}$ 取得最大值, 函数沿此方向增加最快, 并且方向导数的最大值就是梯度向量的模 $|\mathbf{grad}f(x_0,y_0)|$.

这个结果也表示: 函数在某点的梯度是这样一个向量, 它的方向与取得最大方向导数的方向一致, 而它的模为方向导数的最大值.

(2) 当向量 $\boldsymbol{e}_l$ 与 $\mathbf{grad}f(x_0,y_0)$的夹角 $\theta=\pi$, 即 $\boldsymbol{e}_l$ 与梯度 $\mathbf{grad}f(x_0,y_0)$方向相反时, $\cos\theta$ 取得最小值-1, 从而函数的方向导数 $\left.\frac{\partial f}{\partial \boldsymbol{l}}\right|_{(x_0,y_0)}$ 取得最小值, 函数沿此方向减少最快, 并且方向导数的最小值就是 $-|\mathbf{grad}f(x_0,y_0)|$.

(3) 当向量 $\boldsymbol{e}_l$ 与 $\mathbf{grad}f(x_0,y_0)$的夹角 $\theta=\pi/2$, 即 $\boldsymbol{e}_l$ 与梯度 $\mathbf{grad}f(x_0,y_0)$方向垂直时, $\cos\theta=0$, 从而函数的方向导数 $\left.\frac{\partial f}{\partial \boldsymbol{l}}\right|_{(x_0,y_0)}=0$, 即函数的变化率为零.

经过与二元函数的情形完全类似的讨论可知, 三元函数的梯度也是这样一个向量, 它的方向与取得最大方向导数的方向一致, 而它的模就是方向导数的最大值.

例 9.7.5 设 $f(x,y)=\dfrac{1}{2}(x^2+y^2)$, $P_0(1,1)$, 求:

(1) $f(x,y)$在点 P_0 处增加最快的方向及 $f(x,y)$沿这个方向的方向导数;

(2) $f(x,y)$在点 P_0 处减少最快的方向及 $f(x,y)$沿这个方向的方向导数;

(3) $f(x,y)$在点 P_0 处变化率为零的方向.

解 (1) $f(x,y)$在点 $P_0(1,1)$处沿该点的梯度方向增加最快, 由于

$$\mathbf{grad}f(1,1)=f_x(1,1)\boldsymbol{i}+f_y(1,1)\boldsymbol{j}=\boldsymbol{i}+\boldsymbol{j},$$

故所求方向可取为

$$\boldsymbol{n}=\frac{1}{\sqrt{2}}\boldsymbol{i}+\frac{1}{\sqrt{2}}\boldsymbol{j},$$

方向导数为

$$\left.\frac{\partial f}{\partial \boldsymbol{n}}\right|_{(1,1)}=\sqrt{2}.$$

(2) $f(x,y)$在点 P_0 处沿$-\mathbf{grad}f(1,1)$方向减少最快, 故所求方向可取为

$$\boldsymbol{n}_1=-\frac{1}{\sqrt{2}}\boldsymbol{i}-\frac{1}{\sqrt{2}}\boldsymbol{j},$$

方向导数为

$$\left.\frac{\partial f}{\partial \boldsymbol{n}_1}\right|_{(1,1)}=-\sqrt{2}.$$

(3) $f(x,y)$ 在点 P_0 处沿与梯度 $\mathbf{grad}f(x_0,y_0)$ 垂直的方向变化率为零, 这个方向是 $\boldsymbol{n}_2=-\dfrac{1}{\sqrt{2}}\boldsymbol{i}+\dfrac{1}{\sqrt{2}}\boldsymbol{j}$ 或 $\boldsymbol{n}_2=\dfrac{1}{\sqrt{2}}\boldsymbol{i}-\dfrac{1}{\sqrt{2}}\boldsymbol{j}$.

例 9.7.6 假设公式 $T(x,y,z)=\dfrac{80}{1+x^2+2y^2+3z^2}$ 给出空间点(x,y,z)的温度, 其中 T 的单位是℃, x、y、z 的单位是 m. 试求在点$(1,1,-2)$处沿什么方向温度增长最快? 最大增长率是多少?

解 函数的梯度是

$$\begin{aligned}\mathbf{grad}T(x,y,z)&=\frac{\partial T}{\partial x}\boldsymbol{i}+\frac{\partial T}{\partial y}\boldsymbol{j}+\frac{\partial T}{\partial z}\boldsymbol{k}\\&=-\frac{160x}{(1+x^2+2y^2+3z^2)^2}\boldsymbol{i}-\frac{320y}{(1+x^2+2y^2+3z^2)^2}\boldsymbol{j}-\frac{480z}{(1+x^2+2y^2+3z^2)^2}\boldsymbol{k}\\&=\frac{160}{(1+x^2+2y^2+3z^2)^2}(-x\boldsymbol{i}-2y\boldsymbol{j}-3z\boldsymbol{k}),\end{aligned}$$

故点$(1,1,-2)$处的梯度为

$$\mathbf{grad}T(1,1,-2)=\frac{5}{8}(-\boldsymbol{i}-2\boldsymbol{j}+6\boldsymbol{k}).$$

温度 T 沿梯度向量 $\mathbf{grad}T(1,1,-2)=\dfrac{5}{8}(-\boldsymbol{i}-2\boldsymbol{j}+6\boldsymbol{k})$ 方向增长最快, 该方向还可以表示为

$-\boldsymbol{i}-2\boldsymbol{j}+6\boldsymbol{k}$ 或单位向量 $\frac{1}{\sqrt{41}}(-\boldsymbol{i}-2\boldsymbol{j}+6\boldsymbol{k})$，最大增长率等于梯度向量的模 $|\textbf{grad}\,T(1,1,-2)|=\frac{5\sqrt{41}}{8}$，所以温度的最大增长率是 $\frac{5\sqrt{41}}{8}\approx 4$ ℃/m.

9.7.4 梯度的几何意义

一般说来二元函数 $z=f(x,y)$ 在几何上表示一个曲面，这曲面被平面 $z=c$(c 是常数)所截得的曲线 L 的方程为

$$\begin{cases} z=f(x,y), \\ z=c. \end{cases}$$

这条曲线 L 在 xOy 面上的投影是一条平面曲线 L^*，它在 xOy 平面上的方程为

$$f(x,y)=c.$$

对于一切曲线 L^* 上的点，已给函数的函数值都是 c，所以称平面曲线 L^* 为函数 $z=f(x,y)$ 的**等值线**，如图 9.7.2 所示.

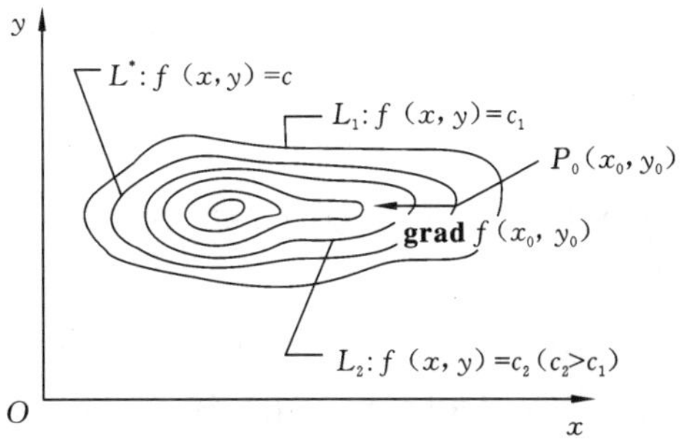

图 9.7.2

若 f_x、f_y 不同时为零，则等值线 $f(x,y)=c$ 上任一点 $P_0(x_0,y_0)$ 处的一个单位法向量为

$$\boldsymbol{n}=\frac{1}{\sqrt{f_x^2(x_0,y_0)+f_y^2(x_0,y_0)}}(f_x(x_0,y_0),f_y(x_0,y_0)).$$

这表明梯度 $\textbf{grad}f(x_0,y_0)$ 的方向与等值线上这点的一个法线方向相同，而沿这个方向的方向导数 $\frac{\partial f}{\partial \boldsymbol{n}}$ 就等于 $|\textbf{grad}f(x_0,y_0)|$，于是 $\textbf{grad}f(x_0,y_0)=\frac{\partial f}{\partial \boldsymbol{n}}\boldsymbol{n}$.

这一关系式表明了函数在一点的梯度与过这点的等值线、方向导数间的关系，即：**函数在一点的梯度方向与等值线在这点的一个法线方向相同，它的指向为从数值较低的等值线指向数值较高的等值线，梯度的模就等于函数沿这个法线方向的方向导数**.

若引进曲面

$$f(x,y,z)=c$$

为函数的**等值面**的概念，则可得函数 $f(x,y,z)$ 在点 $P_0(x_0,y_0,z_0)$ 的梯度 $\textbf{grad}f(x_0,y_0,z_0)$ 的方向与过点 P_0 的等值面 $f(x,y,z)=c$ 在这点的一个法线的方向相同，且从数值较低的等值面指向数值较高的等值面，而梯度的模等于函数沿这个法线方向的方向导数.

习 题 9.7

1. 求函数 $z=\ln(x^2+y^2)$ 在点(1, 1)处沿方向 $2\boldsymbol{i}-\boldsymbol{j}$ 的方向导数.
2. 求函数 $u=xy+e^z$ 在点(1, 1, 0)处沿从点(4, 2, −1)到点(5, 1, 0)的方向的方向导数.
3. 求函数 $f(x,y,z)=x^2+y^2+z^2$ 在点 $P(2,1,3)$ 处沿从点 P 指向原点方向的方向导数.
4. 求使函数 $f(x,y)=x^2+\sin xy$ 在点(1, 0)处的方向导数为 1 的方向向量.

5. 求函数 $u=xy^2+z^3-xyz$ 在点(1, 1, 2)处沿方向角为$\alpha=\dfrac{\pi}{3}$、$\beta=\dfrac{\pi}{4}$、$\gamma=\dfrac{\pi}{3}$的方向的方向导数.

6. 设 $u=x^2+2y^2+3z^2+xy-3x-2y-6z$, 求 $\mathbf{grad}f(0,0,0)$及 $\mathbf{grad}f(1,1,1)$.

7. 设 $f(x,y)=x^2+4y^2$, 计算 $\mathbf{grad}f(2,1)$, 并利用此结果计算等值线 $f(x,y)=8$ 在点(2, 1)的法线.

8. 函数 $u=xy^2z$ 在点 $P(1,-1,2)$处沿什么方向的方向导数最大？求沿这个方向的方向导数.

9. 假设在空间的一定区域内电势 V 由函数 $V(x,y,z)=5x^2-3xy+xyz$ 给出.

(1) 计算点 $P(3,4,5)$处沿方向 $\boldsymbol{i}+\boldsymbol{j}-\boldsymbol{k}$ 的电势的变化率;

(2) 求使 V 在点 P 处变化率最大的方向, 并求出 P 点处电势的最大变化率.

9.8　多元函数的极值及其求法

在实际问题中, 经常遇到二元及多元函数求最大值、最小值的问题, 而最大值、最小值又与极大值、极小值密切相关. 本节讨论二元函数的极值和最值及其求法, 并用来解决一些实际问题.

9.8.1　多元函数的极值

类似一元函数极值的定义, 我给出二元函数极值的定义.

定义 9.8.1　设二元函数 $z=f(x,y)$的定义域为 D, $P_0(x_0,y_0)$为 D 内的点. 若存在 P_0 的某个邻域 $U(P_0)\subseteq D$, 使得对于 $U(P_0)$内异于 P_0 的任何点(x,y), 都有

$$f(x,y)<f(x_0,y_0)\quad 或\quad f(x,y)>f(x_0,y_0),$$

则称点 $P_0(x_0,y_0)$为函数 $z=f(x,y)$的一个**极大值点**(或**极小值点**), 称 $f(x_0,y_0)$为函数 $z=f(x,y)$的一个**极大值**(或**极小值**). 极大值、极小值统称为**极值**, 使得函数取得极值的点称为**极值点**.

上面关于二元函数极值的概念可以推广到 n 元函数.

例 9.8.1　函数 $z=x^2+y^2$ 在(0, 0)处取得极小值, 事实上, $\forall(x,y)\neq(0,0)$, 都有

$$z=x^2+y^2>0=f(0,0).$$

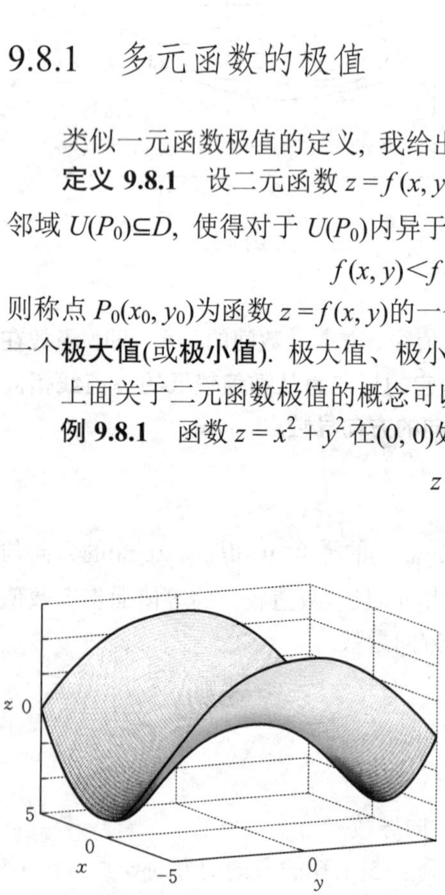

图 9.8.1

例 9.8.2　函数 $z=f(x,y)=-\sqrt{x^2+y^2}$ 在(0, 0)处取得极大值, 事实上, $\forall(x,y)\neq(0,0)$, 都有

$$z=-\sqrt{x^2+y^2}<0=(0,0).$$

例 9.8.3　函数 $z=x^2-y^2$ 在(0, 0)处不能取得极值, 因为对于点(0, 0)的任何一个邻域内既有函数值为正的点, 又有函数值为负的点, 因此(0, 0)不是函数的极值点, 如图 9.8.1 所示.

上面这几个例子比较简单直观, 很容易知道结果. 而对于一般的函数, 需要寻找函数取得极值的必要条件与充分条件.

若二元函数 $z=f(x,y)$在(x_0,y_0)处取得极值, 固定

$y=y_0$，则一元函数 $z=f(x, y_0)$在点 $x=x_0$ 处取得极值，固定 $x=x_0$，则一元函数 $z=f(x_0, y)$在点 $y=y_0$ 处取得极值，由此得到极值的必要条件.

定理 9.8.1(必要条件) 设函数 $z=f(x, y)$在点(x_0, y_0)取得极值，且一阶偏导数存在，则

$$f_x(x_0, y_0)=0, \quad f_y(x_0, y_0)=0.$$

证 不妨设函数 $z=f(x, y)$在点 $P_0(x_0, y_0)$取得极大值. 由极大值的定义，$\forall (x, y)\in U(P)$，$(x, y)\neq(x_0, y_0)$，有不等式

$$f(x, y)<f(x_0, y_0)$$

成立. 特别地，在该邻域内取 $y=y_0$ 而 $x\neq x_0$ 的点，也满足不等式

$$f(x, y_0)<f(x_0, y_0),$$

这表明一元函数 $z=f(x, y_0)$在点 x_0 处取得极值，由一元函数极值存在的必要条件可知

$$f_x(x_0, y_0)=0,$$

同理可证

$$f_y(x_0, y_0)=0.$$

类似一元函数，称使 $f_x(x_0, y_0)=0$、$f_y(x_0, y_0)=0$ 同时成立的点(x_0, y_0)为函数 $z=f(x, y)$的**驻点**. 由定理 9.8.1 可知，偏导数存在的函数其极值点一定是驻点，但驻点不一定是极值点. 例如，点(0, 0)是函数 $z=x^2-y^2$ 的驻点，但函数在该点不取得极值.

那么，如何判断一个驻点是否为极值点呢？下面的定理给出函数取得极值的充分条件.

定理 9.8.2(充分条件) 设函数 $z=f(x, y)$在 $P_0(x_0, y_0)$的某个邻域具有二阶连续偏导数，点(x_0, y_0)是 $f(x, y)$的驻点，即

$$f_x(x_0, y_0)=0, \quad f_y(x_0, y_0)=0.$$

记 $A=f_{xx}(x_0, y_0)$, $B=f_{xy}(x_0, y_0)$, $C=f_{yy}(x_0, y_0)$，则有下面的结论:

(1) 若 $AC-B^2>0$，则 $f(x, y)$在点(x_0, y_0)处取得极值，并且当 $A<0$ 时，$f(x, y)$在点(x_0, y_0)处取得极大值，当 $A>0$ 时，则 $f(x, y)$在点(x_0, y_0)处取得极小值;

(2) 若 $AC-B^2<0$，则 $f(x, y)$在点(x_0, y_0)处不取极值;

(3) 若 $AC-B^2=0$，则 $f(x, y)$在点(x_0, y_0)处可能取得极值也可能不取极值.

利用这两个定理，对于具有二阶连续偏导数的二元函数 $z=f(x, y)$，求其极值的步骤归纳如下:

第一步 解方程组

$$f_x(x, y)=0, \quad f_y(x, y)=0,$$

求得一切驻点;

第二步 对于每一个驻点(x_0, y_0)，求出二阶偏导数的值 A、B 和 C;

第三步 确定 $AC-B^2$ 的符号，根据定理 9.8.2 的结论判定 $f(x_0, y_0)$是否是极值，是极大值还是极小值.

例 9.8.4 求函数 $f(x, y)=x^3-y^3+3x^2+3y^2-9x$ 的极值.

解 对函数分别关于 x、y 求偏导，并解方程组

$$\begin{cases} f_x(x,y)=3x^2+6x-9=0, \\ f_y(x,y)=-3y^2+6x=0, \end{cases}$$

求得驻点为(1, 0)、(1, 2)、(−3, 0)、(−3, 2).

再求二阶偏导数

$$f_{xx}(x, y) = 6x + 6, \quad f_{xy}(x, y) = 0, \quad f_{yy}(x, y) = -6y + 6.$$

在点(1, 0)处, $AC-B^2 = 12\cdot 6>0$, 又 $A>0$, 所以函数在(1, 0)处有极小值 $f(1, 0) = -5$;

在点(1, 2)处, $AC-B^2 = 12(-6)<0$, 所以函数在(1, 2)处不取极值;

在点(−3, 0)处, $AC-B^2 = 12(-6)<0$, 所以函数在(−3, 0)处不取极值;

在点(−3, 2)处, $AC-B^2 = -12(-6)>0$, 又 $A<0$, 所以函数在(−3, 2)处有极大值 $f(-3, 2) = 31$.

讨论函数的极值问题时, 若函数在所讨论的区域内具有偏导数, 则由定理可知, 极值点只可能是驻点. 然而, 如果函数在个别点处的偏导数不存在, 这些点当然不是驻点, 但可能是极值点. 所以, 函数 $z=f(x, y)$的极值点还有可能是偏导数不存在的点. 例如, 点(0, 0)是函数 $z=\sqrt{x^2+y^2}$ 的极小值点, 但该函数在点(0, 0)处的偏导数不存在. 因此, 在考虑函数的极值问题时, 除了考虑函数的驻点外, 还应考虑偏导数不存在的点.

9.8.2 最大值与最小值问题

与一元函数类似, 可以利用二元函数的极值来求它的最值. 而且 9.1 节提到对二元函数有结论: 若函数 $f(x, y)$在有界闭区域 D 上连续, 则 $f(x, y)$在 D 上必有最大值和最小值, 使函数取得最大值或最小值的点可能在 D 的内部, 也可能在 D 的边界上.

假定函数在 D 上连续, 在 D 内可微分且只有有限个驻点, 则求函数的最大值和最小值的一般方法是: 将函数在 D 内的所有驻点处的函数值及在 D 的边界上的最大值和最小值相互比较, 其中最大者就是最大值, 最小者就是最小值.

通常在实际问题中, 如果根据问题的性质, 知道函数 $f(x, y)$的最大值(或最小值)一定在 D 的内部取得, 而函数在 D 内只有一个驻点, 那么可以肯定该驻点处的函数值就是函数 $f(x, y)$ 在 D 上的最大值(或最小值).

例 9.8.5 欲用板材做一容积为 1 的长方体密闭箱体, 试问长、宽、高各为多少时, 才能使用料最省?

解 设箱体的长、宽分别为 x、y, 则高 $z=\dfrac{1}{xy}$. 此箱所用材料的表面积为

$$S=2\left(xy+y\cdot\frac{1}{xy}+x\cdot\frac{1}{xy}\right),$$

即

$$S=2\left(xy+\frac{1}{x}+\frac{1}{y}\right), \quad x>0, \quad y>0.$$

所求问题是求二元函数 $S = S(x, y)$在区域 $D = \{(x, y)|x>0, y>0\}$上的最小值点. 令

$$\frac{\partial S}{\partial x}=2\left(y-\frac{1}{x^2}\right)=0,$$

$$\frac{\partial S}{\partial y}=2\left(x-\frac{1}{y^2}\right)=0.$$

解得唯一驻点$(1, 1)\in D$.

根据题意可知，体积固定时，水箱所用材料面积的最小值一定存在，并在区域 D 内取得. 又因为函数在 D 内只有唯一的驻点$(1, 1)$，所以可以断定当 $x = 1, y = 1$ 时，S 取得最小值. 也就是说，当水箱的长为 1，宽为 1，高为 1 时，箱体所用的材料最省.

从这个例子还可以得出一般性的结论：在体积一定的长方体中，正方体的表面积最小.

9.8.3 多元函数的条件极值

前面提到有界闭区域 D 上连续的二元函数 $z = f(x, y)$的最值可能在区域的边界 L 上取得. 设边界 L 的方程为 $\varphi(x, y) = 0$，求函数在边界上的极值时，函数的自变量除了在函数的定义域内之外，还有条件 $\varphi(x, y) = 0$ 要满足. 这种对自变量有另外附加条件的极值问题称为**条件极值**. 一般称函数 $\varphi(x, y) = 0$ 为**条件函数**，而在条件函数下求极值的函数 $z = f(x, y)$为**目标函数**. 对于函数的自变量只限制在函数的定义域内，并无其他附加条件的极值称为**无条件极值**.

对于有些条件极值，可以把条件极值化为无条件极值求解. 例如，求

$$z = x^2 + y^2$$

在条件

$$x + y = 1$$

下的条件极值. 可从条件函数 $x + y = 1$ 中解出 $y = 1-x$，代入目标函数 z 中，得

$$z = 2x^2-2x + 1,$$

从而问题转变成求 $z = 2x^2-2x + 1$ 的无条件极值. 但很多时候，将条件极值化为无条件极值并不简单，下面介绍一种直接求条件极值的方法——拉格朗日乘数法.

拉格朗日乘数法 为了求出二元函数

$$z = f(x, y) \tag{9.8.1}$$

在条件

$$\varphi(x, y) = 0 \tag{9.8.2}$$

下的可能极值点，引进辅助函数

$$L(x, y, \lambda) = f(x, y) + \lambda\varphi(x, y),$$

其中 λ 为参数，函数 $L(x, y, \lambda)$称为**拉格朗日函数**，λ 称为**拉格朗日乘子**. 令函数 $L(x, y, \lambda)$对 x、y、λ 的一阶偏导数为零，得到方程组:

$$\begin{cases} f_x(x,y)+\lambda\varphi_x(x,y)=0, \\ f_y(x,y)+\lambda\varphi_y(x,y)=0, \\ L_\lambda(x,y,\lambda)=0. \end{cases}$$

满足该方程组的(x, y)即为函数 $z=f(x, y)$在条件 $\varphi(x, y)=0$ 下可能取到极值的点. 其中$L_\lambda(x, y, \lambda)=0$ 即为条件函数 $\varphi(x, y)=0$.

这种方法可以推广到目标函数的自变量多于两个, 条件函数多于一个的情形. 例如, 求函数

$$u=f(x, y, z, t)$$

在条件

$$\varphi(x, y, z, t)=0, \quad \psi(x, y, z, t)=0$$

下的极值, 则拉格朗日函数为

$$L(x, y, z, t, \lambda, \mu)=f(x, y, z, t)+\lambda\varphi(x, y, z, t)+\mu\psi(x, y, z, t),$$

$L(x, y, z, t, \lambda, \mu)$分别对 x、y、z、t、λ、μ 求偏导并使之等于零, 得到方程组. 该方程组的解是条件极值的可能极值点.

下面通过例题进一步了解拉格朗日乘数法求解条件极值的方法.

例 9.8.6 求表面积为 6 而体积最大的长方体的体积.

解 设长方体的长、宽、高分别为 x、y、z, 问题就化为求函数

$$V=xyz$$

在条件

$$\varphi(x, y, z)=2(xy+yz+zx)-6=0 \tag{9.8.3}$$

下的最大值. 作拉格朗日函数

$$L(x, y, z, \lambda)=xyz+\lambda(2xy+2yz+2zx-6),$$

求其对 x、y、z、λ 的偏导数, 并令其为零, 得到方程组

$$\begin{cases} yz+2\lambda(y+z)=0, \\ zx+2\lambda(z+x)=0, \\ xy+2\lambda(x+y)=0, \\ 2(xy+yz+zx)-6=0. \end{cases} \tag{9.8.4}$$

解方程组(9.8.4)可得

$$\frac{x}{y}=\frac{x+z}{y+z}, \quad \frac{y}{z}=\frac{x+y}{x+z}.$$

进一步可知 $x=y=z$, 再代入条件(9.8.3)得到

$$x=y=z=1,$$

这是唯一的驻点, 并且由问题本身可以知道表面积固定时, 体积的最大值一定存在, 所以就在这个唯一的驻点取得, 也就是说, 表面积为 6 的长方体中, 棱长为 1 的正方体体积最大, 最大体积为 $V=1$.

例 9.8.7 用拉格朗日乘数法解例 9.8.5 中的问题.

解 设箱体的长、宽、高分别为 x、y、z, 则箱体的表面积为 $S=2(xy+yz+xz)$, 其中 x、y、z 满足条件 $xyz=1$, 即 $xyz-1=0$. 所求问题是求函数

$$S=2(xy+yz+xz)$$

在条件 $\varphi(x, y, z)=xyz-1=0$ 下的极小值.

构造拉格朗日函数

$$L(x, y, z, \lambda) = 2(xy + yz + xz) + \lambda(xyz-1),$$

求解方程组

$$\begin{cases} L_x = 2(y+z)+\lambda yz=0, \\ L_y = 2(x+z)+\lambda xz=0, \\ L_z = 2(x+y)+\lambda xy=0, \\ xyz-1=0, \end{cases}$$

得 $x = y = z = 1, \lambda = -1$, 于是(1, 1, 1)是 L 的唯一驻点. 由于此问题中一定存在面积最小的情况, 故(1, 1, 1)即为最小值点, 对应的最小值为 $S(1, 1, 1) = 6$.

例 9.8.8 已知函数 $f(x, y) = x + y + xy$, 曲线 C: $x^2 + y^2 + xy = 3$, 求 $f(x, y)$在曲线 C 上的最大方向导数.

解 因为 $f(x, y)$沿着梯度的方向的方向导数最大, 且最大值为梯度的模. 又

$$f_x(x, y) = 1 + y, \quad f_y(x, y) = 1 + x,$$

故 $\mathbf{grad} f(x,y) = (1+y, 1+x)$, 模为 $\sqrt{(1+y)^2+(1+x)^2}$, 此题目转化为对函数 $g(x,y)= \sqrt{(1+y)^2+(1+x)^2}$ 在条件 $C: x^2 + y^2 + xy = 3$ 下求最大值的问题, 即为条件极值问题.

为了计算简单, 可以转化为对 $d(x,y)=(1+y)^2+(1+x)^2$ 在条件 $C: x^2+y^2+xy=3$ 下求最大值.

构造函数 $L(x, y, \lambda) = (1 + y)^2 + (1 + x)^2 + \lambda(x^2 + y^2 + xy-3)$, 求偏导得

$$\begin{cases} F_x = 2(1+x)+\lambda(2x+y)=0, \\ F_y = 2(1+y)+\lambda(2y+x)=0, \\ F_\lambda = x^2+y^2+xy-3=0, \end{cases}$$

解得 $M_1(1, 1)$、$M_2(-1, -1)$、$M_3(2, -1)$、$M_4(-1, 2)$.

又 $d(M_1) = 8, d(M_2) = 0, d(M_3) = 9, d(M_4) = 9$, 所以最大值为 $\sqrt{9}=3$.

习 题 9.8

1. 求函数 $f(x, y) = 4(x-y) -x^2-y^2$ 的极值.
2. 求函数 $f(x, y) = e^{2x}(x + y^2 + 2y)$的极值.
3. 求函数 $z = (1+e^y)\cos x - ye^y$ 的极值.
4. 求函数 $z = x^2 + y^2$ 在条件 $\dfrac{x}{a}+\dfrac{y}{b}=1$ 下的极值.
5. 求函数 $f(x, y) = x^2 + y^2-xy-3y$ 在区域 $D = \{(x, y)|0\leqslant y\leqslant 4-x, 0\leqslant x\leqslant 4\}$上的最大值和最小值.
6. 在椭圆 $x^2 + 9y^2 = 9$ 上求距离直线 $4x + 9y-16 = 0$ 最远和最近的点.
7. 从斜边之长为 l 的一切直角三角形中, 求出周长最大的那个直角三角形.
8. 一圆柱体由周长为 C 的矩形绕其一边旋转而成, 问当矩形的边长各为多少时, 圆柱体的体积最大?
9. 求内接于半径为 a 的球且有最大体积的长方体.

数学家简介 9

吴文俊

吴文俊(1919～2017), 1919 年 5 月 12 日出生于上海, 祖籍浙江嘉兴, 数学家, 中国科学院院士, “人民科学家”国家荣誉称号获得者. 1957 年, 当选为中国科学院学部委员, 1991 年, 当选第三世界科学院院士. 2001 年, 获 2000 年度国家最高科学技术奖. 2017 年 5 月 7 日在北京去世.

吴文俊获得了一系列荣誉与奖项: ①首届国家自然科学奖一等奖(1956 年); ②陈嘉庚科学奖(1993 年); ③首届求是杰出科学家奖(1994 年); ④Herbrand 自动推理杰出成就奖(1997 年); ⑤首届国家最高科学技术奖(2000 年); ⑥邵逸夫数学奖(2006 年)等.

吴文俊具有一颗强烈的爱国心, 曾于 1951 年放弃在法国的优越条件回到祖国, 他对中国文化有着深刻的认识, 并通过自己的科研工作为复兴中国文化做出了重要贡献. 他在多年的研究中取得了丰硕成果, 其主要成就表现在拓扑学、数学机械化和中国数学史研究三个领域.

吴文俊为拓扑学做了奠基性的工作, 20 世纪 50 年代前后, 示性类研究还处在起步阶段. 他将示性类概念由繁化简, 由难变易, 引入新的方法和手段, 形成了系统的理论. 他引入了一类示性类, 被称为“吴示性类”. 他还给出了刻画各种示性类之间关系的“吴公式”与计算方法. 由此拓扑学和数学的其他分支结合得更加紧密, 最终使示性类理论成为拓扑学中最完美的一章. 拓扑学中最基本问题之一是嵌入问题, 在他的工作之前, 嵌入理论只有零散的结果. 他提出了“吴示嵌类”等一系列拓扑不变量, 研究了嵌入理论的核心问题, 并由此发展了统一的嵌入理论. 许多著名数学家从他的工作中受到启发或直接以他的成果为起始点之一, 获得了一系列重大成果.

吴文俊把中国传统数学的思想概括为机械化思想, 指出它是贯穿于中国古代数学的精髓, 为近代数学的建立和发展做出了不可磨灭的贡献, 明确提出“数学机械化方法的成功应用, 是数学机械化研究的生命线”. 他不断开拓新的应用领域, 如控制论、曲面拼接问题、机构设计、化学平衡问题、平面天体运行的中心构形等, 还建立了解决全局优化问题的新方法.

吴文俊对中国古算作了正本清源的分析, 提出中国古算是算法化的数学, 开辟了中国数学史研究的新思路与新方法, 他被邀请到国际数学家大会作分组报告, 介绍中国古代数学史研究中的成果, 在数学史研究领域产生了重大影响. 不仅如此, 他又在中国古算研究的启发下, 开拓了机械化数学的崭新领域. 他不仅建立了数学机械化的基础, 而且将这一理论应用于多个高技术领域, 解决了曲面拼接、机构设计、计算机视觉、机器人等高技术领域核心问题. 这样走出了完全是中国人自己开拓的新的数学道路, 产生了巨大的国际影响.

总 习 题 9

1. 填空题.

(1) 函数 $f(x, y)$ 在点 (x, y) 可微分是 $f(x, y)$ 在该点连续的________条件.

(2) 函数 $f(x, y)$在点(x, y)的偏导数 $\frac{\partial f}{\partial x}$ 及 $\frac{\partial f}{\partial y}$ 存在是 $f(x, y)$在该点可微分的________条件.

(3) 二元函数 $f(x,y)=\frac{1}{\ln(x+y)}$ 的定义域为________.

(4) 设 $u=e^y+f(x+y^2)$, 其中 f 可导. 若 $\frac{\partial u}{\partial x}=0$, 则 $\frac{\partial u}{\partial y}=$ ________.

(5) 已知函数 $z=f(x, y)$的全微分 $dz=ye^x dx+e^x dy$, 则 $\frac{\partial^2 f}{\partial x^2}+\frac{\partial^2 f}{\partial y^2}=$ ________.

(6) 曲线 $\begin{cases} z=xy, \\ y=1 \end{cases}$ 在点(2, 1, 2)处的切线与 y 轴正向的夹角为________.

(7) 设方程 $x+z=yf(x^2-z^2)$确定了函数 $z=z(x, y)$, 其中 f 可微分, 则 $z\frac{\partial z}{\partial x}+y\frac{\partial z}{\partial y}=$ ________.

(8) 设 $\boldsymbol{l}$ 是函数 $f(x,y)=\frac{1}{x^2+y^2}$ 在点(1, −1)处的方向导数取得最大值的方向, 则 $\boldsymbol{l}$ 与 x 轴正向的夹角为________.

(9) $f(x, y)$存在一阶连续偏导数, 且 $f(x, 2x)=x^2+3x, f_x(x, 2x)=6x+1$, 则 $f_y(x, 2x)=$ ________.

2. 选择题.

(1) 函数 $f(x,y)=\begin{cases} x^2+y^2, & xy=0, \\ 1, & xy\neq 0 \end{cases}$ 在点(0, 0)处________.

A. 连续且偏导数存在　　B. 连续且偏导数不存在

C. 偏导数存在但不连续　　D. 不连续且偏导数不存在

(2) 在曲线 $x=t, y=-t^2, z=t^3$ 的所有切线中, 与平面 $x+2y+z=4$ 平行的切线________.

A. 只有一条　　B. 只有两条　　C. 至少有三条　　D. 不存在

(3) 下列函数当$(x, y)\to(0, 0)$时极限不存在的是________.

A. $x\sin\frac{1}{y}+y\cos\frac{1}{x}$　　B. $\frac{x^2y^2}{x^2+y^2}$

C. $\frac{xy}{x+y}$　　D. $ye^{-\frac{1}{x^2+y^2}}$

(4) 曲线 $x=\cos^4 t, y=\sin^4 t, z=\sin^2 t\cos^2 t$ 在对应于 $t=\frac{\pi}{4}$ 的点处的切线与平面 $4x+y+z=1$ 的夹角为________.

A. $\arccos\frac{2}{3}$　　B. $\frac{\pi}{4}$　　C. $\frac{\pi}{6}$　　D. $\frac{\pi}{3}$

(5) 通过曲面 S: $e^{xyz}+x-y+z=3$ 上点 $M(1, 0, 1)$的切平面________.

A. 通过 y 轴　　B. 平行于 y 轴

C. 垂直于 y 轴　　D. A、B、C 都不对

3. 求下列函数的二阶偏导数.

(1) $z=\ln(x^2+y)$;　　(2) $z=x^y$.

4. 求函数 $z=e^{-x}\sin\frac{x}{y}$ 在点 $\left(2,\frac{1}{\pi}\right)$ 处的二阶混合偏导数.

5. 求函数 $z=\dfrac{xy}{x^2-y^2}$ 当 $x=2, y=1, \Delta x=0.01, \Delta y=0.03$ 时的全增量和全微分.

6. 设 $z=f(xy, 2x-3y)$, 其中 f 具有连续的二阶偏导数, 求 $\dfrac{\partial z}{\partial x}$ 、 $\dfrac{\partial^2 z}{\partial x \partial y}$.

7. 设 $z=z(x, y)$是由方程 $x^2+y^2-z=\varphi(x+y+z)$所确定的函数, 其中 φ 具有二阶导数, 且 $\varphi' \neq -1$.

(1) 求 $\mathrm{d}z$;

(2) 记 $u(x,y)=\dfrac{1}{x-y}\left(\dfrac{\partial z}{\partial x}-\dfrac{\partial z}{\partial y}\right)$, 求 $\dfrac{\partial u}{\partial x}$.

8. 设 $x=\mathrm{e}^u\cos v, y=\mathrm{e}^u\sin v, z=uv$, 求 $\dfrac{\partial z}{\partial x}$ 和 $\dfrac{\partial z}{\partial y}$.

9. 在曲面 $z=xy$ 上求一点, 使该点处的法线垂直于平面 $x+3y+z+9=0$, 并写出法线的方程.

10. 求函数 $z=1-\left(\dfrac{x^2}{a^2}+\dfrac{y^2}{b^2}\right)$ 在点 $\left(\dfrac{a}{\sqrt{2}},\dfrac{b}{\sqrt{2}}\right)$ 处沿曲线 $\dfrac{x^2}{a^2}+\dfrac{y^2}{b^2}=1$ 在该点的内法线方向的方向导数.

11. 设函数 $u(x, y)=x^2-xy+y^2$, 点 $P(1, 1)$, 求:

(1) $u(x, y)$在点 P 处增加最快的方向及沿这个方向的方向导数;

(2) $u(x, y)$在点 P 处减少最快的方向及沿这个方向的方向导数;

(3) $u(x, y)$在点 P 处变化率为零的方向.

12. 设某电视机厂生产一台电视机的成本为 c, 每台电视机的销售价格为 p, 销售量为 x, 假设该厂的生产处于平衡状态, 即生产量等于销售量. 根据市场预测, x 与 p 满足关系 $x=M\mathrm{e}^{-ap}$ $(M>0, a>0)$, 其中 M 是最大市场需求量, a 是价格系数. 又据对生产环节的分析, 预测每台电视机的生产成本满足 $c=c_0-k\ln x$ $(k>0, x>1)$, 其中 c_0 是生产一台电视机的成本, k 是规模系数. 问应如何确定每台电视机的售价 p, 才能使该厂获得最大利润?

第 10 章　重　积　分

重积分是一元函数定积分概念在多元函数中的推广. 在一元函数积分学中, 通过"大化小, 常代变, 近似和, 取极限"这种方法定义了定积分. 在本章, 将这种方法推广到定义在区域上多元函数的情形, 得到重积分的概念.

本章将介绍重积分的概念、计算方法及它们的一些应用.

10.1　二重积分的概念与性质

10.1.1　二重积分的概念

下面通过两个具体的例子, 引出二重积分的定义.

1. 曲顶柱体的体积

曲顶柱体是指这样的立体, 它的底是 xOy 面上的一个有界闭区域 D, 其侧面是以 D 的边界曲线为准线、母线平行于 z 轴的柱面, 其顶部是在区域 D 上连续函数

$$z=f(x,y),\quad f(x,y)\geqslant 0$$

所表示的曲面(图 10.1.1).

现在讨论如何计算曲顶柱体的体积.

1) 大化小

分割闭区域 D 为 n 个小闭区域 $\Delta\sigma_1,\Delta\sigma_2,\cdots,\Delta\sigma_n$. 同时也用 $\Delta\sigma_i$ 表示第 i 个小闭区域的面积, 用 λ_i 表示区域 $\Delta\sigma_i$ 的直径(区域上任意两点间距离的最大值). 分别以这 n 个小闭区域为底, 以小闭区域的边界曲线为准线, 作母线平行于 z 轴的柱面, 这些柱面把原来的曲顶柱体分为 n 个小曲顶柱体(图 10.1.2).

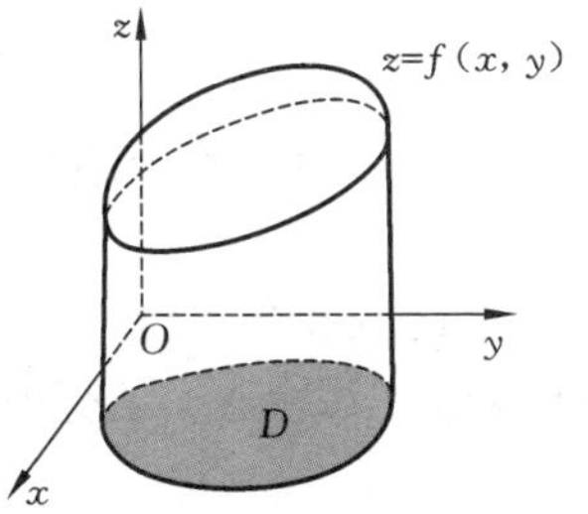

图 10.1.1

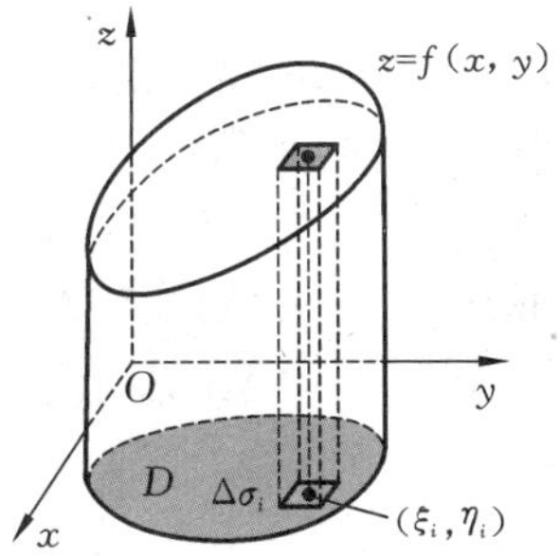

图 10.1.2

2) 常代变

在每个 $\Delta\sigma_i$ 中任取一点(ξ_i, η_i)，以 $f(\xi_i, \eta_i)$为高，而底面积为 $\Delta\sigma_i$ 的平顶柱体的体积为 $f(\xi_i,\eta_i)\Delta\sigma_i(i=1,2,\cdots,n)$.

3) 近似和

这 n 个平顶柱体体积之和为

$$\sum_{i=1}^{n} f(\xi_i,\eta_i)\Delta\sigma_i\,,$$

这就是整个曲顶柱体体积的近似值.

4) 取极限

令 $\lambda=\max\{\lambda_i\,|\,i=1,2,\cdots,n\}$，当 $\lambda\to 0$ 时，上述和式的极限就是曲顶柱体的体积，即

$$V=\lim_{\lambda\to 0}\sum_{i=1}^{n} f(\xi_i,\eta_i)\Delta\sigma_i.$$

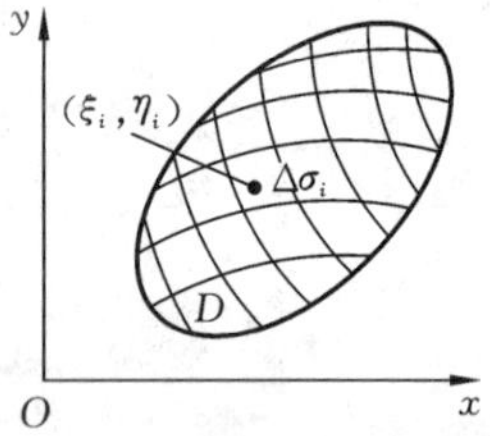

图 10.1.3

2. 平面薄片的质量

设有一平面薄片(图 10.1.3)占有 xOy 面上的闭区域 D，它在点(x, y)处的面密度为 $\rho(x, y)$，这里 $\rho(x, y)>0$ 且在 D 上连续. 求该薄片的质量 M.

下面还是采用“大化小，常代变，近似和，取极限”这种方法求薄片的质量.

先分割闭区域 D 为 n 个小区域 $\Delta\sigma_1,\Delta\sigma_2,\cdots,\Delta\sigma_n$. 当这些小区域的直径很小时，由于 $\rho(x, y)$的连续性，各小块薄片的质量近似地看成均匀薄片的质量，第 i 个小块薄片的质量近似值为

$$\rho(\xi_i,\eta_i)\Delta\sigma_i\,.$$

各小块质量的和作为平面薄片的质量的近似值，即

$$M\approx\sum_{i=1}^{n}\rho(\xi_i,\eta_i)\Delta\sigma_i\,.$$

取极限，得到平面薄片的质量

$$M=\lim_{\lambda\to 0}\sum_{i=1}^{n}\rho(\xi_i,\eta_i)\Delta\sigma_i.$$

式中: λ 是 n 个小区域的直径的最大值.

上面两个问题的实际意义虽然不同，但所求的量都归结为同一形式的和的极限，从这种和的极限，抽象出下述二重积分的定义.

定义 10.1.1 设 $f(x, y)$是有界闭区域 D 上的有界函数. 将闭区域 D 任意分成 n 个小闭区域 $\Delta\sigma_1,\Delta\sigma_2,\cdots,\Delta\sigma_n$，其中 $\Delta\sigma_i$ 表示第 i 个小区域，也表示它的面积. 在每个 $\Delta\sigma_i$ 上任取一点(ξ_i, η_i)，作和

$$\sum_{i=1}^{n} f(\xi_i,\eta_i)\Delta\sigma_i.$$

若当各小闭区域的直径中的最大值 λ 趋于零时，该和式的极限总存在，则称此极限为函数 $f(x,y)$在闭区域 D 上的**二重积分**，记作 $\iint\limits_D f(x,y)\mathrm{d}\sigma$，即

$$\iint\limits_D f(x,y)\mathrm{d}\sigma=\lim_{\lambda\to 0}\sum_{i=1}^{n} f(\xi_i,\eta_i)\Delta\sigma_i . \tag{10.1.1}$$

$f(x,y)$叫做**被积函数**，$f(x,y)\mathrm{d}\sigma$ 叫做**被积表达式**，$\mathrm{d}\sigma$ 叫做**面积元素**，x、y 叫做**积分变量**，D 叫做**积分区域**，$\sum\limits_{i=1}^{n} f(\xi_i,\eta_i)\Delta\sigma_i$ 叫做**积分和式**.

在直角坐标系中，常用平行于 x 轴和 y 轴的直线把区域 D 分割成小矩形，它的边长是 Δx 和 Δy，则 $\Delta\sigma=\Delta x\cdot\Delta y$，因此在直角坐标系中，有时也把面积元素 $\mathrm{d}\sigma$ 记作 $\mathrm{d}x\mathrm{d}y$，而把二重积分记作

$$\iint\limits_D f(x,y)\mathrm{d}x\mathrm{d}y,$$

其中 $\mathrm{d}x\mathrm{d}y$ 叫做**直角坐标系中的面积元素**.

由二重积分的定义，曲顶柱体的体积为

$$V=\iint\limits_D f(x,y)\mathrm{d}x\mathrm{d}y,$$

平面薄片的质量为

$$M=\iint\limits_D \rho(x,y)\mathrm{d}x\mathrm{d}y.$$

二重积分的存在性：可以证明(略)，当 $f(x,y)$在闭区域 D 上连续时，式(10.1.1)右端的和的极限是存在的，即 $f(x,y)$在闭区域 D 上的二重积分存在. 总假定函数 $f(x,y)$在闭区域 D 上连续，所以 $f(x,y)$在 D 上的二重积分都是存在的.

二重积分的几何意义：若 $f(x,y)\geqslant 0$，则二重积分的几何意义就是曲顶柱体的体积. 若 $f(x,y)$为负，则曲顶柱体就在 xOy 面的下方，二重积分就是曲顶柱体体积的负值. 若 $f(x,y)$在一部分区域上是正的，另一部分区域上是负的，则 $f(x,y)$在 D 上的二重积分等于 xOy 面上方的柱体体积减去 xOy 面下方的柱体体积.

例 10.1.1 根据二重积分的几何意义求 $\iint\limits_D \sqrt{R^2-x^2-y^2}\,\mathrm{d}x\mathrm{d}y$，其中 D: $x^2+y^2\leqslant R^2$.

解 根据二重积分的几何意义知，该积分表示曲顶为上半球面 $z=\sqrt{R^2-x^2-y^2}$，底为圆面 $x^2+y^2\leqslant R^2$ 的上半球体的体积，即

$$\iint\limits_D \sqrt{R^2-x^2-y^2}\,\mathrm{d}x\mathrm{d}y=\frac{1}{2}\cdot\frac{4}{3}\pi R^3=\frac{2}{3}\pi R^3.$$

10.1.2 二重积分的性质

二重积分与定积分的性质类似.

性质 10.1.1 设 c_1、c_2 为常数，则

$$\iint_D [c_1 f(x,y)+c_2 g(x,y)]\mathrm{d}\sigma = c_1\iint_D f(x,y)\mathrm{d}\sigma + c_2\iint_D g(x,y)\mathrm{d}\sigma .$$

性质 10.1.2 若闭区域 D 被有限条曲线分为有限个部分闭区域, 则在 D 上的二重积分等于在各部分闭区域上的二重积分的和. 例如, D 分为两个闭区域 D_1 与 D_2, 则

$$\iint_D f(x,y)\mathrm{d}\sigma = \iint_{D_1} f(x,y)\mathrm{d}\sigma + \iint_{D_2} f(x,y)\mathrm{d}\sigma .$$

这个性质表示二重积分对于积分区域具有可加性.

性质 10.1.3 若在 D 上, $f(x, y) = 1$, σ 为 D 的面积, 则

$$\iint_D 1\cdot\mathrm{d}\sigma = \iint_D \mathrm{d}\sigma = \sigma .$$

性质 10.1.4 若在 D 上, $f(x, y)\leqslant g(x, y)$, 则有不等式

$$\iint_D f(x,y)\mathrm{d}\sigma \leqslant \iint_D g(x,y)\mathrm{d}\sigma .$$

特殊地, 由于 $-|f(x, y)|\leqslant f(x, y)\leqslant |f(x, y)|$, 由性质 10.1.4, 得

$$-\iint_D |f(x,y)|\mathrm{d}\sigma \leqslant \iint_D f(x,y)\mathrm{d}\sigma \leqslant \iint_D |f(x,y)|\mathrm{d}\sigma ,$$

于是得到

$$\left|\iint_D f(x,y)\mathrm{d}\sigma\right| \leqslant \iint_D |f(x,y)|\mathrm{d}\sigma .$$

性质 10.1.5 设 M、m 分别是 $f(x, y)$ 在闭区域 D 上的最大值和最小值, σ 为 D 的面积, 则有

$$m\sigma \leqslant \iint_D f(x,y)\mathrm{d}\sigma \leqslant M\sigma .$$

性质 10.1.6(二重积分的中值定理) 设函数 $f(x, y)$ 在闭区域 D 上连续, σ 为 D 的面积, 则在 D 上至少存在一点 (ξ, η) 使得

$$\iint_D f(x,y)\mathrm{d}\sigma = f(\xi,\eta)\sigma .$$

证 显然 $\sigma\neq 0$. 把性质 10.1.5 中的不等式各除以 σ, 有

$$m\leqslant \frac{1}{\sigma}\iint_D f(x,y)\mathrm{d}\sigma \leqslant M .$$

根据闭区域上连续函数的介值定理, 在 D 上至少存在一点 (ξ, η), 使得

$$\frac{1}{\sigma}\iint_D f(x,y)\mathrm{d}\sigma = f(\xi,\eta),$$

即

$$\iint_D f(x,y)\mathrm{d}\sigma = f(\xi,\eta)\sigma.$$

性质 10.1.7 设函数 $f(x, y)$ 在有界闭区域 D 上连续, 区域 D 关于 y 轴对称, $f(x, y)$ 关于 x 为奇函数[即 $f(-x, y) = -f(x, y)$]或者偶函数[即 $f(-x, y) = f(x, y)$], 则有

$$\iint\limits_D f(x,y)\mathrm{d}\sigma=\begin{cases}0, & f(x,y)\text{关于}x\text{为奇函数},\\ 2\iint\limits_{D_1} f(x,y)\mathrm{d}x\mathrm{d}y, & f(x,y)\text{关于}x\text{为偶函数},\end{cases}$$

这里 D_1 是 D 的 $x\geqslant 0$ 的部分区域.

区域 D 关于 x 轴对称, $f(x, y)$关于 y 为奇函数或者偶函数, 则有

$$\iint\limits_D f(x,y)\mathrm{d}\sigma=\begin{cases}0, & f(x,y)\text{关于}y\text{为奇函数},\\ 2\iint\limits_{D_1} f(x,y)\mathrm{d}x\mathrm{d}y, & f(x,y)\text{关于}y\text{为偶函数},\end{cases}$$

这里 D_1 是 D 的 $y\geqslant 0$ 的部分区域.

例 10.1.2 设 D 是由 $y=x$、$x=-1$、$y=1$ 围成的区域, $f(x^2+y^2)$ 是 D 上的连续函数, 求 $\iint\limits_D [1+xyf(x^2+y^2)]\mathrm{d}x\mathrm{d}y$.

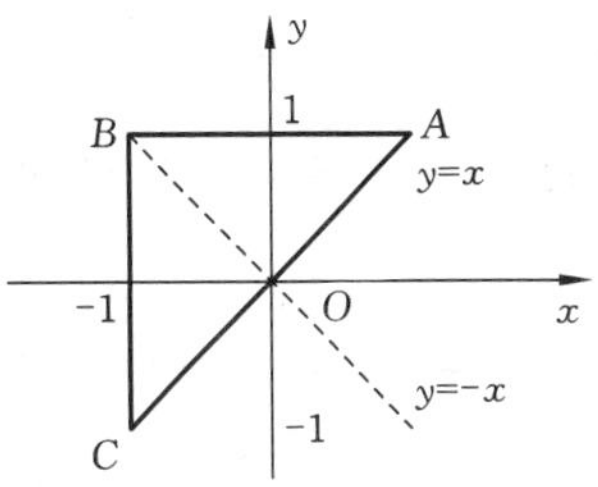

图 10.1.4

解 用曲线 $y=-x$ 将区域 D 分为 $\triangle AOB$ 和 $\triangle BOC$ (图 10.1.4), $\triangle BOC$ 关于 x 轴对称, 函数 $xyf(x^2+y^2)$关于 y 为奇函数, $\iint\limits_{\triangle BOC} xyf(x^2+y^2)\mathrm{d}x\mathrm{d}y=0$. $\triangle AOB$ 关于 y 轴对称, 函数 $xyf(x^2+y^2)$ 关于 x 为奇函数,

$$\iint\limits_{\triangle AOB} xyf(x^2+y^2)\mathrm{d}x\mathrm{d}y=0,$$

则

$$\text{原式}=\iint\limits_D 1\mathrm{d}x\mathrm{d}y+\iint\limits_{\triangle BOC} xyf(x^2+y^2)\mathrm{d}x\mathrm{d}y+\iint\limits_{\triangle AOB} xyf(x^2+y^2)\mathrm{d}x\mathrm{d}y=\sigma+0+0=2,$$

σ 表示 D 的面积.

习 题 10.1

1. 设 $f(t)$为连续函数, 则由平面 $z=0$、柱面 $x^2+y^2=1$ 和曲面 $z=[f(xy)]^2$ 所围立体的体积可用二重积分表示为____________________.

2. 设 D_1 是由 x 轴、y 轴及直线 $x+y=1$ 所围成的有界闭区域, f 是区域 D: $|x|+|y|\leqslant 1$ 上的连续函数, 则二重积分 $\iint\limits_D f(x^2,y^2)\mathrm{d}x\mathrm{d}y=$__________$\iint\limits_{D_1} f(x^2,y^2)\mathrm{d}x\mathrm{d}y$.

3. 根据二重积分的性质, 比较 $\iint\limits_D \ln(x+y)\mathrm{d}x\mathrm{d}y$ 与 $\iint\limits_D [\ln(x+y)]^2\mathrm{d}x\mathrm{d}y$ 的大小, 其中:

(1) D 表示以(0, 1)、(1, 0)、(1, 1)为顶点的三角形;

(2) D 表示矩形区域 $D=\{(x,y)|0\leqslant x\leqslant 2, 3\leqslant y\leqslant 5\}$.

4. 利用二重积分的性质估计下列积分的值.

(1) $I=\iint\limits_D xy(x+y)\mathrm{d}\sigma$, 其中 $D=\{(x, y)|0\leqslant x\leqslant 1, 0\leqslant y\leqslant 1\}$;

(2) $I=\iint\limits_D (x^2+4y^2+9)\mathrm{d}\sigma$，其中 $D=\{(x,y)|0\leqslant x^2+y^2\leqslant 4\}$.

5. 由二重积分的几何意义, 求下列二重积分的值.

(1) $\iint\limits_D (1-x-y)\mathrm{d}\sigma$，其中 D 为直线 $x+y=1$ 与两坐标轴在第一象限所围平面区域;

(2) $\iint\limits_D (a-\sqrt{x^2+y^2})\mathrm{d}x\mathrm{d}y$，其中 $D=\{(x,y)|x^2+y^2\leqslant a^2\}$.

6. 设 $f(x,y)$ 为连续函数, 求 $\lim\limits_{r\to 0}\dfrac{1}{r^2}\iint\limits_D f(x,y)\mathrm{d}x\mathrm{d}y, D=\{(x,y)|-r\leqslant x\leqslant r,-r\leqslant y\leqslant r\}$.

10.2 二重积分的计算法

10.2.1 利用直角坐标计算二重积分

在几何上, 当被积函数 $f(x,y)\geqslant 0$ 时, 二重积分 $\iint\limits_D f(x,y)\mathrm{d}\sigma$ 表示以曲面 $z=f(x,y)$ 为顶, 以区域 D 为底的曲顶柱体的体积. 下面用上册 6.2.2 中“平行截面面积为已知的立体图形的体积”的计算方法分两种情况来求曲顶柱体的体积.

(1) 若 $D=\{(x,y)|a\leqslant x\leqslant b, \varphi_1(x)\leqslant y\leqslant \varphi_2(x)\}$, 其中函数 $\varphi_1(x)$、$\varphi_2(x)$ 在区间 $[a,b]$ 上连续, 则称该区域 D 为 **X 型区域**, 如图 10.2.1 所示.

首先讨论区域 D 为 X 型区域时, 曲顶柱体体积的计算.

用平行于 yOz 面的平面 $x=x_0\ (a\leqslant x_0\leqslant b)$ 去截曲顶柱体, 得一截面, 该截面是平面 $x=x_0$ 上以区间 $[\varphi_1(x_0),\varphi_2(x_0)]$ 为底、以曲线 $z=f(x_0,y)$ 为曲边的变高矩形(图 10.2.2), 所以这截面的面积为

$$A(x_0)=\int_{\varphi_1(x_0)}^{\varphi_2(x_0)} f(x_0,y)\mathrm{d}y.$$

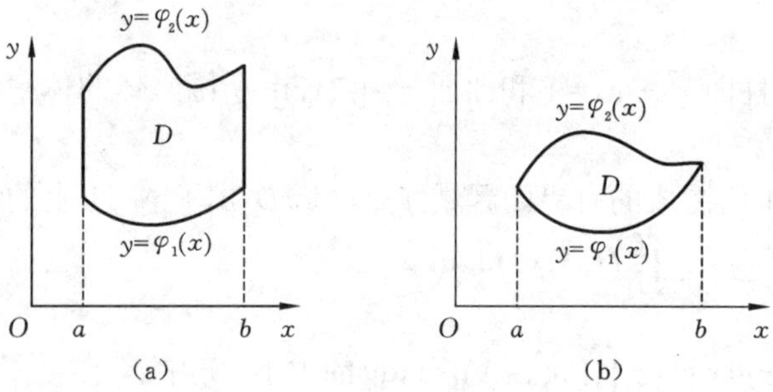

图 10.2.1

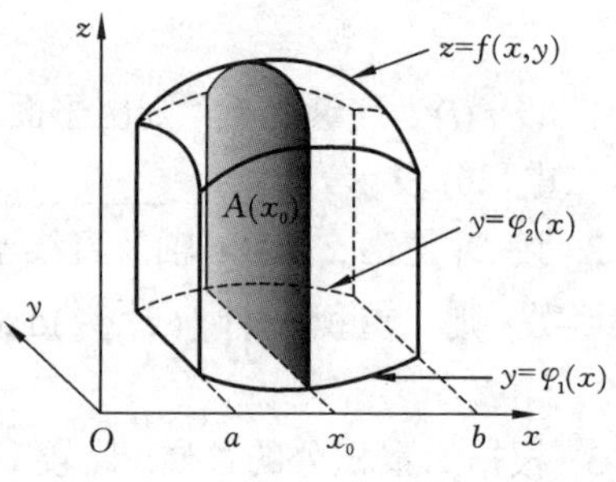

图 10.2.2

一般地, 过区间 $[a,b]$ 上任一点 x 且平行于 yOz 面的平面, 截曲顶柱体的截面面积为

$$A(x)=\int_{\varphi_1(x)}^{\varphi_2(x)} f(x,y)\mathrm{d}y.$$

利用平行截面面积为已知的立体体积计算公式, 于是得曲顶柱体的体积为

$$V=\int_a^b A(x)\mathrm{d}x=\int_a^b\left[\int_{\varphi_1(x)}^{\varphi_2(x)} f(x,y)\mathrm{d}y\right]\mathrm{d}x.$$

从而

$$V=\iint_D f(x,y)\mathrm{d}\sigma=\int_a^b\left[\int_{\varphi_1(x)}^{\varphi_2(x)} f(x,y)\mathrm{d}y\right]\mathrm{d}x.$$

上式习惯将 $\int_a^b\left[\int_{\varphi_1(x)}^{\varphi_2(x)} f(x,y)\mathrm{d}y\right]\mathrm{d}x$ 记为 $\int_a^b\mathrm{d}x\int_{\varphi_1(x)}^{\varphi_2(x)} f(x,y)\mathrm{d}y$，即

$$\iint_D f(x,y)\mathrm{d}\sigma=\int_a^b\left[\int_{\varphi_1(x)}^{\varphi_2(x)} f(x,y)\mathrm{d}y\right]\mathrm{d}x=\int_a^b\mathrm{d}x\int_{\varphi_1(x)}^{\varphi_2(x)} f(x,y)\mathrm{d}y.$$

即二重积分的计算可化为先对 y、再对 x 的两次定积分来进行计算，上式右端称为先对 y、后对 x 的**累次积分**或者**二次积分**.

在上面讨论中，假定了 $f(x,y)\geqslant 0$，事实上，没有这个条件，上面的公式仍然成立.

(2) 若 $D=\{(x,y)|c\leqslant y\leqslant d,\psi_1(y)\leqslant x\leqslant\psi_2(y)\}$，其中函数 $\psi_1(y)$、$\psi_2(y)$在区间$[c,d]$上连续，则称区域 D 为 **Y 型区域**，如图 10.2.3 所示.

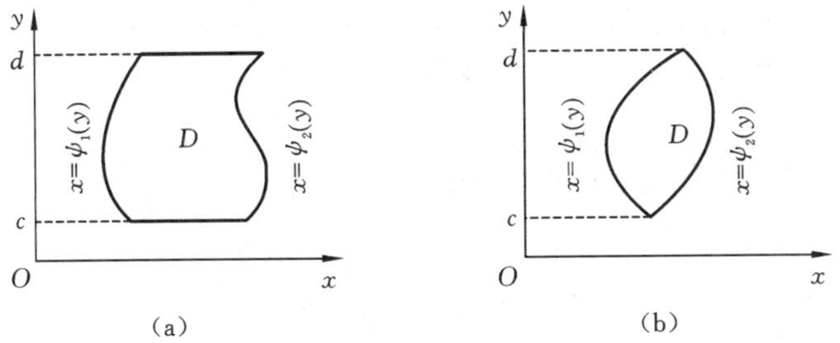

图 10.2.3

当区域 D 为 Y 型区域时，类似于(1)的讨论，可得到先对 x、后对 y 的二次积分

$$\iint_D f(x,y)\mathrm{d}\sigma=\int_c^d\mathrm{d}y\int_{\psi_1(y)}^{\psi_2(y)} f(x,y)\mathrm{d}x.$$

(3) 若区域 D 既是 X 型区域又是 Y 型区域，则两种计算方法都成立，即

$$\iint_D f(x,y)\mathrm{d}\sigma=\int_a^b\mathrm{d}x\int_{\varphi_1(x)}^{\varphi_2(x)} f(x,y)\mathrm{d}y=\int_c^d\mathrm{d}y\int_{\psi_1(y)}^{\psi_2(y)} f(x,y)\mathrm{d}x.$$

上式表明，同一个二重积分可以有不同积分次序的两种表示法.

在上面讨论中，对区域 D 都做了一定的限制，如 X 型区域或者 Y 型区域. 如果 D 的形状比较复杂(图 10.2.4)，可将 D 分割为若干子域，使得每个子域成为 X 型区域或者 Y 型区域，在子域上可将二重积分化为二次积分，然后应用二重积分对积分区域的可加性，把它们相加即可.

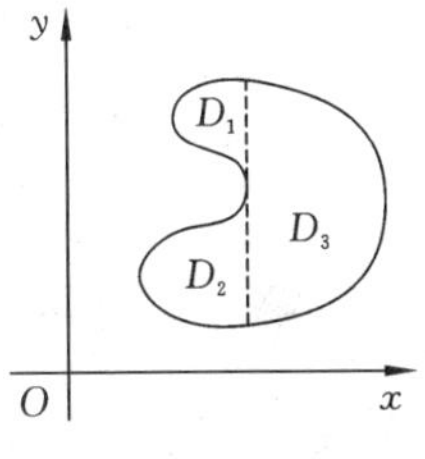

图 10.2.4

例 10.2.1 计算 $\iint\limits_D xy\mathrm{d}\sigma$，其中 D 为直线 $y=x$ 与抛物线 $y^2=x$ 所围成的闭区域.

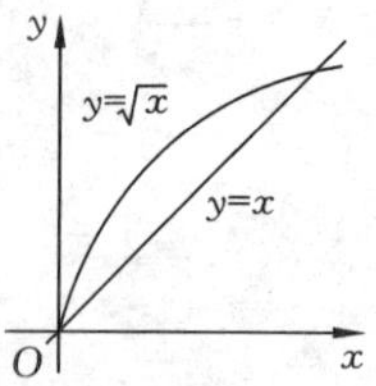

图 10.2.5

解 画出区域 D(图 10.2.5)，求出 $y=x$ 与 $x=y^2$ 的交点(0, 0)及(1, 1).

方法一 把 D 看成是 X 型区域：$0\leqslant x\leqslant 1$，$x\leqslant y\leqslant\sqrt{x}$．于是

$$\iint\limits_D xy\mathrm{d}\sigma=\int_0^1 x\mathrm{d}x\int_x^{\sqrt{x}} y\mathrm{d}y=\int_0^1\frac{x}{2}\cdot(y^2)\Big|_x^{\sqrt{x}}\mathrm{d}x$$

$$=\frac{1}{2}\int_0^1(x^2-x^3)\mathrm{d}x=\frac{1}{24}.$$

方法二 也可把 D 看成是 Y 型区域：$0\leqslant y\leqslant 1, y^2\leqslant x\leqslant y$. 于是

$$\iint\limits_D xy\mathrm{d}\sigma=\int_0^1 y\mathrm{d}y\int_{y^2}^{y} x\mathrm{d}x=\int_0^1\frac{y}{2}\cdot(x^2)\Big|_{y^2}^{y}\mathrm{d}y=\frac{1}{2}\int_0^1(y^3-y^5)\mathrm{d}y=\frac{1}{24}.$$

例 10.2.2 计算 $\iint\limits_D y\sqrt{1+x^2-y^2}\,\mathrm{d}\sigma$，其中 D 是由直线 $y=x$、$x=-1$ 和 $y=1$ 所围成的闭区域.

解 画出区域 D，如图 10.2.6 所示，D 既是 X 型区域，又是 Y 型区域.
若将 D 看成 X 型区域，D: $-1\leqslant x\leqslant 1, x\leqslant y\leqslant 1$，得

$$\iint\limits_D y\sqrt{1+x^2-y^2}\,\mathrm{d}\sigma=\int_{-1}^1\mathrm{d}x\int_x^1 y\sqrt{1+x^2-y^2}\,\mathrm{d}y$$

$$=-\frac{1}{3}\int_{-1}^1(1+x^2-y^2)^{\frac{3}{2}}\Big|_x^1\mathrm{d}x$$

$$=-\frac{1}{3}\int_{-1}^1(|x|^3-1)\mathrm{d}x$$

$$=-\frac{2}{3}\int_0^1(x^3-1)\mathrm{d}x=\frac{1}{2}.$$

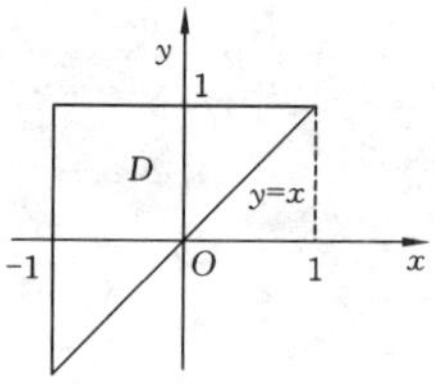

图 10.2.6

若把 D 看成 Y 型区域，D: $-1\leqslant y\leqslant 1, -1\leqslant x\leqslant y$，得

$$\iint\limits_D y\sqrt{1+x^2-y^2}\,\mathrm{d}\sigma=\int_{-1}^1 y\mathrm{d}y\int_{-1}^y\sqrt{1+x^2-y^2}\,\mathrm{d}x.$$

上式关于 x 的积分非常麻烦，所以这题选择先对 y、后对 x 的二次积分计算较为方便.

例 10.2.3 计算 $\iint\limits_D\frac{x^2}{y^2}\mathrm{d}x\mathrm{d}y$，其中 D 由 $xy=2$、$y=1+x^2$、$x=2$ 所围成.

解 积分区域 D 如图 10.2.7 所示．若选择先对 y 积分，则 D: $1\leqslant x\leqslant 2$，$\frac{2}{x}\leqslant y\leqslant 1+x^2$，得到

$$\iint_D \frac{x^2}{y^2}\mathrm{d}x\mathrm{d}y=\int_1^2\mathrm{d}x\int_{\frac{2}{x}}^{1+x^2}\frac{x^2}{y^2}\mathrm{d}y=\int_1^2 x^2\left(\frac{x}{2}-\frac{1}{1+x^2}\right)\mathrm{d}x$$

$$=\left(\frac{x^4}{8}-x+\arctan x\right)\Bigg|_1^2=\frac{7}{8}+\arctan 2-\frac{\pi}{4}.$$

若选择先对 x 积分, 那么当 $1\leqslant y\leqslant 2$ 时, x 的下限是双曲线 $x=\dfrac{2}{y}$, 而当 $2\leqslant y\leqslant 5$ 时, x 的下限是双曲线 $x=\sqrt{y-1}$. 因此需要用直线 $y=2$ 把区域 D 分为 D_1 和 D_2 两部分, 如图 10.2.8 所示.

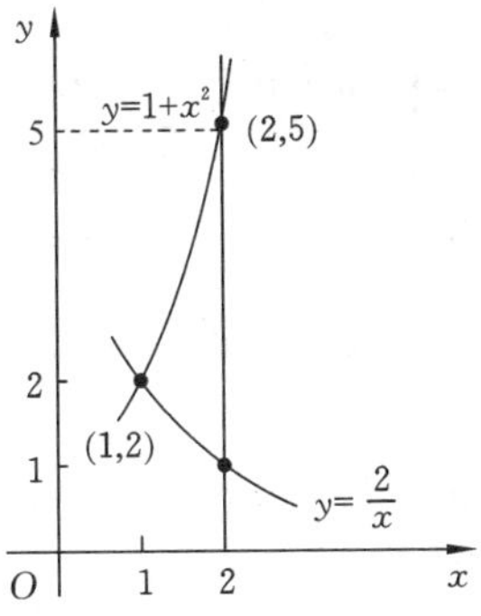

图 10.2.7

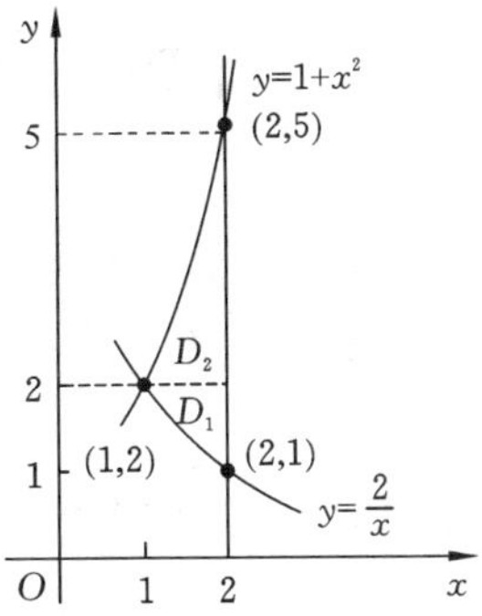

图 10.2.8

D_1: $1\leqslant y\leqslant 2$, $\dfrac{2}{y}\leqslant x\leqslant 2$; D_2: $2\leqslant y\leqslant 5$, $\sqrt{y-1}\leqslant x\leqslant 2$. 则

$$\iint_D \frac{x^2}{y^2}\mathrm{d}x\mathrm{d}y=\iint_{D_1}\frac{x^2}{y^2}\mathrm{d}x\mathrm{d}y+\iint_{D_2}\frac{x^2}{y^2}\mathrm{d}x\mathrm{d}y=\int_1^2\mathrm{d}y\int_{\frac{2}{y}}^2\frac{x^2}{y^2}\mathrm{d}x+\int_2^5\mathrm{d}y\int_{\sqrt{y-1}}^2\frac{x^2}{y^2}\mathrm{d}x.$$

由此可见, 选择先对 x 进行积分比较麻烦.

例 10.2.4 设 $f(x)$在$[a, b]$上连续, 试证明

$$\int_a^b\mathrm{d}x\int_a^x(x-y)^{n-2}f(y)\mathrm{d}y=\frac{1}{n-1}\int_a^b(b-y)^{n-1}f(y)\mathrm{d}y.$$

分析 由于被积函数中的 $f(y)$未知, 上式左端无法先对 y 进行积分运算, 只能考虑转化成先对 x 的积分运算. 先将二次积分还原为二重积分, 根据二次积分的上、下限确定积分区域 D, 并将 D 用另一种形式表示出来, 再将二重积分转化为这种形式下的二次积分.

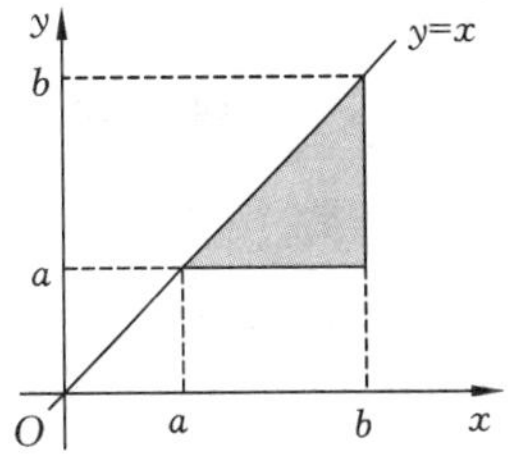

图 10.2.9

证 因为 $\int_a^b\mathrm{d}x\int_a^x(x-y)^{n-2}f(y)\mathrm{d}y=\iint_D(x-y)^{n-2}f(y)\mathrm{d}x\mathrm{d}y$, 其中 D: $a\leqslant x\leqslant b, a\leqslant y\leqslant x$(图 10.2.9). 区域 D 也可表示为: $a\leqslant y\leqslant b, y\leqslant x\leqslant b$, 于是改变积分次序, 得到

$$\iint\limits_D (x-y)^{n-2} f(y)\mathrm{d}x\mathrm{d}y = \int_a^b \mathrm{d}y \int_y^b (x-y)^{n-2} f(y)\mathrm{d}y$$

$$= \frac{1}{n-1}\int_a^b f(y)\cdot(x-y)^{n-1}\Big|_y^b \mathrm{d}y = \frac{1}{n-1}\int_a^b (b-y)^{n-1} f(y)\mathrm{d}y.$$

例 10.2.5 计算 $\iint\limits_D \frac{\sin x}{x}\mathrm{d}\sigma$，其中 D 是由直线 $y=x$、$x=\pi$、$y=0$ 所围成的闭区域.

解 由于 $\frac{\sin x}{x}$ 的原函数不是初等函数，所以不能先对 x 积分，需把 D 看成是 X 型区域：$0\leqslant x\leqslant\pi$, $0\leqslant y\leqslant x$. 于是

$$\iint\limits_D \frac{\sin x}{x}\mathrm{d}\sigma = \int_0^\pi \mathrm{d}x \int_0^x \frac{\sin x}{x}\mathrm{d}y = \int_0^\pi \frac{\sin x}{x}\cdot x\mathrm{d}x = \int_0^\pi \sin x\mathrm{d}x = 2.$$

上述的例子说明，二重积分转化为二次积分时，为了计算简便，需要选择恰当的二次积分的次序. 这时既要考虑积分区域 D 的形状，也要考虑被积函数的特性，若遇到 $\int\frac{\sin x}{x}\mathrm{d}x$、$\int\sin\frac{1}{x}\mathrm{d}x$、$\int\sin x^2\mathrm{d}x$、$\int\cos x^2\mathrm{d}x$、$\int \mathrm{e}^{x^2}\mathrm{d}x$、$\int\mathrm{e}^{-x^2}\mathrm{d}x$、$\int\mathrm{e}^{\frac{1}{x}}\mathrm{d}x$、$\int\frac{1}{\ln x}\mathrm{d}x$ 等时，则一定后积分.

10.2.2 利用极坐标计算二重积分

有些二重积分，积分区域 D 的边界用极坐标方程表示较为方便，被积函数用极坐标方程表示较为简单，可以考虑利用极坐标计算二重积分.

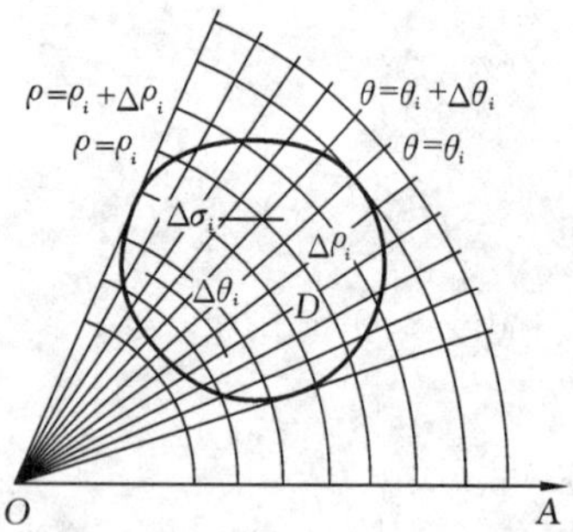

图 10.2.10

1. 变换公式

按照二重积分的定义有

$$\iint\limits_D f(x,y)\mathrm{d}\sigma = \lim_{\lambda\to 0}\sum_{i=1}^n f(\xi_i,\eta_i)\Delta\sigma_i.$$

现研究这一和式极限在极坐标中的形式. 如图 10.2.10 所示，用以极点为中心的一族同心圆($\rho=$ 常数)及从极点出发的一族射线($\theta=$ 常数)，将 D 剖分成一些小闭区域. 除了包含边界点的一些小闭区域外，小闭区域 $\Delta\sigma_i$ 的面积可计算如下：

$$\Delta\sigma_i = \frac{1}{2}(\rho_i+\Delta\rho_i)^2\cdot\Delta\theta_i - \frac{1}{2}\rho_i^2\cdot\Delta\theta_i = \frac{1}{2}(2\rho_i+\Delta\rho_i)\Delta\rho_i\cdot\Delta\theta_i$$

$$= \frac{\rho_i+(\rho_i+\Delta\rho_i)}{2}\cdot\Delta\rho_i\cdot\Delta\theta_i = \bar{\rho}_i\cdot\Delta\rho_i\cdot\Delta\theta_i,$$

式中：$\bar{\rho}_i$ 为相邻两圆弧半径的平均值.

在小闭区域 $\Delta\sigma_i$ 上取点 $(\bar{\rho}_i,\bar{\theta}_i)$，设该点直角坐标为$(\xi_i,\eta_i)$，根据直角坐标与极坐标的关系有

$$\xi_i=\bar{\rho}_i\cos\bar{\theta}_i,\quad \eta_i=\bar{\rho}_i\sin\bar{\theta}_i,$$

于是

$$\lim_{\lambda=0}\sum_{i=1}^{n}f(\xi_i,\eta_i)\Delta\sigma_i=\lim_{\lambda=0}\sum_{i=1}^{n}f(\bar{\rho}_i\cos\bar{\theta}_i,\bar{\rho}_i\sin\bar{\theta}_i)\bar{\rho}_i\cdot\Delta\rho_i\cdot\Delta\theta_i,$$

即

$$\iint_D f(x,y)\mathrm{d}\sigma=\iint_D f(\rho\cos\theta,\rho\sin\theta)\rho\mathrm{d}\rho\mathrm{d}\theta.$$

上式称为**二重积分由直角坐标变量变换成极坐标变量的变换公式**，其中，$\rho\mathrm{d}\rho\mathrm{d}\theta$ 就是极坐标系中的**面积元素**.

2. 极坐标系下的二重积分计算法

极坐标系中的二重积分，同样可以化为二次积分来计算，下面分三种情况讨论.

(1) 极点 O 在区域积分 D 外部，如图 10.2.11 所示，区域 D 为下述形式:

$$\alpha\leqslant\theta\leqslant\beta,\quad \varphi_1(\theta)\leqslant\rho\leqslant\varphi_2(\theta),$$

其中函数 $\varphi_1(\theta)$、$\varphi_2(\theta)$在$[\alpha,\beta]$上连续.

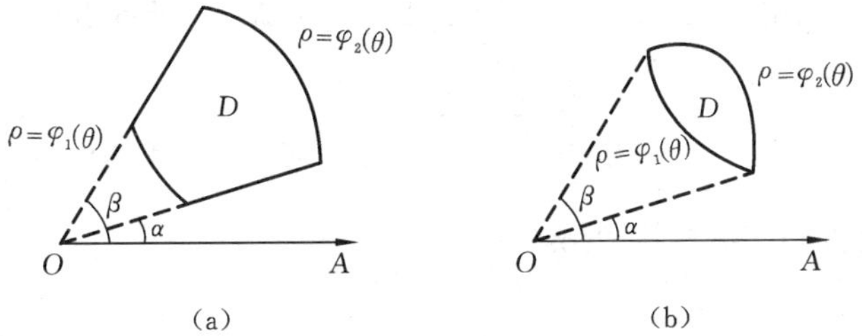

图 10.2.11

极坐标系下的二重积分化为二次积分的公式为

$$\iint_D f(\rho\cos\theta,\rho\sin\theta)\rho\mathrm{d}\rho\mathrm{d}\theta=\int_\alpha^\beta\mathrm{d}\theta\int_{\varphi_1(\theta)}^{\varphi_2(\theta)}f(\rho\cos\theta,\rho\sin\theta)\rho\mathrm{d}\rho.$$

(2) 极点 O 在区域 D 的边界上，如图 10.2.12 所示，积分区域 D 为下述形式:

$$\alpha\leqslant\theta\leqslant\beta,\quad 0\leqslant\rho\leqslant\varphi(\theta),$$

则

$$\iint_D f(\rho\cos\theta,\rho\sin\theta)\rho\mathrm{d}\rho\mathrm{d}\theta=\int_\alpha^\beta\mathrm{d}\theta\int_0^{\varphi(\theta)}f(\rho\cos\theta,\rho\sin\theta)\rho\mathrm{d}\rho.$$

(3) 极点 O 在区域 D 的内部，如图 10.2.13 所示，积分区域 D 为下述形式:

$$0\leqslant\theta\leqslant2\pi,\quad 0\leqslant\rho\leqslant\varphi(\theta),$$

则

$$\iint_D f(\rho\cos\theta,\rho\sin\theta)\rho\mathrm{d}\rho\mathrm{d}\theta=\int_0^{2\pi}\mathrm{d}\theta\int_0^{\varphi(\theta)}f(\rho\cos\theta,\rho\sin\theta)\rho\mathrm{d}\rho.$$

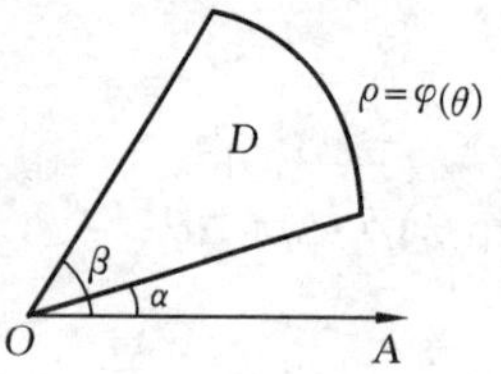

图 10.2.12

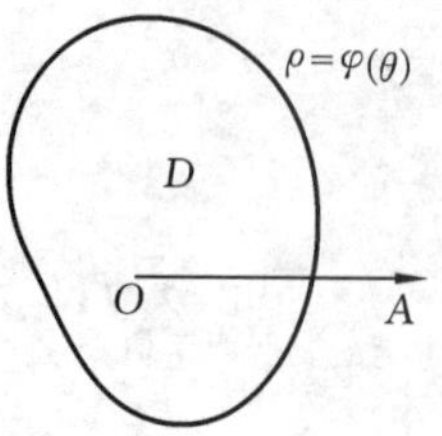

图 10.2.13

3. 使用极坐标变换计算二重积分的原则

(1) 积分区域为圆形、圆环形及其部分区域;

(2) 被积函数具有形如 $f\left(\sqrt{x^2+y^2}\right)$、$f\left(\dfrac{y}{x}\right)$ 的形式等.

例 10.2.6 计算 $\iint\limits_D (x^2+y^2)\mathrm{d}\sigma$, 其中 D 为不等式 $\sqrt{2x-x^2} \leqslant y \leqslant \sqrt{4-x^2}$ 和 $x\geqslant 0$ 所确定的区域.

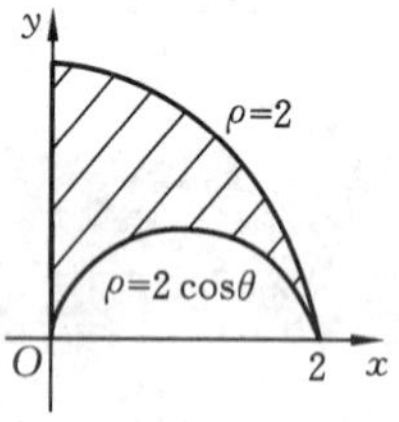

图 10.2.14

解 积分区域 D 是圆域的一部分(图 10.2.14), 被积函数 $f(x,y)=x^2+y^2$, 故采用极坐标系计算, 先把直角坐标系下的曲线方程转化为极坐标系下的方程, 即

$$y=\sqrt{2x-x^2} \Rightarrow \rho=2\cos\theta, \quad y=\sqrt{4-x^2} \Rightarrow \rho=2,$$

此时 $0\leqslant\theta\leqslant\dfrac{\pi}{2}$, $2\cos\theta\leqslant\rho\leqslant 2$. 于是

$$\iint\limits_D (x^2+y^2)\mathrm{d}\sigma=\int_0^{\frac{\pi}{2}}\mathrm{d}\theta\int_{2\cos\theta}^{2}\rho^2\cdot\rho\mathrm{d}\rho=4\int_0^{\frac{\pi}{2}}(1-\cos^4\theta)\mathrm{d}\theta=4\left(\frac{\pi}{2}-\frac{3}{4}\cdot\frac{1}{2}\cdot\frac{\pi}{2}\right)=\frac{5}{4}\pi.$$

例 10.2.7 计算 $\iint\limits_D \mathrm{e}^{-x^2-y^2}\mathrm{d}x\mathrm{d}y$, 其中 D 是由中心在原点, 半径为 a 的圆周所围成的闭区域.

解 在极坐标系中, 闭区域 D 可以表示为 $0\leqslant\rho\leqslant a$, $0\leqslant\theta\leqslant 2\pi$, 从而

$$\iint\limits_D \mathrm{e}^{-x^2-y^2}\mathrm{d}x\mathrm{d}y=\iint\limits_D \mathrm{e}^{-\rho^2}\rho\mathrm{d}\rho\mathrm{d}\theta=\int_0^{2\pi}\mathrm{d}\theta\int_0^{a}\mathrm{e}^{-\rho^2}\rho\mathrm{d}\rho$$

$$=\int_0^{2\pi}\left(-\frac{1}{2}\mathrm{e}^{-\rho^2}\right)\Bigg|_0^a\mathrm{d}\theta=\pi(1-\mathrm{e}^{-a^2}).$$

例 10.2.8 计算二重积分 $\iint\limits_D |x^2+y^2-x|\mathrm{d}x\mathrm{d}y$, 其中区域为 D: $0\leqslant x\leqslant 1$, $0\leqslant y\leqslant x$.

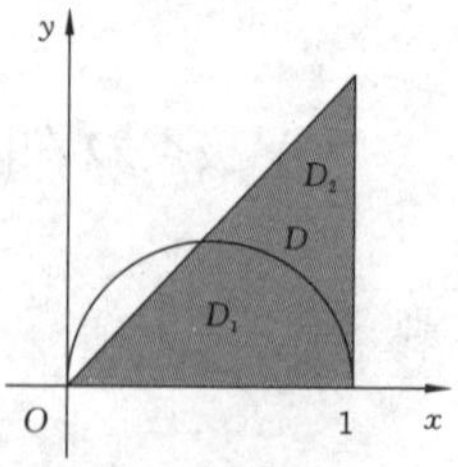

图 10.2.15

分析 由于被积函数在区域 D 中不恒为正或者负, 需要将区域分为两部分, 使每一部分的被积函数保持同一符号, 才能去掉绝对值.

解 在 D 内作圆 $x^2+y^2=x$ 将其分为圆内的部分 D_1 和圆外的部分 D_2(图 10.2.15), 则

$$\iint_D |x^2+y^2-x|\mathrm{d}x\mathrm{d}y=-\iint_{D_1}(x^2+y^2-x)\mathrm{d}x\mathrm{d}y+\iint_{D_2}(x^2+y^2-x)\mathrm{d}x\mathrm{d}y$$

$$=-2\iint_{D_1}(x^2+y^2-x)\mathrm{d}x\mathrm{d}y+\iint_{D}(x^2+y^2-x)\mathrm{d}x\mathrm{d}y.$$

在 D_1 上采用极坐标计算, D_1: $0\leqslant\theta\leqslant\dfrac{\pi}{4}$, $0\leqslant\rho\leqslant\cos\theta$, 于是

$$\iint_{D_1}(x^2+y^2-x)\mathrm{d}x\mathrm{d}y=\int_0^{\frac{\pi}{4}}\mathrm{d}\theta\int_0^{\cos\theta}(\rho^2-\rho\cos\theta)\rho\mathrm{d}\rho=-\frac{1}{12}\int_0^{\frac{\pi}{4}}\cos^4\theta\mathrm{d}\theta$$

$$=-\frac{1}{12}\int_0^{\frac{\pi}{4}}\left(\frac{3}{8}+\frac{1}{2}\cos2\theta+\frac{1}{8}\cos4\theta\right)\mathrm{d}\theta=-\frac{\pi}{128}-\frac{1}{48}.$$

在 D 上采用直角坐标计算得

$$\iint_D(x^2+y^2-x)\mathrm{d}x\mathrm{d}y=\int_0^1\mathrm{d}x\int_0^x(x^2+y^2-x)\mathrm{d}y=\int_0^1\left(x^3+\frac{1}{3}x^3-x^2\right)\mathrm{d}x=0,$$

于是

$$\iint_D|x^2+y^2-x|\mathrm{d}x\mathrm{d}y=-2\left(-\frac{\pi}{128}-\frac{1}{48}\right)+0=\frac{1}{24}+\frac{\pi}{64}.$$

习 题 10.2

1. 利用区域的特点, 将 $\iint_D f(x,y)\mathrm{d}\sigma$ 化为二次积分.

(1) D 由 $x+y=1$、$y-x=1$、$y=0$ 围成;

(2) D 由 $x+y=1$、$x-y=1$、$x=0$ 围成;

(3) D 由 $xy=2$、$y=1+x^2$、$x=2$ 围成;

(4) D 由 $y^2=x$、$y=2-x$ 围成.

2. 改变下列二次积分的积分次序.

(1) $\int_0^1\mathrm{d}y\int_0^y f(x,y)\mathrm{d}x$;

(2) $\int_0^\pi\mathrm{d}x\int_{-\sin\frac{x}{2}}^{\sin x} f(x,y)\mathrm{d}y$;

(3) $\int_0^1\mathrm{d}x\int_0^{\sqrt{2x-x^2}} f(x,y)\mathrm{d}y+\int_1^2\mathrm{d}x\int_0^{2-x} f(x,y)\mathrm{d}y$;

(4) $\int_0^x\mathrm{d}u\int_0^u f(v)\mathrm{d}v$.

3. 计算下列二重积分.

(1) $\iint_D x\sqrt{y}\mathrm{d}\sigma$, D 由 $y=\sqrt{x}$、$y=x^2$ 围成;

(2) $\iint_D (x^2+y^2-x)\mathrm{d}\sigma$, D 由 $y=2$、$y=x$ 及 $y=2x$ 围成;

(3) $\iint\limits_D (x+y)\mathrm{d}\sigma$, D 由 $y=x^2$、$y=4x^2$ 及 $y=1$ 围成;

(4) $\iint\limits_D (x+y)^2\mathrm{d}\sigma$, $D=\{(x,y)\big||x|+|y|\leqslant 1\}$;

(5) $\iint\limits_D |y^2-x|\mathrm{d}\sigma$, $D=\{(x,y)|-1\leqslant x\leqslant 1, 0\leqslant y\leqslant 1\}$.

4. 计算二次积分.

(1) $\int_1^3 \mathrm{d}x\int_{x-1}^2 \sin y^2\mathrm{d}y$;　　(2) $\int_0^2 \mathrm{d}x\int_x^2 \mathrm{e}^{-y^2}\mathrm{d}y$.

5. 化下列二次积分为极坐标系下的二次积分.

(1) $\int_0^1 \mathrm{d}x\int_{1-x}^{\sqrt{1-x^2}} f(x,y)\mathrm{d}y$;　　(2) $\int_0^2 \mathrm{d}x\int_x^{\sqrt{3}x} f(\sqrt{x^2+y^2})\mathrm{d}y$;

(3) $\int_0^1 \mathrm{d}x\int_{-\sqrt{1-x^2}}^{\sqrt{1-x^2}} xf(\arctan\frac{y}{x})\mathrm{d}y$;　　(4) $\int_0^1 \mathrm{d}x\int_0^{x^2} f(x,y)\mathrm{d}y$.

6. 利用极坐标计算二重积分.

(1) $\iint\limits_D \sin\sqrt{x^2+y^2}\mathrm{d}\sigma$, $D=\{(x,y)|\pi^2\leqslant x^2+y^2\leqslant 4\pi^2\}$;

(2) $\iint\limits_D \ln(1+x^2+y^2)\mathrm{d}\sigma$, $D=\{(x,y)|x^2+y^2\leqslant 1, x\geqslant 0, y\geqslant 0\}$;

(3) $\iint\limits_D \frac{x+y}{x^2+y^2}\mathrm{d}\sigma$, $D=\{(x,y)|x^2+y^2\leqslant 1, x+y\geqslant 1\}$;

(4) $\iint\limits_D \arctan\frac{y}{x}\mathrm{d}\sigma$, D 是由 $x^2+y^2=4$、$x^2+y^2=1$ 及直线 $y=0$、$y=x$ 所围成的第一象限内的闭区域.

7. 计算二重积分 $I=\iint\limits_D \frac{1+xy}{1+x^2+y^2}\mathrm{d}x\mathrm{d}y$, 其中 $D=\{(x,y)|x^2+y^2\leqslant 1\}$.

8. 设函数 $y=f(t)$满足 $f(t)=\mathrm{e}^{\pi t^2}+\iint\limits_{x^2+y^2\leqslant t^2} f(\sqrt{x^2+y^2})\mathrm{d}x\mathrm{d}y$, 求:

(1) $f(t)$所满足的微分方程;　(2) $f(t)$.

9. 设$f(u)$为可微分函数, 且$f(0)=0, f'(0)$存在, 证明

$$\lim_{t\to 0^+}\frac{\iint\limits_{x^2+y^2\leqslant t^2} f(\sqrt{x^2+y^2})\mathrm{d}x\mathrm{d}y}{\frac{2}{3}\pi t^3}=f'(0).$$

10.3 三 重 积 分

10.3.1 三重积分的概念

通过二重积分的计算, 解决了平面薄片的质量问题, 类似地, 现在考虑求空间物体的质

量问题. 设一物体占有空间区域 Ω, 在 Ω 上点(x, y, z)处的体密度为 $\rho(x, y, z)$, 求空间区域 Ω 的质量.

仍用“大化小, 常代变, 近似和, 取极限”的方法来解决, 将区域 Ω 任意地分割为 n 个小区域 $\Omega_i\,(i=1,2,\cdots,n)$, Ω_i 的体积记为 Δv_i, 在每个小区域 Ω_i 上任取一点 (ξ_i,η_i,ζ_i), 小区域 Ω_i 的质量近似为 $\rho(\xi_i,\eta_i,\zeta_i)\Delta v_i$, 则空间区域 Ω 的质量为

$$M=\lim_{\lambda\to 0}\sum_{i=1}^{n}\rho(\xi_i,\eta_i,\zeta_i)\Delta v_i .$$

抛开上述实例的物理意义, 有如下定义.

定义 10.3.1 设 $f(x, y, z)$是空间有界闭区域 Ω 上的有界函数. 将 Ω 任意分成 n 个小闭区域 $\Delta v_1,\Delta v_2,\cdots,\Delta v_n$, 其中 Δv_i 表示第 i 个小闭区域, 也表示它的体积. 在每个 Δv_i 上任取一点 (ξ_i,η_i,ζ_i), 作乘积 $f(\xi_i,\eta_i,\zeta_i)\Delta v_i\,(i=1,2,\cdots,n)$, 并作和 $\sum\limits_{i=1}^{n}f(\xi_i,\eta_i,\zeta_i)\Delta v_i$. 若当各小闭区域的直径中的最大值 λ 趋于零时, 则和的极限存在, 称此极限为函数 $f(x, y, z)$在闭区域 Ω 上的**三重积分**, 记作 $\iiint\limits_{\Omega}f(x,y,z)\mathrm{d}v$, 即

$$\iiint\limits_{\Omega}f(x,y,z)\mathrm{d}v=\lim_{\lambda\to 0}\sum_{i=1}^{n}f(\xi_i,\eta_i,\zeta_i)\Delta v_i ,$$

其中 $\iiint\limits_{\Omega}$ 叫做**积分号**, $f(x, y, z)$叫做**被积函数**, $f(x, y, z)\mathrm{d}v$ 叫做**被积表达式**, $\mathrm{d}v$ 叫做**体积元素**, x、y、z 叫做**积分变量**, Ω 叫做**积分区域**.

在直角坐标系中, 若用平行于坐标面的平面来划分 Ω, 则 $\Delta v_i=\Delta x_i\Delta y_i\Delta z_i$, 因此也把体积元素记为 $\mathrm{d}v=\mathrm{d}x\mathrm{d}y\mathrm{d}z$, 三重积分记作

$$\iiint\limits_{\Omega}f(x,y,z)\mathrm{d}v=\iiint\limits_{\Omega}f(x,y,z)\mathrm{d}x\mathrm{d}y\mathrm{d}z .$$

有了三重积分的定义, 密度函数为 $\rho(x, y, z)$的物体质量可表示为

$$M=\iiint\limits_{\Omega}\rho(x,y,z)\mathrm{d}x\mathrm{d}y\mathrm{d}z.$$

如果在区域 Ω 上 $f(x, y, z)=1$, 那么由三重积分定义可知

$$\iiint\limits_{\Omega}1\mathrm{d}v=\iiint\limits_{\Omega}\mathrm{d}v=\Omega\text{的体积}.$$

三重积分的存在性与性质, 与二重积分相类似, 这里不再赘述.

10.3.2 三重积分的计算

与二重积分的计算类似, 计算三重积分的基本方法是化成三次积分. 下面分别讨论不同坐标下将三重积分化成三次积分的方法.

1. 利用直角坐标计算三重积分

假设平行于 z 轴且穿过闭区域 Ω 内部的直线与闭区域的边界曲面 S 的交点不多于两点，把闭区域 Ω 投影到 xOy 面上，得一平面闭区域 D_{xy}. 以 D_{xy} 的边界为准线作平行于 z 轴的柱面. 这柱面与曲面 S 的交线从 S 中分出上、下两部分，它们的方程分别是

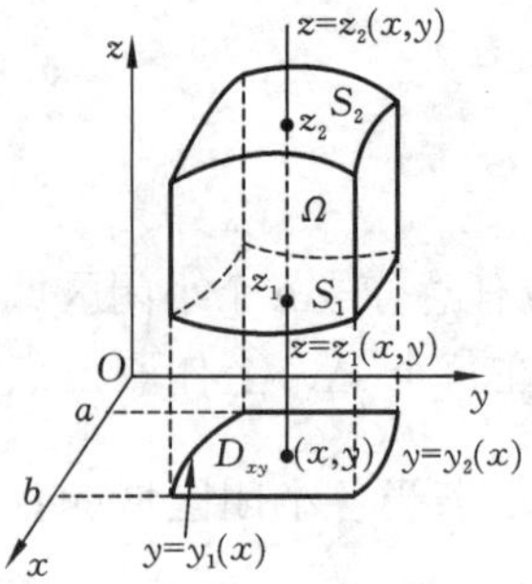

图 10.3.1

$$S_1: z=z_1(x,y),$$
$$S_2: z=z_2(x,y).$$

其中 $z_1(x, y)$ 与 $z_2(x, y)$ 都是 D_{xy} 上的连续函数，且 $z_1(x, y)\leqslant z_2(x, y)$. 在这种情形下积分区域 Ω(图 10.3.1)可以表示为

$$\Omega=\{(x, y, z)|z_1(x, y)\leqslant z\leqslant z_2(x, y), (x, y)\in D_{xy}\}.$$

先将 x、y 看成定值，将 $f(x, y, z)$ 只看成 z 的函数，在区间 $[z_1(x, y), z_2(x, y)]$ 上对 z 积分，积分的结果是 x、y 的函数，记为 $F(x, y)$，即

$$F(x,y)=\int_{z_1(x,y)}^{z_2(x,y)} f(x,y,z)\mathrm{d}z.$$

然后计算 $F(x, y)$ 在闭区域 D_{xy} 上的二重积分

$$\iint_{D_{xy}} F(x,y)\mathrm{d}\sigma=\iint_{D_{xy}}\left[\int_{z_1(x,y)}^{z_2(x,y)} f(x,y,z)\mathrm{d}z\right]\mathrm{d}\sigma.$$

若闭区域 $D_{xy}=\{(x, y)|y_1(x)\leqslant y\leqslant y_2(x), a\leqslant x\leqslant b\}$，把这个二重积分化为二次积分，于是得到三重积分的计算公式

$$\iiint_{\Omega} f(x,y,z)\mathrm{d}v=\int_a^b \mathrm{d}x\int_{y_1(x)}^{y_2(x)}\mathrm{d}y\int_{z_1(x,y)}^{z_2(x,y)} f(x,y,z)\mathrm{d}z.$$

这种计算方法俗称**"先一后二"法**.

例 10.3.1 计算三重积分 $\iiint\limits_{\Omega} xyz\mathrm{d}x\mathrm{d}y\mathrm{d}z$，其中 Ω 为三个坐标面与平面 $x+y+z=1$ 所围成的闭区域.

解 闭区域 Ω 如图 10.3.2 所示，Ω 在 xOy 面上的投影区域为三角形 D，其边界方程为 $y=0$、$x+y=1$、$x=0$，所以 D 可以表示为 $0\leqslant x\leqslant 1$，$0\leqslant y\leqslant 1-x$. 在 D 内任取一点 (x, y)，过此点作平行于 z 轴的直线，该直线通过 $z=0$ 穿入 Ω，然后通过 $z=1-x-y$ 穿出 Ω，所以

$$\begin{aligned}\iiint_{\Omega} xyz\mathrm{d}x\mathrm{d}y\mathrm{d}z&=\iint_D \mathrm{d}x\mathrm{d}y\int_0^{1-x-y} xyz\mathrm{d}z=\frac{1}{2}\iint_D xy(1-x-y)^2\mathrm{d}x\mathrm{d}y\\&=\frac{1}{2}\int_0^1\mathrm{d}x\int_0^{1-x} xy(1-x-y)^2\mathrm{d}y=\frac{1}{720}.\end{aligned}$$

有时，计算一个三重积分也可以化为先计算一个二重积分，再计算一个定积分. 设空间闭区域 $\Omega=\{(x, y, z)|(x, y)\in D_z, a\leqslant z\leqslant b\}$，其中 D_z 是竖坐标为 z 的平面截空间闭区域 Ω 得到的一

个平面闭区域(图 10.3.3)，则有

$$\iiint_{\Omega} f(x,y,z)\mathrm{d}v=\int_a^b \mathrm{d}z\iint_{D_z} f(x,y,z)\mathrm{d}x\mathrm{d}y,$$

这种计算方法称为“**先二后一**”**法**.

例 10.3.2 计算三重积分

$$I=\iiint_{\Omega}(x^2+y^2+z^2)\mathrm{d}x\mathrm{d}y\mathrm{d}z,$$

其中 Ω 是由椭球面 $\frac{x^2}{a^2}+\frac{y^2}{b^2}+\frac{z^2}{c^2}=1$ 所围成的空间闭区域(图 10.3.4).

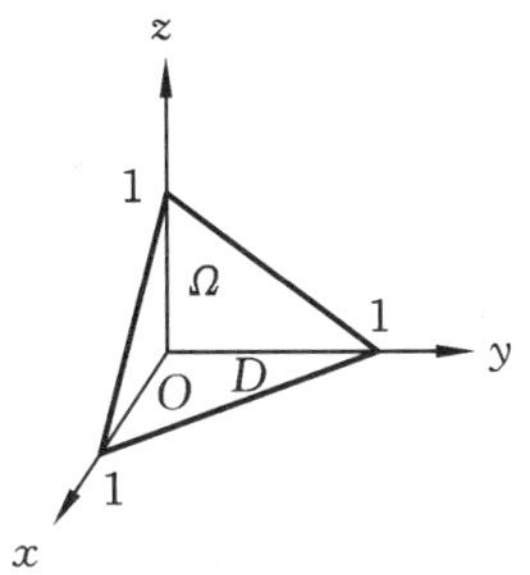

图 10.3.2

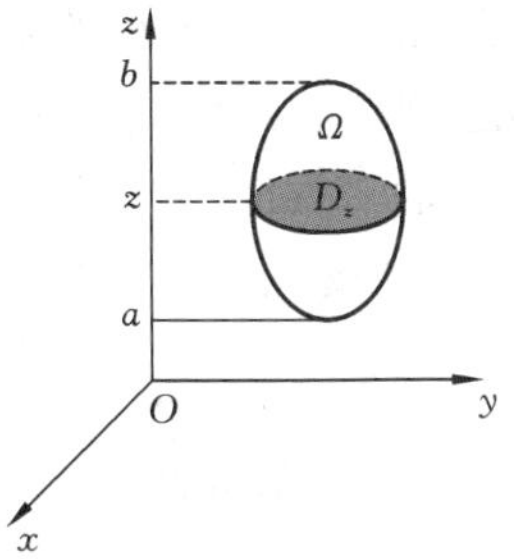

图 10.3.3

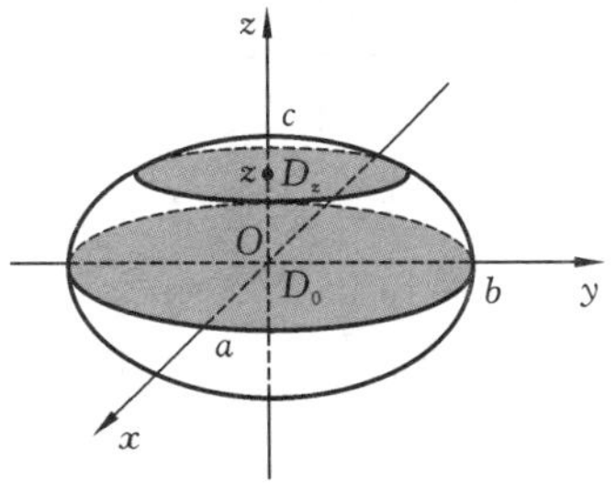

图 10.3.4

解 显然，对于每一个 $z\in[-c,c]$，用平行于 xOy 面的平面 $z=z$ 去截椭球体，得一椭圆 D_z: $\frac{x^2}{a^2\left(1-\frac{z^2}{c^2}\right)}+\frac{y^2}{b^2\left(1-\frac{z^2}{c^2}\right)}\leqslant 1$，它的面积为 $\pi\sqrt{a^2\left(1-\frac{z^2}{c^2}\right)}\sqrt{b^2\left(1-\frac{z^2}{c^2}\right)}=\pi ab\left(1-\frac{z^2}{c^2}\right)$. 根据二重积分的几何意义知 $\iint_{D_z}\mathrm{d}x\mathrm{d}y=\pi ab\left(1-\frac{z^2}{c^2}\right)$，因此

$$\iiint_{\Omega} z^2\mathrm{d}x\mathrm{d}y\mathrm{d}z=\int_{-c}^{c} z^2\mathrm{d}z\iint_{D_z}\mathrm{d}x\mathrm{d}y=\pi ab\int_{-c}^{c}\left(1-\frac{z^2}{c^2}\right)z^2\mathrm{d}z=\frac{4}{15}\pi abc^3.$$

由椭球体的对称性可知

$$\iiint_{\Omega} x^2\mathrm{d}x\mathrm{d}y\mathrm{d}z=\frac{4}{15}\pi a^3bc,$$

$$\iiint_{\Omega} y^2\mathrm{d}x\mathrm{d}y\mathrm{d}z=\frac{4}{15}\pi ab^3c,$$

于是

$$I=\iiint_{\Omega} x^2\mathrm{d}x\mathrm{d}y\mathrm{d}z+\iiint_{\Omega} y^2\mathrm{d}x\mathrm{d}y\mathrm{d}z+\iiint_{\Omega} z^2\mathrm{d}x\mathrm{d}y\mathrm{d}z=\frac{4}{15}\pi abc(a^2+b^2+c^2).$$

从上例的求解过程中，可以看出：

(1) 利用积分区域的对称性和被积函数的轮换对称性，可以简化计算；

(2) 在计算三重积分中，如果被积函数仅是 z 的函数，同时积分区域平行于 xOy 面的截面 D_z 的面积能够借助于几何意义直接求出，这种情况下三重积分的计算适合采用**“先二后一”法**.

2. 利用柱面坐标计算三重积分

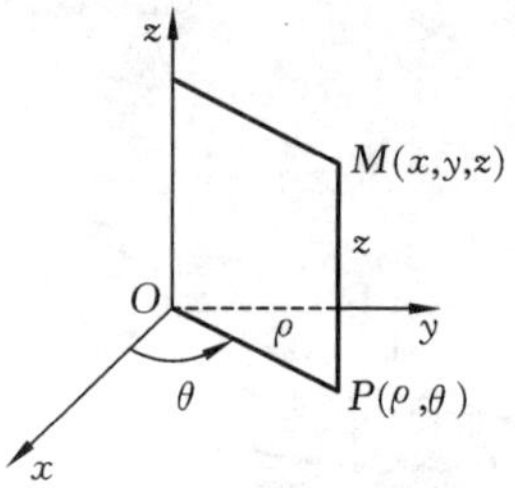

图 10.3.5

设 ρ、θ 为点 $M(x,y,z)$ 在 xOy 面上的投影 P 的极坐标，且 $0\leqslant\rho<+\infty$，$0\leqslant\theta\leqslant2\pi$，$-\infty<z<+\infty$(图 10.3.5)，把 (ρ,θ,z) 叫做点 $M(x,y,z)$ 的**柱面坐标**.

柱面坐标系的三组坐标面分别为

$\rho=$ 常数，即以 z 轴为轴的圆柱面；

$\theta=$ 常数，即过 z 轴的半平面；

$z=$ 常数，即与 xOy 面平行的平面.

点 M 的直角坐标与柱面坐标之间有关系式：

$$\begin{cases}x=\rho\cos\theta\\ y=\rho\sin\theta\\ z=z\end{cases}$$

用三组坐标面 $\rho=$ 常数、$\theta=$ 常数、$z=$ 常数，将 Ω 分割成许多小区域，除了含 Ω 的边界点的一些不规则小区域外，这种小区域都是柱体. 考察由 ρ、θ、z 各取得微小增量 $\mathrm{d}\rho$、$\mathrm{d}\theta$、$\mathrm{d}z$ 所成的柱体，该柱体是底面积为 $\rho\mathrm{d}\rho\mathrm{d}\theta$(极坐标系中的面积元素)、高为 $\mathrm{d}z$ 的柱体，其体积为 $\mathrm{d}v=\rho\mathrm{d}\rho\mathrm{d}\theta\mathrm{d}z$，这便是柱面坐标系下的**体积元素**(图 10.3.6)，从而

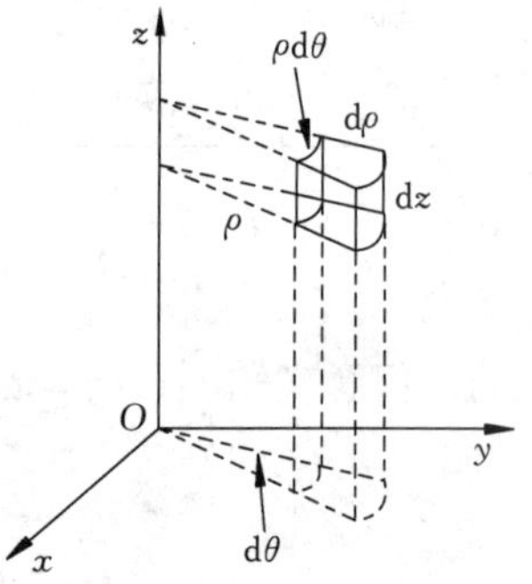

图 10.3.6

$$\iiint\limits_{\Omega}f(x,y,z)\mathrm{d}v=\iiint\limits_{\Omega}f(\rho\cos\theta,\rho\sin\theta,z)\rho\mathrm{d}\rho\mathrm{d}\theta\mathrm{d}z\ .$$

上式就是三重积分由直角坐标变量变换成柱面坐标变量的计算公式. 右端的三重积分计算，也可化为关于积分变量 ρ、θ、z 的三次积分，其积分限要由 ρ、θ、z 在 Ω 中的变化情况来确定.

用柱面坐标 ρ、θ、z 表示积分区域 Ω 的方法.

(1)找出 Ω 在 xOy 面上的投影区域 D_{xy}，并用极坐标变量 ρ、θ 表示；

(2)在 D_{xy} 内任取一点 (ρ,θ)，过此点作平行于 z 轴的直线穿过区域，此直线与 Ω 边界曲面的两交点之竖坐标(将此竖坐标表示成 ρ,θ 的函数)即为 z 的变化范围.

例 10.3.3 求下述立体(图 10.3.7)在柱面坐标下的表示形式.

Ω_1：球面 $x^2+y^2+z^2=1$ 与三坐标面所围成的立体且位于第一卦限内的部分.

Ω_2：由锥面 $z=\sqrt{x^2+y^2}$ 与平面 $z=1$ 所围成的立体.

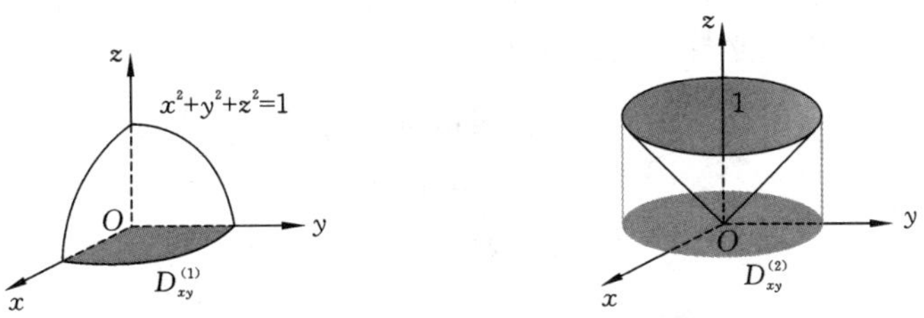

(a) (b)

图 10.3.7

解 Ω_1 在 xOy 面上的投影区域为 $D_{xy}^{(1)}$: $x^2+y^2\leqslant 1$, $x\geqslant 0$, $y\geqslant 0$, 其极坐标下的表示形式为 $0\leqslant\theta\leqslant\dfrac{\pi}{2}$, $0\leqslant\rho\leqslant 1$.

z 在 Ω_1 的变化范围是 $0\leqslant z\leqslant\sqrt{1-x^2-y^2}$，即 $0\leqslant z\leqslant\sqrt{1-\rho^2}$，故

$$\Omega_1\colon 0\leqslant\theta\leqslant\frac{\pi}{2},\quad 0\leqslant\rho\leqslant 1,\quad 0\leqslant z\leqslant\sqrt{1-\rho^2}.$$

Ω_2 在 xOy 面上的投影区域为 $D_{xy}^{(2)}$: $x^2+y^2\leqslant 1$, 其极坐标下的表示形式为

$$0\leqslant\theta\leqslant 2\pi,\quad 0\leqslant\rho\leqslant 1.$$

z 在 Ω_2 的变化范围是 $\sqrt{x^2+y^2}\leqslant z\leqslant 1$, 即 $\rho\leqslant z\leqslant 1$, 故

$$\Omega_2\colon 0\leqslant\theta\leqslant 2\pi,\quad 0\leqslant\rho\leqslant 1,\quad \rho\leqslant z\leqslant 1.$$

例 10.3.4 计算 $I=\iiint\limits_{\Omega}(x^2+y^2+z)\,\mathrm{d}v$，其中 Ω 是由曲线 $\begin{cases}y^2=2z,\\ x=0\end{cases}$ 绕 z 轴旋转一周而成的旋转面与平面 $z=4$ 所围成的立体.

解 旋转面的方程是 $x^2+y^2=2z$, Ω 在 xOy 面上的投影为 D: $x^2+y^2\leqslant 8$, 如图 10.3.8 所示.

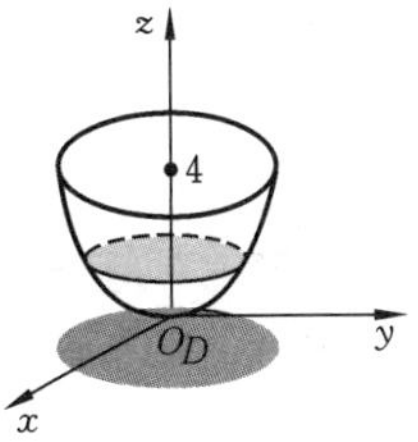

图 10.3.8

在 D 中任取一点作平行于 z 轴的直线, 此直线通过 $x^2+y^2=2z$ 穿入 Ω 内, 然后通过 $z=4$ 穿出. 因此采用柱坐标表示 Ω 为: $0\leqslant\theta\leqslant 2\pi$, $0\leqslant\rho\leqslant 2\sqrt{2}$，$\dfrac{\rho^2}{2}\leqslant z\leqslant 4$, 所以

$$I=\int_0^{2\pi}\mathrm{d}\theta\int_0^{2\sqrt{2}}\rho\mathrm{d}\rho\int_{\frac{\rho^2}{2}}^{4}(\rho^2+z)\mathrm{d}z=2\pi\int_0^{2\sqrt{2}}\left(4\rho^3+8\rho-\frac{5}{8}\rho^5\right)\mathrm{d}\rho=\frac{256}{3}\pi.$$

3. 利用球坐标计算三重积分

设 $M(x,y,z)$为空间直角坐标系 $Oxyz$ 中任一点, 记 r 为向径 $\overrightarrow{OM}$ 的模, θ 为 $\overrightarrow{OM}$ 在 xOy 面上的投影与 x 轴正向的夹角, φ 为 $\overrightarrow{OM}$ 与 z 轴正向的夹角, 如图 10.3.9 所示.

这里 r、φ、θ 的变化范围为 $0\leqslant r<+\infty$, $0\leqslant\varphi\leqslant\pi$, $0\leqslant\theta\leqslant 2\pi$. (r,φ,θ)称为点 $M(x,y,z)$的**球面坐标**.

点 M 的直角坐标与球面坐标间的关系为

$$\begin{cases}x=r\sin\varphi\cos\theta,\\ y=r\sin\varphi\sin\theta,\\ z=r\cos\varphi.\end{cases}$$

球面坐标系的三组坐标面分别为

r = 常数，是以原点为球心的球面；

φ = 常数，是以原点为顶，z 轴为轴的圆锥面；

θ = 常数，是过 z 轴的半平面.

用三组坐标面 r = 常数、φ = 常数、θ = 常数，将 Ω 划分成许多小闭区域，考虑 r、φ、θ 各取微小增量 $\mathrm{d}r$、$\mathrm{d}\varphi$、$\mathrm{d}\theta$ 所形成的六面体(图 10.3.10)，若忽略高阶无穷小，可将此六面体视为长方体，其体积近似值为 $\mathrm{d}v=r^2\sin\varphi\mathrm{d}r\mathrm{d}\varphi\mathrm{d}\theta$，这就是球面坐标系下的体积元素.

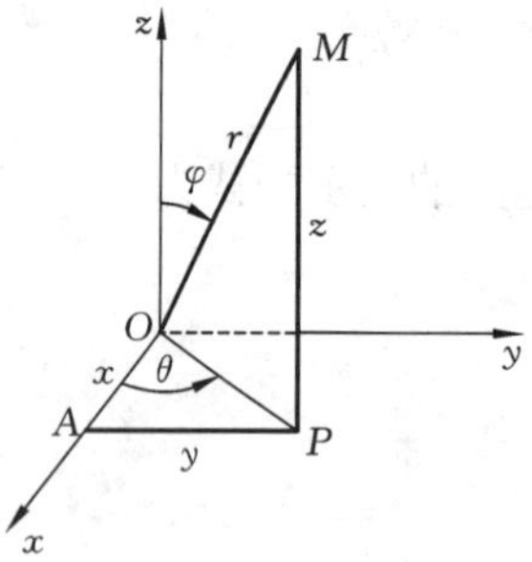

图 10.3.9

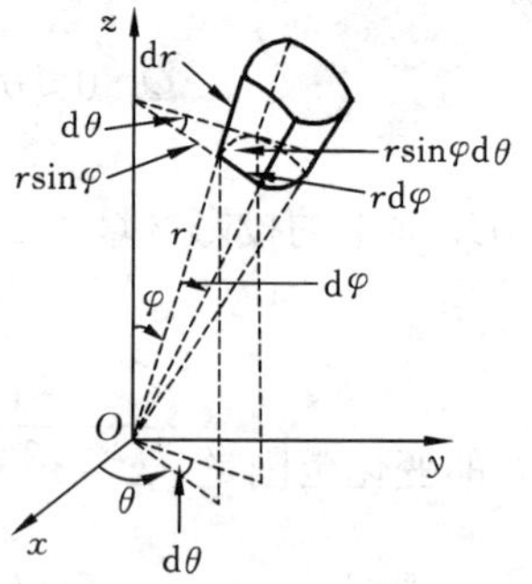

图 10.3.10

于是，有三重积分在球面坐标系下的计算公式

$$\iiint\limits_{\Omega} f(x,y,z)\mathrm{d}v=\iiint\limits_{\Omega} f(r\sin\varphi\cos\theta,r\sin\varphi\sin\theta,r\cos\varphi)r^2\sin\varphi\mathrm{d}r\mathrm{d}\varphi\mathrm{d}\theta.$$

若 Ω 是一包围原点的立体，其边界曲面是原点在内的封闭曲面，将其边界曲面方程化成球坐标方程 $r=r(\varphi,\theta)$，据球面坐标变量的特点有

$$\Omega:\begin{cases}0\leqslant\theta\leqslant 2\pi,\\ 0\leqslant\varphi\leqslant\pi,\\ 0\leqslant r\leqslant r(\varphi,\theta).\end{cases}$$

例 10.3.5 若 Ω 是球体 $x^2+y^2+z^2\leqslant a^2\,(a>0)$，求 Ω 的球坐标表示形式.

解 曲面 $x^2+y^2+z^2=a^2$ 的球坐标方程为

$$(r\sin\varphi\cos\theta)^2+(r\sin\varphi\sin\theta)^2+(r\cos\varphi)^2=a^2,$$

即 $r=a$，于是

$$\Omega: 0\leqslant\theta\leqslant 2\pi,\quad 0\leqslant\varphi\leqslant\pi,\quad 0\leqslant r\leqslant a.$$

例 10.3.6 求曲面 $z=a+\sqrt{a^2-x^2-y^2}$ 与曲面 $z=\sqrt{x^2+y^2}$ 所围成的立体的体积(图 10.3.11).

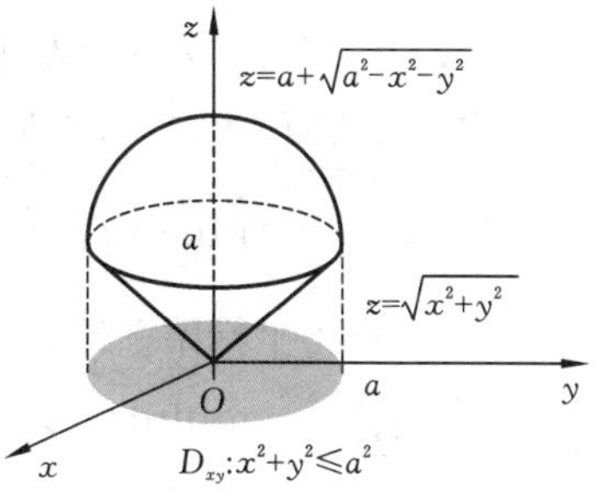

图 10.3.11

解 下面根据图形及球坐标变量的特点决定 Ω 的球坐标表示式.

(1) Ω 在 xOy 面的投影区域 D_{xy} 包围原点, 故 θ 的变化范围应为$[0, 2\pi]$;

(2) 在 Ω 中 φ 可由 z 轴转到锥面的侧面, 而锥面的半顶角为$\frac{\pi}{4}$, 故 φ 的变化范围是$[0, \frac{\pi}{4}]$;

(3) 在$0\leqslant\theta\leqslant2\pi, 0\leqslant\varphi\leqslant\frac{\pi}{4}$内任取一对值$(\varphi, \theta)$, 作射线穿过$\Omega$, 它与$\Omega$的边界有两个交点, 一个在原点处, 另一个在曲面 $z_1=a+\sqrt{a^2-x^2-y^2}$ 上, 它们可分别用球坐标表示为 $r=0$ 及 $r=2a\cos\varphi$. 因此, Ω: $0\leqslant\theta\leqslant2\pi, 0\leqslant\varphi\leqslant\frac{\pi}{4}, 0\leqslant r\leqslant2a\cos\varphi$. 从而

$$v=\iiint\limits_{\Omega}\mathrm{d}v=\iiint\limits_{\Omega}r^2\sin\varphi\mathrm{d}r\mathrm{d}\varphi\mathrm{d}\theta=\int_0^{2\pi}\mathrm{d}\theta\int_0^{\frac{\pi}{4}}\mathrm{d}\varphi\int_0^{2a\cos\varphi}r^2\sin\varphi\mathrm{d}r$$

$$=\int_0^{2\pi}\mathrm{d}\theta\int_0^{\frac{\pi}{4}}\left(\frac{1}{3}r^3\sin\varphi\right)\Bigg|_0^{2a\cos\varphi}\mathrm{d}\varphi=\int_0^{2\pi}\mathrm{d}\theta\int_0^{\frac{\pi}{4}}\frac{8}{3}a^3\cos^3\varphi\sin\varphi\mathrm{d}\varphi$$

$$=\frac{8}{3}a^3\int_0^{2\pi}\mathrm{d}\theta\int_0^{\frac{\pi}{4}}\cos^3\varphi\sin\varphi\mathrm{d}\varphi=\frac{8}{3}a^3\cdot2\pi\left(-\frac{1}{4}\cos^4\varphi\right)\Bigg|_0^{\frac{\pi}{4}}=\pi a^3.$$

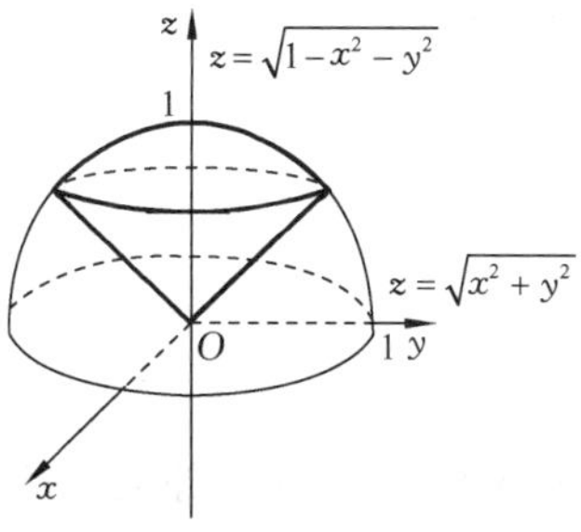

图 10.3.12

例 10.3.7 Ω 是由曲面 $z=\sqrt{x^2+y^2}$ 与 $z=\sqrt{1-x^2-y^2}$ 围成的区域, 求

$$I=\iiint\limits_{\Omega}(x+z)\mathrm{d}v.$$

解 如图 10.3.12 所示, Ω 关于 yOz 面对称, $f(x, y, z)=x$ 是关于 x 的奇函数, 由对称性知,

$$\iiint\limits_{\Omega}x\mathrm{d}v=0.$$

又 Ω: $0\leqslant\theta\leqslant2\pi, 0\leqslant\varphi\leqslant\pi/4, 0\leqslant r\leqslant1$, 则

$$I=\iiint\limits_{\Omega}z\mathrm{d}v=\iiint\limits_{\Omega}r\cos\varphi\cdot r^2\sin\varphi\mathrm{d}r\mathrm{d}\varphi\mathrm{d}\theta=\int_0^{2\pi}\mathrm{d}\theta\int_0^{\frac{\pi}{4}}\cos\varphi\sin\varphi\mathrm{d}\varphi\int_0^1r^3\mathrm{d}r=2\pi\cdot\frac{1}{2}\sin^2\varphi\Bigg|_0^{\frac{\pi}{4}}\cdot\frac{1}{4}=\frac{\pi}{8}.$$

习 题 10.3

1. 化三重积分 $I=\iiint\limits_{\Omega}f(x,y,z)\mathrm{d}x\mathrm{d}y\mathrm{d}z$ 为三次积分, 其中积分区域 Ω 分别是:

(1) 由双曲抛物面 $xy=z$ 及平面 $x+y-1=0$、$z=0$ 所围成的闭区域;

(2) 由曲面 $z=x^2+y^2$ 及平面 $z=1$ 所围成的闭区域;

(3) 由曲面 $z=x^2+2y^2$ 及曲面 $z=2-x^2$ 所围成的闭区域;

(4) 由 $cz=xy\ (c>0)$、$\dfrac{x^2}{a^2}+\dfrac{y^2}{b^2}=1$、$z=0$ 所围成的在第一卦限内的闭区域.

2. 在直角坐标系下计算下列三重积分.

(1) $\iiint\limits_{\Omega} x^3y^2z\mathrm{d}x\mathrm{d}y\mathrm{d}z$, 其中 $\Omega=\{(x,y,z)|0\leqslant x\leqslant 1, 0\leqslant y\leqslant 2, 0\leqslant z\leqslant 3\}$;

(2) $\iiint\limits_{\Omega} \dfrac{\mathrm{d}x\mathrm{d}y\mathrm{d}z}{(1+x+y+z)^3}$, 其中 Ω 为平面 $x=0$、$y=0$、$z=0$、$x+y+z=1$ 所围成的四面体;

(3) $\iiint\limits_{\Omega} xy\mathrm{d}x\mathrm{d}y\mathrm{d}z$, 其中 Ω 为由 $z=xy$、$x+y=1$、$z=0$ 所围成的立体;

(4) $\iiint\limits_{\Omega} xyz\mathrm{d}x\mathrm{d}y\mathrm{d}z$, 其中 Ω 由平面 $z=0$、$z=y$、$y=1$ 及柱面 $y=x^2$ 围成;

(5) $\iiint\limits_{\Omega} \dfrac{y\sin x}{x}\mathrm{d}x\mathrm{d}y\mathrm{d}z$, 其中 Ω 为由 $y=\sqrt{x}$、$y=0$、$z=0$、$x+z=\dfrac{\pi}{2}$ 围成的立体.

3. 计算下列三重积分.

(1) 计算 $\iiint\limits_{\Omega} z\mathrm{d}v$, Ω 是由锥面 $a^2z^2=b^2(x^2+y^2)$与平面 $z=b\ (b>0)$所围成的立体;

(2) 计算 $I=\iiint\limits_{\Omega}(1-z^2)\mathrm{d}v$, Ω 是由 $x^2+y^2-z^2=1$、$z=-2$、$z=2$ 所围成的立体.

4. 利用柱面坐标计算下列三重积分.

(1) $\iiint\limits_{\Omega} z\mathrm{d}v$, 其中 Ω 为由 $z=\sqrt{2-x^2-y^2}$ 及 $z=x^2+y^2$ 围成的立体;

(2) $\iiint\limits_{\Omega}(x^2+y^2)\mathrm{d}v$, Ω 为由 $4z^2=25(x^2+y^2)$、$z=5$ 所围成的立体.

5. 利用球面坐标计算下列三重积分.

(1) $\iiint\limits_{\Omega}\sqrt{x^2+y^2+z^2}\mathrm{d}v$, Ω: $x^2+y^2+z^2\leqslant z$;

(2) $\iiint\limits_{\Omega} xyz\mathrm{d}v$, 其中 Ω 为由 $x^2+y^2+z^2=1$、$x=0$、$y=0$、$z=0$ 围成的在第一卦限内的区域.

6. 选用适当的坐标计算下列三重积分.

(1) $\iiint\limits_{\Omega} z^2\mathrm{d}v$, Ω 是两个球 $x^2+y^2+z^2\leqslant R^2$ 和 $x^2+y^2+z^2\leqslant 2Rz\ (R>0)$的公共部分;

(2) $\iiint\limits_{\Omega}(x+y^2+z^2)^3\mathrm{d}v$, 其中 Ω 是由 $y^2+z^2=1$ 与 $x=0$、$x=1$ 所围成的区域.

10.4 重积分的应用

在第 6 章定积分的应用中, 利用定积分元素法解决了许多求总量的问题, 是积分的元素法可以推广到重积分的应用中.

如果满足①所求的量 U 对于闭区域 D(或者 Ω)具有可加性; ②在对闭区域 D(或者 Ω)进行了“大化小”后得到的微元可以表示为 $\mathrm{d}U=f(x,y)\mathrm{d}\sigma$[或者 $\mathrm{d}U=f(x,y,z)\mathrm{d}v$]两个条件, 那么所求的量

$$U=\iint_D f(x,y)\mathrm{d}\sigma \quad 或 \quad U=\iiint_D f(x,y,z)\mathrm{d}v .$$

本节用这种方法讨论重积分在几何、物理上的一些应用.

10.4.1 曲面的面积

设曲面 S 由方程 $z=f(x,y)$给出, D_{xy} 为曲面 S 在 xOy 面上的投影区域, 函数 $f(x,y)$在 D_{xy} 上具有连续偏导数 $f_x(x,y)$和 $f_y(x,y)$, 现计算曲面的面积 A.

在闭区域 D_{xy} 上任取一点 $P(x,y)$, 该点对应的面积元素为 $\mathrm{d}x\mathrm{d}y$, 或记为 $\mathrm{d}\sigma$(它的面积也记作 $\mathrm{d}\sigma$), $\mathrm{d}\sigma$ 对应的位于曲面 S 上的面积元素记为 $\mathrm{d}A$, 所求面积 A 即为面积元素 $\mathrm{d}A$ 的累加. 二重积分只能对坐标平面区域内的元素累加, $\mathrm{d}A$ 的范围不在坐标平面区域内, 由于 $\mathrm{d}\sigma$ 的变化范围位于平面区域 D_{xy} 内, 下面用 $\mathrm{d}\sigma$ 来表示 $\mathrm{d}A$.

设 $\mathrm{d}\sigma$ 内的点 $P(x,y)$对应着曲面 S 上一点 $M(x,y,f(x,y))$, 曲面 S 在点 M 处的切平面设为 T(图 10.4.1).

以小区域 $\mathrm{d}\sigma$ 的边界为准线作母线平行于 z 轴的柱面, 该柱面在曲面 S 上截下一小片曲面, 在切平面 T 上截下一小片平面, 由于 $\mathrm{d}\sigma$ 的直径很小, 切平面上的那一小片平面面积近似地等于那一小片曲面面积.

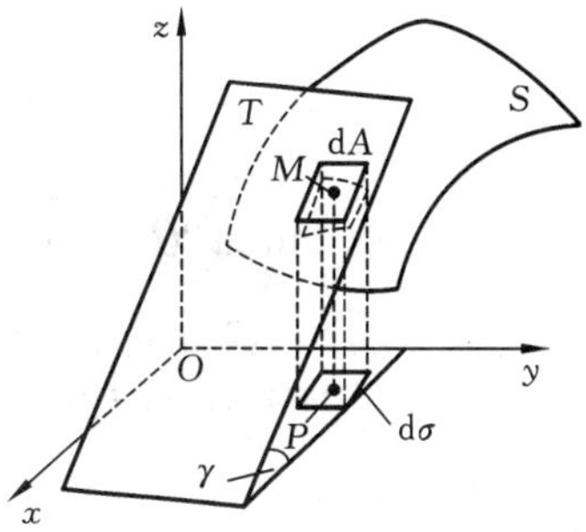

图 10.4.1

曲面 S 在点 M 处的法线向量(指向朝上的那个)为 $\boldsymbol{n}=(-f_x(x,y),-f_y(x,y),1)$, 它与 z 轴正向所成夹角 γ 的方向余弦为 $\cos\gamma=\dfrac{1}{\sqrt{1+f_x^2(x,y)+f_y^2(x,y)}}$, 而 $\mathrm{d}A=\dfrac{\mathrm{d}\sigma}{\cos\gamma}$, 所以

$$\mathrm{d}A=\sqrt{1+f_x^2(x,y)+f_y^2(x,y)}\mathrm{d}\sigma ,$$

从而

$$A=\iint_{D_{xy}}\sqrt{1+f_x^2(x,y)+f_y^2(x,y)}\mathrm{d}x\mathrm{d}y \tag{10.4.1}$$

或

$$A=\iint_{D_{xy}}\sqrt{1+\left(\frac{\partial z}{\partial x}\right)^2+\left(\frac{\partial z}{\partial y}\right)^2}\mathrm{d}x\mathrm{d}y .$$

例 10.4.1 计算半径为 R 的球的表面积.

解 取上半球面方程为 $z=\sqrt{R^2-x^2-y^2}$，它在 xOy 面上的投影区域为

$$D=\{(x,y)|x^2+y^2\leqslant R^2\}.$$

由 $\dfrac{\partial z}{\partial x}=\dfrac{-x}{\sqrt{R^2-x^2-y^2}}$，$\dfrac{\partial z}{\partial y}=\dfrac{-y}{\sqrt{R^2-x^2-y^2}}$，得

$$\sqrt{1+\left(\frac{\partial z}{\partial x}\right)^2+\left(\frac{\partial z}{\partial y}\right)^2}=\frac{R}{\sqrt{R^2-x^2-y^2}}.$$

因为这个函数在闭区域 D 上无界，不能直接应用曲面面积公式，所以先取区域

$$D_1=\{(x,y)|x^2+y^2\leqslant r^2\}\quad(0<r<R)$$

为积分区域，算出相应于 D_1 上的球面面积 A_1 后，令 $r\to R$，取 A_1 的极限就得半球面的面积.

$$A_1=\iint\limits_{D_1}\frac{R}{\sqrt{R^2-x^2-y^2}}\mathrm{d}x\mathrm{d}y,$$

利用极坐标计算，得

$$\begin{aligned}A_1&=\iint\limits_{D_1}\frac{R}{\sqrt{R^2-x^2-y^2}}\mathrm{d}x\mathrm{d}y=R\int_0^{2\pi}\mathrm{d}\theta\int_0^r\frac{\rho}{\sqrt{R^2-\rho^2}}\mathrm{d}\rho\\&=2\pi R\int_0^r\frac{\rho}{\sqrt{R^2-\rho^2}}\mathrm{d}\rho=2\pi R(R-\sqrt{R^2-r^2}).\end{aligned}$$

于是 $\lim\limits_{r\to R}A_1=\lim\limits_{r\to R}2\pi R(R-\sqrt{R^2-r^2})=2\pi R^2$，因此整个球面的面积为 $A=4\pi R^2$.

例 10.4.2 求球面 $x^2+y^2+z^2=a^2$ 含在柱面 $x^2+y^2=ax\ (a>0)$内部的面积.

解 球面含在柱面内部的面积关于 xOy 面上下对称，这里先考虑 xOy 面上方的曲面面积(图 10.4.2). 曲面在 xOy 面的投影区域为 $D_{xy}=\{(x,y)|x^2+y^2\leqslant ax\}$.

上半球面的方程为 $z=\sqrt{a^2-x^2-y^2}$，则

$$z_x=\frac{-x}{\sqrt{a^2-x^2-y^2}},\quad z_y=\frac{-y}{\sqrt{a^2-x^2-y^2}},\quad \sqrt{1+z_x^2+z_y^2}=\frac{a}{\sqrt{a^2-x^2-y^2}}.$$

曲面在 xOy 面上的投影区域 D_{xy} 如图 10.4.3 所示.

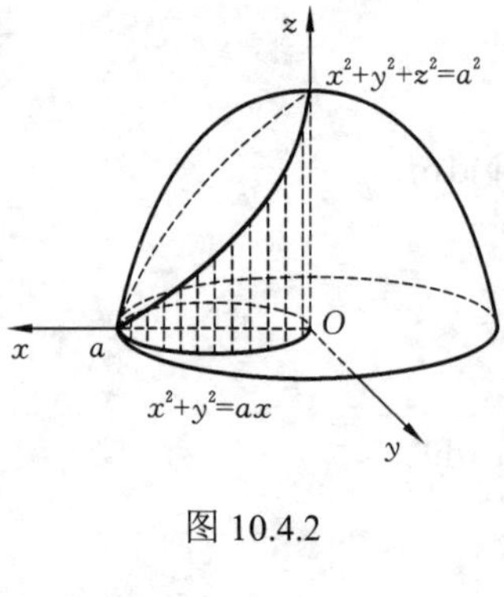

图 10.4.2

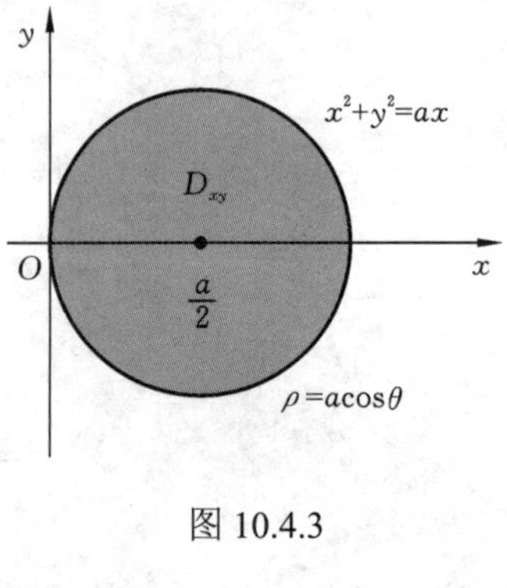

图 10.4.3

由于曲面的对称性，有

$$A=2\iint_{D_{xy}}\frac{a}{\sqrt{a^2-x^2-y^2}}\mathrm{d}x\mathrm{d}y=2\int_{-\frac{\pi}{2}}^{\frac{\pi}{2}}\mathrm{d}\theta\int_0^{a\cos\theta}\frac{a}{\sqrt{a^2-\rho^2}}\rho\mathrm{d}\rho$$

$$=2a\int_{-\frac{\pi}{2}}^{\frac{\pi}{2}}\left(-\sqrt{a^2-\rho^2}\right)\Big|_0^{a\cos\theta}\mathrm{d}\theta=2a\int_{-\frac{\pi}{2}}^{\frac{\pi}{2}}(a-a|\sin\theta|)\mathrm{d}\theta$$

$$=4a\int_0^{\frac{\pi}{2}}(a-a\sin\theta)\mathrm{d}\theta=2a^2(\pi-2).$$

若曲面的方程为 $x=g(y,z)$或 $y=h(z,x)$，可分别将曲面投影到 yOz 面或 xOz 面，设所得到的投影区域分别为 D_{yz} 或 D_{xz}，类似地有

$$A=\iint_{D_{yz}}\sqrt{1+\left(\frac{\partial x}{\partial y}\right)^2+\left(\frac{\partial x}{\partial z}\right)^2}\mathrm{d}y\mathrm{d}z \quad 或 \quad A=\iint_{D_{xz}}\sqrt{1+\left(\frac{\partial y}{\partial x}\right)^2+\left(\frac{\partial y}{\partial z}\right)^2}\mathrm{d}z\mathrm{d}x.$$

10.4.2 平面薄片与物质的质心

1. 平面上的质点系的质心

设在 xOy 平面上有 n 个质点，它们分别位于$(x_1,y_1),(x_2,y_2),\cdots,(x_n,y_n)$处，质量分别为$m_1$，$m_2,\cdots,m_n$，由力学知识知道，质点对 x 轴、y 轴的静矩分别为

$$M_x=\sum_{i=1}^{n}m_iy_i,\quad M_y=\sum_{i=1}^{n}m_ix_i,$$

其质点系的质心坐标为

$$\bar{x}=\frac{M_y}{m}=\frac{\sum_{i=1}^{n}m_ix_i}{\sum_{i=1}^{n}m_i},\quad \bar{y}=\frac{M_x}{m}=\frac{\sum_{i=1}^{n}m_iy_i}{\sum_{i=1}^{n}m_i}. \tag{10.4.2}$$

2. 平面薄片的质心

设有一平面薄片，占有 xOy 面上的闭区域 D，在点(x,y)处的面密度为 $\rho(x,y)$，假定 $\rho(x,y)$ 在 D 上连续，确定该薄片的质心坐标$(\bar{x},\bar{y})$.

在闭区域 D 上任取直径很小的闭区域 $\mathrm{d}\sigma$(这小闭区域的面积也记为 $\mathrm{d}\sigma$)，(x,y)是这小闭区域上的一个点. 由于 $\mathrm{d}\sigma$ 的直径很小，且 $\rho(x,y)$在 D 上连续，所以薄片中相应于 $\mathrm{d}\sigma$ 的部分的质量近似等于 $\rho(x,y)\mathrm{d}\sigma$，这部分质量可近似看成集中在点$(x,y)$，于是可得静矩元素

$$\mathrm{d}M_y=x\rho(x,y)\mathrm{d}\sigma,\quad \mathrm{d}M_x=y\rho(x,y)\mathrm{d}\sigma,$$

又平面薄片的总质量为

$$m=\iint_D\rho(x,y)\mathrm{d}\sigma.$$

根据式(10.4.2)，薄片的质心坐标为

$$\bar{x}=\frac{M_y}{m}=\frac{\iint_D x\rho(x,y)\mathrm{d}\sigma}{\iint_D\rho(x,y)\mathrm{d}\sigma},\quad \bar{y}=\frac{M_x}{m}=\frac{\iint_D y\rho(x,y)\mathrm{d}\sigma}{\iint_D\rho(x,y)\mathrm{d}\sigma}. \tag{10.4.3}$$

比较式(10.4.2)和式(10.4.3)可进一步理解，积分是加法的推广，加法是对离散的元素相加，积分是对连续的元素"相加".

特别地，若薄片是均匀的，即面密度为常量，则

$$\bar{x}=\frac{1}{A}\iint_D x\mathrm{d}\sigma,\quad \bar{y}=\frac{1}{A}\iint_D y\mathrm{d}\sigma, \tag{10.4.4}$$

其中 A 为闭区域 D 的面积.

显然，这时薄片的质心完全由闭区域 D 的形状所决定，$(\bar{x},\bar{y})$位于 D 的几何中心. 习惯上称$(\bar{x},\bar{y})$为平面图形 D 的**形心**.

例 10.4.3 求位于两圆$\rho=2\sin\theta$和$\rho=4\sin\theta$之间的均匀薄片的质心 C 的坐标(图 10.4.4).

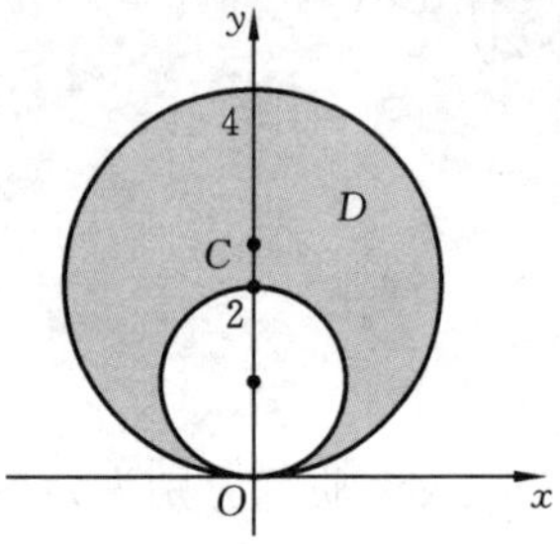

图 10.4.4

解 由 D 的对称性可知：$\bar{x}=0$,

$$A=\pi\times2^2-\pi\times1^2=3\pi,$$

$$\begin{aligned}\bar{y}&=\frac{1}{A}\iint_D y\mathrm{d}\sigma=\frac{1}{3\pi}\iint_D \rho^2\sin\theta\mathrm{d}\rho\mathrm{d}\theta\\&=\frac{1}{3\pi}\int_0^{\pi}\sin\theta\mathrm{d}\theta\int_{2\sin\theta}^{4\sin\theta}\rho^2\mathrm{d}\rho\\&=\frac{1}{3\pi}\times\frac{56}{3}\int_0^{\pi}\sin^4\theta\mathrm{d}\theta\\&=\frac{7}{3}.\end{aligned}$$

所以，质心 C 的坐标为$\left(0,\frac{7}{3}\right)$.

例 10.4.4 计算二重积分$\iint\limits_D(2x+3y)\mathrm{d}x\mathrm{d}y$，其中 D 为平面区域$(x-1)^2+(y-2)^2\leqslant1$.

解 根据形心公式(10.4.4)得

$$\iint_D x\mathrm{d}x\mathrm{d}y=\bar{x}A,\quad \iint_D y\mathrm{d}x\mathrm{d}y=\bar{y}A,$$

其中$(\bar{x},\bar{y})$为 D 的形心，A 为 D 的面积. 显然，$\bar{x}=1$，$\bar{y}=2$，$A=\pi$，所以

$$\iint_D(2x+3y)\mathrm{d}x\mathrm{d}y=2\iint_D x\mathrm{d}x\mathrm{d}y+3\iint_D y\mathrm{d}x\mathrm{d}y=2\bar{x}A+3\bar{y}A=8\pi.$$

类似地，占有空间有界闭区域 Ω，在点(x,y,z)处的体密度为$\rho(x,y,z)$ [假定$\rho(x,y,z)$在 Ω 上连续]的物体的质心坐标$(\bar{x},\bar{y},\bar{z})$为

$$\bar{x}=\frac{1}{M}\iiint_\Omega x\rho(x,y,z)\mathrm{d}v,\quad \bar{y}=\frac{1}{M}\iiint_\Omega y\rho(x,y,z)\mathrm{d}v,\quad \bar{z}=\frac{1}{M}\iiint_\Omega z\rho(x,y,z)\mathrm{d}v,$$

其中$M=\iiint\limits_\Omega\rho(x,y,z)\mathrm{d}v$.

例 10.4.5 求半径为 a 的均匀半球体的质心.

解 取半球体的对称轴为 z 轴，球心为原点，则半球体所占空间区域为

$$\Omega=\{(x,y,z)|x^2+y^2+z^2\leqslant a^2, z\geqslant 0\}.$$

根据对称性，$\bar{x}=\bar{y}=0$，

$$\bar{z}=\frac{1}{M}\iiint_{\Omega} z\rho\mathrm{d}v=\frac{1}{V}\iiint_{\Omega} z\mathrm{d}v,$$

$$\iiint_{\Omega} z\mathrm{d}v=\iiint_{\Omega} r\cos\varphi\cdot r^2\sin\varphi\mathrm{d}r\mathrm{d}\varphi\mathrm{d}\theta=\int_0^{2\pi}\mathrm{d}\theta\int_0^{\frac{\pi}{2}}\cos\varphi\sin\varphi\mathrm{d}\varphi\int_0^a r^3\mathrm{d}r=\frac{\pi a^4}{4},$$

又 $V=\frac{2}{3}\pi a^3$，因此 $\bar{z}=\frac{3}{8}a$，质心为 $\left(0,0,\frac{3}{8}a\right)$.

10.4.3 平面薄片的转动惯量

1. 平面质点系对坐标轴的转动惯量

设平面上有 n 个质点，它们分别位于 $(x_1,y_1),(x_2,y_2),\cdots,(x_n,y_n)$ 处，质量分别为 $m_1, m_2,\cdots,m_n$，则质点系对于 x 轴、y 轴的转动惯量依次为

$$I_x=\sum_{i=1}^{n} y_i^2 m_i,\quad I_y=\sum_{i=1}^{n} x_i^2 m_i.$$

2. 平面薄片对于坐标轴的转动惯量

设有一薄片，占有 xOy 面上的闭区域 D，在点 (x,y) 处的面密度为 $\rho(x,y)$，假定 $\rho(x,y)$ 在 D 上连续，求该薄片对于 x 轴、y 轴的转动惯量 I_x、I_y.

与平面薄片对坐标轴的静矩相类似，转动惯量元素为

$$\mathrm{d}I_x=y^2\rho(x,y)\,\mathrm{d}\sigma,\quad \mathrm{d}I_y=x^2\rho(x,y)\,\mathrm{d}\sigma.$$

从而

$$I_x=\iint_D y^2\rho(x,y)\mathrm{d}\sigma,\quad I_y=\iint_D x^2\rho(x,y)\mathrm{d}\sigma.$$

例 10.4.6 求由 $\frac{x^2}{a^2}+\frac{y^2}{b^2}=1$ $(0<b<a)$ 所围成的均匀薄片(面密度为 ρ)对于短轴的转动惯量.

解 如图 10.4.5 所示，薄片所占区域为

$$D=\left\{(x,y)|-a\leqslant x\leqslant a,-\frac{b}{a}\sqrt{a^2-x^2}\leqslant y\leqslant\frac{b}{a}\sqrt{a^2-x^2}\right\}.$$

$$\begin{aligned}I_y&=\rho\iint_D x^2\mathrm{d}\sigma=\rho\int_{-a}^{a}\mathrm{d}x\int_{-\frac{b}{a}\sqrt{a^2-x^2}}^{\frac{b}{a}\sqrt{a^2-x^2}}x^2\mathrm{d}y\\&=\rho\frac{2b}{a}\int_{-a}^{a}\sqrt{a^2-x^2}\,x^2\mathrm{d}x\\&=\frac{4b\rho}{a}\int_0^a\sqrt{a^2-x^2}\,x^2\mathrm{d}x.\end{aligned}$$

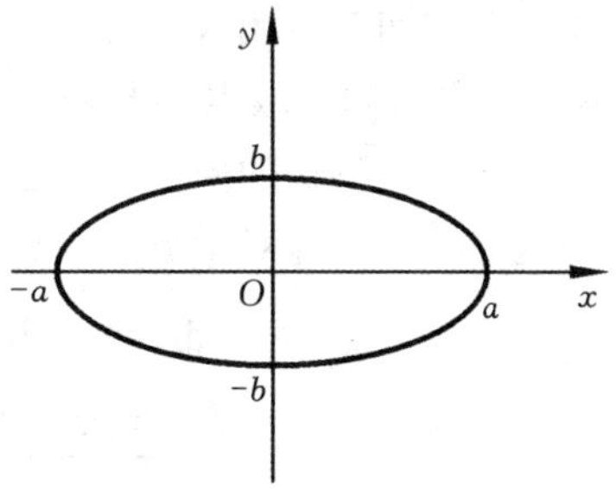

图 10.4.5

令 $x=a\sin t$，则

$$I_y=\frac{4b\rho}{a}\int_0^{\frac{\pi}{2}}a^2\sin^2 t\cdot a\cos t\cdot a\cos t\mathrm{d}t=4a^3b\rho\int_0^{\frac{\pi}{2}}\sin^2 t\cos^2 t\mathrm{d}t$$

$$=4a^3b\rho\int_0^{\frac{\pi}{2}}\sin^2 t(1-\sin^2 t)\mathrm{d}t=\frac{1}{4}\pi a^3b\rho=\frac{1}{4}Ma^2,$$

其中 $M=\pi ab\rho$ 为薄片的质量.

类似地, 占有空间有界闭区域 Ω, 在点 (x, y, z) 处的密度为 $\rho(x, y, z)$ [假定 $\rho(x, y, z)$ 在 Ω 上连续]的物体对于 x 轴、y 轴、z 轴的转动惯量为

$$I_x=\iiint_{\Omega}(y^2+x^2)\rho(x,y,z)\mathrm{d}v,$$

$$I_y=\iiint_{\Omega}(z^2+x^2)\rho(x,y,z)\mathrm{d}v,$$

$$I_z=\iiint_{\Omega}(x^2+y^2)\rho(x,y,z)\mathrm{d}v.$$

例 10.4.7 求密度为 ρ, 半径为 a 的均匀球体对于过球心的一条轴 l 的转动惯量.

解 取球心坐标为原点, z 轴与 l 重合, 则球体所占空间区域为

$$\Omega=\{(x,y,z)|x^2+y^2+z^2\leqslant a^2\}.$$

$$I_z=\iiint_{\Omega}(x^2+y^2)\rho\mathrm{d}v$$

$$=\rho\iiint_{\Omega}(r^2\sin^2\varphi\cos^2\theta+r^2\sin^2\varphi\sin^2\theta)r^2\sin\varphi\mathrm{d}r\mathrm{d}\varphi\mathrm{d}\theta$$

$$=\rho\iiint_{\Omega}r^4\sin^3\varphi\mathrm{d}r\mathrm{d}\varphi\mathrm{d}\theta=\rho\int_0^{2\pi}\mathrm{d}\theta\int_0^{\pi}\sin^3\varphi\mathrm{d}\varphi\int_0^a r^4\mathrm{d}r$$

$$=\frac{2}{5}\pi a^5\rho\cdot\frac{4}{3}=\frac{2}{5}a^2M,$$

其中 $M=\dfrac{4}{3}\pi a^3\rho$.

10.4.4 引力

下面讨论空间一物体对于物体外一点 $P_0(x_0, y_0, z_0)$ 处的单位质量的质点的引力问题. 设物体占有空间有界闭区域 Ω, 它在点 (x, y, z) 处的密度函数为 $\rho(x, y, z)$, 并假定 $\rho(x, y, z)$ 在 Ω 上连续. 在物体内任取很小的闭区域 $\mathrm{d}v$(这小闭区域的体积也为 $\mathrm{d}v$), (x, y, z) 为这一小块中的一点. 把这一小块物体的质量 $\rho\mathrm{d}v$ 近似地看成集中在点 (x, y, z) 处, 于是按两质点间的引力公式, 可得到这一小块物体对于 $P_0(x_0, y_0, z_0)$ 处的单位质量的质点的引力近似值为

$$\mathrm{d}\boldsymbol{F}=(\mathrm{d}F_x,\mathrm{d}F_y,\mathrm{d}F_z)$$

$$=\left(G\frac{\rho(x,y,z)(x-x_0)}{r^3}\mathrm{d}v,G\frac{\rho(x,y,z)(y-y_0)}{r^3}\mathrm{d}v,G\frac{\rho(x,y,z)(z-z_0)}{r^3}\mathrm{d}v\right),$$

其中 $\mathrm{d}F_x$、$\mathrm{d}F_y$、$\mathrm{d}F_z$ 为引力元素 $\mathrm{d}\boldsymbol{F}$ 在三个坐标轴上的分量, G 为引力常数,

$$r=\sqrt{(x-x_0)^2+(y-y_0)^2+(z-z_0)^2}\ .$$

将 $\mathrm{d}F_x$、$\mathrm{d}F_y$、$\mathrm{d}F_z$ 在 Ω 上分别积分，即得

$$\begin{aligned}\boldsymbol{F}&=(F_x,F_y,F_z)\\&=\left(\iiint_{\Omega}G\frac{\rho(x,y,z)(x-x_0)}{r^3}\mathrm{d}v,\iiint_{\Omega}G\frac{\rho(x,y,z)(y-y_0)}{r^3}\mathrm{d}v,\iiint_{\Omega}G\frac{\rho(x,y,z)(z-z_0)}{r^3}\mathrm{d}v\right).\end{aligned}$$

如果考虑平面薄片对薄片外一点 $P_0(x_0, y_0, z_0)$处的单位质量的质点的引力，设平面占有 xOy 平面上的有界闭区域D，其面密度为$u(x, y)$，那么只要将上式中的密度$\rho(x, y, z)$换成面密度 $u(x, y)$，将 Ω 上的三重积分换成 D 上的二重积分，就可以得到相应的计算公式.

例 10.4.8 设半径为 R、密度为 1 的球体占有空间闭区域 $\Omega=\{(x, y, z)|x^2+y^2+z^2\leqslant R^2\}$，求它对位于 $P(0, 0, a)$ $(a>R)$处单位质量的质点的引力.

解 根据对称性得 $F_x=F_y=0$,

$$\begin{aligned}F_z&=\iiint_{\Omega}G\frac{z-a}{[x^2+y^2+(z-a)^2]^{\frac{3}{2}}}\mathrm{d}v\\&=G\int_{-R}^{R}(z-a)\mathrm{d}z\iint_{x^2+y^2\leqslant R^2-z^2}\frac{\mathrm{d}x\mathrm{d}y}{[x^2+y^2+(z-a)^2]^{\frac{3}{2}}}\\&=G\int_{-R}^{R}(z-a)\mathrm{d}z\int_0^{2\pi}\mathrm{d}\theta\int_0^{\sqrt{R^2-z^2}}\frac{\rho\mathrm{d}\rho}{[\rho^2+(z-a)^2]^{\frac{3}{2}}}\\&=2\pi G\int_{-R}^{R}(z-a)\left(\frac{1}{a-z}-\frac{1}{\sqrt{R^2-2az+a^2}}\right)\mathrm{d}z\\&=2\pi G\left[-2R+\frac{1}{a}\int_{-R}^{R}(z-a)\mathrm{d}\sqrt{R^2-2az+a^2}\right]\\&=2\pi G\left(-2R+2R-\frac{2R^3}{3a^2}\right)=-G\frac{M}{a^2},\end{aligned}$$

其中 $M=\dfrac{4\pi R^3}{3}$ 为球的质量，结果相当于将均匀球体看成一个位于球心的质点对 P 点处单位质点的引力.

习 题 10.4

1. 单项选择题.

设 Ω 为一有界闭区域，其上各点的体密度为 $\rho(x, y, z)$. 设 M 为其质量，而 $(\bar{x},\bar{y},\bar{z})$ 为其重心, Ω 关于 xOy 面的静矩定义为: $M_{xy}=\bar{z}M$，则 M_{xy} 的三重积分计算式为(　　).

A. $M_{xy}=\iiint_{\Omega}(x^2+y^2)\rho(x,y,z)\mathrm{d}v$　　　　B. $M_{xy}=\iiint_{\Omega}x\rho(x,y,z)\mathrm{d}v$

C. $M_{xy}=\iiint\limits_{\Omega} y\rho(x,y,z)\mathrm{d}v$　　　　D. $M_{xy}=\iiint\limits_{\Omega} z\rho(x,y,z)\mathrm{d}v$

2. 求锥面 $z=\sqrt{x^2+y^2}$ 被柱面 $z^2=2x$ 所割下部分的面积.

3. 求均匀半椭球体: $\dfrac{x^2}{a^2}+\dfrac{y^2}{b^2}+\dfrac{z^2}{c^2}\leqslant 1, z\geqslant 0$ 的重心.

4. 在半径为 R 的均匀半圆形薄片直径上, 要接上一个一边与直径等长的均匀矩形薄片, 为了使整个均匀薄片的重心恰好落在圆心上, 问接上去的均匀薄片另一边的长度是多少?

5. D 由 $y^2=\dfrac{9}{2}x$ 与直线 $x=2$ 围成, 求均匀薄片 D 绕 x 轴的转动惯量 I_x.

6. 从平面薄圆板 $x^2+(y-1)^2\leqslant 1$ 的内部挖去一个圆孔 $x^2+\left(y-\dfrac{1}{2}\right)^2\leqslant\dfrac{1}{4}$ 后, 得到一个薄板, 若其上各点处的面密度为 $\mu=\sqrt{x^2+y^2}$, 求此薄板的质量 m.

7. D 为匀质圆环形薄片: $R_1^2\leqslant x^2+y^2\leqslant R_2^2$, $Z=0$, 求 D 对 z 轴上点 $M_0(0,0,a)$ $(a>0)$处单位质点的引力 $\boldsymbol{F}$.

数学家简介 10

阿基米德

阿基米德(Archimedes, 公元前 287 年～公元前 212 年), 伟大的古希腊哲学家、数学家、物理学家, 出生于西西里岛的锡拉库萨. 他的父亲是天文学家和数学家, 由于从小受家庭影响, 他十分喜爱数学, 在他 11 岁时, 父亲送他到当时的埃及文化中心亚历山大城念书, 在这里他跟随许多著名的数学家学习, 包括有名的几何学大师——欧几里得, 奠定了他日后从事科学研究的基础.

他流传于世的数学著作有 10 余种, 主要有《论球和圆柱》《圆的度量》《抛物线求积法》《论螺线》《平面图形的平衡或其重心》《论锥型体与球型体》等, 多为希腊文手稿. 这些著作集中探讨了求积问题, 主要是曲边图形的面积和曲面立方体的体积. 比如,《论球与圆柱》是他的得意杰作, 他从几个定义和公理出发, 推出关于球与圆柱面积体积等 50 多个命题. 《论球和圆柱》证明了球的表面积等于球大圆面积的四倍等一系列如“阿基米德公理”结论. 《圆的度量》是数学史上最早明确指出误差限度的π值为: 223/71＜π＜22/7. 他还证明了圆面积等于以圆周长为底、半径为高的正三角形的面积. 《抛物线求积法》研究了曲线图形求积的问题, 并用穷竭法建立了这样的结论: 任何由直线和直角圆锥体的截面所包围的弓形(即抛物线), 其面积都是其同底同高的三角形面积的三分之四. 他还用力学权重方法再次验证这个结论, 使数学和力学成功结合起来. 《论螺线》是阿基米德对数学的出色贡献, 他明确了螺线的定义以及螺线的面积的计算方法. 在同一著作中, 阿基米德还推导出几何级数和算术级数求和的几何方法. 《平面图形的平衡或其重心》是关于力学的最早的科学论著, 讲的是确定平面图形和立体图形的重心问题. 《论锥型体与球型体》讲的是由抛物线和双曲线绕其轴旋转而成的锥型体体积以及椭圆绕其长轴和短轴旋转而成的球型体体积.

丹麦数学史学家海伯格，于 1906 年发现了阿基米德给厄拉托塞的信及阿基米德其他一些著作的传抄本. 通过研究发现，这些信件和传抄本，蕴涵着微积分的思想，他所缺的是没有极限的概念，但其思想实质伸展到 17 世纪趋于成熟的无穷小分析，预告了微积分的诞生. 正因为他的杰出贡献，美国的 E. T. 贝尔在《数学人物》上是这样评价阿基米德的：任何一张开列有史以来三个最伟大的数学家的名单之中必定会包括阿基米德，而另外两位通常是牛顿和高斯. 不过，以他们的宏伟业绩和所处的时代背景，或拿他们影响当代和后世的深邃久远来比较，还应首推阿基米德.

总 习 题 10

1. 单项选择题.

(1) 设 $I_1=\iint\limits_D\cos\sqrt{x^2+y^2}\,\mathrm{d}\sigma$，$I_2=\iint\limits_D\cos(x^2+y^2)\mathrm{d}\sigma$，$I_3=\iint\limits_D\cos(x^2+y^2)^2\mathrm{d}\sigma$，其中 $D=\{(x,y)|x^2+y^2\leqslant1\}$，则(　　)成立.

A. $I_3>I_2>I_1$　　B. $I_1>I_2>I_3$

C. $I_2>I_1>I_3$　　D. $I_3>I_1>I_2$

(2) 设 D 是 xOy 面上以(1, 1)、(−1, 1)和(−1, −1)为顶点的三角形区域，D_1 是 D 在第一象限的部分，则 $\iint\limits_D(xy+\cos x\sin y)\mathrm{d}x\mathrm{d}y$ 等于(　　).

A. $2\iint\limits_{D_1}\cos x\sin y\mathrm{d}x\mathrm{d}y$　　B. $2\iint\limits_{D_1}xy\mathrm{d}x\mathrm{d}y$

C. $4\iint\limits_{D_1}(xy+\cos x\sin y)\mathrm{d}x\mathrm{d}y$　　D. 0

(3) 设 $f(x,y)$连续，则二次积分 $\int_{\frac{\pi}{2}}^{\pi}\mathrm{d}x\int_{\sin x}^{1}f(x,y)\mathrm{d}y=$(　　).

A. $\int_0^1\mathrm{d}y\int_{\pi+\arcsin y}^{\pi}f(x,y)\mathrm{d}x$　　B. $\int_0^1\mathrm{d}y\int_{\pi-\arcsin y}^{\pi}f(x,y)\mathrm{d}x$

C. $\int_0^1\mathrm{d}y\int_{\frac{\pi}{2}}^{\pi+\arcsin y}f(x,y)\mathrm{d}x$　　D. $\int_0^1\mathrm{d}y\int_{\frac{\pi}{2}}^{\pi-\arcsin y}f(x,y)\mathrm{d}x$

(4) 设 $\Omega=\{(x,y,z)|x^2+y^2+z^2\leqslant4, y\geqslant0, z\leqslant0\}$的体积为 v，则 $\iiint\limits_{\Omega}(x^2+y^2+z^2)\mathrm{d}v=$(　　).

A. $4v$　　B. $\int_0^{\pi}\mathrm{d}\theta\int_{\frac{\pi}{2}}^{\pi}\mathrm{d}\varphi\int_0^2 r^4\sin\theta\mathrm{d}r$

C. $\int_0^{\pi}\mathrm{d}\theta\int_{\frac{\pi}{2}}^{\pi}\mathrm{d}\varphi\int_0^2 r^4\sin\varphi\mathrm{d}r$　　D. $\int_0^{\pi}\mathrm{d}\theta\int_0^{\pi}\mathrm{d}\varphi\int_0^2 r^4\sin\varphi\mathrm{d}r$

(5) 设 $f(x,y)$连续，且 $f(x,y)=xy+\iint\limits_D(u,v)\mathrm{d}u\mathrm{d}v$，其中 D 由 $y=0$、$y=x^2$、$x=1$ 所围成，则 $f(x,y)=$(　　).

A. xy　　B. $2xy$　　C. $xy+\dfrac{1}{8}$　　D. $xy+1$

2. 填空题.

(1) 交换二次积分的积分次序: $\int_{-1}^{0}\mathrm{d}y\int_{2}^{1-y}f(x,y)\mathrm{d}x=$________;

(2) 若 $D=\{(x,y)\|x|\leqslant\pi,|y|\leqslant 1\}$，则 $\iint\limits_{D}(\sin x+2)\mathrm{d}x\mathrm{d}y=$________;

(3) 若 $D=\{(x,y)\|x|\leqslant 3,|y|\leqslant 1\}$，则 $\iint\limits_{D}x(x+y)\mathrm{d}x\mathrm{d}y=$________;

(4) 若 $\Omega=\{(x,y,z)|x^2+y^2+z^2\leqslant 1\}$，则 $\iiint\limits_{\Omega}\frac{z\ln(x^2+y^2+z^2)}{x^2+y^2+z^2+1}\mathrm{d}v=$________;

(5) 若 $\Omega=\{(x,y,z)|-1\leqslant x\leqslant 1,0\leqslant y\leqslant 1,0\leqslant z\leqslant 1\}$，则 $\iiint\limits_{\Omega}(\mathrm{e}^{y^2}\sin x^3+2)\mathrm{d}v=$________;

(6) 设 $\Omega=\{(x,y,z)|x^2+y^2+z^2\leqslant 1\}$，则 $\iiint\limits_{\Omega}z^2\mathrm{d}v=$________.

3. 设 $a>0, f(x)=g(x)=\begin{cases}a, & 若0\leqslant x\leqslant 1,\\ 0, & 其他,\end{cases}$ 而 D 表示全平面，求

$$I=\iint\limits_{D}f(x)g(y-x)\mathrm{d}x\mathrm{d}y.$$

4. 设函数 $f(x)$ 在区间[0, 1]上连续，并设 $\int_0^1 f(x)\mathrm{d}x=A$，求 $\int_0^1\mathrm{d}x\int_x^1 f(x)f(y)\mathrm{d}y$.

5. 证明: $\int_0^a\mathrm{d}y\int_0^y\mathrm{e}^{m(a-x)}f(x)\mathrm{d}x=\int_0^a(a-x)\mathrm{e}^{m(a-x)}f(x)\mathrm{d}x$.

6. 设 $D=\{(x,y)|x^2+y^2\leqslant\sqrt{2},x\geqslant 0,y\geqslant 0\}$，$[1+x^2+y^2]$ 表示不超过 $1+x^2+y^2$ 的最大整数. 计算二重积分 $\iint\limits_{D}xy[1+x^2+y^2]\mathrm{d}x\mathrm{d}y$.

7. 计算 $\iiint\limits_{\Omega}(y^2+z^2)\mathrm{d}x\mathrm{d}y\mathrm{d}z$，其中 Ω 是由 xOy 面上的曲线 $y^2=2x$ 绕 x 轴旋转而成的曲面与平面 $x=5$ 所围成的闭区域.

第 11 章　曲线积分与曲面积分

通过研究某种确定形式的和的极限，引入了定积分的概念，它是一元函数在数轴(直线段)上的积分. 并且还将这种和的极限的概念推广到了定义在平面或空间的一个闭区域(即平面域或空间体区域)的情形，也就是第 10 章介绍的重积分. 本章继续将积分范围进一步推广，即空间中一段曲线弧或一片曲面的情形(分别称为曲线积分和曲面积分)，并阐明有关这两种积分的一些基本内容.

11.1　对弧长的曲线积分

11.1.1　对弧长的曲线积分的概念与性质

1. 引例　曲线型构件的质量

在很多问题中，经常会碰到需要计算曲线型构件的质量问题. 如果这个曲线型构件是匀质(即每一点的密度相同)的，只需用线密度(常量)乘以曲线长度就可以了，其中曲线的长度可以利用定积分应用中曲线弧长的计算方法解决. 但是，如果曲线型构件不是匀质的，它的质量又该如何计算？

假设这个构件所处的位置在 xOy 面内的一段曲线弧 L 上，它的端点是 A、B，在 L 上任一点 (x, y) 处，它的线密度为 $\rho(x, y)$，下面计算这个构件的质量 M(图 11.1.1).

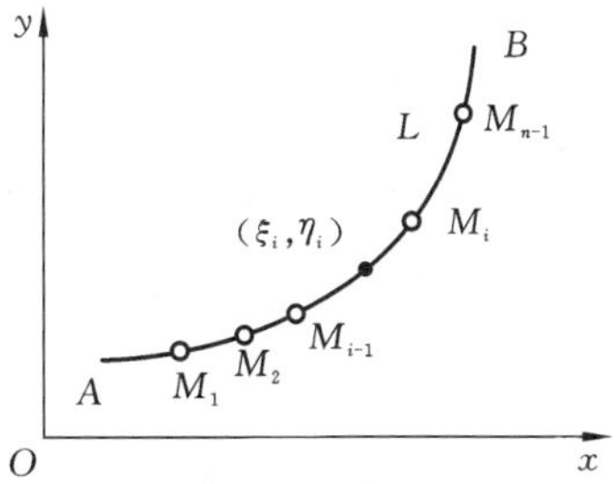

图 11.1.1

为了解决这个问题，可以用 L 上的点 $M_1, M_2, \cdots, M_{n-1}$ 将 L 分成 n 个小段，取其中一小段构件 $\widehat{M_{i-1}M_i}$ 来分析. 在线密度连续变化的前提下，只要这个小段很短，就可以用这小段上任一点 (ξ_i, η_i) 处的线密度代替这个小段上其他各点处的线密度，从而得到这个小段构件的质量的近似值 $\rho(\xi_i, \eta_i)\cdot\Delta s_i$，其中 Δs_i 表示 $\widehat{M_{i-1}M_i}$ 的长度，于是整个构件的质量

$$M \approx \sum_{i=1}^{n} \rho(\xi_i,\eta_i)\cdot\Delta s_i\ .$$

用 λ 表示 n 个小弧段的最大长度，为了计算 M 的精确值，取上式右端和式，当 $\lambda\to 0$ 时的极限，从而得到

$$M = \lim_{\lambda\to 0}\sum_{i=1}^{n} \rho(\xi_i,\eta_i)\cdot\Delta s_i\ .$$

这种和的极限在研究其他问题时也经常遇到，现引进下面的定义.

2. 定义

设 L 为 xOy 面内一条光滑曲线弧，函数 $f(x, y)$ 在 L 上有界，用 L 上的点 $M_1, M_2, \cdots, M_{n-1}$ 将 L

分成 n 个小段, 设第 i 个小段的长度为 Δs_i, (ξ_i,η_i)为在第 i 个小段上任意取定的一点, 作乘积 $f(\xi_i,\eta_i)\cdot\Delta s_i$, 并作和 $\sum_{i=1}^{n}f(\xi_i,\eta_i)\cdot\Delta s_i$, 若当各小弧段的长度的最大值 $\lambda\left(\lambda=\max\limits_{1\leqslant i\leqslant n}\{\Delta s_i\}\right)\to 0$ 时, 无论 L 怎么分、(ξ_i,η_i) 怎么取, 和式的极限总存在, 则称此极限值为函数 $f(x,y)$ 在曲线弧 L 上**对弧长的曲线积分**或**第一类曲线积分**, 记作 $\int_L f(x,y)\mathrm{d}s$, 即 $\int_L f(x,y)\mathrm{d}s=\lim\limits_{\lambda\to 0}\sum_{i=1}^{n}f(\xi_i,\eta_i)\cdot\Delta s_i$. 其中 $f(x,y)$ 称为**被积函数**, L 称为**积分弧段**.

可以发现, 若被积函数 $f(x,y)$ 在积分弧段 L 上是连续的, 则曲线积分 $\int_L f(x,y)\mathrm{d}s$ 总是存在的, 其结果为一常数. 关于这一点, 将在 11.1.2 节中加以说明. 以后, 总假定 $f(x,y)$ 在 L 上是连续的.

根据对弧长的曲线积分的定义, 不难得出: 如果曲线型构件 L 上任意点处的线密度可表示为 $\rho(x,y)$, 且当它在 L 上连续时, 将其在弧段上求对弧长的曲线积分即可得出它的质量 $M=\int_L \rho(x,y)\mathrm{d}s$.

还可以发现, 若 $f(x,y)=1$, 则 $\int_L 1\mathrm{d}s=L$, 这里 L 就是积分弧段的弧长.

若曲线 L 是封闭曲线, 对弧长的曲线积分一般记作 $\oint_L f(x,y)\mathrm{d}s$.

按照对弧长的曲线积分的定义, 对于空间曲线及三元函数, 可以类似地定义空间曲线对弧长的曲线积分.

$$\int_\Gamma f(x,y,z)\,\mathrm{d}s=\lim_{\lambda\to 0}\sum_{i=1}^{n}f(\xi_i,\eta_i,\zeta_i)\Delta s_i .$$

由对弧长的曲线积分的定义可知, 它具有以下性质.

3. 性质

如果假设以下对弧长的曲线积分都是存在的, 那么它们将具有如下性质.

(1) $\int_L[f(x,y)\pm g(x,y)]\mathrm{d}s=\int_L f(x,y)\mathrm{d}s\pm\int_L g(x,y)\mathrm{d}s$.

(2) $\int_L kf(x,y)\mathrm{d}s=k\int_L f(x,y)\mathrm{d}s$ (k 为常数).

(3) 设积分弧段 L 可分成两段光滑曲线弧 L_1 和 L_2(即 $L=L_1+L_2$), 则

$$\int_L f(x,y)\mathrm{d}s=\int_{L_1} f(x,y)\mathrm{d}s+\int_{L_2} f(x,y)\mathrm{d}s .$$

(4) 假设在 L 上 $f(x,y)\leqslant g(x,y)$, 则 $\int_L f(x,y)\mathrm{d}s\leqslant\int_L g(x,y)\mathrm{d}s$.

特别地, $\left|\int_L f(x,y)\,\mathrm{d}s\right|\leqslant\int_L|f(x,y)|\,\mathrm{d}s$.

11.1.2 对弧长的曲线积分的计算法

定理 11.1.1 设 $f(x,y)$ 在弧段 L 上有定义且连续, L 的方程为 $\begin{cases}x=\varphi(t),\\ y=\psi(t)\end{cases}$ $(\alpha\leqslant t\leqslant\beta)$, $\varphi(t)$、$\psi(t)$ 在 $[\alpha,\beta]$ 上具有一阶连续导数, 且 $\varphi'^2(t)+\psi'^2(t)\neq 0$, 则曲线积分 $\int_L f(x,y)\mathrm{d}s$ 存在,

且有

$$\int_L f(x,y)\mathrm{d}s=\int_\alpha^\beta f[\varphi(t),\psi(t)]\sqrt{\varphi'^2(t)+\psi'^2(t)}\mathrm{d}t\,. \tag{11.1.1}$$

证 假定当参数 t 由 α 变至 β 时，L 上的点 $M(x, y)$依点 A 至点 B 的方向描出曲线 L. 在 L 上取一列点

$$A=M_0, M_1, \cdots, M_{n-1}, M_n=B,$$

它们对应于一列单调增加的参数值

$$\alpha=t_0<t_1<\cdots<t_{n-1}<t_n=\beta.$$

根据对弧长的曲线积分的定义，有

$$\int_L f(x,y)\mathrm{d}s=\lim_{\lambda\to 0}\sum_{i=1}^n f(\xi_i,\eta_i)\cdot\Delta s_i\,,$$

设点(ξ_i, η_i)对应于参数 τ_i，即 $\xi_i=\varphi(\tau_i)$, $\eta_i=\psi(\tau_i)$，这里 $t_{i-1}\leqslant\tau_i\leqslant t_i$，由于

$$\Delta s_i=\int_{t_{i-1}}^{t_i}\sqrt{\varphi'^2(t)+\psi'^2(t)}\mathrm{d}t\,,$$

应用积分中值定理，有

$$\Delta s_i=\sqrt{\varphi'^2(\tau_i')+\psi'^2(\tau_i')}\Delta t_i\,,$$

其中 $\Delta t_i=t_i-t_{i-1}$, $t_{i-1}\leqslant\tau'_i\leqslant t_i$，于是

$$\int_L f(x,y)\mathrm{d}s=\lim_{\lambda\to 0}\sum_{i=1}^n f[\varphi(\tau_i),\psi(\tau_i)]\cdot\sqrt{\varphi'^2(\tau_i')+\psi'^2(\tau_i')}\Delta t_i\,,$$

由于函数 $\sqrt{\varphi'^2(t)+\psi'^2(t)}$ 在$[\alpha, \beta]$上连续，可以将上式中的 τ_i' 换成 τ_i，从而

$$\int_L f(x,y)\mathrm{d}s=\lim_{\lambda\to 0}\sum_{i=1}^n f[\varphi(\tau_i),\psi(\tau_i)]\cdot\sqrt{\varphi'^2(\tau_i)+\psi'^2(\tau_i)}\Delta t_i\,.$$

上式右端就是函数 $f[\varphi(t), \psi(t)]\sqrt{\varphi'^2(t)+\psi'^2(t)}$ 在区间$[\alpha, \beta]$上定积分的定义表达式，因为函数是连续的，所以这个定积分是存在的，因此上式左端的曲线积分 $\int_L f(x,y)\mathrm{d}s$ 也存在，且

$$\int_L f(x,y)\mathrm{d}s=\int_\alpha^\beta f[\varphi(t),\psi(t)]\sqrt{\varphi'^2(t)+\psi'^2(t)}\mathrm{d}t \qquad (\alpha<\beta).$$

从定理可以看出，若被积函数 $f(x, y)$在积分弧段 L 上是连续的，则曲线积分 $\int_L f(x,y)\mathrm{d}s$ 总是存在的. 并且，在计算 $\int_L f(x,y)\mathrm{d}s$ 时，只需将 x、y、$\mathrm{d}s$ 依次换作 $\varphi(t)$、$\psi(t)$、$\sqrt{\varphi'^2(t)+\psi'^2(t)}\mathrm{d}t$，然后在积分区间$[\alpha, \beta]$上计算相应的定积分就可以了. 但是，这里必须同时指出：**积分下限 α 一定要小于上限 β，即 $\alpha<\beta$** (因为 Δs_i 恒大于零，所以 $\Delta t_i>0$).

如果曲线 L 由 $y=\varphi(x)$, $a\leqslant x\leqslant b$ 给出，那么曲线的参数方程可表示为 $x=x$, $y=\varphi(x)$, $a\leqslant x\leqslant b$, 从而由式(11.1.1)得出

$$\int_L f(x,y)\mathrm{d}s=\int_a^b f[x,\varphi(x)]\sqrt{1+[\varphi'(x)]^2}\mathrm{d}x\,. \tag{11.1.2}$$

类似地，如果曲线 L 由 $x=\varphi(y)$, $c\leqslant y\leqslant d$ 给出，那么曲线的参数方程可表示为 $x=\varphi(y)$, $y=y$, $c\leqslant y\leqslant d$, 则有

$$\int_L f(x,y)\mathrm{d}s=\int_c^d f[\varphi(y),y]\sqrt{1+[\varphi'(y)]^2}\mathrm{d}y\,. \tag{11.1.3}$$

还可以将式(11.1.1)推广到空间曲线的情形. 若空间曲线 Γ 为 $x=\varphi(t)$, $y=\psi(t)$, $z=\omega(t)$

($\alpha \leqslant t \leqslant \beta$), 则有

$$\int_{\Gamma} f(x,y,z)\mathrm{d}s = \int_{\alpha}^{\beta} f[\varphi(t),\psi(t),\omega(t)]\sqrt{\varphi'^2(t)+\psi'^2(t)+\omega'^2(t)}\mathrm{d}t\,, \tag{11.1.4}$$

这里$\alpha < \beta$.

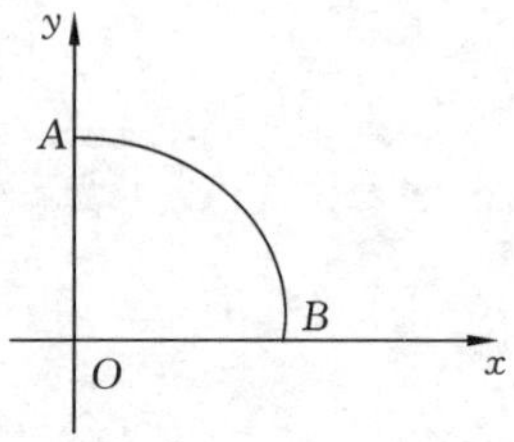

图 11.1.2

例 11.1.1 计算曲线积分$\int_L |y|\mathrm{d}s$, 其中 L 是第一象限内连接点$A(0,1)$和$B(1,0)$的单位圆弧(图 11.1.2).

解 曲线 L 的方程为 $y=\sqrt{1-x^2}$ ($0\leqslant x\leqslant 1$),

$$\mathrm{d}s = \sqrt{1+y'^2}\mathrm{d}x = \frac{\mathrm{d}x}{\sqrt{1-x^2}},$$

所以

$$\int_L |y|\mathrm{d}s = \int_0^1 \sqrt{1-x^2}\cdot\frac{\mathrm{d}x}{\sqrt{1-x^2}} = \int_0^1 \mathrm{d}x = 1.$$

例 11.1.2 计算$\oint_L \mathrm{e}^{\sqrt{x^2+y^2}}\mathrm{d}s$, 其中 L 是 $\rho=a$、$\theta=0$、$\theta=\dfrac{\pi}{4}$ 所围成扇形区域的边界(图 11.1.3).

解 曲线 L 可表示为 $L=OA+\overset{\frown}{AB}+BO$, 由性质可知

$$\oint_L \mathrm{e}^{\sqrt{x^2+y^2}}\mathrm{d}s = \int_{OA}\mathrm{e}^{\sqrt{x^2+y^2}}\mathrm{d}s + \int_{\overset{\frown}{AB}}\mathrm{e}^{\sqrt{x^2+y^2}}\mathrm{d}s + \int_{BO}\mathrm{e}^{\sqrt{x^2+y^2}}\mathrm{d}s.$$

又在 OA 上, $y=0$, $0\leqslant x\leqslant a$, 所以

$$\int_{OA}\mathrm{e}^{\sqrt{x^2+y^2}}\mathrm{d}s = \int_0^a \mathrm{e}^x\mathrm{d}x = \mathrm{e}^a - 1.$$

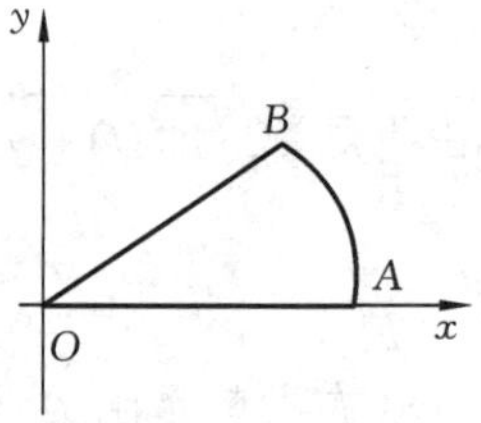

图 11.1.3

在$\overset{\frown}{AB}$上, $\rho=a$, $0\leqslant\theta\leqslant\dfrac{\pi}{4}$, 所以

$$\int_{\overset{\frown}{AB}}\mathrm{e}^{\sqrt{x^2+y^2}}\mathrm{d}s = \int_0^{\frac{\pi}{4}}\mathrm{e}^a a\mathrm{d}\theta = \frac{\pi a}{4}\mathrm{e}^a.$$

在 BO 上, $y=x$, $\int_{BO}\mathrm{e}^{\sqrt{x^2+y^2}}\mathrm{d}s = \int_0^{\frac{\sqrt{2}a}{2}}\mathrm{e}^{\sqrt{2}x}\sqrt{2}\mathrm{d}x = \mathrm{e}^a - 1$. 所以

$$\int_L \mathrm{e}^{\sqrt{x^2+y^2}}\mathrm{d}s = 2(\mathrm{e}^a - 1) + \frac{\pi a}{4}\mathrm{e}^a.$$

例 11.1.3 计算$\oint_L \sqrt{x^2+y^2}\mathrm{d}s$, 其中 L 为 $x^2+y^2=ax$(图 11.1.4).

解 若选取曲线 L 的参数方程为

$$\begin{cases} x=\dfrac{a}{2}+\dfrac{a}{2}\cos\theta, \\ y=\dfrac{a}{2}\sin\theta, \end{cases} \quad 0\leqslant\theta\leqslant 2\pi,$$

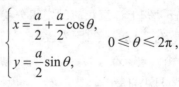

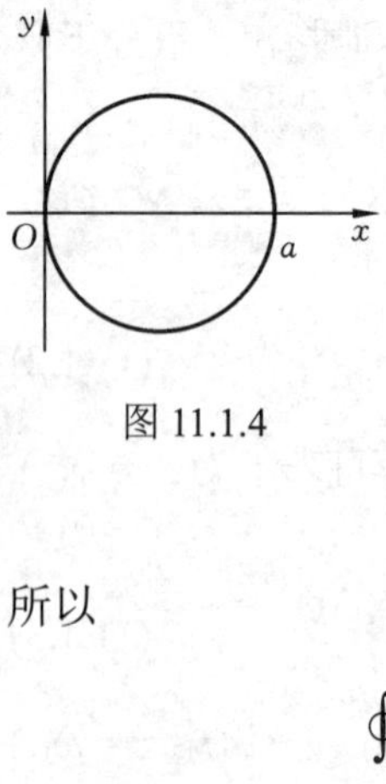

图 11.1.4

则

$$\sqrt{x^2+y^2} = \frac{a}{\sqrt{2}}\sqrt{1+\cos\theta},$$

$$\mathrm{d}s = \sqrt{x_\theta'^2 + y_\theta'^2}\mathrm{d}\theta = \frac{a}{2}\mathrm{d}\theta,$$

所以

$$\oint_L \sqrt{x^2+y^2}\mathrm{d}s = \int_0^{2\pi}\frac{a}{\sqrt{2}}\sqrt{1+\cos\theta}\cdot\frac{a}{2}\mathrm{d}\theta = \frac{a^2}{2}\int_0^{2\pi}\left|\cos\frac{\theta}{2}\right|\mathrm{d}\theta = 2a^2.$$

还可以将曲线 L 的方程表达成极坐标的情形，得：$\mathrm{d}s=\sqrt{x_\theta'^2+y_\theta'^2}\,\mathrm{d}\theta=\sqrt{\rho^2(\theta)+\rho'^2(\theta)}\,\mathrm{d}\theta$，这里 L 由 $\begin{cases}x=\rho(\theta)\cos\theta\\ y=\rho(\theta)\sin\theta\end{cases}$. 可推出 L 为 $\rho=a\cos\theta\left(-\dfrac{\pi}{2}\leqslant\theta\leqslant\dfrac{\pi}{2}\right)$，

$$\sqrt{x^2+y^2}=\rho=a\cos\theta,\quad \mathrm{d}s=\sqrt{(a\cos\theta)^2+(-a\sin\theta)^2}\,\mathrm{d}\theta=a\mathrm{d}\theta,$$

所以

$$\oint_L\sqrt{x^2+y^2}\,\mathrm{d}s=\int_{-\frac{\pi}{2}}^{\frac{\pi}{2}}a\cos\theta\cdot a\mathrm{d}\theta=a^2\sin\theta\Big|_{-\frac{\pi}{2}}^{\frac{\pi}{2}}=2a^2.$$

例 11.1.4 计算曲线积分 $\int_\Gamma(x^2+y^2+z^2)\mathrm{d}s$，其中 Γ 是螺旋线 $x=\cos t,\ y=\sin t,\ z=t$ 上相应于从 $t=0$ 到 $t=2\pi$ 的一段弧.

解 $\int_\Gamma(x^2+y^2+z^2)\mathrm{d}s=\int_0^{2\pi}(\cos^2t+\sin^2t+t^2)\cdot\sqrt{(-\sin t)^2+(\cos t)^2+1^2}\,\mathrm{d}t=\sqrt{2}\int_0^{2\pi}(1+t^2)\mathrm{d}t$

$$=2\sqrt{2}\pi+\frac{8\sqrt{2}}{3}\pi^3.$$

习 题 11.1

1. 填空题.

(1) 设 L 为曲线 $\begin{cases}x^2+y^2+z^2=2z,\\ z=1,\end{cases}$ 则 $\int_L(x^2+y^2+z^2)\,\mathrm{d}s$ ________.

(2) 设 L 是四个顶点分别为 $O(0,0)$、$A(1,0)$、$B(1,1)$和 $C(0,1)$的正方形区域的边界，则 $\oint_L(x+y)\mathrm{d}s$ ________.

2. 设在 xOy 面内有一段曲线 L，在点(x,y)处它的线密度为$\rho(x,y)$，试用对弧长的曲线积分表示该曲线的如下相关量.

(1) 质量 M; (2) 对 x 轴的转动惯量 I_x; (3) 重心坐标 $\bar{x}$.

3. 求下列对弧长的曲线积分.

(1) $\int_L(x+y+1)\mathrm{d}s$，其中 L 是半圆周 $x=-\sqrt{4-y^2}$ 上由点 $A(0,2)$到点 $B(0,-2)$的直线段.

(2) $\int_\Gamma(x^2+y^2+z^2)\mathrm{d}s$，其中 Γ 是点 $A(1,-1,2)$到点 $B(2,1,3)$的直线段.

(3) $\int_L|y|\,\mathrm{d}s$，其中 L 为右半个单位圆.

(4) $\oint_L\sqrt{x^2+y^2}\mathrm{d}s$，其中 L 为圆周 $x^2+y^2=ax(a>0)$.

4. 求半径为 R，中心角为 2φ 的均匀圆弧(线密度 $\rho=1$)的质心.

5. 设螺旋形弹簧一圈的方程为 $x=a\cos t,\ y=a\sin t,\ z=kt$，其中 $0\leqslant t\leqslant2\pi$，它的线密度 $\rho(x,y,z)=x^2+y^2+z^2$，求曲线关于 z 轴的转动惯量.

11.2 对坐标的曲线积分

11.2.1 对坐标的曲线积分的概念与性质

1. 引例 变力沿曲线所做的功

在一个质点受恒力 $\boldsymbol{F}$ 作用沿直线从 A 移动到 B 的过程中, 恒力 $\boldsymbol{F}$ 所做的功 W 等于向量 $\boldsymbol{F}$ 与向量 $\overrightarrow{AB}$ 的数量积, 即

$$W = \boldsymbol{F} \cdot \overrightarrow{AB}.$$

假设一个质点在 xOy 面内受力 $\boldsymbol{F}(x, y) = P(x, y)\boldsymbol{i} + Q(x, y)\boldsymbol{j}$ 的作用, 从点 A 沿光滑曲线弧 L 移到点 B, 其中函数 $P(x, y)$、$Q(x, y)$在 L 上连续. 计算上述过程中力 $\boldsymbol{F}$ 所做的功.

为解决这个问题, 可以沿用 11.1 节中处理曲线型构件质量问题的方法.

先用曲线弧 L 上的点 $M_1(x_1, y_1)$, $M_2(x_2, y_2)$, $\cdots$, $M_{n-1}(x_{n-1}, y_{n-1})$把 L 分成 n 个小弧段, 取其中一个有向弧段 $\overset{\frown}{M_{i-1}M_i}$ 来分析: 由于 $\overset{\frown}{M_{i-1}M_i}$ 光滑而且很短, 可以用有向线段 $\overrightarrow{M_{i-1}M_i} = (\Delta x_i)\boldsymbol{i} + (\Delta y_i)\boldsymbol{j}$ 近似代替它, 其中 $\Delta x_i = x_i - x_{i-1}$, $\Delta y_i = y_i - y_{i-1}$, 又由于函数 $P(x, y)$、$Q(x, y)$ 在 L 上连续, 可以用 $\overset{\frown}{M_{i-1}M_i}$ 上任意取定的一点(ξ_i, η_i)处的力 $\boldsymbol{F}(\xi_i, \eta_i) = P(\xi_i, \eta_i)\boldsymbol{i} + Q(\xi_i, \eta_i)\boldsymbol{j}$ 来近似代替这小弧段上各点处的力. 这样, 变力 $\boldsymbol{F}(x, y)$沿有向小弧段 $\overset{\frown}{M_{i-1}M_i}$ 所做的功 ΔW_i 近似地等于恒力 $\boldsymbol{F}(\xi_i, \eta_i)$沿 $\overrightarrow{M_{i-1}M_i}$ 所做的功,

$$\Delta W_i \approx \boldsymbol{F}(\xi_i, \eta_i) \cdot \overrightarrow{M_{i-1}M_i},$$

即

$$\Delta W_i \approx P(\xi_i, \eta_i)\Delta x_i + Q(\xi_i, \eta_i)\Delta y_i,$$

于是

$$W = \sum_{i=1}^{n} \Delta W_i \approx \sum_{i=1}^{n} [P(\xi_I, \eta_i)\Delta x_i + Q(\xi_i, \eta_i)\Delta y_i].$$

用 λ 表示 n 个小弧段的最大长度, 令 $\lambda \to 0$ 取上述和的极限, 所得到的极限自然地被认为是变力 $\boldsymbol{F}$ 沿有向曲线弧所做的功, 即

$$W = \lim_{\lambda \to 0} \sum_{i=1}^{n} [P(\xi_i, \eta_i)\Delta x_i + Q(\xi_i, \eta_i)\Delta y_i].$$

这种和的极限在研究其他问题时也会遇到, 现引入下面的定义.

2. 定义

设 L 为 xOy 面内从点 A 到点 B 的一条有向光滑曲线弧, 函数 $P(x, y)$、$Q(x, y)$在 L 上有界. 在 L 上沿 L 的方向任意插入一列点 $M_{i-1}(x_{i-1}, y_{i-1})$ $(i = 1, 2, \cdots, n)$把 L 分成 n 个有向小弧段

$$\overset{\frown}{M_{i-1}M_i} \quad (i = 1, 2, \cdots, n, M_0 = A, M_n = B),$$

设 $\Delta x_i = x_i - x_{i-1}$, $\Delta y_i = y_i - y_{i-1}$, 点$(\xi_i, \eta_i)$为 $\overset{\frown}{M_{i-1}M_i}$ 上任意取定的点. 若当各个小弧段长度的最大值 $\lambda \to 0$ 时, 和式 $\sum\limits_{i=1}^{n} P(\xi_i, \eta_i)\Delta x_i$ 的极限总存在, 则称此极限为函数 $P(x, y)$在有向曲线弧 L 上**对**

坐标 x 的曲线积分，记作 $\int_L P(x,y)\mathrm{d}x$，即

$$\int_L P(x,y)\mathrm{d}x = \lim_{\lambda\to 0}\sum_{i=1}^{n} P(\xi_i,\eta_i)\Delta x_i .$$

类似地，若当 $\lambda\to 0$ 时，和式 $\sum_{i=1}^{n} Q(\xi_i,\eta_i)\Delta y_i$ 的极限值总存在，则称此极限为函数 $Q(x,y)$在有向曲线弧 L 上**对坐标 y 的曲线积分**，记作 $\int_L Q(x,y)\mathrm{d}y$，即

$$\int_L Q(x,y)\mathrm{d}y = \lim_{\lambda\to 0}\sum_{i=1}^{n} Q(\xi_i,\eta_i)\Delta y_i .$$

以上两个积分也称为**第二类曲线积分**.

可以发现，当 $P(x,y)$、$Q(x,y)$在有向光滑曲线弧 L 上连续时，第二类曲线积分 $\int_L P(x,y)\mathrm{d}x$、$\int_L Q(x,y)\mathrm{d}y$ 总是存在的. 关于这一点，将在 11.2.2 节中加以说明. 以后，总假定 $P(x,y)$、$Q(x,y)$在 L 上是连续的.

在实际应用中经常出现两者相加的情形 $\int_L P(x,y)\mathrm{d}x + \int_L Q(x,y)\mathrm{d}y$，所以通常合并简写成如下形式:

$$\int_L P(x,y)\mathrm{d}x + Q(x,y)\mathrm{d}y .$$

不难发现，引例中变力沿曲线做功可表达为 $W = \int_L P(x,y)\mathrm{d}x + Q(x,y)\mathrm{d}y$.

按照对坐标的曲线积分的定义，对于空间曲线及三元函数，可以类似地定义空间曲线的对坐标的曲线积分，即

$$\int_\Gamma P(x,y,z)\mathrm{d}x = \lim_{\lambda\to 0}\sum_{i=1}^{n} P(\xi_i,\eta_i,\zeta_i)\Delta x_i ,$$

$$\int_\Gamma Q(x,y,z)\mathrm{d}y = \lim_{\lambda\to 0}\sum_{i=1}^{n} Q(\xi_i,\eta_i,\zeta_i)\Delta y_i ,$$

$$\int_\Gamma R(x,y,z)\mathrm{d}z = \lim_{\lambda\to 0}\sum_{i=1}^{n} R(\xi_i,\eta_i,\zeta_i)\Delta z_i .$$

类似地，也将

$$\int_\Gamma P(x,y,z)\mathrm{d}x + \int_\Gamma Q(x,y,z)\mathrm{d}y + \int_\Gamma R(x,y,z)\mathrm{d}z$$

简写成

$$\int_\Gamma P(x,y,z)\mathrm{d}x + Q(x,y,z)\mathrm{d}y + R(x,y,z)\mathrm{d}z .$$

由对坐标的曲线积分的定义可知，它具有以下性质.

3. 性质

如果假设以下对坐标的曲线积分都是存在的，那么对坐标的曲线积分也具有相应的性质，这里特别强调如下性质.

(1) 设积分弧段 L 可分成两段光滑曲线弧 L_1 和 L_2(即 $L = L_1 + L_2$)，则

$$\int_L P(x,y)\mathrm{d}x + Q(x,y)\mathrm{d}y = \int_{L_1} P(x,y)\mathrm{d}x + Q(x,y)\mathrm{d}y + \int_{L_2} P(x,y)\mathrm{d}x + Q(x,y)\mathrm{d}y .$$

(2) 设 L 为有向曲线弧, L^-为与 L 方向相反的曲线, 则

$$\int_{L^-} P(x,y)\mathrm{d}x + Q(x,y)\mathrm{d}y = -\int_L P(x,y)\mathrm{d}x + Q(x,y)\mathrm{d}y .$$

11.2.2 对坐标的曲线积分的计算法

定理 11.2.1 设 $P(x,y)$、$Q(x,y)$在有向光滑曲线弧 L 上有定义且连续, L 的参数方程为$\begin{cases} x=\varphi(t), \\ y=\psi(t), \end{cases}$ 当 t 单调地从 α 变到 β 时, 点 $M(x,y)$从 L 的起点 A 沿 L 变到终点 B, 再假设 $\varphi(t)$、$\psi(t)$在以 α 、β 为端点的闭区间上具有一阶连续导数, 且 $\varphi'^2(t)+\psi'^2(t)\neq 0$, 则 $\int_L P(x,y)\,\mathrm{d}x + Q(x,y)\mathrm{d}y$ 存在, 且

$$\int_L P(x,y)\mathrm{d}x + Q(x,y)\mathrm{d}y = \int_\alpha^\beta \{P[\varphi(t),\psi(t)]\psi'(t) + Q[\varphi(t),\psi(t)]\psi'(t)\}\mathrm{d}t . \tag{11.2.1}$$

证 在 L 上取一列点

$$A = M_0, M_1, \cdots, M_{n-1}, M_n = B,$$

它们对应于一列单调变化的参数值

$$\alpha = t_0, t_1, \cdots, t_{n-1}, t_n = \beta .$$

根据定义, 有

$$\int_L P(x,y)\mathrm{d}x = \lim_{\lambda\to 0}\sum_{i=1}^{n} P(\xi_i,\eta_i)\Delta x_i .$$

设点(ξ_i, η_i)对应于参数 τ_i, 即 $\xi_i=\varphi(\tau_i)$, $\eta_i=\psi(\tau_i)$, 这里 τ_i 在 t_{i-1} 与 t_i 之间, 由于

$$\Delta x_i = x_i - x_{i-1} = \varphi(t_i) - \varphi(t_{i-1}),$$

应用微分中值定理, 有

$$\Delta x_i = \varphi'(\tau'_i)\Delta t_i,$$

其中 $\Delta t_i = t_i - t_{i-1}$, τ'_i 在 t_{i-1} 与 t_i 之间, 于是

$$\int_L P(x,y)\mathrm{d}x = \lim_{\lambda\to 0}\sum_{i=1}^{n} P[\varphi(\tau_i),\psi(\tau_i)]\cdot\varphi'(\tau'_i)\Delta t_i ,$$

由于函数 $\varphi'(t)$在$[\alpha, \beta]$(或$[\beta, \alpha]$)上连续, 可以将上式中的 τ'_i 换成 τ_i, 从而

$$\int_L P(x,y)\mathrm{d}x = \lim_{\lambda\to 0}\sum_{i=1}^{n} P[\varphi(\tau_i),\psi(\tau_i)]\cdot\varphi'(\tau_i)\Delta t_i .$$

上式右端就是 $\int_\alpha^\beta P[\varphi(t),\psi(t)]\varphi'(t)\mathrm{d}t$ 的定义式, 因为函数 $P[\varphi(t), \psi(t)]\varphi'(t)$连续, 所以这个定积分是存在的, 因此上式左端的曲线积分 $\int_L P(x,y)\mathrm{d}x$ 也存在, 且

$$\int_L P(x,y)\mathrm{d}x = \int_\alpha^\beta P[\varphi(t),\psi(t)]\varphi'(t)\mathrm{d}t .$$

同理可证

$$\int_L Q(x,y)\mathrm{d}y = \int_\alpha^\beta Q[\varphi(t),\psi(t)]\varphi'(t)\mathrm{d}t .$$

两式相加即得

$$\int_L P(x,y)\mathrm{d}x + Q(x,y)\mathrm{d}y = \int_\alpha^\beta \{P[\varphi(t),\psi(t)]\varphi'(t) + Q[\varphi(t),\psi(t)]\varphi'(t)\}\mathrm{d}t ,$$

这里 α 和 β 分别是有向曲线 L 的起点 A 和终点 B 对应的参数值.

式(11.2.1)表明, 计算对坐标的曲线积分 $\int_L P(x,y)\mathrm{d}x + Q(x,y)\mathrm{d}y$ 时, 只需将积分表达式中

的 x、y、dx、dy 分别换成 $\varphi(t)$、$\psi(t)$、$\varphi'(t)dt$、$\psi'(t)dt$, 然后从有向曲线 L 的起点 A 对应的参数 α 到终点 B 对应的参数 β 上求相应的定积分即可. 但是, 这里必须指出: **下限 α 对应于 L 的起点 A, 上限 β 对应于 L 的终点 B, α 不一定小于 β**.

如果有向曲线 L 由 $y=\varphi(x)$给出, a 对应于起点 A 处 x 值, b 对应于终点 B 处 x 值, 那么由式(11.2.1)得出

$$\int_L P(x,y)dx+Q(x,y)dy=\int_a^b \{P[x,\varphi(x)]+Q[x,\varphi(x)]\varphi'(x)\}dx. \tag{11.2.2}$$

类似地, 如果有向曲线 L 由 $x=\varphi(y)$给出, c 对应于起点 A 处 y 值, d 对应于终点 B 处 y 值, 那么由式(11.2.1)得出

$$\int_L P(x,y)dx+Q(x,y)dy=\int_c^d \{P[\varphi(y),y]\varphi'(y)+Q[\varphi(y),y]\}dy. \tag{11.2.3}$$

还可以将式(11.2.1)推广到空间曲线的情形. 若空间曲线 Γ 为 $x=\varphi(t)$, $y=\psi(t)$, $z=\omega(t)$, 则有

$$\begin{aligned}\int_\Gamma Pdx+Qdy+Rdz=\int_\alpha^\beta &\{P[\varphi(t),\psi(t),\omega(t)]\varphi'(t)+Q[\varphi(t),\psi(t),\omega(t)]\psi'(t)\\ &+R[\varphi(t),\psi(t),\omega(t)]\omega'(t)\}dt,\end{aligned} \tag{11.2.4}$$

式中: α 为 Γ 起点对应的参数; β 为 Γ 终点对应的参数.

例 11.2.1 计算 $\int_L (2a-y)dx-(a-y)dy$, 其中 L 为摆线 $x=a(t-\sin t)$, $y=a(1-\cos t)$从点 $O(0,0)$到点 $B(2\pi a,0)$.

解
$$\begin{aligned}\int_L (2a-y)dx-(a-y)dy&=\int_0^{2\pi}\{[2a-a(1-\cos t)]a(1-\cos t)-[a-a(1-\cos t)]a\sin t\}dt\\ &=\int_0^{2\pi}[a(1+\cos t)a(1-\cos t)-a^2\cos t\sin t]dt\\ &=a^2\int_0^{2\pi}[(1-\cos^2 t)-\cos t\sin t]dt\\ &=a^2\left(\frac{1}{2}t-\frac{1}{4}\sin 2t-\frac{1}{2}\sin^2 t\right)\bigg|_0^{2\pi}=\pi a^2.\end{aligned}$$

例 11.2.2 计算 $\int_L xy^2dx+(x+y)dy$, 其中 L 的起点为(0, 0), 终点为(1, 1)的下述线段如图 11.2.1 所示.

(1) 曲线 $y=x^2$;　(2) 折线 L_1+L_2.

解 (1) $\int_L xy^2dx+(x+y)dy=\int_0^1[x\cdot x^4+(x+x^2)\cdot 2x]dx=\frac{4}{3}$.

(2)
$$\begin{aligned}\int_L xy^2dx+(x+y)dy&=\int_{L_1}xy^2dx+(x+y)dy+\int_{L_2}xy^2dx+(x+y)dy\\ &=\int_0^1 ydy+\int_0^1 xdx=1.\end{aligned}$$

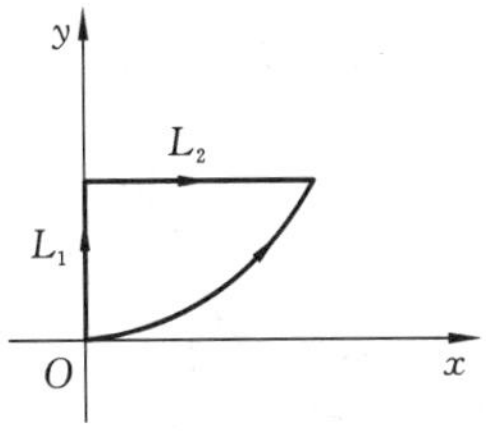

图 11.2.1

11.2.3 两类曲线积分的关系

设有向曲线弧 L 的起点为 A, 终点为 B, 如图 11.2.2 所示, 取弧长 $\overset{\frown}{AM}=s$ 为曲线弧 L 的参数, $\overset{\frown}{AB}=l$, 则

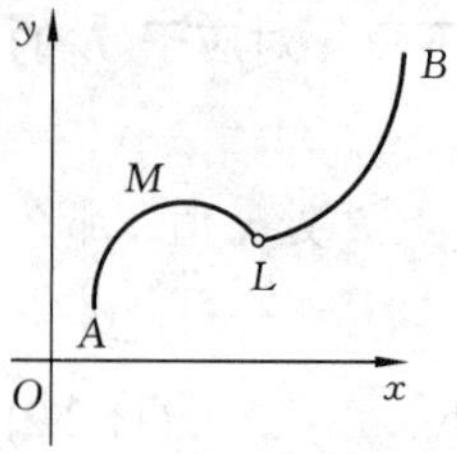

图 11.2.2

$$\begin{cases} x = x(s), \\ y = y(s), \end{cases} \quad 0 \leqslant s \leqslant l,$$

若 $x(s)$、$y(s)$在$[0, l]$上具有一阶连续导数, $P(x, y)$、$Q(x, y)$在 L 上连续, 则

$$\begin{aligned} &\int_L P(x, y)\mathrm{d}x + Q(x, y)\mathrm{d}y \\ &= \int_0^l \left\{ P[x(s), y(s)] \frac{\mathrm{d}x}{\mathrm{d}s} + Q[x(s), y(s)] \frac{\mathrm{d}y}{\mathrm{d}s} \right\} \mathrm{d}s \\ &= \int_0^l \{ P[x(s), y(s)]\cos\alpha + Q[x(s), y(s)]\cos\beta \} \mathrm{d}s, \end{aligned}$$

其中 $\cos\alpha = \dfrac{\mathrm{d}x}{\mathrm{d}s}$、$\cos\beta = \dfrac{\mathrm{d}y}{\mathrm{d}s}$ 是 L 的切线向量的方向余弦, 且切线向量与 L 的方向一致, 又

$$\int_L (P\cos\alpha + Q\cos\beta)\,\mathrm{d}s = \int_0^l \{ P[x(s), y(s)]\cos\alpha + Q[x(s), y(s)]\cos\beta \} \mathrm{d}s,$$

所以

$$\int_L P\mathrm{d}x + Q\mathrm{d}y = \int_L (P\cos\alpha + Q\cos\beta)\,\mathrm{d}s.$$

同理对空间曲线 Γ, 两类曲线积分之间有如下联系:

$$\int_\Gamma P\mathrm{d}x + Q\mathrm{d}y + R\mathrm{d}z = \int_\Gamma (P\cos\alpha + Q\cos\beta + R\cos\gamma)\,\mathrm{d}s,$$

其中 α、β、γ 为有向曲线弧 Γ 在点(x, y, z)处切向量的方向角.

也可用向量表示为

$$\int_\Gamma \boldsymbol{A} \cdot \mathrm{d}\boldsymbol{r} = \int_\Gamma \boldsymbol{A} \cdot \boldsymbol{t}\,\mathrm{d}s,$$

其中 $\boldsymbol{A} = (P, Q, R)$, $\boldsymbol{t} = (\cos\alpha, \cos\beta, \cos\gamma)$ 为 Γ 上(x, y, z)处的单位切向量, $\mathrm{d}\boldsymbol{r} = \boldsymbol{t}\,\mathrm{d}s = (\mathrm{d}x, \mathrm{d}y, \mathrm{d}z)$ 为有向曲线元.

例 11.2.3 把对坐标的曲线积分 $\int_L P\mathrm{d}x + Q\mathrm{d}y$ 化为对弧长的曲线积分, 其中 L 为曲线 $y = x^2$ 上从(0, 0)到(1, 1)的一段(图 11.2.3).

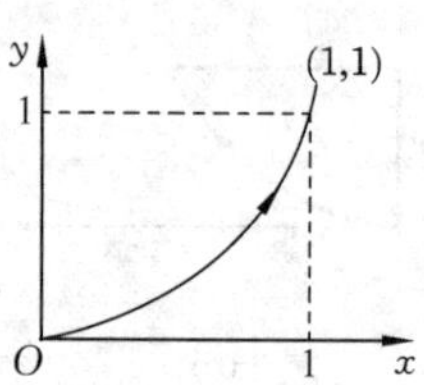

图 11.2.3

解 $L:\begin{cases} x = x, \\ y = x^2, \end{cases}$ $x: 0 \to 1$. 与曲线方向一致的切线向量为

$$\boldsymbol{s} = (x', y') = (1, 2x),$$

$$(\cos\alpha, \cos\beta) = \frac{1}{|\boldsymbol{s}|}\boldsymbol{s} = \frac{1}{\sqrt{1+4x^2}}(1, 2x) = \left(\frac{1}{\sqrt{1+4x^2}}, \frac{2x}{\sqrt{1+4x^2}} \right),$$

故

$$\cos\alpha = \frac{1}{\sqrt{1+4x^2}}, \quad \cos\beta = \frac{2x}{\sqrt{1+4x^2}},$$

所以

$$\int_L P\mathrm{d}x + Q\mathrm{d}y = \int_L (P\cos\alpha + Q\cos\beta)\,\mathrm{d}s = \int_L \frac{P + 2xQ}{\sqrt{1+4x^2}}\mathrm{d}s.$$

习　题　11.2

1. 填空题.

(1) 计算 $I=\int_L (x+y)\mathrm{d}x+(x-y)\mathrm{d}y$，其中 L 为:

① 沿抛物线 $y=x^2$ 从点(1, 1)到点(2, 4)，则 $I=$ ________;

② 沿直线段从点(1, 1)到点(2, 4)，则 $I=$ ________;

③ 沿直线段从点(1, 1)到点(1, 4)，然后再沿直线到点(2, 4)，则 $I=$ ________.

(2) $I=\int_L \mathrm{e}^{f(x,y)}\mathrm{d}x$，当 L 为 x 轴上的有向线段 $\overrightarrow{AB}$ 时，其中 $A(a, 0)$、$B(b, 0)$，则 I 化为定积分是________.

2. 求下列对坐标的曲线积分.

(1) $\oint_L (x+y)\mathrm{d}x+(x-y)\mathrm{d}y$，其中 L 为沿逆时针方向通过的椭圆 $\dfrac{x^2}{a^2}+\dfrac{y^2}{b^2}=1$;

(2) $\int_L (x^2+y^2)\mathrm{d}x+(x^2-y^2)\mathrm{d}y$，其中 L 是由 $x=0$ 到 $x=2$ 的一段折线 $y=1-|1-x|$;

(3) $\oint_L \dfrac{y\mathrm{d}x+x\mathrm{d}y}{|x|+|y|}$，其中 L 为 $|x|+|y|=1$，方向取逆时针方向.

3. 求空间曲线上对坐标的曲线积分 $\oint_\Gamma \mathrm{d}x-\mathrm{d}y+y\mathrm{d}z$，其中 Γ 为有向折线 $ABCA$，这里 A、B、C 依次为(1, 0, 0)、(0, 1, 0)、(0, 0, 1).

4. 设方向为 y 轴的负方向，且大小等于作用点的横坐标平方的力构成一力场，求质量为 m 的质点沿抛物线 $1-x=y^2$ 从点 $A(1, 0)$ 移动到点 $B(0, 1)$ 时场力所做的功.

5. 把对坐标的曲线积分 $\int_L P(x,y)\mathrm{d}x+Q(x,y)\mathrm{d}y$ 化成对弧长的曲线积分，其中 L 为:

(1) 沿抛物线 $y=x^2$ 从点(0, 0)到点(1, 1);

(2) 沿上半圆周 $x^2+y^2=2x$ 从点(0, 0)到点(1, 1).

11.3　格林公式及其应用

研究发现，在平面闭区域 D 上的二重积分可以通过沿闭区域 D 的边界曲线 L 上的曲线积分来表达.

11.3.1　格林公式的概念

在一元函数积分学中，牛顿-莱布尼茨公式 $\int_a^b F'(x)\mathrm{d}x=F(b)-F(a)$ 告诉我们，$F'(x)$ 在区间$[a, b]$上的积分可以通过它的原函数 $F(x)$在这个区间端点上的值来表达.

下面先给出单连通区域与复连通区域的概念，再介绍联系二重积分与曲线积分的重要公式——格林(Green)公式.

设 D 为平面区域，若 D 内任一闭曲线所围的部分都属于 D，则称 D 为平面**单连通区域**，否则称为**复连通区域**. 图 11.3.1(a)为单连通区域，图 11.3.1(b)为复连通区域. 通俗地说，单连通区域是“无洞”的，而复连通区域是“有洞”的. 例如，平面上 $\{(x, y)|y>0\}$ 为单连通区域，而 $\{(x, y)|0<x^2+y^2<2\}$ 为复连通区域.

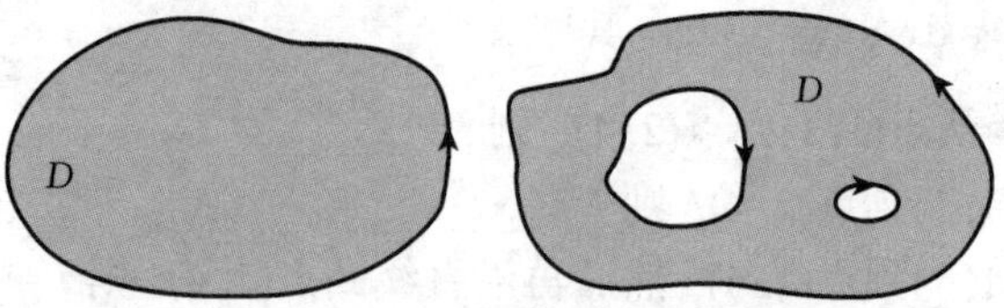

(a) (b)

图 11.3.1

设平面区域 D 的边界由一条或几条光滑曲线所围成. 规定 D 的边界曲线 L 的正向为：当观察者沿边界 L 的这个方向行走时，区域 D 内在它近处的那一部分总在它的左侧. 例如，图 11.3.1(a)的边界曲线 L 的正向为逆时针方向，图 11.3.1(b)的边界曲线 L 的正向为：外圈是逆时针，内圈是顺时针.

定理 11.3.1 设闭区域 D 由分段光滑的曲线 L 围成，函数 $P(x, y)$ 及 $Q(x, y)$ 在 D 上具有一阶连续偏导数，则有

$$\iint_D\left(\frac{\partial Q}{\partial x}-\frac{\partial P}{\partial y}\right)\mathrm{d}x\mathrm{d}y=\oint_L P\mathrm{d}x+Q\mathrm{d}y, \tag{11.3.1}$$

其中 L 是 D 的取正向的边界曲线.

式(11.3.1)叫做**格林公式**.

格林公式告诉我们，在平面区域 D 上的二重积分可以通过沿闭区域 D 的边界曲线 L 上的曲线积分来表达.

为了方便证明，先假定区域 D 既是 X 型区域又是 Y 型区域，即穿过区域 D 内部且平行于坐标轴的直线与 D 的边界曲线 L 的交点恰好为两点. 对于不满足该条件的区域 D，通过引进辅助曲线可以将它分成有限个部分闭区域，使得每个部分闭区域都既是 X 型区域又是 Y 型区域.

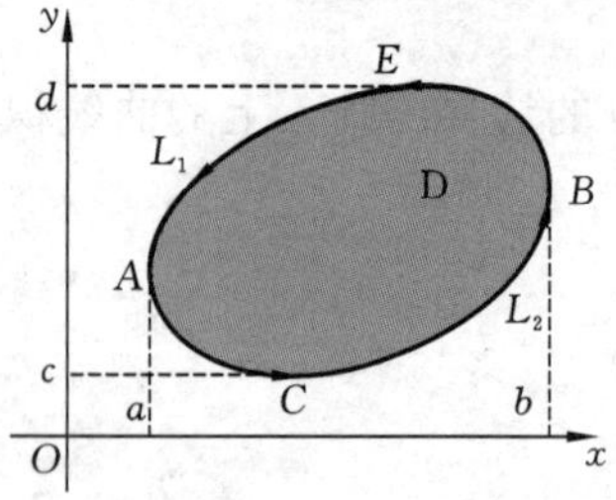

图 11.3.2

证 假定区域 D 既是 X 型区域又是 Y 型区域(图 11.3.2).

先将 D 看成 Y 型区域. 设 $D=\{(x, y)|\psi_1(y)\leqslant x\leqslant\psi_2(y), c\leqslant y\leqslant d\}$，由二重积分的计算法有

$$\begin{aligned}\iint_D\frac{\partial Q}{\partial x}\mathrm{d}x\mathrm{d}y&=\int_c^d\mathrm{d}y\int_{\psi_1(y)}^{\psi_2(y)}\frac{\partial Q}{\partial x}\mathrm{d}x\\&=\int_c^d\{Q[\psi_2(y),y]-Q[\psi_1(y),y]\}\mathrm{d}y.\end{aligned}$$

另外，由对坐标的曲线积分的性质及计算法有

$$\oint_L Q\mathrm{d}y=\int_{L_1}Q\mathrm{d}y+\int_{L_2}Q\mathrm{d}y=\int_d^c Q[\psi_1(y),y]\mathrm{d}y+\int_c^d Q[\psi_2(y),y]\mathrm{d}y=\int_c^d\{Q[\psi_2(y),y]-Q[\psi_1(y),y]\}\mathrm{d}y.$$

因此

$$\iint_D \frac{\partial Q}{\partial x}\mathrm{d}x\mathrm{d}y=\oint_L Q\mathrm{d}y.$$

再将 D 看成 X 型区域. 设 $D=\{(x,y)|\varphi_1(x)\leqslant y\leqslant\varphi_2(x), a\leqslant x\leqslant b\}$, 类似地可证

$$-\iint_D \frac{\partial P}{\partial y}\mathrm{d}x\mathrm{d}y=\oint_L P\mathrm{d}x.$$

由于 D 既是 X 型区域又是 Y 型区域, 所以以上两式同时成立, 两式合并即得

$$\iint_D \left(\frac{\partial Q}{\partial x}-\frac{\partial P}{\partial y}\right)\mathrm{d}x\mathrm{d}y=\oint_L P\mathrm{d}x+Q\mathrm{d}y.$$

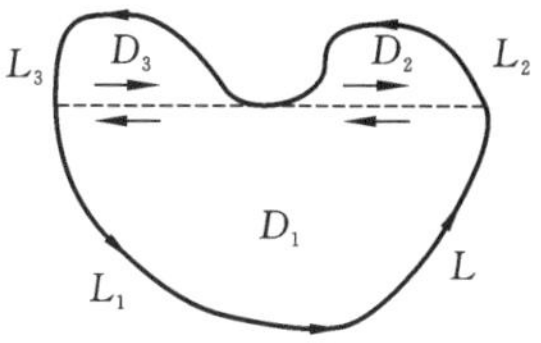

图 11.3.3

再考虑一般情形. 若闭区域 D 不满足上述条件, 可引进辅助曲线将 D 分成有限个既是 X 型区域又是 Y 型区域的子区域. 再逐块使用公式, 并相加就可以证明式(11.3.1)在一般情形下也成立. 例如, 如图 11.3.3 所示, D 被分成三个既是 X 型区域又是 Y 型区域的子区域 D_1、D_2、D_3, 则

$$\begin{aligned}\iint_D \left(\frac{\partial Q}{\partial x}-\frac{\partial P}{\partial y}\right)\mathrm{d}x\mathrm{d}y&=\iint_{D_1}\left(\frac{\partial Q}{\partial x}-\frac{\partial P}{\partial y}\right)\mathrm{d}x\mathrm{d}y+\iint_{D_2}\left(\frac{\partial Q}{\partial x}-\frac{\partial P}{\partial y}\right)\mathrm{d}x\mathrm{d}y+\iint_{D_3}\left(\frac{\partial Q}{\partial x}-\frac{\partial P}{\partial y}\right)\mathrm{d}x\mathrm{d}y\\&=\oint_{L_1}P\mathrm{d}x+Q\mathrm{d}y+\oint_{L_2}P\mathrm{d}x+Q\mathrm{d}y+\oint_{L_3}P\mathrm{d}x+Q\mathrm{d}y\\&=\oint_L P\mathrm{d}x+Q\mathrm{d}y.\end{aligned}$$

从上述推导过程中可以看到, 相邻子区域有部分共同边界, 但因其取向相反, 其上对坐标的曲线积分值刚好互相抵消, 因此积分曲线仅剩原边界曲线.

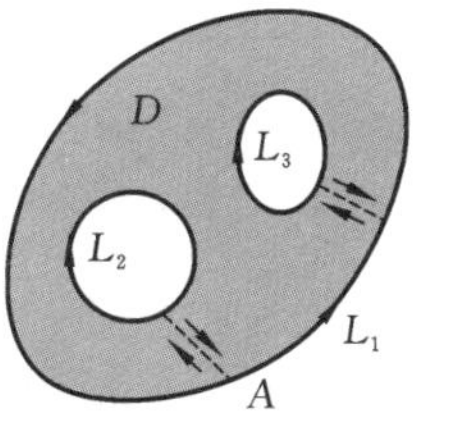

图 11.3.4

若 D 是由不止一条光滑或分段光滑的曲线围成的复连通区域(图 11.3.4), 可适当添加辅助线段将区域分成若干单连通区域, 对每个单连通区域使用格林公式, 然后相加即可证明式(11.3.1)对复连通区域也成立. 但此时式(11.3.1)的右端应包括沿区域 D 的全部边界的曲线积分, 且边界的方向对区域 D 来说都是正向.

格林公式的一个简单应用: 设区域 D 的边界曲线为 L, 取 $P=-y$, $Q=x$, 即得

$$2\iint_D \mathrm{d}x\mathrm{d}y=\oint_L x\mathrm{d}y-y\mathrm{d}x.$$

上式左端是闭区域 D 的面积 A 的两倍, 因此有

$$A=\iint_D \mathrm{d}x\mathrm{d}y=\frac{1}{2}\oint_L x\mathrm{d}y-y\mathrm{d}x.$$

例 11.3.1 求椭圆 $x=a\cos\theta, y=b\sin\theta$ 所围成图形的面积 A.

解 设 D 是由椭圆 $x=a\cos\theta$, $y=b\sin\theta$ 所围成的区域, 令 $P=-\frac{1}{2}y$, $Q=\frac{1}{2}x$, 则 $\frac{\partial Q}{\partial x}-\frac{\partial P}{\partial y}=\frac{1}{2}+\frac{1}{2}=1$. 于是由格林公式, 有

$$A=\iint_D \mathrm{d}x\mathrm{d}y=\oint_L -\frac{1}{2}y\mathrm{d}x+\frac{1}{2}x\mathrm{d}y=\frac{1}{2}\oint_L -y\mathrm{d}x+x\mathrm{d}y=\frac{1}{2}\int_0^{2\pi}(ab\sin^2\theta+ab\cos^2\theta)\mathrm{d}\theta=\frac{1}{2}ab\int_0^{2\pi}\mathrm{d}\theta=\pi ab.$$

例 11.3.2 设 L 是任意一条分段光滑的闭曲线，证明

$$\oint_L 2xy\mathrm{d}x+x^2\mathrm{d}y=0.$$

证 令 $P=2xy, Q=x^2$，则 $\dfrac{\partial Q}{\partial x}-\dfrac{\partial P}{\partial y}=2x-2x=0$．因此，由格林公式有

$$\oint_L 2xy\mathrm{d}x+x^2\mathrm{d}y=\pm\iint_D 0\mathrm{d}x\mathrm{d}y=0.$$

例 11.3.3 计算 $\iint_D \mathrm{e}^{-y^2}\mathrm{d}x\mathrm{d}y$，其中 D 是以 $O(0, 0)$、$A(1, 1)$、$B(0, 1)$为顶点的三角形闭区域(图 11.3.5).

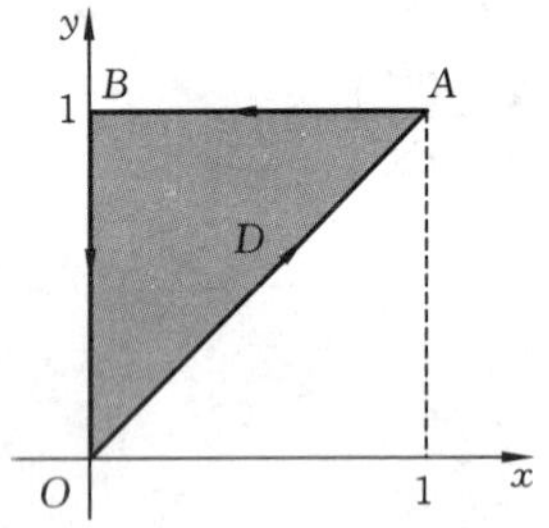

图 11.3.5

解 令 $P=0,\ Q=x\mathrm{e}^{-y^2}$，则 $\dfrac{\partial Q}{\partial x}-\dfrac{\partial P}{\partial y}=\mathrm{e}^{-y^2}$．因此，由格林公式有

$$\begin{aligned}\iint_D \mathrm{e}^{-y^2}\mathrm{d}x\mathrm{d}y&=\int_{OA+AB+BO} x\mathrm{e}^{-y^2}\mathrm{d}y\\&=\int_{OA}x\mathrm{e}^{-y^2}\mathrm{d}y+\int_{AB}x\mathrm{e}^{-y^2}\mathrm{d}y+\int_{BO}x\mathrm{e}^{-y^2}\mathrm{d}y\\&=\int_0^1 x\mathrm{e}^{-x^2}\mathrm{d}x+0+0=\frac{1}{2}(1-\mathrm{e}^{-1}).\end{aligned}$$

例 11.3.4 计算 $\oint_L \dfrac{x\mathrm{d}y-y\mathrm{d}x}{x^2+y^2}$，其中 L 为一条无重点、分段光滑且不经过原点的连续闭曲线，L 的方向为逆时针方向.

解 令 $P=\dfrac{-y}{x^2+y^2}$，$Q=\dfrac{x}{x^2+y^2}$，则当 $x^2+y^2\neq 0$ 时，有

$$\frac{\partial Q}{\partial x}=\frac{y^2-x^2}{(x^2+y^2)^2}=\frac{\partial P}{\partial y}.$$

记 L 所围成的闭区域为 D，当 $(0,0)\notin D$ (图 11.3.6)时，由格林公式得

$$\oint_L \frac{x\mathrm{d}y-y\mathrm{d}x}{x^2+y^2}=\iint_D\left(\frac{\partial Q}{\partial x}-\frac{\partial P}{\partial y}\right)\mathrm{d}x\mathrm{d}y=0.$$

当 $(0,0)\in D$ (图 11.3.7)时，在 D 内取一圆周 $l: x^2+y^2=a^2\ (a>0)$，其方向取逆时针方向.由 L 及 l^- 围成了一个复连通区域 D_1，应用格林公式得

$$\oint_{L+l^-}\frac{x\mathrm{d}y-y\mathrm{d}x}{x^2+y^2}=\iint_{D_1}\left(\frac{\partial Q}{\partial x}-\frac{\partial P}{\partial y}\right)\mathrm{d}x\mathrm{d}y=0,$$

即

$$\oint_L \frac{x\mathrm{d}y-y\mathrm{d}x}{x^2+y^2}+\oint_{l^-}\frac{x\mathrm{d}y-y\mathrm{d}x}{x^2+y^2}=0,$$

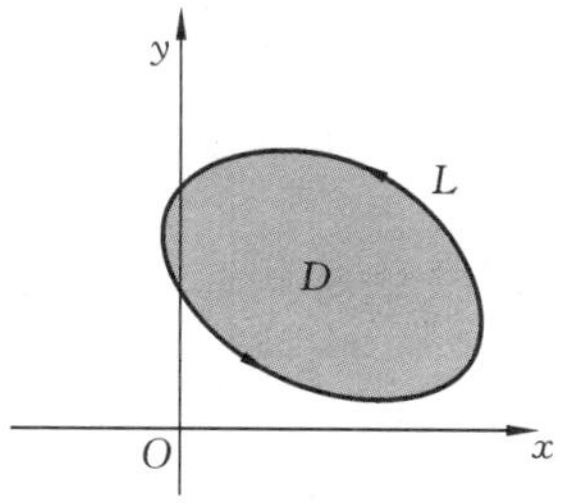

图 11.3.6

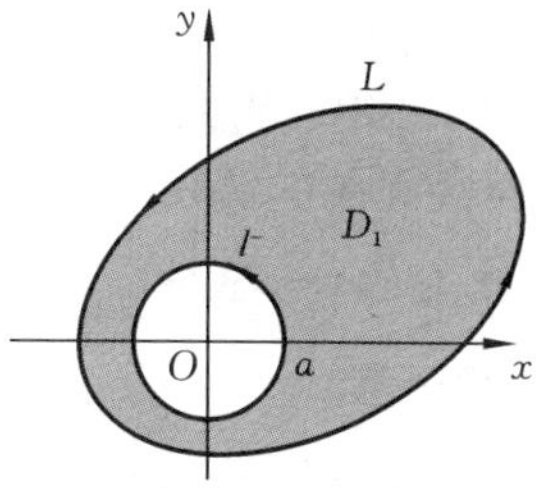

图 11.3.7

于是

$$\oint_L \frac{x\mathrm{d}y - y\mathrm{d}x}{x^2+y^2} = \oint_l \frac{x\mathrm{d}y - y\mathrm{d}x}{x^2+y^2} = \int_0^{2\pi} \frac{a^2\cos^2\theta + a^2\sin^2\theta}{a^2}\mathrm{d}\theta = 2\pi.$$

11.3.2　平面上曲线积分与路径无关的条件

在物理、力学中要研究所谓势场，就是要研究场力所做的功与路径无关的情形. 在什么条件下场力所做的功与路径无关？这个问题在数学上就是要研究曲线积分与路径无关的条件. 为了研究这个问题，先给出曲线积分与路径无关的概念，再给出两个曲线积分与路径无关的等价条件.

1. 曲线积分与路径无关的概念

设 G 是一个区域, $P(x, y)$、$Q(x, y)$在区域 G 内具有一阶连续偏导数. 若对于 G 内任意指定的两个点 A、B 及 G 内从点 A 到点 B 的任意两条曲线 L_1、L_2，等式

$$\int_{L_1} P\mathrm{d}x + Q\mathrm{d}y = \int_{L_2} P\mathrm{d}x + Q\mathrm{d}y$$

恒成立，则说**曲线积分 $\int_L P\mathrm{d}x + Q\mathrm{d}y$ 在 G 内与路径无关**，否则说**与路径有关**.

2. 曲线积分与路径无关的等价条件

设曲线积分 $\int_L P\mathrm{d}x + Q\mathrm{d}y$ 在 G 内与路径无关, L_1 和 L_2 是 G 内任意两条从点 A 到点 B 的曲线，那么

$$\int_{L_1} P\mathrm{d}x + Q\mathrm{d}y = \int_{L_2} P\mathrm{d}x + Q\mathrm{d}y.$$

因为

$$\int_{L_2} P\mathrm{d}x + Q\mathrm{d}y = -\int_{L_2^-} P\mathrm{d}x + Q\mathrm{d}y,$$

所以

$$\int_{L_1} P\mathrm{d}x + Q\mathrm{d}y + \int_{L_2^-} P\mathrm{d}x + Q\mathrm{d}y = 0,$$

从而

$$\oint_{L_1+L_2^-} P\mathrm{d}x + Q\mathrm{d}y = 0,$$

这里$L_1+L_2^-$是一条有向闭曲线. 因此, 区域G内由曲线积分与路径无关可推得在G内沿闭曲线的曲线积分为零. 反之, 如果在区域G内沿任意闭曲线的曲线积分为零, 也可推得在G内曲线积分与路径无关. 由此得到

曲线积分与路径无关的等价条件一:

曲线积分$\int_L P\mathrm{d}x+Q\mathrm{d}y$在$G$内与路径无关等价于沿$G$内任意闭曲线$C$的曲线积分$\oint_C P\mathrm{d}x+Q\mathrm{d}y$等于零.

曲线积分与路径无关的等价条件二:

定理 11.3.2 设开区域G是一个单连通区域, 函数$P(x, y)$及$Q(x, y)$在G内具有一阶连续偏导数, 则曲线积分$\int_L P\mathrm{d}x+Q\mathrm{d}y$在$G$内与路径无关(或沿$G$内任意闭曲线的曲线积分为零)的充分必要条件是

$$\frac{\partial P}{\partial y}=\frac{\partial Q}{\partial x} \tag{11.3.2}$$

在G内恒成立.

证 先证充分性. 若$\frac{\partial P}{\partial y}=\frac{\partial Q}{\partial x}$, 则$\frac{\partial Q}{\partial x}-\frac{\partial P}{\partial y}=0$, 由格林公式, 对任意闭曲线$C$,

$$\oint_C P\mathrm{d}x+Q\mathrm{d}y=\iint_D\left(\frac{\partial Q}{\partial x}-\frac{\partial P}{\partial y}\right)\mathrm{d}x\mathrm{d}y=0.$$

再证必要性. 假设存在一点$M_0\in G$, 使$\left.\left(\frac{\partial Q}{\partial x}-\frac{\partial P}{\partial y}\right)\right|_{M_0}=\eta\neq 0$, 不妨设$\eta>0$, 则由$\frac{\partial Q}{\partial x}-\frac{\partial P}{\partial y}$的连续性, 存在$M_0$的一个$\delta$邻域$U(M_0, \delta)$, 使在此邻域内有$\frac{\partial Q}{\partial x}-\frac{\partial P}{\partial y}\geqslant\frac{\eta}{2}$. 于是沿邻域$U(M_0, \delta)$正向边界曲线$l$的积分

$$\oint_l P\mathrm{d}x+Q\mathrm{d}y=\iint_{U(M_0,\delta)}\left(\frac{\partial Q}{\partial x}-\frac{\partial P}{\partial y}\right)\mathrm{d}x\mathrm{d}y\geqslant\frac{\eta}{2}\cdot\pi\delta^2>0,$$

这与沿G内任意闭曲线的曲线积分为零相矛盾, 因此在G内$\frac{\partial Q}{\partial x}-\frac{\partial P}{\partial y}=0$恒成立.

定理要求区域G是单连通区域, 且函数$P(x, y)$及$Q(x, y)$在G内具有一阶连续偏导数. 如果这两个条件之一不能满足, 那么定理的结论不能保证成立. 例如, 在例 11.3.4 中可以看到, 当L所围成的区域含有原点时, 虽然除去原点外, 恒有$\frac{\partial P}{\partial y}=\frac{\partial Q}{\partial x}$, 但积分$\oint_L\frac{x\mathrm{d}y-y\mathrm{d}x}{x^2+y^2}\neq 0$, 其原因在于区域内含有破坏函数$P$、$Q$及$\frac{\partial P}{\partial y}$、$\frac{\partial Q}{\partial x}$连续性条件的原点$(0, 0)$, 这种点通常称为**奇点**.

例 11.3.5 计算$\int_L 2xy\mathrm{d}x+x^2\mathrm{d}y$, 其中$L$为抛物线$y=x^2$上从$O(0, 0)$到$B(1, 1)$的一段弧.

解 因为$\frac{\partial P}{\partial y}=\frac{\partial Q}{\partial x}=2x$在整个$xOy$面内都成立, 所以在整个$xOy$面内, 积分$\int_L 2xy\mathrm{d}x+x^2\mathrm{d}y$与路径无关. 因此可以取简单积分路径, 即折线段$OAB$, 其中$A$是点$(1, 0)$. 于是

$$\int_L 2xy\mathrm{d}x+x^2\mathrm{d}y=\int_{OA}2xy\mathrm{d}x+x^2\mathrm{d}y+\int_{AB}2xy\mathrm{d}x+x^2\mathrm{d}y=\int_0^1 1^2\mathrm{d}y=1.$$

11.3.3 二元函数的全微分求积

曲线积分在 G 内与路径无关，表明曲线积分的值只与起点(x_0, y_0)与终点(x, y)有关. 此时曲线积分可记为$\int_{(x_0,y_0)}^{(x,y)} P\mathrm{d}x+Q\mathrm{d}y$，即

$$\int_L P\mathrm{d}x+Q\mathrm{d}y=\int_{(x_0,y_0)}^{(x,y)} P\mathrm{d}x+Q\mathrm{d}y.$$

若起点(x_0, y_0)为 G 内的一定点，终点(x, y)为 G 内的动点，则

$$u(x,y)=\int_{(x_0,y_0)}^{(x,y)} P\mathrm{d}x+Q\mathrm{d}y$$

为 G 内的函数.

表达式 $P(x, y)\mathrm{d}x + Q(x, y)\mathrm{d}y$ 与二元函数的全微分有相同的结构，但它未必就是某个函数的全微分. 那么在什么条件下表达式$P(x, y)\mathrm{d}x + Q(x, y)\mathrm{d}y$是某个二元函数$u(x, y)$的全微分呢？当这样的二元函数存在时，怎样求出这个二元函数呢？

定理 11.3.3 设区域 G 是一个单连通区域，函数$P(x, y)$和$Q(x, y)$在 G 内具有一阶连续偏导数，则 $P(x, y)\mathrm{d}x + Q(x, y)\mathrm{d}y$ 在 G 内为某一函数 $u(x, y)$的全微分的充分必要条件是

$$\frac{\partial P}{\partial y}=\frac{\partial Q}{\partial x}$$

在 G 内恒成立.

证 先证必要性. 假设存在某一函数 $u(x, y)$，使得

$$\mathrm{d}u = P(x, y)\mathrm{d}x + Q(x, y)\mathrm{d}y,$$

则必有

$$\frac{\partial u}{\partial x}=P,\quad \frac{\partial u}{\partial y}=Q.$$

从而

$$\frac{\partial P}{\partial y}=\frac{\partial}{\partial y}\left(\frac{\partial u}{\partial x}\right)=\frac{\partial^2 u}{\partial x\partial y},\quad \frac{\partial Q}{\partial x}=\frac{\partial}{\partial x}\left(\frac{\partial u}{\partial y}\right)=\frac{\partial^2 u}{\partial y\partial x},$$

因为函数$P(x, y)$和$Q(x, y)$在 G 内具有一阶连续偏导数，所以$\frac{\partial^2 u}{\partial x\partial y}$、$\frac{\partial^2 u}{\partial y\partial x}$连续，因此$\frac{\partial^2 u}{\partial x\partial y}=\frac{\partial^2 u}{\partial y\partial x}$，即$\frac{\partial P}{\partial y}=\frac{\partial Q}{\partial x}$.

再证充分性. 因为在 G 内$\frac{\partial P}{\partial y}=\frac{\partial Q}{\partial x}$，所以积分$\int_L P(x,y)\mathrm{d}x+Q(x,y)\mathrm{d}y$ 在 G 内与路径无关. 在 G 内从点(x_0, y_0)到点(x, y)的曲线积分可表示为

$$\int_{(x_0,y_0)}^{(x,y)} P(x,y)\mathrm{d}x+Q(x,y)\mathrm{d}y.$$

下面证明函数$u(x,y)=\int_{(x_0,y_0)}^{(x,y)} P(x,y)\mathrm{d}x+Q(x,y)\mathrm{d}y$ 的全微分就是 $P(x, y)\mathrm{d}x + Q(x, y)\mathrm{d}y$.

因为

$$u(x,y)=\int_{(x_0,y_0)}^{(x,y)}P(x,y)\mathrm{d}x+Q(x,y)\mathrm{d}y=\int_{y_0}^{y}Q(x_0,y)\mathrm{d}y+\int_{x_0}^{x}P(x,y)\mathrm{d}x,$$

所以

$$\frac{\partial u}{\partial x}=\frac{\partial}{\partial x}\int_{y_0}^{y}Q(x_0,y)\mathrm{d}y+\frac{\partial}{\partial x}\int_{x_0}^{x}P(x,y)\mathrm{d}x=P(x,y).$$

同理可证

$$\frac{\partial u}{\partial y}=Q(x,y).$$

在上述证明过程中, 给出了求满足 $\mathrm{d}u=P(x,y)\mathrm{d}x+Q(x,y)\mathrm{d}y$ 的 $u(x,y)$的公式:

$$u(x,y)=\int_{(x_0,y_0)}^{(x,y)}P(x,y)\mathrm{d}x+Q(x,y)\mathrm{d}y.$$

由于公式中的曲线积分与路径无关, 为计算方便, 常选择完全位于区域内的平行于坐标轴的直线段连成的折线 ACB 或 ADB 作为积分路径(图 11.3.8).

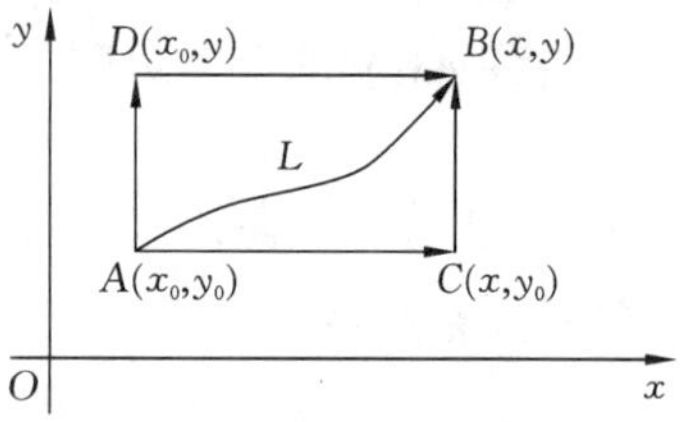

图 11.3.8

若取 ACB 作为积分路径, 则有

$$u(x,y)=\int_{x_0}^{x}P(x,y_0)\mathrm{d}x+\int_{y_0}^{y}Q(x,y)\mathrm{d}y.$$

若取 ADB 作为积分路径, 则有

$$u(x,y)=\int_{y_0}^{y}Q(x_0,y)\mathrm{d}y+\int_{x_0}^{x}P(x,y)\mathrm{d}x.$$

例 11.3.6 验证: $\dfrac{x\mathrm{d}y-y\mathrm{d}x}{x^2+y^2}$ 在右半平面($x>0$)内是某个函数的全微分, 并求出这个函数.

解 这里 $P=\dfrac{-y}{x^2+y^2}$, $Q=\dfrac{x}{x^2+y^2}$. 因为 P、Q 在右半平面内具有一阶连续偏导数, 且有 $\dfrac{\partial Q}{\partial x}=\dfrac{y^2-x^2}{(x^2+y^2)^2}=\dfrac{\partial P}{\partial y}$, 所以在右半平面内, $\dfrac{x\mathrm{d}y-y\mathrm{d}x}{x^2+y^2}$ 是某个函数的全微分.

取积分路线为从 $A(1,0)$到 $B(x,0)$再到 $C(x,y)$的折线, 则所求函数为

$$u(x,y)=\int_{(1,0)}^{(x,y)}\frac{x\mathrm{d}y-y\mathrm{d}x}{x^2+y^2}=0+\int_0^y\frac{x\mathrm{d}y}{x^2+y^2}=\arctan\frac{y}{x}.$$

例 11.3.7 验证: 在整个 xOy 面内 $xy^2\mathrm{d}x+x^2y\mathrm{d}y$ 是某个函数的全微分, 并求出这个函数.

解 这里 $P=xy^2$, $Q=x^2y$. 因为 P、Q 在整个 xOy 面内具有一阶连续偏导数, 且有 $\dfrac{\partial Q}{\partial x}=2xy=\dfrac{\partial P}{\partial y}$, 所以在整个 xOy 面内 $xy^2\mathrm{d}x+x^2y\mathrm{d}y$ 是某个函数的全微分.

取积分路线为从 $O(0,0)$到 $A(x,0)$再到 $B(x,y)$的折线, 则所求函数为

$$u(x,y)=\int_{(0,0)}^{(x,y)}xy^2\mathrm{d}x+x^2y\mathrm{d}y=0+\int_0^y x^2y\mathrm{d}y=x^2\int_0^y y\mathrm{d}y=\frac{x^2y^2}{2}.$$

习 题 11.3

1. 计算 $\oint_L(yx^3+\mathrm{e}^y)\mathrm{d}x+(xy^3+x\mathrm{e}^y-2y)\mathrm{d}y$, 其中 L 是椭圆 $\dfrac{x^2}{a^2}+\dfrac{y^2}{b^2}=1$, 取顺时针方向.

2. 计算$\int_L (x+y)^2 \mathrm{d}x-(x^2+y^2\sin y)\mathrm{d}y$，其中$L$是抛物线$y=x^2$上从点$(-1, 1)$到点$(1, 1)$的弧段.

3. 计算$\oint_L (x^2+y^2)^3 \mathrm{d}x$，其中$L$是半圆$x^2+y^2=1$ ($y\geqslant 0$)和x轴组成闭路的正向.

4. 计算$\oint_L \frac{x\mathrm{d}y-y\mathrm{d}x}{4x^2+y^2}$，其中$L$是以点$(1, 0)$为中心，$R$ ($R\neq 1$)为半径的圆周，方向取逆时针方向.

5. 设$P(x, y)$、$Q(x, y)$具有二阶连续偏导数，且$\int_L Q(x,y)\mathrm{d}x+P(x,y)\mathrm{d}y$与路径无关，证明曲线积分$\int_L \frac{\partial Q}{\partial x}\mathrm{d}x+\frac{\partial P}{\partial x}\mathrm{d}y$也与路径无关.

6. 验证$(x^2+2xy-y^2)\mathrm{d}x+(x^2-2xy-y^2)\mathrm{d}y$是某个函数$U(x, y)$的全微分，并求此函数$U(x, y)$.

7. 试确定a、b之值，使$\frac{ax+y}{x^2+y^2}\mathrm{d}x-\frac{x-y+b}{x^2+y^2}\mathrm{d}y$是某个函数$U(x, y)$的全微分，并求此函数$U(x, y)$.

8. 利用曲线积分求星形线$x=a\cos^3 t, y=a\sin^3 t$所围成的图形面积.

11.4 对面积的曲面积分

11.4.1 对面积的曲面积分的概念与性质

1. 引例 曲面型构件的质量

在对平面曲线弧长的曲线积分的引例中，将曲线换为曲面，线密度换为面密度，二元函数换为三元函数即可得曲面型构件的质量. 设有一曲面S，其面密度为连续函数$\mu=\mu(x, y, z)$，求曲面S的质量. 类似于求平面曲线型构件质量的方法，对曲面经过“大化小，常代变，近似和，取极限”四个步骤，就可以将其质量表示为某种和式的极限：

$$m=\lim_{\lambda\to 0}\sum_{i=1}^{n}\mu(\xi_i,\eta_i,\zeta_i)\cdot\Delta S_i.$$

这样的极限还会在其他问题中遇到. 抽去它们的具体意义，就得出对面积的曲面积分的概念.

2. 定义

设曲面Σ是光滑的，$f(x, y, z)$在Σ上有界，把Σ分成n小块，任取$(\xi_i, \eta_i, \zeta_i)\in\Delta S_i$，作乘积$f(\xi_i,\eta_i,\zeta_i)\cdot\Delta S_i\ (i=1,2,\cdots,n)$，再作和$\sum_{i=1}^{n}f(\xi_i,\eta_i,\zeta_i)\Delta S_i\ (i=1,2,\cdots,n)$，当各小块曲面直径的最大值$\lambda\to 0$时，这和的极限存在，则称此极限为函数$f(x, y, z)$在曲面$\Sigma$上**对面积的曲面积分**或**第一类曲面积分**，记作$\iint_{\Sigma} f(x,y,z)\mathrm{d}S$，即

$$\iint_{\Sigma} f(x,y,z)\mathrm{d}S=\lim_{\lambda\to 0}\sum_{i=1}^{n}f(\xi_i,\eta_i,\zeta_i)\cdot\Delta S_i,$$

其中$f(x, y, z)$叫做**被积函数**，Σ叫做**积分曲面**.

我们指出，当被积函数 $f(x, y, z)$ 在积分曲面 Σ 上连续时，对面积的曲面积分 $\iint\limits_{\Sigma} f(x,y,z)\mathrm{d}S$ 总是存在的. 今后总假定 $f(x, y, z)$ 在 Σ 上连续.

根据上述定义，面密度为连续函数 $\mu(x, y, z)$ 的光滑曲面 Σ 的质量 m，可表示为 $\mu(x, y, z)$ 在 Σ 上对面积的曲面积分:

$$m=\iint\limits_{\Sigma}\mu(x,y,z)\mathrm{d}S.$$

还可以得出，当 $f(x, y, z) = 1$ 时，$S=\iint\limits_{\Sigma}\mathrm{d}S$ 为曲面面积.

若 Σ 是分片光滑的，规定函数在 Σ 上对面积的曲面积分等于函数在光滑的各片曲面上对面积的曲面积分之和. 例如，若 $\Sigma=\Sigma_1+\Sigma_2$，则

$$\iint\limits_{\Sigma} f(x,y,z)\mathrm{d}S=\iint\limits_{\Sigma_1} f(x,y,z)\mathrm{d}S+\iint\limits_{\Sigma_2} f(x,y,z)\mathrm{d}S.$$

由对面积的曲面积分的定义可知，它具有与对弧长的曲线积分相类似的性质，这里不再赘述.

11.4.2 对面积的曲面积分的计算法

定理 11.4.1 设曲面 Σ 的方程 $z = z(x, y)$，Σ 在 xOy 面的投影为 D_{xy}，若 $f(x, y, z)$ 在 D_{xy} 上具有一阶连续偏导数，在 Σ 上连续，则

$$\iint\limits_{\Sigma} f(x,y,z)\mathrm{d}S=\iint\limits_{D_{xy}} f[x,y,z(x,y)]\sqrt{1+z_x^2(x,y)+z_y^2(x,y)}\mathrm{d}x\mathrm{d}y.$$

证 按照对面积的曲面积分的定义，有

$$\iint\limits_{\Sigma} f(x,y,z)\mathrm{d}S=\lim_{\lambda\to 0}\sum_{i=1}^{n} f(\xi_i,\eta_i,\zeta_i)\cdot\Delta S_i,$$

设 Σ 上第 i 小块曲面 ΔS_i(其面积也记作 ΔS_i)在 xOy 面上的投影区域为 $(\Delta\sigma_i)_{xy}$[其面积也记作 $(\Delta\sigma_i)_{xy}$]，则

$$\Delta S_i=\iint\limits_{(\Delta\sigma_i)_{xy}}\sqrt{1+z_x^2(x,y)+z_y^2(x,y)}\mathrm{d}x\mathrm{d}y.$$

利用二重积分的中值定理，有

$$\Delta S_i=\sqrt{1+z_x^2(\xi_i',\eta_i')+z_y^2(\xi_i',\eta_i')}(\Delta\sigma_i)_{xy},$$

其中 (ξ_i',η_i') 是小闭区域 $(\Delta\sigma_i)_{xy}$ 上的一点. 又因 (ξ_i',η_i',ζ_i) 是 Σ 上一点，故 $\zeta_i=z(\xi_i,\eta_i)$，这里 $(\xi_i,\eta_i,0)$ 也是小闭区域 $(\Delta\sigma_i)_{xy}$ 上的一点. 于是

$$\sum_{i=1}^{n} f(\xi_i,\eta_i,\zeta_i)\cdot\Delta S_i=\sum_{i=1}^{n} f[\xi_i,\eta_i,z(\xi_i,\eta_i)]\cdot\sqrt{1+z_x^2(\xi_i',\eta_i')+z_y^2(\xi_i',\eta_i')}(\Delta\sigma_i)_{xy}.$$

因为函数 $f[x, y, z(x, y)]$ 和 $\sqrt{1+z_x^2(x,y)+z_y^2(x,y)}$ 都在闭区域 D_{xy} 上连续，可以证明

$$\lim_{\lambda\to 0}\sum_{i=1}^{n} f[\xi_i,\eta_i,z(\xi_i,\eta_i)]\cdot\sqrt{1+z_x^2(\xi_i',\eta_i')+z_y^2(\xi_i',\eta_i')}(\Delta\sigma_i)_{xy}$$

$$=\lim_{\lambda\to 0}\sum_{i=1}^{n} f[\xi_i,\eta_i,z(\xi_i,\eta_i)]\cdot\sqrt{1+z_x^2(\xi_i,\eta_i)+z_y^2(\xi_i,\eta_i)}(\Delta\sigma_i)_{xy}$$

$$=\iint_{D_{xy}} f[x,y,z(x,y)]\sqrt{1+z_x^2(x,y)+z_y^2(x,y)}\mathrm{d}x\mathrm{d}y,$$

所以

$$\iint_{\Sigma} f(x,y,z)\mathrm{d}S=\iint_{D_{xy}} f[x,y,z(x,y)]\sqrt{1+z_x^2(x,y)+z_y^2(x,y)}\mathrm{d}x\mathrm{d}y.$$

如果积分曲面 Σ 由方程 $x=x(y,z)$或 $y=y(z,x)$给出，也可类似地将对面积的曲面积分化为相应的二重积分.

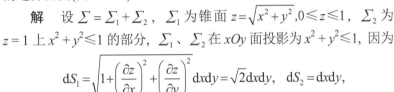

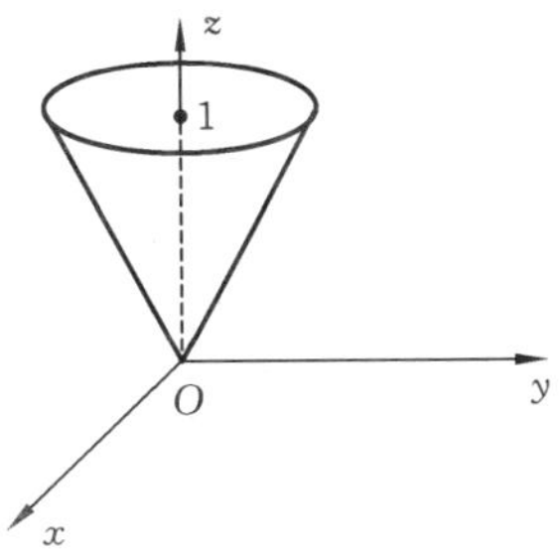

图 11.4.1

例 11.4.1 计算 $I=\iint_{\Sigma}(x^2+y^2)\mathrm{d}S$，其中 Σ 为立体 $\sqrt{x^2+y^2}\leqslant z\leqslant 1$ 的边界曲面(图 11.4.1).

解 设 $\Sigma=\Sigma_1+\Sigma_2$，Σ_1 为锥面 $z=\sqrt{x^2+y^2},0\leqslant z\leqslant 1$，$\Sigma_2$ 为 $z=1$ 上 $x^2+y^2\leqslant 1$ 的部分，Σ_1、Σ_2 在 xOy 面投影为 $x^2+y^2\leqslant 1$，因为

$$\mathrm{d}S_1=\sqrt{1+\left(\frac{\partial z}{\partial x}\right)^2+\left(\frac{\partial z}{\partial y}\right)^2}\mathrm{d}x\mathrm{d}y=\sqrt{2}\mathrm{d}x\mathrm{d}y,\quad \mathrm{d}S_2=\mathrm{d}x\mathrm{d}y,$$

所以

$$I=\iint_{\Sigma_1}(x^2+y^2)\ \mathrm{d}S_1+\iint_{\Sigma_2}(x^2+y^2)\mathrm{d}S_2=\iint_{D}(x^2+y^2)\sqrt{2}\mathrm{d}x\mathrm{d}y+\iint_{D}(x^2+y^2)\mathrm{d}x\mathrm{d}y$$

$$=(\sqrt{2}+1)\iint_{D}(x^2+y^2)\mathrm{d}x\mathrm{d}y=(1+\sqrt{2})\int_0^{2\pi}\mathrm{d}\theta\int_0^1 r^3\mathrm{d}r=\frac{\pi}{2}(1+\sqrt{2}).$$

例 11.4.2 计算积分 $\iint_{\Sigma} z^2\mathrm{d}S$，其中 Σ 为 $x^2+y^2+z^2=R^2$.

解 令 $\Sigma=\Sigma_1+\Sigma_2$，其中 Σ_1 为 $z=\sqrt{R^2-x^2-y^2}$，Σ_2 为 $z=-\sqrt{R^2-x^2-y^2}$，因为 Σ_1，Σ_2 上均有

$$\sqrt{1+z_x^2+z_y^2}=\sqrt{1+\frac{x^2+y^2}{R^2-x^2-y^2}}=\frac{R}{\sqrt{R^2-x^2-y^2}},$$

D 为 $x^2+y^2=R^2$，所以

$$\iint_{\Sigma} z^2\mathrm{d}S=\iint_{\Sigma_1} z^2\mathrm{d}S+\iint_{\Sigma_2} z^2\mathrm{d}S=2\iint_{D}\left(\sqrt{R^2-x^2-y^2}\right)^2\cdot\frac{R}{\sqrt{R^2-x^2-y^2}}\mathrm{d}\sigma$$

$$=2R\iint_{D}\sqrt{R^2-x^2-y^2}\mathrm{d}\sigma=2R\cdot\frac{2}{3}\pi R^3=\frac{4}{3}\pi R^4.$$

例 11.4.3 计算 $\iint_{\Sigma}|xyz|\mathrm{d}S$，其中 Σ 为 $x^2+y^2=z$ 被平面 $z=1$ 所割的有限部分.

解 设第一卦限内的部分为 $\Sigma_1: x\geqslant 0, y\geqslant 0, x^2+y^2\leqslant z$,

$$\iint\limits_{\Sigma}|xyz|\mathrm{d}S=4\iint\limits_{\Sigma_1}|xyz|\mathrm{d}S=4\iint\limits_{D_{xy}}xy(x^2+y^2)\sqrt{1+4x^2+4y^2}\,\mathrm{d}x\mathrm{d}y$$

$$=4\int_0^{\frac{\pi}{2}}\mathrm{d}\theta\int_0^1\rho^4\cdot\sin\theta\cos\theta\cdot\sqrt{1+4\rho^2}\,\rho\mathrm{d}\rho=4\left(\frac{1}{2}\sin^2\theta\Big|_0^{\frac{\pi}{2}}\right)\cdot\left(\frac{1}{2}\int_0^1\rho^4\sqrt{1+4\rho^2}\,\mathrm{d}\rho^2\right)$$

$$\xlongequal{\sqrt{1+4\rho^2}=u}\int_1^{\sqrt{5}}u\cdot\left(\frac{u^2-1}{4}\right)^2\mathrm{d}u=\int_1^{\sqrt{5}}\frac{2u^2}{4^3}(u^2-1)^2\mathrm{d}u=\frac{125\sqrt{5}-1}{420}.$$

习　题　11.4

1. 填空题.

(1) $\oiint\limits_{\Sigma}(x^2+y^2+z^2)\mathrm{d}S$, 其中 $\Sigma: x^2+y^2+z^2=R^2$, 其值为 ________.

(2) 设曲面 Σ 的面密度为 $\rho(x,y,z)$, 则这块曲面对 x 轴的转动惯量 I_x 用曲面积分表示为 ________.

(3) 若 Σ 是 xOy 面内的一个闭区域 D, 则 $\iint\limits_{\Sigma}f(x,y,z)\mathrm{d}S$ 化为二重积分是________.

2. 求对面积的曲面积分.

(1) $\iint\limits_{\Sigma}(2xy-2x^2-x+z)\mathrm{d}S$, 其中 Σ 为平面 $2x+2y+z=6$ 在第一卦限中的部分;

(2) $\iint\limits_{\Sigma}z\mathrm{d}S$, 其中 Σ 是曲面 $z=\frac{1}{2}(x^2+y^2)$ 被平面 $z=2$ 所截下的有限部分;

(3) $\iint\limits_{\Sigma}y\mathrm{d}S$, 其中 Σ 是平面 $x+y+z=4$ 被圆柱面 $x^2+y^2=1$ 所截下的有限部分.

3. 求抛物曲面 $z=\frac{1}{2}(x^2+y^2)\,(0\leqslant z\leqslant 1)$的质量, 曲面上每一点的面密度等于该点到 xOy 面的距离.

4. 设半球面 Σ: $z=\sqrt{a^2-x^2-y^2}$ 上一点处的面密度与该点到 z 轴的距离成正比, 求此半球面的重心.

5. 求 $\oiint\limits_{\Sigma}x\mathrm{d}S$, 其中 Σ 是圆柱面 $x^2+y^2=1$、平面 $z=0$ 及 $z=x+2$ 所围成的空间立体的表面.

11.5　对坐标的曲面积分

11.5.1　对坐标的曲面积分的概念与性质

为了方便介绍, 需要对曲面做一些说明. 这里假定曲面是光滑的.

通常遇到的曲面都是双侧的, 可以按照曲面的方位分为上侧与下侧、左侧与右侧、前侧与后侧, 以及内侧与外侧. 在讨论对坐标的曲面积分时, 需要指定曲面的侧, 为此引入有向曲面与投影.

1. 有向曲面

关于曲面的侧, 做如下约定: 设曲面 $z=z(x,y)$, 若取法向量朝上($\boldsymbol{n}$ 与 z 轴正向的夹角为锐角), 则曲面取定上侧, 否则为下侧; 对曲面 $x=x(y,z)$, 若 $\boldsymbol{n}$ 的方向与 x 轴正向夹角为锐角, 取定曲面的前侧, 否则为后侧; 对曲面 $y=y(x,z)$, $\boldsymbol{n}$ 的方向与 y 轴正向夹角为锐角, 取定曲面的右侧, 否则为左侧; 若曲面为闭曲面, 则取法向量的指向朝外, 此时取定曲面的外侧, 否则为内侧. 取定了法向量即选定了曲面的侧, 这种曲面称为**有向曲面**.

2. 投影

设 Σ 是有向曲面, 在 Σ 上取一小块曲面 ΔS, 把 ΔS 投影到 xOy 面上, 得一投影域 $\Delta\sigma_{xy}$ (既表示区域, 又表示面积), 假定 ΔS 上任一点的法向量与 z 轴夹角 γ 的余弦 $\cos\gamma$ 有相同的符号(即 $\cos\gamma$ 都是正的或都是负的), 规定 ΔS 在 xOy 面上的投影 ΔS_{xy} 为

$$\Delta S_{xy}=\begin{cases}\Delta\sigma_{xy}, & \cos\gamma>0,\\ -\Delta\sigma_{xy}, & \cos\gamma<0,\\ 0, & \cos\gamma=0,\end{cases}$$

这里实质上就是将投影面积附以一定的符号.

类似地, 可以定义 ΔS 在 yOz 面、xOz 面上的投影 ΔS_{yz} 与 ΔS_{xz}.

下面讨论一个例子, 然后引进对坐标的曲面积分的概念.

3. 流向曲面一侧的流量

设稳定流动的不可压缩的流体(设密度为 1)的速度场为 $\boldsymbol{v}(x,y,z)=P(x,y,z)\boldsymbol{i}+Q(x,y,z)\boldsymbol{j}+R(x,y,z)\boldsymbol{k}$, Σ 为其中一片有向曲面, 函数 $P(x,y,z)$、$Q(x,y,z)$、$R(x,y,z)$在 Σ 上连续, 求单位时间内流向 Σ 指定侧的流体的质量, 即流量 Φ.

若流体流过平面上面积为 A 的一个闭区域, 且流体在此闭域上各点处流速为 $\boldsymbol{v}$(常向量), 又设 $\boldsymbol{n}$ 为该平面的单位法向量(图 11.5.1), 则在单位时间内流过这闭区域的流体组成一个底面积为 A、斜高为$|\boldsymbol{v}|$的斜柱体, 并且当 $(\widehat{\boldsymbol{v},\boldsymbol{n}})=\theta<\frac{\pi}{2}$ 时, 斜柱体体积为 $A\cdot|\boldsymbol{v}|\cdot\cos\theta=A\cdot\boldsymbol{v}\cdot\boldsymbol{n}$, 此即通过区域 A 流向 $\boldsymbol{n}$ 所指一侧的流量 Φ. 当 $(\widehat{\boldsymbol{v},\boldsymbol{n}})=\theta=\frac{\pi}{2}$ 时, 流量 Φ 为 0. 当 $(\widehat{\boldsymbol{v},\boldsymbol{n}})=\theta>\frac{\pi}{2}$ 时, $A\cdot\boldsymbol{v}\cdot\boldsymbol{n}<0$, 仍将 $A\cdot\boldsymbol{v}\cdot\boldsymbol{n}$ 称为流体通过闭区域 A 流向 $\boldsymbol{n}$ 所指一侧的流量, 它表示流体通过闭区域 A 实际上流向$-\boldsymbol{n}$ 所指的一侧, 且流向$-\boldsymbol{n}$ 所指一侧的流量为$-A\cdot\boldsymbol{v}\cdot\boldsymbol{n}$. 因此, 不论 $(\widehat{\boldsymbol{v},\boldsymbol{n}})=\theta$ 为何值, 流体通过闭区域 A 流向 $\boldsymbol{n}$ 所指一侧的流量 Φ 均称为 $A\cdot\boldsymbol{v}\cdot\boldsymbol{n}$.

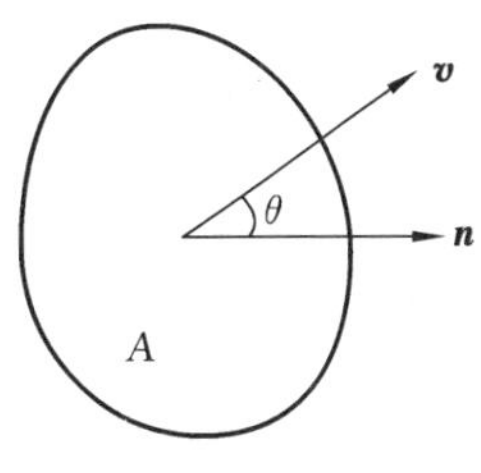

图 11.5.1

但现在所考虑的不是平面闭区域而是一片曲面, 且流速 $\boldsymbol{v}$ 也不是常向量, 故采用元素法把 Σ 分成 n 小块 ΔS_i, 设 Σ 光滑, 且 $P(x,y,z)$、$Q(x,y,z)$、$R(x,y,z)$连续, 当 ΔS_i 很小时, 流过 ΔS_i 的体积的近似值为以 ΔS_i 为底、以$|\boldsymbol{v}_i(\xi_i,\eta_i,\zeta_i)|$为斜高的柱体的体积, 任取一点$(\xi_i,\eta_i,\zeta_i)\in\Delta S_i$, $\boldsymbol{n}_i$ 为(ξ_i,η_i,ζ_i)处的单位法向量, $\boldsymbol{n}_i=(\xi_i,\eta_i,\zeta_i)$, 故流量 $\Phi_i\approx\boldsymbol{v}_i(\xi_i,\eta_i,\zeta_i)\cdot\boldsymbol{n}_i\cdot\Delta S_i$, 从而

$$\begin{aligned}\Phi &\approx \sum_{i=1}^{n} \boldsymbol{v}_i \cdot \boldsymbol{n}_i \Delta S_i \\ &= \sum_{i=1}^{n} [P(\xi_i,\eta_i,\zeta_i)\cos\alpha_i + Q(\xi_i,\eta_i,\zeta_i)\cos\beta_i + R(\xi_i,\eta_i,\zeta_i)\cos\gamma_i]\Delta S_i .\end{aligned}$$

又 $\cos\alpha_i \cdot \Delta S_i \approx (\Delta S_i)_{yz}$，$\cos\beta_i \cdot \Delta S_i \approx (\Delta S_i)_{zx}$，$\cos\gamma_i \cdot \Delta S_i \approx (\Delta S_i)_{xy}$，所以

$$\Phi \approx \sum_{i=1}^{n} [P(\xi_i,\eta_i,\zeta_i)(\Delta S_i)_{yz} + Q(\xi_i,\eta_i,\zeta_i)(\Delta S_i)_{zx} + R(\xi_i,\eta_i,\zeta_i)(\Delta S_i)_{xy}].$$

令 $\lambda \to 0$ 取上述和的极限, 就得到流量 Φ 的精确值, 即

$$\Phi = \lim_{\lambda \to 0} \sum_{i=1}^{n} [P(\xi_i,\eta_i,\zeta_i)(\Delta S_i)_{yz} + Q(\xi_i,\eta_i,\zeta_i)(\Delta S_i)_{zx} + R(\xi_i,\eta_i,\zeta_i)(\Delta S_i)_{xy}],$$

其中 λ 为最大曲面直径.

这样的极限还会在其他问题中遇到. 抽去它们的具体意义, 就得出下列对坐标的曲面积分的概念.

4. 定义

设 Σ 为光滑的有向曲面, 函数 $R(x, y, z)$在 Σ 上有界, 把 Σ 任意分成 n 个小块曲面 ΔS_i(ΔS_i 同时又表示第 i 个小块曲面的面积), ΔS_i 在 xOy 面上的投影为$(\Delta S_i)_{xy}$, (ξ_i,η_i,ζ_i) 是 ΔS_i 上任意取定的一点, 若当各个小块曲面的直径的最大值 $\lambda \to 0$ 时, $\lim\limits_{\lambda \to 0} \sum\limits_{i=1}^{n} R(\xi_i,\eta_i,\zeta_i)(\Delta S_i)_{xy}$ 总存在, 则称此极限值为函数 $R(x, y, z)$在有向曲面 Σ 上**对坐标 x、y 的曲面积分**, 记为 $\iint\limits_{\Sigma} R(x,y,z)\mathrm{d}x\mathrm{d}y$，即

$$\iint\limits_{\Sigma} R(x,y,z)\mathrm{d}x\mathrm{d}y = \lim_{\lambda \to 0} \sum_{i=1}^{n} R(\xi_i,\eta_i,\zeta_i)(\Delta S_i)_{xy}.$$

类似地, 函数 $P(x, y, z)$在有向曲面 Σ 上对坐标 y、z 的曲面积分及函数 $Q(x, y, z)$在有向曲面 Σ 上对坐标 z、x 的曲面积分可分别表示为

$$\iint\limits_{\Sigma} P(x,y,z)\mathrm{d}y\mathrm{d}z = \lim_{\lambda \to 0} \sum_{i=1}^{n} P(\xi_i,\eta_i,\zeta_i)(\Delta S_i)_{yz},$$

$$\iint\limits_{\Sigma} Q(x,y,z)\mathrm{d}z\mathrm{d}x = \lim_{\lambda \to 0} \sum_{i=1}^{n} Q(\xi_i,\eta_i,\zeta_i)(\Delta S_i)_{zx}.$$

以上三个曲面积分也称为**第二类曲面积分**.

我们指出, 当函数 $P(x, y, z)$、$Q(x, y, z)$、$R(x, y, z)$在有向光滑曲面 Σ 上连续时, 对坐标的曲面积分是存在的, 以后总假定 $P(x, y, z)$、$Q(x, y, z)$、$R(x, y, z)$在 Σ 上连续.

在实际应用中, 经常会将上述三个曲面积分之和简写为

$$\iint\limits_{\Sigma} P\mathrm{d}y\mathrm{d}z + \iint\limits_{\Sigma} Q\mathrm{d}z\mathrm{d}x + \iint\limits_{\Sigma} R\mathrm{d}x\mathrm{d}y = \iint\limits_{\Sigma} P\mathrm{d}y\mathrm{d}z + Q\mathrm{d}z\mathrm{d}x + R\mathrm{d}x\mathrm{d}y,$$

并且不难发现, 稳定流动的不可压缩流体流向 Σ 指定侧的流量可表示为

$$\Phi = \iint\limits_{\Sigma} P\mathrm{d}y\mathrm{d}z + Q\mathrm{d}z\mathrm{d}x + R\mathrm{d}x\mathrm{d}y.$$

如果 Σ 是分片光滑的有向曲面, 规定函数在 Σ 上对坐标的曲面积分等于函数在各片光滑曲面上对坐标的曲面积分之和.

对坐标的曲面积分具有与对坐标的曲线积分相类似的一些性质, 具体如下.

5. 性质

(1) 若 $\Sigma=\Sigma_1+\Sigma_2$，则

$$\iint_{\Sigma} P\mathrm{d}y\mathrm{d}z+Q\mathrm{d}z\mathrm{d}x+R\mathrm{d}x\mathrm{d}y$$
$$=\iint_{\Sigma_1} P\mathrm{d}y\mathrm{d}z+Q\mathrm{d}z\mathrm{d}x+R\mathrm{d}x\mathrm{d}y+\iint_{\Sigma_2} P\mathrm{d}y\mathrm{d}z+Q\mathrm{d}z\mathrm{d}x+R\mathrm{d}x\mathrm{d}y.$$

此性质还可以推广到有限个曲面之和的情形.

(2) 设 Σ 为有向曲面，Σ^- 表示与 Σ 取相反侧的有向曲面，则

$$\iint_{\Sigma^-} P\mathrm{d}y\mathrm{d}z=-\iint_{\Sigma} P\mathrm{d}y\mathrm{d}z,$$
$$\iint_{\Sigma^-} Q\mathrm{d}z\mathrm{d}x=-\iint_{\Sigma} Q\mathrm{d}z\mathrm{d}x,$$
$$\iint_{\Sigma^-} R\mathrm{d}x\mathrm{d}y=-\iint_{\Sigma} R\mathrm{d}x\mathrm{d}y.$$

这里必须强调，当积分曲面改变为相反侧时，对坐标的曲面积分要改变符号. 因此关于对坐标的曲面积分，必须注意积分曲面所取的侧.

11.5.2 对坐标的曲面积分的计算法

定理 11.5.1 设 Σ 是由 $z=z(x,y)$ 给出的曲面的上侧，Σ 在 xOy 面上的投影为 D_{xy}，$z=z(x,y)$ 在 D_{xy} 内具有一阶连续偏导数，被积函数 $R(x,y,z)$ 在 Σ 上连续，则

$$\iint_{\Sigma} R(x,y,z)\mathrm{d}x\mathrm{d}y=\iint_{D_{xy}} R[x,y,z(x,y)]\mathrm{d}x\mathrm{d}y.$$

证 按照对坐标的曲面积分的定义，有

$$\iint_{\Sigma} R(x,y,z)\mathrm{d}x\mathrm{d}y=\lim_{\lambda\to 0}\sum_{i=1}^{n} R(\xi_i,\eta_i,\zeta_i)(\Delta S_i)_{xy}.$$

因为 Σ 取上侧，则 $\cos\gamma>0$，所以

$$(\Delta S_i)_{xy}=(\Delta\sigma_i)_{xy},$$

又 (ξ_i,η_i,ζ_i) 为 Σ 上的点，则 $\zeta_i=z(\xi_i,\eta_i)$，从而

$$\sum_{i=1}^{n} R(\xi_i,\eta_i,\zeta_i)(\Delta S_i)_{xy}=\sum_{i=1}^{n} R[\xi_i,\eta_i,z(\xi_i,\eta_i)](\Delta\sigma_i)_{xy},$$

令各个小块曲面的直径的最大值 $\lambda\to 0$，取上式两端的极限，就可以得到

$$\iint_{\Sigma} R(x,y,z)\mathrm{d}x\mathrm{d}y=\iint_{D_{xy}} R[x,y,z(x,y)]\mathrm{d}x\mathrm{d}y.$$

根据定理 11.5.1，不难发现，计算曲面积分 $\iint\limits_{\Sigma} R(x,y,z)\mathrm{d}x\mathrm{d}y$ 时，只需将其中变量 z 换为表示 Σ 的函数 $z(x,y)$，然后在 Σ 的投影区域 D_{xy} 上计算相应的二重积分即可.

必须注意，按照定理，曲面积分是取在曲面 Σ 上侧的，所以

$$\iint_{\Sigma} R(x,y,z)\mathrm{d}x\mathrm{d}y=\iint_{D_{xy}} R[x,y,z(x,y)]\mathrm{d}x\mathrm{d}y\ \text{（此时等式右端的符号取正）}.$$

如果曲面积分取在 Σ 的下侧, 此时 $\cos\gamma<0$, 那么 $(\Delta S_i)_{xy}=-(\Delta\sigma_i)_{xy}$, 从而有

$$\iint_{\Sigma} R(x,y,z)\mathrm{d}x\mathrm{d}y=-\iint_{D_{xy}} R[x,y,z(x,y)]\mathrm{d}x\mathrm{d}y \quad (\text{此时等式右端的符号取负}).$$

类似地, 若 Σ 由 $x=x(y,z)$ 给出, 则有

$$\iint_{\Sigma} P(x,y,z)\mathrm{d}y\mathrm{d}z=\pm\iint_{D_{yz}} P[x,(y,z),y,z]\mathrm{d}y\mathrm{d}z.$$

等式右端的符号这样决定: 若积分曲面 Σ 取方程 $x=x(y,z)$ 给出的曲面的前侧, 即 $\cos\alpha>0$, 则此时取正号; 反之, 若 Σ 取后侧, 即 $\cos\alpha<0$, 则此时应取负号.

若 Σ 由 $y=y(z,x)$ 给出, 则有

$$\iint_{\Sigma} Q(x,y,z)\mathrm{d}z\mathrm{d}x=\pm\iint_{D_{zx}} Q[x,y(z,x),z]\mathrm{d}z\mathrm{d}x.$$

等式右端的符号这样决定: 若积分曲面 Σ 取方程 $y=y(z,x)$ 所给出的曲面的右侧, 即 $\cos\beta>0$, 则此时取正号; 反之, 若 Σ 取左侧, 即 $\cos\beta<0$, 则此时应取负号.

例 11.5.1 计算曲面积分 $\iint_{\Sigma} x\mathrm{d}y\mathrm{d}z+y\mathrm{d}x\mathrm{d}z+z\mathrm{d}x\mathrm{d}y$, 其中 Σ 为曲面 $x^2+y^2+z^2=a^2$, $z\geqslant 0$ 的上侧.

解 Σ 在 yOz 面的投影为半圆 $y^2+z^2=a^2$, $z\geqslant 0$, 此时 Σ 应分为前后两片, 即前片为 $x=\sqrt{a^2-y^2-z^2}$ (取前侧), 后片为 $x=-\sqrt{a^2-y^2-z^2}$ (取后侧), 这样

$$\begin{aligned}\iint_{\Sigma} x\mathrm{d}y\mathrm{d}z&=\iint_{D_{yz}}\sqrt{a^2-y^2-z^2}\,\mathrm{d}y\mathrm{d}z+\left(-\iint_{D_{yz}}-\sqrt{a^2-y^2-z^2}\,\mathrm{d}y\mathrm{d}z\right)\\&=2\iint_{D_{yz}}\sqrt{a^2-y^2-z^2}\,\mathrm{d}y\mathrm{d}z=2\int_0^{\pi}\mathrm{d}\theta\int_0^a\sqrt{a^2-\rho^2}\,\rho\mathrm{d}\rho=\frac{2}{3}\pi a^3.\end{aligned}$$

同样地, $\iint_{\Sigma} y\mathrm{d}x\mathrm{d}z=\frac{2}{3}\pi a^3$, 并且

$$\iint_{\Sigma} z\mathrm{d}x\mathrm{d}y=\iint_{D_{xy}}\sqrt{a^2-x^2-y^2}\,\mathrm{d}x\mathrm{d}y=\int_0^{2\pi}\mathrm{d}\theta\int_0^a\sqrt{a^2-\rho^2}\,\rho\mathrm{d}\rho=\frac{2}{3}\pi a^3,$$

所以

$$\iint_{\Sigma} x\mathrm{d}y\mathrm{d}z+y\mathrm{d}x\mathrm{d}z+z\mathrm{d}x\mathrm{d}y=\frac{2}{3}\pi a^3\times 3=2\pi a^3.$$

注: 曲面 Σ 的方程必须为单值函数, 否则须分成 n 片曲面.

例 11.5.2 计算曲面积分 $\oiint_{\Sigma} x(y-z)\mathrm{d}y\mathrm{d}z+(z-x)\mathrm{d}z\mathrm{d}x+(x-y)\mathrm{d}x\mathrm{d}y$, 其中 Σ 为 $z^2=x^2+y^2$ 与 $z=h\ (h>0)$ 所围成立体的表面, 取外侧.

解 Σ_1 为圆锥面上底, $z=h$, $x^2+y^2\leqslant h^2$ 的上侧, Σ_2 为圆锥面侧面, $\Sigma_{2\text{前}}$ 为前侧, $\Sigma_{2\text{后}}$ 为后侧, 则

$$\iint_{\Sigma_1} x(y-z)\mathrm{d}y\mathrm{d}z=0,\quad \iint_{\Sigma_1}(z-x)\mathrm{d}z\mathrm{d}x=0,\quad \iint_{\Sigma_1}(x-y)\mathrm{d}x\mathrm{d}y=\iint_{D_{xy1}}(x-y)\mathrm{d}x\mathrm{d}y=0,$$

其中 D_{xy1} 是 Σ_1 在 xOy 面上的投影区域, 所以

$$\iint_{\Sigma_1} x(y-z)\mathrm{d}y\mathrm{d}z+(z-x)\mathrm{d}z\mathrm{d}x+(x-y)\mathrm{d}x\mathrm{d}y=0,$$

又 $\iint_{\Sigma_2}(x-y)\mathrm{d}x\mathrm{d}y=-\iint_{D_{xy2}}(x-y)\mathrm{d}x\mathrm{d}y=0$，其中 D_{xy2} 是 Σ_2 在 xOy 面上的投影区域，与 D_{xy1} 相同，且

$$\begin{aligned}
&\iint_{\Sigma_{2前}} x(y-z)\mathrm{d}y\mathrm{d}z+\iint_{\Sigma_{2后}} x(y-z)\mathrm{d}y\mathrm{d}z\\
&=\iint_{D_{yz}}\sqrt{z^2-y^2}(y-z)\mathrm{d}y\mathrm{d}z-\iint_{D_{yz}}-\sqrt{z^2-y^2}(y-z)\mathrm{d}y\mathrm{d}z\\
&=2\iint_{D_{yz}}\sqrt{z^2-y^2}(y-z)\mathrm{d}y\mathrm{d}z=2\int_0^h\mathrm{d}z\int_{-z}^{z}\sqrt{z^2-y^2}(y-z)\mathrm{d}y=-\frac{\pi h^4}{4},
\end{aligned}$$

$$\begin{aligned}
\iint_{\Sigma_2}(z-x)\mathrm{d}z\mathrm{d}x&=\iint_{\Sigma_{2左}}(z-x)\mathrm{d}z\mathrm{d}x+\iint_{\Sigma_{2右}}(z-x)\mathrm{d}z\mathrm{d}x\\
&=-\iint_{D_{zx}}(z-x)\mathrm{d}z\mathrm{d}x+\iint_{D_{zx}}(z-x)\mathrm{d}z\mathrm{d}x=0,
\end{aligned}$$

所以

$$\oiint_{\Sigma} x(y-z)\mathrm{d}y\mathrm{d}z+(z-x)\mathrm{d}z\mathrm{d}x+(x-y)\mathrm{d}x\mathrm{d}y=-\frac{\pi}{4}h^4.$$

11.5.3 两类曲面积分间的关系

若有向曲面 Σ 为 $z=z(x,y)$，Σ 在 xOy 面的投影区域为 D_{xy}，$z=z(x,y)$在 D_{xy} 上具有一阶连续偏导数，$R(x,y,z)$在 Σ 上连续，Σ 取上侧，则

$$\iint_{\Sigma} R(x,y,z)\mathrm{d}x\mathrm{d}y=\iint_{D_{xy}} R[x,y,z(x,y)]\mathrm{d}x\mathrm{d}y.$$

当 Σ 取上侧时，曲面 Σ 法向量的方向余弦为

$$\cos\alpha=\frac{-z_x}{\sqrt{1+z_x^2+z_y^2}},\quad \cos\beta=\frac{-z_y}{\sqrt{1+z_x^2+z_y^2}},\quad \cos\gamma=\frac{1}{\sqrt{1+z_x^2+z_y^2}}.$$

于是

$$\iint_{\Sigma} R(x,y,z)\cos\gamma\mathrm{d}S=\iint_{D_{xy}} R[x,y,z(x,y)]\cos\gamma\sqrt{1+z_y^2+z_x^2}\mathrm{d}x\mathrm{d}y=\iint_{D_{xy}} R[x,y,z(x,y)]\mathrm{d}x\mathrm{d}y,$$

所以

$$\iint_{\Sigma} R(x,y,z)\cos\gamma\mathrm{d}S=\iint_{\Sigma} R(x,y,z)\mathrm{d}x\mathrm{d}y.$$

若 Σ 取下侧，$\iint_{\Sigma} R(x,y,z)\mathrm{d}x\mathrm{d}y=-\iint_{D_{xy}} R[x,y,z(x,y)]\mathrm{d}x\mathrm{d}y$，

$$\iint_{\Sigma} R(x,y,z)\cos\gamma \mathrm{d}S$$
$$=\iint_{D_{xy}} R[x,y,z(x,y)]\cos\gamma\sqrt{1+z_y^2+z_x^2}\,\mathrm{d}x\mathrm{d}y\left(\Sigma\text{取下侧},\cos\gamma=\frac{-1}{\sqrt{1+z_x^2+z_y^2}}\right)$$
$$=-\iint_{D_{xy}} R[x,y,z(x,y)]\mathrm{d}x\mathrm{d}y,$$

所以

$$\iint_{\Sigma} R(x,y,z)\cos\gamma \mathrm{d}S=\iint_{\Sigma} R(x,y,z)\mathrm{d}x\mathrm{d}y.$$

类似地,

$$\iint_{\Sigma} P(x,y,z)\cos\alpha \mathrm{d}S=\iint_{\Sigma} P(x,y,z)\mathrm{d}y\mathrm{d}z,$$
$$\iint_{\Sigma} Q(x,y,z)\cos\beta \mathrm{d}S=\iint_{\Sigma} Q(x,y,z)\mathrm{d}z\mathrm{d}x,$$

所以

$$\iint_{\Sigma} P\mathrm{d}y\mathrm{d}z+Q\mathrm{d}z\mathrm{d}x+R\mathrm{d}x\mathrm{d}y=\iint_{\Sigma}(P\cos\alpha+Q\cos\beta+R\cos\gamma)\mathrm{d}S,$$

这里 $(\cos\alpha,\cos\beta,\cos\gamma)$ 为 Σ 在点 (x, y, z) 处的法向量的方向余弦.

两类曲面积分间的关系用向量形式表示如下:

$$\iint_{\Sigma} \boldsymbol{A}\cdot\mathrm{d}\boldsymbol{S}=\iint_{\Sigma} \boldsymbol{A}\cdot\boldsymbol{n}\mathrm{d}S=\iint_{\Sigma} A_n\mathrm{d}S,$$

其中 $\boldsymbol{A}=(P, Q, R)$, $\boldsymbol{n}=(\cos\alpha,\cos\beta,\cos\gamma)$ 为有向曲面 Σ 上点 (x, y, z) 处的单位法向量, $\mathrm{d}\boldsymbol{S}=\boldsymbol{n}\mathrm{d}S=(\mathrm{d}y\mathrm{d}z, \mathrm{d}z\mathrm{d}x, \mathrm{d}x\mathrm{d}y)$称为**有向曲面元**, A_n 为向量 $\boldsymbol{A}$ 在向量 $\boldsymbol{n}$ 上的投影.

例 11.5.3 将对坐标的曲面积分 $\iint_{\Sigma} P\mathrm{d}y\mathrm{d}z+Q\mathrm{d}z\mathrm{d}x+R\mathrm{d}x\mathrm{d}y$ 化为对面积的曲面积分, 其中积分曲面为锥面 $z=\sqrt{x^2+y^2}$ 位于平面 $z=1$ 以下部分的下侧.

解 锥面 $z=\sqrt{x^2+y^2}$, 则下侧法向量为 $\boldsymbol{n}=(x, y, -z)$, $|\boldsymbol{n}|=\sqrt{x^2+y^2+(-z)^2}=\sqrt{2}z$, 下侧单位法向量为 $\frac{1}{|\boldsymbol{n}|}\boldsymbol{n}=\frac{1}{\sqrt{2}z}(x,y,-z)$, 则法向量的方向余弦为

$$\cos\alpha=\frac{x}{\sqrt{2}z},\quad \cos\beta=\frac{y}{\sqrt{2}z},\quad \cos\gamma=-\frac{1}{\sqrt{2}},$$

所以

$$\iint_{\Sigma} P\mathrm{d}y\mathrm{d}z+Q\mathrm{d}z\mathrm{d}x+R\mathrm{d}x\mathrm{d}y=\iint_{\Sigma}\frac{1}{\sqrt{2}z}(xP+yQ-zR)\mathrm{d}S.$$

例 11.5.4 计算 $\iint_{\Sigma}(z^2+x)\mathrm{d}y\mathrm{d}z-z\mathrm{d}x\mathrm{d}y$, 其中 Σ 是 $z=\frac{1}{2}(x^2+y^2)$ 介于 $z=0$ 和 $z=2$ 之间部分的下侧.

解 这里$\cos\alpha=\dfrac{x}{\sqrt{1+x^2+y^2}}$，$\cos\gamma=-\dfrac{-1}{\sqrt{1+x^2+y^2}}$，所以

$$\begin{aligned}\iint_{\Sigma}(z^2+x)\mathrm{d}y\mathrm{d}z&=\iint_{\Sigma}(z^2+x)\cos\alpha\mathrm{d}S=\iint_{\Sigma}(z^2+x)\frac{\cos\alpha}{\cos\gamma}\mathrm{d}x\mathrm{d}y\\&=\iint_{\Sigma}(z^2+x)(-x)\mathrm{d}x\mathrm{d}y=\iint_{D_{xy}}(z^2+x)x\mathrm{d}x\mathrm{d}y\\&=\iint_{D_{xy}}\left[\frac{x(x^2+y^2)^2}{4}+x^2\right]\mathrm{d}x\mathrm{d}y=\iint_{D_{xy}}x^2\mathrm{d}x\mathrm{d}y,\end{aligned}$$

而

$$\iint_{\Sigma}-z\mathrm{d}x\mathrm{d}y=\iint_{D_{xy}}z\mathrm{d}x\mathrm{d}y=\iint_{D_{xy}}\frac{1}{2}(x^2+y^2)\mathrm{d}x\mathrm{d}y.$$

所以

$$\begin{aligned}\iint_{\Sigma}(z^2+x)\mathrm{d}y\mathrm{d}z-z\mathrm{d}x\mathrm{d}y&=\iint_{D_{xy}}\left[x^2+\frac{1}{2}(x^2+y^2)\right]\mathrm{d}x\mathrm{d}y=\int_0^{2\pi}\mathrm{d}\theta\int_0^2\left[\rho^2\cos^2\theta+\frac{\rho^2(\cos^2\theta+\sin^2\theta)}{2}\right]\rho\mathrm{d}\rho\\&=\int_0^{2\pi}\mathrm{d}\theta\int_0^2\left[\rho^3\cos^2\theta+\frac{1}{2}\rho^3\right]\mathrm{d}\rho=8\pi.\end{aligned}$$

习 题 11.5

1. 填空题.

(1) 设Σ是球面$x^2+y^2+z^2=R^2$的外侧，则

① $\displaystyle\oiint_{\Sigma}\mathrm{d}x\mathrm{d}y=$________；② $\displaystyle\oiint_{\Sigma}z\mathrm{d}x\mathrm{d}y=$________；③ $\displaystyle\oiint_{\Sigma}z^2\mathrm{d}x\mathrm{d}y=$________.

(2) 设曲面Σ由方程$z=z(x,y)$给出，当Σ取上侧时，将积分$\displaystyle\iint_{\Sigma}P\mathrm{d}y\mathrm{d}z+Q\mathrm{d}z\mathrm{d}x+R\mathrm{d}x\mathrm{d}y$化为一个坐标上的积分是________.

2. 求对坐标的曲面积分.

(1) $\displaystyle\oiint_{\Sigma}xy\mathrm{d}y\mathrm{d}z+yz\mathrm{d}z\mathrm{d}x+xz\mathrm{d}x\mathrm{d}y$，其中$\Sigma$是平面$x=0$、$y=0$、$z=0$、$x+y+z=1$所围成的空间区域的整个边界曲面外侧;

(2) $\displaystyle\iint_{\Sigma}-y\mathrm{d}z\mathrm{d}x+(z+1)\mathrm{d}x\mathrm{d}y$，其中$\Sigma$为圆柱面$x^2+y^2=4$被平面$x+z=2$和$z=0$所截出部分的外侧;

(3) $\displaystyle\iint_{\Sigma}x^2\mathrm{d}y\mathrm{d}z+y^2\mathrm{d}z\mathrm{d}x+z^2\mathrm{d}x\mathrm{d}y$，其中$\Sigma$是平面$\dfrac{x}{a}+\dfrac{y}{b}+\dfrac{z}{c}=1\,(a>0,b>0,c>0)$，在第一卦限的上侧.

3. 把对坐标的曲面积分$\displaystyle\iint_{\Sigma}P\mathrm{d}y\mathrm{d}z+Q\mathrm{d}z\mathrm{d}x+R\mathrm{d}x\mathrm{d}y$化成对面积的曲面积分，其中$\Sigma$是抛物面$z=8-(x^2+y^2)$在$xOy$面上方部分的上侧.

11.6 高斯公式和*通量与散度

11.6.1 高斯公式

在 11.3 节介绍的格林公式, 建立了平面闭区域上的二重积分与其边界曲线上的曲线积分之间的关系, 试想空间闭区域上的三重积分与其边界曲面上的曲面积分之间是否也能建立某种关系, 下面介绍高斯(Gauss)公式.

定理 11.6.1 设空间闭区域 Ω 由分片光滑的闭曲面 Σ 所围成, 函数 $P(x, y, z)$、$Q(x, y, z)$、$R(x, y, z)$在 Ω 上具有一阶连续偏导数, 则有

$$\iiint_{\Omega}\left(\frac{\partial P}{\partial x}+\frac{\partial Q}{\partial y}+\frac{\partial R}{\partial z}\right)\mathrm{d}v=\oiint_{\Sigma}P\mathrm{d}y\mathrm{d}z+Q\mathrm{d}z\mathrm{d}x+R\mathrm{d}x\mathrm{d}y \tag{11.6.1a}$$

或

$$\iiint_{\Omega}\left(\frac{\partial P}{\partial x}+\frac{\partial Q}{\partial y}+\frac{\partial R}{\partial z}\right)\mathrm{d}v=\oiint_{\Sigma}(P\cos\alpha+Q\cos\beta+R\cos\gamma)\mathrm{d}S, \tag{11.6.1b}$$

这里 Σ 是 Ω 的整个边界曲面的外侧, 其中 $\cos\alpha$ 、$\cos\beta$ 、$\cos\gamma$ 是 Σ 在点(x, y, z)处的法向量的方向余弦.

式(11.6.1a)和式(11.6.1b)叫做**高斯公式**.

证 设 Ω 是一柱体闭区域, 它在 xOy 面上的投影区域为 D_{xy}, 并假定穿过 Ω 内部且平行于 z 轴的直线与 Ω 的边界曲面 Σ 的交点恰好是两个. 这样可以认为 Ω 是由三个曲面 Σ_1、Σ_2 和 Σ_3 围成, 其中下边界曲面为 Σ_1: $z = z_1(x, y)$, 取下侧, 上边界曲面为 Σ_2: $z = z_2(x, y)$, 取上侧, 侧面为柱面 Σ_3, 取外侧.

根据三重积分的计算法, 有

$$\iiint_{\Omega}\frac{\partial R}{\partial z}\mathrm{d}v=\iint_{D_{xy}}\mathrm{d}x\mathrm{d}y\int_{z_1(x,y)}^{z_2(x,y)}\frac{\partial R}{\partial z}\mathrm{d}z=\iint_{D_{xy}}\{R[x,y,z_2(x,y)]-R[x,y,z_1(x,y)]\}\mathrm{d}x\mathrm{d}y,$$

另外, 有

$$\iint_{\Sigma_1}R(x,y,z)\mathrm{d}x\mathrm{d}y=-\iint_{D_{xy}}R[x,y,z_1(x,y)]\mathrm{d}x\mathrm{d}y,$$

$$\iint_{\Sigma_2}R(x,y,z)\mathrm{d}x\mathrm{d}y=\iint_{D_{xy}}R[x,y,z_2(x,y)]\mathrm{d}x\mathrm{d}y,$$

$$\iint_{\Sigma_3}R(x,y,z)\mathrm{d}x\mathrm{d}y=0,$$

以上三式相加, 得

$$\oiint_{\Sigma}R(x,y,z)\mathrm{d}x\mathrm{d}y=\iint_{D_{xy}}\{R[x,y,z_2(x,y)]-R[x,y,z_1(x,y)]\}\mathrm{d}x\mathrm{d}y.$$

所以

$$\iiint_{\Omega}\frac{\partial R}{\partial z}\mathrm{d}v=\oiint_{\Sigma}R(x,y,z)\mathrm{d}x\mathrm{d}y.$$

如果假定穿过 Ω 内部且平行于 x 轴的直线及平行于 y 轴的直线与 Ω 的边界曲面 Σ 的交点也都恰好是两个, 那么类似地有

$$\iiint_{\Omega}\frac{\partial P}{\partial x}\mathrm{d}v=\oiint_{\Sigma}P(x,y,z)\mathrm{d}y\mathrm{d}z,$$

$$\iiint_{\Omega}\frac{\partial Q}{\partial y}\mathrm{d}v=\oiint_{\Sigma}Q(x,y,z)\mathrm{d}z\mathrm{d}x.$$

把以上三式两端分别相加，即得高斯公式式(11.6.1a).

在上述证明中，对闭区域Ω作了这样的限制，要求穿过Ω内部且平行于坐标轴的直线与Ω的边界曲面Σ的交点恰好是两个. 如果Ω不满足这样的条件，可以引进几个辅助曲面将Ω分为有限个闭区域，使得每个闭区域满足这样的条件，并注意到沿辅助曲面相反两侧的两个曲面积分的绝对值相等且符号相反，相加时正好抵消，因此式(11.6.1a)对于这样的闭区域仍然是正确的.

例 11.6.1 利用高斯公式计算曲面积分

$$\oiint_{\Sigma}(x-y)\mathrm{d}x\mathrm{d}y+(y-z)x\mathrm{d}y\mathrm{d}z,$$

其中Σ为柱面$x^2+y^2=1$及平面$z=0$、$z=3$所围成的空间闭区域Ω的整个边界曲面的外侧(图 11.6.1).

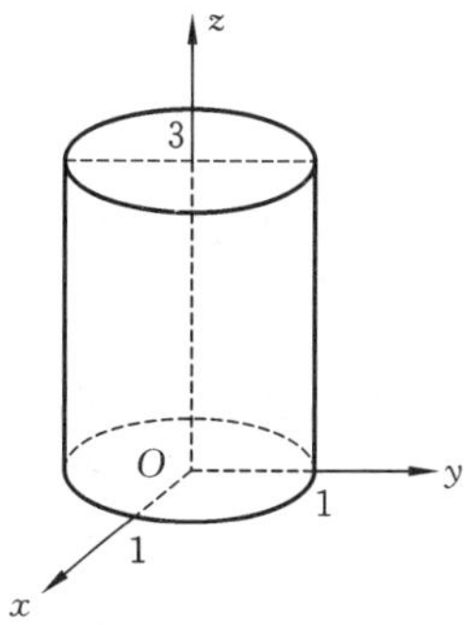

图 11.6.1

解 这里$P=(y-z)x$, $Q=0$, $R=x-y$,

$$\frac{\partial P}{\partial x}=y-z,\quad \frac{\partial Q}{\partial y}=0,\quad \frac{\partial R}{\partial z}=0,$$

由高斯公式，有

$$\begin{aligned}\oiint_{\Sigma}(x-y)\mathrm{d}x\mathrm{d}y+(y-z)x\mathrm{d}y\mathrm{d}z&=\iiint_{\Omega}(y-z)\mathrm{d}x\mathrm{d}y\mathrm{d}z\\&=\iiint_{\Omega}(\rho\sin\theta-z)\rho\mathrm{d}\rho\mathrm{d}\theta\mathrm{d}z\\&=\int_0^{2\pi}\mathrm{d}\theta\int_0^1\rho\mathrm{d}\rho\int_0^3(\rho\sin\theta-z)\mathrm{d}z=-\frac{9\pi}{2}.\end{aligned}$$

例 11.6.2 计算曲面积分$\iint_{\Sigma}(x^2\cos\alpha+y^2\cos\beta+z^2\cos\gamma)\mathrm{d}S$，其中$\Sigma$为锥面$x^2+y^2=z^2$介于平面$z=0$及$z=h(h>0)$之间的部分的下侧，$\cos\alpha$、$\cos\beta$、$\cos\gamma$是$\Sigma$上点$(x, y, z)$处的法向量的方向余弦.

分析 曲面Σ不是封闭曲面，故不能直接利用高斯公式. 要利用高斯公式计算，可以补上一个平面$z=h$.

解 设Σ_1为$z=h\ (x^2+y^2\leqslant h^2)$的上侧，则$\Sigma$与$\Sigma_1$一起构成一个封闭曲面，记它们围成的空间闭区域为$\Omega$，由高斯公式得

$$\begin{aligned}\oiint_{\Sigma+\Sigma_1}(x^2\cos\alpha+y^2\cos\beta+z^2\cos\gamma)\mathrm{d}S&=2\iiint_{\Omega}(x+y+z)\mathrm{d}v\\&=2\iint_{D_{xy}}\mathrm{d}x\mathrm{d}y\int_{\sqrt{x^2+y^2}}^{h}(x+y+z)\mathrm{d}z,\end{aligned}$$

其中$D_{xy}=\{(x, y)|x^2+y^2\leqslant h^2\}$，注意到

$$\iint_{D_{xy}}\mathrm{d}x\mathrm{d}y\int_{\sqrt{x^2+y^2}}^{h}(x+y)\mathrm{d}z=0,$$

即得

$$\oiint_{\Sigma+\Sigma_1}(x^2\cos\alpha+y^2\cos\beta+z^2\cos\gamma)\mathrm{d}S=\iint_{D_{xy}}(h^2-x^2-y^2)\mathrm{d}x\mathrm{d}y=\frac{1}{2}\pi h^4,$$

而

$$\iint_{\Sigma_1}(x^2\cos\alpha+y^2\cos\beta+z^2\cos\gamma)\mathrm{d}S=\iint_{\Sigma_1}z^2\mathrm{d}S=\iint_{D_{xy}}h^2\mathrm{d}x\mathrm{d}y=\pi h^4,$$

因此

$$\iint_{\Sigma}(x^2\cos\alpha+y^2\cos\beta+z^2\cos\gamma)\mathrm{d}S=\frac{1}{2}\pi h^4-\pi h^4=-\frac{1}{2}\pi h^4.$$

*11.6.2 通量与散度

1. 通量概念

设有向量场

$$\boldsymbol{A}(x,y,z)=P(x,y,z)\boldsymbol{i}+Q(x,y,z)\boldsymbol{j}+R(x,y,z)\boldsymbol{k},$$

其中函数 P、Q、R 具有一阶连续偏导数, Σ 是场内的一片有向曲面, $\boldsymbol{n}$ 是 Σ 上点 (x,y,z) 处的单位法向量, 则积分

$$\iint_{\Sigma}\boldsymbol{A}\cdot\boldsymbol{n}\mathrm{d}S$$

叫做向量场 $\boldsymbol{A}$ 通过曲面 Σ 向着指定侧的**通量**(或**流量**).

由两类曲面积分的关系, **通量**又可表示为

$$\iint_{\Sigma}\boldsymbol{A}\cdot\boldsymbol{n}\mathrm{d}S=\iint_{\Sigma}\boldsymbol{A}\cdot\mathrm{d}\boldsymbol{S}=\iint_{\Sigma}P\mathrm{d}y\mathrm{d}z+Q\mathrm{d}z\mathrm{d}x+R\mathrm{d}x\mathrm{d}y.$$

2. 高斯公式的物理意义

设在闭区域 Ω 上有稳定流动的、不可压缩的流体(假定流体的密度为 1)的速度场

$$\boldsymbol{v}(x,y,z)=P(x,y,z)\boldsymbol{i}+Q(x,y,z)\boldsymbol{j}+(x,y,z)\boldsymbol{k},$$

其中函数 P、Q、R 具有一阶连续偏导数, Σ 是闭区域 Ω 的边界曲面的外侧, $\boldsymbol{n}$ 是 Σ 上点 (x,y,z) 处的单位法向量, 则单位时间内流体经过曲面 Σ 流向指定侧的流体总质量就是

$$\iint_{\Sigma}\boldsymbol{v}\cdot\boldsymbol{n}\mathrm{d}S=\iint_{\Sigma}v_n\mathrm{d}S=\iint_{\Sigma}P\mathrm{d}y\mathrm{d}z+Q\mathrm{d}z\mathrm{d}x+R\mathrm{d}x\mathrm{d}y,$$

因此高斯公式式(11.6.1a)的右端可解释为速度场 $\boldsymbol{v}$ 通过闭曲面 Σ 流向外侧的通量, 即流体在单位时间内离开闭区域 Ω 的总质量. 由于假定流体是不可压缩且流动是稳定的, 所以在流体离开 Ω 的同时, Ω 内部必须有产生流体的"源头"产生出同样多的流体来进行补充. 所以高斯公式的左端可解释为分布在 Ω 内的源头在单位时间内所产生的流体的总质量.

3. 散度概念

为方便起见, 把高斯公式

$$\iiint_{\Omega}\left(\frac{\partial P}{\partial x}+\frac{\partial Q}{\partial y}+\frac{\partial R}{\partial z}\right)\mathrm{d}v=\oiint_{\Sigma}(P\cos\alpha+Q\cos\beta+R\cos\gamma)\mathrm{d}S$$

改写成

$$\iiint_{\Omega}\left(\frac{\partial P}{\partial x}+\frac{\partial Q}{\partial y}+\frac{\partial R}{\partial z}\right)\mathrm{d}v=\oiint_{\Sigma}v_n\mathrm{d}S,$$

两端同时除以闭区域 Ω 的体积 V，得

$$\frac{1}{V}\iiint_{\Omega}\left(\frac{\partial P}{\partial x}+\frac{\partial Q}{\partial y}+\frac{\partial R}{\partial z}\right)\mathrm{d}v=\frac{1}{V}\oiint_{\Sigma}v_n\mathrm{d}S,$$

其中 $v_n=\boldsymbol{v}\cdot\boldsymbol{n}=P\cos\alpha+Q\cos\beta+R\cos\gamma$，$\boldsymbol{n}=(\cos\alpha,\cos\beta,\cos\gamma)$ 是 Σ 在点(x, y, z)处的单位法向量. 上式左端表示 Ω 内的源头在单位时间单位体积内所产生的流体质量的平均值. 由积分中值定理得

$$\left.\left(\frac{\partial P}{\partial x}+\frac{\partial Q}{\partial y}+\frac{\partial R}{\partial z}\right)\right|_{(\xi,\eta,\zeta)}=\frac{1}{V}\oiint_{\Sigma}v_n\mathrm{d}S,$$

这里(ξ, η, ζ)是 Ω 内的某个点. 令 Ω 缩向一点 $M(x, y, z)$，取上式的极限，得

$$\frac{\partial P}{\partial x}+\frac{\partial Q}{\partial y}+\frac{\partial R}{\partial z}=\lim_{\Omega\to M}\frac{1}{V}\oiint_{\Sigma}v_n\mathrm{d}S,$$

上式左端称为速度场 $\boldsymbol{v}$ 在点 M 的**通量密度**或**散度**，记为 $\operatorname{div}\boldsymbol{v}(M)$，即

$$\operatorname{div}\boldsymbol{v}(M)=\frac{\partial P}{\partial x}+\frac{\partial Q}{\partial y}+\frac{\partial R}{\partial z},$$

Div $\boldsymbol{v}(M)$在这里可以看成稳定流动的不可压缩流体在点 M 的源头强度(在单位时间单位体积内所产生的流体质量). 在 $\operatorname{div}\boldsymbol{v}(M)>0$ 的点处，流体从该点向外发散，表示流体在该点处有**正源**；在 $\operatorname{div}\boldsymbol{v}(M)<0$ 的点处，流体向该点汇聚，表示流体在该点处有吸收流体的**负源**(又称为**汇**或**洞**)；在 $\operatorname{div}\boldsymbol{v}(M)=0$ 的点处，表示流体在该点处**无源**.

对于一般的向量场

$$\boldsymbol{A}(x, y, z)=P(x, y, z)\boldsymbol{i}+Q(x, y, z)\boldsymbol{j}+R(x, y, z)\boldsymbol{k},$$

$\frac{\partial P}{\partial x}+\frac{\partial Q}{\partial y}+\frac{\partial R}{\partial z}$ 叫做向量场 $\boldsymbol{A}$ 的**散度**，记作 $\operatorname{div}\boldsymbol{A}$，即

$$\operatorname{div}\boldsymbol{A}=\frac{\partial P}{\partial x}+\frac{\partial Q}{\partial y}+\frac{\partial R}{\partial z}.$$

利用向量微分算子 ∇，$\boldsymbol{A}$ 的散度也可表达为 $\nabla\cdot\boldsymbol{A}$，即

$$\operatorname{div}\boldsymbol{A}=\nabla\cdot\boldsymbol{A}.$$

若向量场 $\boldsymbol{A}$ 的散度 $\operatorname{div}\boldsymbol{A}$ 处处为零，则称向量场 $\boldsymbol{A}$ 为**无源场**.

习　题　11.6

1. 填空题.

(1) 设 Σ 是球面 $x^2+y^2+z^2=a^2$ 的外侧，则 $\oiint_{\Sigma}\frac{x\mathrm{d}y\mathrm{d}z+y\mathrm{d}z\mathrm{d}x+z\mathrm{d}x\mathrm{d}y}{\sqrt{x^2+y^2+z^2}}=$__________；

(2) 设 Σ 是光滑封闭曲面的内侧, 已知 Σ 所围立体的体积为 V, 则 $\iint\limits_{\Sigma}[m(1+x^2+y^2)-3z]\mathrm{d}x\mathrm{d}y+z^2\mathrm{d}z\mathrm{d}x+x\mathrm{d}y\mathrm{d}z=$ ________.

2. 计算 $\oiint\limits_{\Sigma} x\mathrm{d}y\mathrm{d}z+y\mathrm{d}z\mathrm{d}x+z\mathrm{d}x\mathrm{d}y$, 其中 Σ 为 $z=\sqrt{R^2-x^2-y^2}$ 取上侧.

3. 计算 $\oiint\limits_{\Sigma} 2xz\mathrm{d}y\mathrm{d}z+yz\mathrm{d}z\mathrm{d}x-z^2\mathrm{d}x\mathrm{d}y$, 其中 Σ 是由曲面 $z=\sqrt{x^2+y^2}$ 与 $z=\sqrt{2-x^2-y^2}$ 所围立体的表面外侧.

4. 计算 $\iint\limits_{\Sigma}(2x+z)\mathrm{d}y\mathrm{d}z+z\mathrm{d}x\mathrm{d}y$, 其中 Σ 为有向曲面 $z=x^2+y^2(0\leqslant z\leqslant 1)$, 其法向量与 z 轴正向的夹角为锐角.

5. 计算 $\oiint\limits_{\Sigma} x^3\mathrm{d}y\mathrm{d}z+\left[\frac{1}{z}f\left(\frac{y}{z}\right)+y^3\right]\mathrm{d}z\mathrm{d}x+\left[\frac{1}{y}f\left(\frac{y}{z}\right)+z^3\right]\mathrm{d}x\mathrm{d}y$, 其中 $f(u)$一阶连续可导, Σ 为 $x>0$ 的锥面 $y^2+z^2-x^2=0$ 与球面 $x^2+y^2+z^2=1$、$x^2+y^2+z^2=4$ 所围立体表面的外侧.

11.7 斯托克斯公式和*环流量与旋度

11.7.1 斯托克斯公式

格林公式表达了平面闭区域上的二重积分与其边界曲线上的曲线积分之间的关系, 将其推广到空间曲面 Σ 上的曲面积分与沿着 Σ 的边界曲线上曲线积分的联系, 得到斯托克斯(Stokes)公式.

定理 11.7.1 设 Γ 为分段光滑的空间有向闭曲线, Σ 是以 Γ 为边界的分片光滑的有向曲面, Γ 的正向与 Σ 的侧符合右手法则, 函数 $P(x, y, z)$、$Q(x, y, z)$、$R(x, y, z)$在曲面 Σ (连同边界 Γ)上具有一阶连续偏导数, 则有

$$\iint\limits_{\Sigma}\left(\frac{\partial R}{\partial y}-\frac{\partial Q}{\partial z}\right)\mathrm{d}y\mathrm{d}z+\left(\frac{\partial P}{\partial z}-\frac{\partial R}{\partial x}\right)\mathrm{d}z\mathrm{d}x+\left(\frac{\partial Q}{\partial x}-\frac{\partial P}{\partial y}\right)\mathrm{d}x\mathrm{d}y=\oint_{\Gamma}P\mathrm{d}x+Q\mathrm{d}y+R\mathrm{d}z. \tag{11.7.1}$$

式(11.7.1)叫做**斯托克斯公式**.

为了便于记忆, 利用行列式记号把斯托克斯公式写成

$$\iint\limits_{\Sigma}\begin{vmatrix}\mathrm{d}y\mathrm{d}z & \mathrm{d}z\mathrm{d}x & \mathrm{d}x\mathrm{d}y\\ \dfrac{\partial}{\partial x} & \dfrac{\partial}{\partial y} & \dfrac{\partial}{\partial z}\\ P & Q & R\end{vmatrix}=\oint_{\Gamma}P\mathrm{d}x+Q\mathrm{d}y+R\mathrm{d}z,$$

利用两类曲面积分之间的联系, 可得斯托克斯公式的另一种形式

$$\iint\limits_{\Sigma}\begin{vmatrix}\cos\alpha & \cos\beta & \cos\gamma\\ \dfrac{\partial}{\partial x} & \dfrac{\partial}{\partial y} & \dfrac{\partial}{\partial z}\\ P & Q & R\end{vmatrix}\mathrm{d}S=\oint_{\Gamma}P\mathrm{d}x+Q\mathrm{d}y+R\mathrm{d}z,$$

其中 $\boldsymbol{n}=(\cos\alpha,\cos\beta,\cos\gamma)$ 为有向曲面 Σ 在点(x, y, z)处的单位法向量.

如果 Σ 是 xOy 面上的一块平面闭区域, 那么斯托克斯公式就变成格林公式. 因此, 格林

公式是斯托克斯公式的一种特殊情形.

例 11.7.1 利用斯托克斯公式计算曲线积分 $\oint_\Gamma z\mathrm{d}x+x\mathrm{d}y+y\mathrm{d}z$，其中 Γ 为平面 $x+y+z=1$ 被三个坐标面所截成的三角形的整个边界，它的正向与这个平面三角形 Σ 上侧的法向量之间符合右手法则(图 11.7.1).

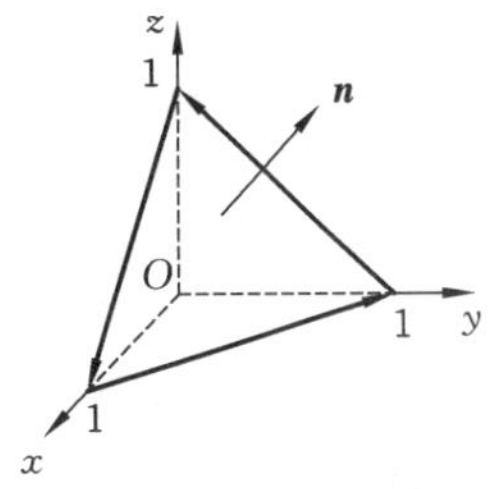

图 11.7.1

解 按斯托克斯公式，有

$$\oint_\Gamma z\mathrm{d}x+x\mathrm{d}y+y\mathrm{d}z=\iint_\Sigma \mathrm{d}y\mathrm{d}z+\mathrm{d}z\mathrm{d}x+\mathrm{d}x\mathrm{d}y,$$

而

$$\iint_\Sigma \mathrm{d}y\mathrm{d}z=\iint_{D_{yz}}\mathrm{d}\sigma=\frac{1}{2},$$

$$\iint_\Sigma \mathrm{d}z\mathrm{d}x=\iint_{D_{zx}}\mathrm{d}\sigma=\frac{1}{2},\quad \iint_\Sigma \mathrm{d}x\mathrm{d}y=\iint_{D_{xy}}\mathrm{d}\sigma=\frac{1}{2},$$

其中 D_{yz}、D_{zx}、D_{xy} 分别为 Σ 在 yOz 面、xOz 面、xOy 面上的投影区域，因此

$$\oint_\Gamma z\mathrm{d}x+x\mathrm{d}y+y\mathrm{d}z=\frac{3}{2}.$$

例 11.7.2 利用斯托克斯公式计算曲线积分

$$I=\oint_\Gamma (y^2-z^2)\mathrm{d}x+(z^2-x^2)\mathrm{d}y+(x^2-y^2)\mathrm{d}z,$$

其中 Γ 是用平面 $x+y+z=\frac{3}{2}$ 截立方体: $0\leqslant x\leqslant 1, 0\leqslant y\leqslant 1, 0\leqslant z\leqslant 1$ 的表面所得的截痕，从 x 轴的正向看去，取逆时针方向[图 11.7.2(a)].

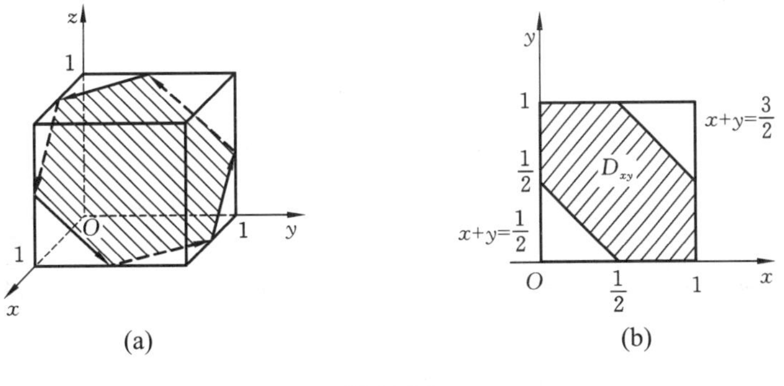

图 11.7.2

解 取 Σ 为平面 $x+y+z=\frac{3}{2}$ 的上侧被 Γ 所围成的部分，Σ 的单位法向量为

$$\boldsymbol{n}=\frac{1}{\sqrt{3}}(1,1,1),$$

即

$$\cos\alpha=\cos\beta=\cos\gamma=\frac{1}{\sqrt{3}}.$$

按斯托克斯公式，有

$$I=\iint_{\Sigma}\begin{vmatrix}\frac{1}{\sqrt{3}} & \frac{1}{\sqrt{3}} & \frac{1}{\sqrt{3}} \\ \frac{\partial}{\partial x} & \frac{\partial}{\partial y} & \frac{\partial}{\partial z} \\ y^2-z^2 & z^2-x^2 & x^2-y^2\end{vmatrix}\mathrm{d}S=-\frac{4}{\sqrt{3}}\iint_{\Sigma}(x+y+z)\mathrm{d}S.$$

因为在 Σ 上 $x+y+z=\frac{3}{2}$, 故

$$I=-\frac{4}{\sqrt{3}}\cdot\frac{3}{2}\iint_{\Sigma}\mathrm{d}S=-2\sqrt{3}\iint_{D_{xy}}\sqrt{3}\mathrm{d}x\mathrm{d}y=-6\sigma_{xy},$$

其中 D_{xy} 为 Σ 在 xOy 面上的投影区域[图 11.7.2(b)], σ_{xy} 为 D_{xy} 的面积, 因

$$\sigma_{xy}=1-2\times\frac{1}{8}=\frac{3}{4},$$

故 $I=-\frac{9}{2}$.

*11.7.2 环流量与旋度

1. 环流量概念

设有向量场 $\boldsymbol{A}=(P(x,y,z),Q(x,y,z),R(x,y,z))$, 其中函数 P、Q、R 均连续, Γ 是 $\boldsymbol{A}$ 的定义域内的一条分段光滑的有向闭曲线, $\boldsymbol{\tau}$ 是 Γ 在点 (x,y,z) 处的单位切向量, 则积分

$$\oint_{\Gamma}\boldsymbol{A}\cdot\boldsymbol{\tau}\mathrm{d}s$$

叫做向量场 $\boldsymbol{A}$ 沿有向闭曲线 Γ 的**环流量**.

由两类曲线积分的关系, 环流量又可表达为

$$\oint_{\Gamma}\boldsymbol{A}\cdot\boldsymbol{\tau}\mathrm{d}s=\oint_{\Gamma}\boldsymbol{A}\cdot\mathrm{d}\boldsymbol{r}=\oint_{\Gamma}P\mathrm{d}x+Q\mathrm{d}y+R\mathrm{d}z.$$

2. 旋度

设有一向量场 $\boldsymbol{A}=(P(x,y,z),Q(x,y,z),R(x,y,z))$, 其中函数 P、Q、R 均具有一阶连续偏导数, 则向量

$$\left(\frac{\partial R}{\partial y}-\frac{\partial Q}{\partial z}\right)\boldsymbol{i}+\left(\frac{\partial P}{\partial z}-\frac{\partial R}{\partial x}\right)\boldsymbol{j}+\left(\frac{\partial Q}{\partial x}-\frac{\partial P}{\partial y}\right)\boldsymbol{k}$$

称为向量场 $\boldsymbol{A}$ 的旋度, 记为 $\mathbf{rot}\,\boldsymbol{A}$, 即

$$\mathbf{rot}\,\boldsymbol{A}=\left(\frac{\partial R}{\partial y}-\frac{\partial Q}{\partial z}\right)\boldsymbol{i}+\left(\frac{\partial P}{\partial z}-\frac{\partial R}{\partial x}\right)\boldsymbol{j}+\left(\frac{\partial Q}{\partial x}-\frac{\partial P}{\partial y}\right)\boldsymbol{k}.$$

利用向量微分算子 ∇, 向量场 $\boldsymbol{A}$ 的旋度 $\mathbf{rot}\,\boldsymbol{A}$ 可以表示为 $\nabla\times\boldsymbol{A}$, 即

$$\mathbf{rot}\,\boldsymbol{A}=\begin{vmatrix}\boldsymbol{i} & \boldsymbol{j} & \boldsymbol{k} \\ \frac{\partial}{\partial x} & \frac{\partial}{\partial y} & \frac{\partial}{\partial z} \\ P & Q & R\end{vmatrix}.$$

若向量场 $\boldsymbol{A}$ 的旋度 $\mathbf{rot}\,\boldsymbol{A}$ 处处为零，则称向量场 $\boldsymbol{A}$ 为**无旋场**. 一个无源、无旋的向量场称为**调和场**. 调和场是物理学中另一类重要的向量场，这种场与调和函数有密切的关系.

3. 斯托克斯公式的向量表示

设斯托克斯公式中的有向曲面 Σ 在点 (x, y, z) 处的单位法向量为 $\boldsymbol{n} = (\cos\alpha, \cos\beta, \cos\gamma)$，则

$$\mathbf{rot}\,\boldsymbol{A}\cdot\boldsymbol{n} = \nabla\times\boldsymbol{A}\cdot\boldsymbol{n} = \begin{vmatrix} \cos\alpha & \cos\beta & \cos\gamma \\ \dfrac{\partial}{\partial x} & \dfrac{\partial}{\partial y} & \dfrac{\partial}{\partial z} \\ P & Q & R \end{vmatrix},$$

故斯托克斯公式可以写成下面的向量形式:

$$\iint_{\Sigma} \mathbf{rot}\,\boldsymbol{A}\cdot\boldsymbol{n}\,\mathrm{d}S = \oint_{\Gamma} \boldsymbol{A}\cdot\boldsymbol{\tau}\,\mathrm{d}s,$$

或

$$\iint_{\Sigma} (\mathbf{rot}\,\boldsymbol{A})_n\,\mathrm{d}S = \oint_{\Gamma} A_{\tau}\,\mathrm{d}s.$$

其中 $\boldsymbol{n}$ 是曲面上点 (x, y, z) 处的单位法向量，$\boldsymbol{\tau}$ 是 Σ 的正向边界曲线 Γ 上点 (x, y, z) 处的单位切向量.

斯托克斯公式表示: 向量场 $\boldsymbol{A}$ 沿有向闭曲线 Γ 的环流量等于向量场 $\boldsymbol{A}$ 的旋度通过曲面 Σ 的通量，这里 Γ 的正向与 Σ 的侧应符合右手法则.

习　题　11.7

1. 利用斯托克斯公式计算下列曲线积分.

(1) $\oint_{\Gamma}(y+1)\mathrm{d}x+(z+2)\mathrm{d}y+(x+3)\mathrm{d}z$，其中 Γ 为圆周 $x^2+y^2+z^2=R^2$ 和 $x+y+z=0$ 的交线，从 x 轴正向看去，取逆时针方向;

(2) $\oint_{\Gamma}(z-y)\mathrm{d}x+(x-z)\mathrm{d}y+(x-y)\mathrm{d}z$，其中 Γ 是曲线 $\begin{cases} x^2+y^2=1, \\ x-y+z=2, \end{cases}$ 从 z 轴正向看去，取顺时针方向.

数学家简介 11

高斯(Gauss, 1777～1855)，德国著名数学家、物理学家、天文学家、几何学家、大地测量学家，毕业于 Carolinum 学院(现布伦瑞克工业大学). 高斯被认为是世界上最重要的数学家之一，享有“数学王子”的美誉，并最终成为微分几何的始祖之一.

高　斯

17 岁的高斯发现了质数分布定理和最小二乘法. 随后他专注于曲面与曲线的计算, 并成功得到高斯钟形曲线(正态分布曲线). 其函数被命名为标准正态分布(或高斯分布), 并在概率计算中大量使用. 次年, 他仅用尺规便构造出了 17 边形, 并为流传了 2000 年的欧氏几何提供了自古希腊时代以来的第一次重要补充. 他在最小二乘法基础上创立的测量平差理论的帮助下, 测算天体的运行轨迹. 1818～1826 年, 高斯主导了汉诺威公国的大地测量工作. 通过最小二乘法为基础的测量平差的方法和求解线性方程组的方法, 显著地提高了测量的精度.

高斯总结了复数的应用, 并且严格证明了每一个 n 阶的代数方程必有 n 个实数或者复数解. 在他的第一本著名的著作《算术研究》中, 作出了二次互反律的证明, 成为数论继续发展的重要基础. 在这部著作的第一章, 导出了三角形全等定理的概念.

为了用椭圆在球面上的正形投影理论解决大地测量中出现的问题, 在这段时间内高斯也从事了曲面和投影理论的研究, 这项成果成为了微分几何的重要理论基础. 他独立地提出了不能证明欧氏几何的平行公设具有“物理的”必然性, 至少不能用人类的理智给出这种证明. 但他的非欧几何理论并未发表. 也许他是出于对同时代的人不能理解这种超常理论的担忧. 相对论证明了宇宙空间实际上是非欧几何的空间. 高斯的思想被近 100 年后的物理学接受了.

出于对实际应用的兴趣, 高斯发明了日光反射仪. 日光反射仪可以将光束反射至大约 450 km 外的地方. 高斯后来不止一次地为原先的设计作出改进, 试制成功了后被广泛应用于大地测量的镜式六分仪. 19 世纪 30 年代, 他发明了磁强计. 1804～1891 年他与韦伯(Weber, 1864～1920)在电磁学领域共同工作. 1833 年, 通过受电磁影响的罗盘指针, 他向韦伯发送出电报. 这不仅是从韦伯的实验室与天文台之间的第一个电话电报系统, 也是世界第一个电话电报系统. 1840 年, 他和韦伯画出了世界第一张地球磁场图.

高斯在数个领域进行研究, 但只把他认为已经成熟的理论发表出来. 高斯死后, 记录着他的研究结果和想法的 20 部笔记被发现, 证明他所说的是事实. 一般人认为, 20 部笔记并非高斯笔记的全部.

总习题 11

1. 计算曲线积分 $\oint_L (x+y)\mathrm{d}s$, 其中 L 为连接 $O(0, 0)$、$A(1, 0)$、$B(0, 1)$的闭曲线 $OABO$.

2. 计算下列对弧长的曲线积分.

(1) $\oint_L (x^2+y^2)^n \mathrm{d}s$, 其中 L 为圆周 $x=a\cos t$, $y=a\sin t$, $0\leqslant t\leqslant 2\pi$;

(2) $\oint_L \mathrm{e}^{\sqrt{x^2+y^2}}\mathrm{d}s$, 其中 L 为圆周 $x^2+y^2=a^2$、直线 $y=x$ 及 x 轴在第一象限内所围成的扇形的整个边界;

(3) $\int_\Gamma x^2yz\mathrm{d}s$, 其中 Γ 为折线 $ABCD$, 这里 A、B、C、D 依次为(0, 0, 0)、(0, 0, 2)、(1, 0, 2)、(1, 3, 2).

3. 计算$\int_L (x^2-2xy)\mathrm{d}x+(y^2-2xy)\mathrm{d}y$，其中 L 由直线段 AB 与 BC 组成，路径方向为从点 $A(2,-1)$经点 $B(2,2)$到点 $C(0,2)$.

4. 计算下列对坐标的曲线积分.

(1) $\oint_L xy\mathrm{d}x$，其中 L 为圆周$(x-a)^2+y^2=a^2\ (a>0)$及 x 轴所围成的在第一象限内的区域的整个边界(按逆时针方向绕行)；

(2) $\oint_L \dfrac{(x+y)\mathrm{d}x-(x-y)\mathrm{d}y}{x^2+y^2}$，其中 L 为圆周 $x^2+y^2=a^2$(按逆时针方向绕行)；

(3) $\int_\Gamma x\mathrm{d}x+y\mathrm{d}y+(x+y-1)\mathrm{d}z$，其中 Γ 是从点$(1,1,1)$到点$(2,3,4)$的一段直线.

5. 求 $I=\int_{\overset{\frown}{AO}}(\mathrm{e}^x\sin y-my)\mathrm{d}x+(\mathrm{e}^x\cos y-m)\mathrm{d}y$，其中 $\overset{\frown}{AO}$ 为由点 $A(a,0)$到点 $O(0,0)$的上半圆周 $x^2+y^2=ax$.

6. 验证：当 $x^2+y^2\neq 0$ 时，$\dfrac{y\mathrm{d}x-x\mathrm{d}y}{x^2+2y^2}$ 是某二元函数 $U(x,y)$的全微分，并求 $U(x,y)$.

7. 设在 xOy 面内有一分布着质量的曲线弧 L，在点(x,y)处它的线密度为$\rho(x,y)$，用对弧长的曲线积分分别表达：

(1) 该曲线弧对 x 轴、y 轴的转动惯量 I_x、I_y；

(2) 该曲线弧的重心坐标.

8. 证明下列曲线积分在整个 xOy 面内与路径无关，并计算积分值：

$$\int_{(1,2)}^{(3,4)}(6xy^2-y^3)\mathrm{d}x+(6x^2y-3xy^2)\mathrm{d}y.$$

9. 利用格林公式，计算下列曲线积分：

$$\oint_L (x^2y\cos x+2xy\sin x-y^2\mathrm{e}^x)\mathrm{d}x+(x^2\sin x-2y\mathrm{e}^x)\mathrm{d}y,$$

其中 L 为正向星形线 $x^{\frac{2}{3}}+y^{\frac{2}{3}}=a^{\frac{2}{3}}\ (a>0)$.

10. 验证下列 $P(x,y)\mathrm{d}x+Q(x,y)\mathrm{d}y$ 在整个 xOy 面内是某一函数 $U(x,y)$的全微分，并求这样的一个 $U(x,y)$: $4\sin x\sin 3y\cos x\mathrm{d}x-3\cos 3y\cos 2x\mathrm{d}y$.

11. 求下列对面积的曲面积分.

(1) $\iint\limits_\Sigma (2xy-2x^2-x+z)\mathrm{d}S$，其中 Σ 为平面 $2x+2y+z=6$ 在第一卦限中的部分；

(2) $\iint\limits_\Sigma (xy+yz+zx)\mathrm{d}S$，其中 Σ 为锥面 $z=\sqrt{x^2+y^2}$ 被柱面 $x^2+y^2=2ax$ 所截得的有限部分.

12. 求抛物面壳 $z=\dfrac{1}{2}(x^2+y^2)\ (0\leqslant z\leqslant 1)$ 的质量，此壳的面密度的大小为 $\rho=z$.

13. 计算 $\iint\limits_\Sigma x\mathrm{d}y\mathrm{d}z$，$\Sigma$ 是球面 $x^2+y^2+z^2=R^2$ 在第一卦限部分的上侧.

14. 计算下列对坐标的曲面积分.

(1) $\iint\limits_\Sigma z\mathrm{d}x\mathrm{d}y+x\mathrm{d}y\mathrm{d}z+y\mathrm{d}z\mathrm{d}x$，其中 Σ 是柱面 $x^2+y^2=1$ 被平面 $z=0$ 及 $z=3$ 所截得的在第一卦限内的部分的前侧；

(2) $\oiint\limits_\Sigma xz\mathrm{d}x\mathrm{d}y+xy\mathrm{d}y\mathrm{d}z+yz\mathrm{d}z\mathrm{d}x$，其中 Σ 是平面 $x=0,\ y=0,\ z=0,\ x+y+z=1$ 所围成的空间区域的整个边界曲面的外侧.

15. 利用高斯公式计算曲面积分: $\oiint_{\Sigma} x^3\mathrm{d}y\mathrm{d}z+y^3\mathrm{d}z\mathrm{d}x+z^3\mathrm{d}x\mathrm{d}y$, 其中 Σ 为球面 $x^2+y^2+z^2=a^2$ 的外侧.

16. 已知 $f(u)$ 连续, 且 L 为逐段光滑的简单封闭曲线, 证明:

$$\oint_L f(x^2+y^2)(x\mathrm{d}x+y\mathrm{d}y)=0.$$

17. 求均匀的锥面 $z=\frac{h}{a}\sqrt{x^2+y^2}$ $(0\leqslant z\leqslant h,\ a>0)$ (设面密度为 1)对 x 轴的转动惯量.

18. 求矢量场 $\boldsymbol{A}=yz\boldsymbol{i}+xz\boldsymbol{j}+xy\boldsymbol{k}$ 穿过圆柱体 $x^2+y^2\leqslant a^2,\ 0\leqslant z\leqslant h$ 的全表面的流量和侧表面的流量.

第12章　无 穷 级 数

无穷级数是高等数学的一个重要组成部分，它是表示函数、研究函数性质及进行数值计算的一种工具. 本章主要讨论以下三个方面的内容：①常数项级数；②幂级数；③傅里叶级数.

12.1　常数项级数的概念与性质

12.1.1　常数项级数的概念

在中学阶段，我们就遇到过“无穷项之和”的运算，如

$$\frac{1}{3}=0.333\,3\cdots=\frac{3}{10}+\frac{3}{100}+\frac{3}{1000}+\cdots+\frac{3}{10^n}+\cdots,$$

处理方式是用有限项相加来近似. 显然这种处理方式对下面的“无穷项之和”是不行的，$1+2+3+\cdots+n+\cdots$，n 为自然数.

上式取不同的有限项的和相差可以足够大，因此对于“无穷项之和”需要进一步研究，建立一套严格的理论.

定义 12.1.1　给定一个数列$\{u_n\}$，称由这个数列$\{u_n\}$构成的表达式

$$u_1+u_2+\cdots+u_n+\cdots$$

叫做(**常数项**)**无穷级数**，简称(**常数项**)**级数**，记作$\sum\limits_{n=1}^{\infty}u_n$，即

$$\sum_{n=1}^{\infty}u_n=u_1+u_2+\cdots+u_n+\cdots,$$

其中第 n 项 u_n 叫做**级数的一般项**.

下面借助于极限工具，将“无穷项之和”的计算转化为“有限项之和”的极限.

由此，引入部分和与部分和数列的概念.

对数列$\{u_n\}$定义部分和

$$s_1=u_1,\ s_2=u_1+u_2,\ s_3=u_1+u_2+u_3,\ \cdots,$$

一般地，

$$s_n=u_1+u_2+u_3+\cdots+u_n\left(\text{记作}\sum_{i=1}^{n}u_i\right)$$

称为数列$\{u_n\}$的前 n 项**部分和**.

这样，当 n 依次取 1, 2, 3, …时，它们构成一个新的数列$\{s_n\}$：

$$s_1, s_2, s_3, \cdots, s_n, \cdots.$$

称其为**级数的前 n 项部分和数列**.

定义 12.1.2 若级数$\sum_{n=1}^{\infty}u_n$的前 n 项部分和数列$\{s_n\}$有极限 s，即

$$\lim_{n\to\infty}s_n=s,$$

则称级数$\sum_{n=1}^{\infty}u_n$ **收敛**，且称 s 为级数$\sum_{n=1}^{\infty}u_n$ 的**和**，记作

$$s=u_1+u_2+\cdots+u_n+\cdots.$$

若$\{s_n\}$没有极限，即$\lim_{n\to\infty}s_n$不存在，则称级数$\sum_{n=1}^{\infty}u_n$ **发散**.

当级数收敛时，其部分和 s_n 是级数和 s 的近似值，它们之间的差值

$$r_n=s-s_n=u_{n+1}+u_{n+2}+\cdots=\sum_{i=1}^{\infty}u_{n+i}$$

叫做级数$\sum_{n=1}^{\infty}u_n$ 的**余项**. $|r_n|$为用近似值 s_n 代替和 s 所产生的误差，显然$\lim_{n\to\infty}r_n=0$.

例 12.1.1 判定级数$\sum_{n=1}^{\infty}\frac{1}{n\cdot(n+1)}$的敛散性.

解 $u_n=\frac{1}{n(n+1)}=\frac{1}{n}-\frac{1}{n+1}$，所以级数的前 n 项部分和

$$s_n=\sum_{i=1}^{n}u_i=\left(\frac{1}{1}-\frac{1}{2}\right)+\left(\frac{1}{2}-\frac{1}{3}\right)+\cdots+\left(\frac{1}{n}-\frac{1}{n+1}\right)=1-\frac{1}{n+1},$$

又

$$\lim_{n\to\infty}s_n=\lim_{n\to\infty}\left(1-\frac{1}{n+1}\right)=1,$$

故级数$\sum_{n=1}^{\infty}\frac{1}{n\cdot(n+1)}$收敛，且其和为 1，即$\sum_{n=1}^{\infty}\frac{1}{n\cdot(n+1)}=1$.

例 12.1.2 判定级数$\sum_{n=1}^{\infty}\left(\sqrt{n+1}-\sqrt{n}\right)$的敛散性.

解 由于级数的前 n 项部分和

$$\begin{aligned}s_n&=\sum_{i=1}^{n}u_i=\sum_{i=1}^{n}\left(\sqrt{i+1}-\sqrt{i}\right)\\&=\left(\sqrt{2}-\sqrt{1}\right)+\left(\sqrt{3}-\sqrt{2}\right)+\left(\sqrt{4}-\sqrt{3}\right)+\cdots+\left(\sqrt{n+1}-\sqrt{n}\right)\\&=\sqrt{n+1}-\sqrt{1},\end{aligned}$$

又

$$\lim_{n\to\infty}s_n=\lim_{n\to\infty}\left(\sqrt{n+1}-\sqrt{1}\right)=+\infty,$$

故级数$\sum_{n=1}^{\infty}\left(\sqrt{n+1}-\sqrt{n}\right)$是发散的.

例 12.1.3 讨论**等比级数**(也称**几何级数**)

$$\sum_{n=1}^{\infty}aq^{n-1}=a+aq+aq^2+\cdots+aq^{n-1}+\cdots\quad(a\neq0)$$

的敛散性.

解 $u_n = aq^{n-1}$，所以级数的前 n 项部分和

$$s_n = \sum_{i=1}^{n} u_i = a + aq + aq^2 + \cdots + aq^{n-1}.$$

(1) 当 $q \neq 1$ 时，$s_n = a + aq + aq^2 + \cdots + aq^{n-1} = \dfrac{a - aq^n}{1-q}$.

当 $|q| < 1$ 时，由于 $\lim\limits_{n\to\infty} s_n = \lim\limits_{n\to\infty} a\dfrac{1-q^n}{1-q} = \dfrac{a}{1-q}$，故等比级数收敛，且收敛于 $\dfrac{a}{1-q}$.

当 $|q| > 1$ 时，由于 $\lim\limits_{n\to\infty} s_n = \lim\limits_{n\to\infty} a\dfrac{1-q^n}{1-q}$ 不存在，故等比级数发散.

(2) 当 $q = 1$ 时，级数为 $a + a + a + \cdots + a + \cdots$，而 $s_n = na \to \infty\ (n\to\infty)$，故等比级数发散.

(3) 当 $q = -1$ 时，级数为 $a - a + a - a + \cdots$，而 $\lim\limits_{n\to\infty} s_n$ 不存在，故等比级数发散.

综上可知：当 $|q| < 1$ 时，级数 $\sum\limits_{n=1}^{\infty} aq^{n-1}$ 收敛且收敛于 $\dfrac{a}{1-q}$；当 $|q| \geqslant 1$ 时，级数 $\sum\limits_{n=1}^{\infty} aq^{n-1}$ 发散.

例 12.1.4 某位成功企业家，为了支持母校的建设与发展，准备设立一项教育基金，保证每年能从中取出 300 万元奖励优秀师生. 设利率为每年 5%，若以如下两种方式：(1) 年复利计算利息；(2) 连续复利计算利息，则企业家需一次性投入多少钱，才能保证该项公益事业运行下去，直到永远？

解 (1) 以年复利计算利息，则

第一笔付款发生在签约当天，第一笔付款的现值=3(单位：百万元)；

第二笔付款发生在一年后实现，第二笔付款的现值 $= \dfrac{3}{(1+0.05)^1} = \dfrac{3}{1.05}$ (单位：百万元)；

第三笔付款发生在两年后实现，第三笔付款的现值 $= \dfrac{3}{(1+0.05)^1(1+0.05)^1} = \dfrac{3}{1.05^2}$ (单位：百万元)，如此连续地实现下去，直到永远.

$$\text{总的现值} = 3 + \frac{3}{1.05^1} + \frac{3}{1.05^2} + \cdots + \frac{3}{1.05^n} + \cdots,$$

这是一个 $a=3$、公比 $q = \dfrac{1}{1.05}$ 的等比级数，显然其收敛于 $\dfrac{3}{1-\dfrac{1}{1.05}} \approx 63$ (单位：百万元).

也就是说，若按年复利计息，需要存入约 63(单位：百万元)，即可保证该项公益事业运行下去，直到永远.

(2) 以连续复利计算利息，则类似于前述

第一笔付款的现值=3(单位：百万元)；

第二笔付款的现值 $= 3\mathrm{e}^{-0.05}$ (单位：百万元)；

第三笔付款的现值 $= 3(\mathrm{e}^{-0.05})^2$ (单位：百万元)，

如此连续地实现下去，直到永远.

$$\text{总的现值} = 3 + 3\mathrm{e}^{-0.05} + 3(\mathrm{e}^{-0.05})^2 + \cdots + 3(\mathrm{e}^{-0.05})^n + \cdots$$

这是一个 $a=3$、公比 $q=\mathrm{e}^{-0.05}$ 的等比级数，显然其收敛于 $\dfrac{3}{1-\mathrm{e}^{-0.05}} \approx 61.5$ (单位：百万元).

也就是说，若按连续复利计息，需要存入约 61.5(单位：百万元)，即可保证该项公益事

业运行下去，直到永远.

显然，为了同样的结果，连续复利所需的现值比年复利所需的现值要小一些，或者说，连续复利比年复利的年有效收益要高.

说明：年复利是一年复利一次，连续复利指的是利息支付频率无限小，每时每刻都在支付利息，间隔比 1 s 还短，这是一种理论上的利息支付方式，现实生活并不存在. 而连续复利以外的复利就是指周期复利，可以一年复利一次，可以三个月复利一次，也可以半年复利一次. 年复利终值=现值$\times(1+r)^n$，连续复利终值=现值$\times e^{r\cdot n}$，其中 r 为利率、n 为年限.

12.1.2 收敛级数的基本性质

根据级数收敛、发散的定义，可以得到收敛级数的几个基本性质.

性质 12.1.1 若级数 $\sum_{n=1}^{\infty}u_n$ 收敛，则级数 $\sum_{n=1}^{\infty}ku_n$ 也收敛，并且有 $\sum_{n=1}^{\infty}ku_n=k\sum_{n=1}^{\infty}u_n$；若级数 $\sum_{n=1}^{\infty}u_n$ 发散，当 $k\neq 0$ 时，级数 $\sum_{n=1}^{\infty}ku_n$ 也发散.

性质 12.1.2 若级数 $\sum_{n=1}^{\infty}u_n$、$\sum_{n=1}^{\infty}v_n$ 分别收敛于 s 与 σ，则级数 $\sum_{n=1}^{\infty}(u_n\pm v_n)$ 也收敛，且收敛于 $s\pm\sigma$.

性质 12.1.3 在一个级数中任意去掉有限项、加上有限项或改变有限项的值，不会影响级数的敛散性；当级数收敛时，一般来说级数的收敛值是会改变的.

性质 12.1.4 若级数 $\sum_{n=1}^{\infty}u_n$ 收敛，则对这个级数的项任意加括号后所得的级数仍然收敛，其和不变.

证 设级数 $\sum_{n=1}^{\infty}u_n$ 的前 n 项部分和为 s_n，加括号之后的级数部分和数列记为 A_k，则有

$$
\begin{aligned}
&A_1=u_1+u_2+\cdots+u_{n_1}=s_{n_1},\\
&A_2=(u_1+u_2+\cdots+u_{n_1})+(u_{n_1+1}+\cdots+u_{n_1+n_2})=s_{n_2},\\
&\cdots\\
&A_k=(u_1+u_2+\cdots+u_{n_1})+(u_{n_1+1}+\cdots+u_{n_1+n_2})+\cdots+(u_{n_{k-1}+1}+\cdots+u_{n_{k-1}+n_k})=s_{n_k},
\end{aligned}
$$

显然 $k\leqslant n_k$，数列$\{A_k\}$是数列$\{s_n\}$的一个子列. 由级数 $\sum_{n=1}^{\infty}u_n$ 收敛知 $\lim_{n\to\infty}s_n$ 存在，从而 $\lim_{k\to\infty}A_k$ 也存在，且

$$\lim_{k\to\infty}A_k=\lim_{n\to\infty}s_n,$$

即加括号后的级数收敛且其和不变.

性质 12.1.5(级数收敛的必要条件) 若级数 $\sum_{n=1}^{\infty}u_n$ 收敛，则 $\lim_{n\to\infty}u_n=0$.

证 设级数 $\sum_{n=1}^{\infty}u_n$ 的前 n 项部分和为 s_n，且 $s_n\to s(n\to\infty)$，则

$$\lim_{n\to\infty}u_n=\lim_{n\to\infty}(s_n-s_{n-1})=\lim_{n\to\infty}s_n-\lim_{n\to\infty}s_{n-1}=s-s=0.$$

推论 12.1.1 若 $\lim\limits_{n\to\infty} u_n \neq 0$，则级数 $\sum\limits_{n=1}^{\infty} u_n$ 发散.

例 12.1.5 判定无穷级数 $\sum\limits_{n=1}^{\infty}\left(\frac{1}{7^n}+\frac{3}{4^n}\right)$ 的敛散性.

解 由例 12.1.3 知，等比级数 $\sum\limits_{n=1}^{\infty}\frac{1}{7^n}$ 和 $\sum\limits_{n=1}^{\infty}\frac{1}{4^n}$ 均收敛. 又由性质 12.1.1 知，级数 $\sum\limits_{n=1}^{\infty}\frac{3}{4^n}$ 收敛. 再由性质 12.1.2 知，级数 $\sum\limits_{n=1}^{\infty}\left(\frac{1}{7^n}+\frac{3}{4^n}\right)$ 收敛.

例 12.1.6 判定调和级数 $\sum\limits_{n=1}^{\infty}\frac{1}{n}$ 的敛散性.

解 记调和级数前 n 项部分和为 s_n，

$$
\begin{aligned}
s_1 &= 1,\\
s_2 &= 1+\frac{1}{2},\\
s_4 &= 1+\frac{1}{2}+\left(\frac{1}{3}+\frac{1}{4}\right) > 1+\frac{1}{2}+\left(\frac{1}{4}+\frac{1}{4}\right)=1+\frac{2}{2},\\
s_8 &= 1+\frac{1}{2}+\left(\frac{1}{3}+\frac{1}{4}\right)+\left(\frac{1}{5}+\frac{1}{6}+\frac{1}{7}+\frac{1}{8}\right)\\
&> 1+\frac{1}{2}+\left(\frac{1}{4}+\frac{1}{4}\right)+\left(\frac{1}{8}+\frac{1}{8}+\frac{1}{8}+\frac{1}{8}\right)\\
&= 1+\frac{1}{2}+\frac{1}{2}+\frac{1}{2}=1+\frac{3}{2},\\
s_{16} &= 1+\frac{1}{2}+\left(\frac{1}{3}+\frac{1}{4}\right)+\left(\frac{1}{5}+\cdots+\frac{1}{8}\right)+\left(\frac{1}{9}+\cdots+\frac{1}{16}\right)\\
&> 1+\frac{1}{2}+\left(\frac{1}{4}+\frac{1}{4}\right)+\left(\frac{1}{8}+\cdots+\frac{1}{8}\right)+\left(\frac{1}{16}+\cdots+\frac{1}{16}\right)\\
&= 1+\frac{1}{2}+\frac{1}{2}+\frac{1}{2}+\frac{1}{2}=1+\frac{4}{2},
\end{aligned}
$$

类似地，$s_{2^n} > 1+\frac{n}{2}$，由此可以得到 $\lim\limits_{n\to\infty} s_{2^n}$ 不存在，故 $\lim\limits_{n\to\infty} s_n$ 不存在，调和级数发散.

这里虽然有 $\lim\limits_{n\to\infty} u_n=\lim\limits_{n\to\infty}\frac{1}{n}=0$，但调和级数是发散的.

从这个例子可以看出，级数的一般项趋于零，即 $\lim\limits_{n\to\infty} u_n = 0$，仅仅是级数收敛的必要条件，并不是充分条件.

习 题 12.1

1. 写出下列级数的前五项.

(1) $\sum\limits_{n=1}^{\infty}\frac{1}{n(n+1)}$；　　(2) $\sum\limits_{n=1}^{\infty}\frac{1+\sin n}{n^2}$；

(3) $\sum\limits_{n=1}^{\infty}\frac{1\cdot 3\cdot\cdots\cdot(2n-1)}{2\cdot 4\cdot\cdots\cdot 2n}$；　　(4) $\sum\limits_{n=1}^{\infty}(-1)^n\frac{1}{5^n}$.

2. 写出下列级数的一般项.

(1) $1+\frac{1}{3}+\frac{1}{5}+\frac{1}{7}+\cdots$;

(2) $\frac{1}{2}-\frac{2}{3}+\frac{3}{4}-\frac{4}{5}+\cdots$;

(3) $-\frac{x}{2}+\frac{x^3}{4}-\frac{x^5}{6}+\frac{x^7}{8}-\cdots$.

3. 根据级数收敛与发散的定义判别下列级数的敛散性.

(1) $1+3+5+\cdots+(2n-1)+\cdots$;

(2) $\frac{1}{1\cdot 3}+\frac{1}{3\cdot 5}+\frac{1}{5\cdot 7}+\cdots+\frac{1}{(2n-1)(2n+1)}+\cdots$;

(3) $\ln\frac{1}{2}+\ln\frac{2}{3}+\ln\frac{3}{4}+\cdots+\ln\frac{n}{n+1}+\cdots$.

4. 判别下列级数的敛散性.

(1) $\sqrt{2}+\sqrt{\frac{3}{2}}+\sqrt{\frac{4}{3}}+\cdots+\sqrt{\frac{n+1}{n}}+\cdots$;

(2) $-\frac{5}{8}+\frac{5^2}{8^2}-\frac{5^3}{8^3}+\cdots+(-1)^n\frac{5^n}{8^n}+\cdots$;

(3) $\left(1+\frac{1}{4}\right)+\left(\frac{1}{2}+\frac{1}{4^2}\right)+\left(\frac{1}{3}+\frac{1}{4^3}\right)+\cdots+\left(\frac{1}{n}+\frac{1}{4^n}\right)+\cdots$.

5. (1) 设级数 $\sum_{n=1}^{\infty}u_n$ 收敛, 且 a 为非零常数, 判别级数 $\sum_{n=1}^{\infty}(u_n+a)$ 的敛散性.

(2) 若级数 $\sum_{n=1}^{\infty}u_n$ 的和为 s, 则级数 $\sum_{n=1}^{\infty}(2u_n+u_{n+1})$ 是否收敛？若收敛求其和.

12.2 常数项级数的审敛法

12.2.1 正项级数及其审敛法

定义 12.2.1 若级数 $\sum_{n=1}^{\infty}u_n$ 中的各项 $u_n\geqslant 0\ (n=1, 2, \cdots)$, 则称级数 $\sum_{n=1}^{\infty}u_n$ 为**正项级数**.

正项级数是十分重要的级数, 研究许多其他级数的敛散性问题常常可以归结到正项级数的敛散性问题. 所以首先讨论正项级数的审敛法.

显然, 正项级数 $\sum_{n=1}^{\infty}u_n$ 的前 n 项部分和数列 $\{s_n\}$ 是一个单调递增的数列, 按照单调有界数列必有极限的判定准则, 可以得出判定正项级数 $\sum_{n=1}^{\infty}u_n$ 敛散性的方法.

定理 12.2.1(有界审敛法) 正项级数 $\sum_{n=1}^{\infty}u_n$ 收敛的充分必要条件是它的部分和数列 $\{s_n\}$ 有界.

证 因为 $u_n \geqslant 0$，故 $s_n = s_{n-1} + u_n \geqslant s_{n-1}$，即部分和数列$\{s_n\}$单调递增. 由单调收敛准则知，单调递增且有上界的数列一定存在极限，所以 $\lim\limits_{n\to\infty} s_n$ 存在等价于数列$\{s_n\}$有界，再由级数收敛的定义可知，级数 $\sum\limits_{n=1}^{\infty} u_n$ 收敛等价于数列$\{s_n\}$有界.

由定理 12.2.1 可知，若正项级数 $\sum\limits_{n=1}^{\infty} u_n$ 发散，则它的部分和数列 $s_n \to +\infty\ (n\to\infty)$，即 $\sum\limits_{n=1}^{\infty} u_n = +\infty$.

根据定理 12.2.1，还可以得到关于正项级数的一个基本的审敛法.

定理 12.2.2(比较审敛法) 设 $\sum\limits_{n=1}^{\infty} u_n$ 与 $\sum\limits_{n=1}^{\infty} v_n$ 均为正项级数，且 $u_n \leqslant v_n\ (n = 1, 2, \cdots)$.

(1) 若级数 $\sum\limits_{n=1}^{\infty} v_n$ 收敛，则级数 $\sum\limits_{n=1}^{\infty} u_n$ 收敛;

(2) 若级数 $\sum\limits_{n=1}^{\infty} u_n$ 发散，则级数 $\sum\limits_{n=1}^{\infty} v_n$ 发散.

证 (1) 设级数 $\sum\limits_{n=1}^{\infty} v_n$ 收敛于 σ，且 $u_n \leqslant v_n$，则级数 $\sum\limits_{n=1}^{\infty} u_n$ 的部分和 s_n 满足

$$s_n = u_1 + u_2 + \cdots + u_n \leqslant v_1 + v_2 + \cdots + v_n \leqslant \sigma,$$

即单调增加的部分和数列$\{s_n\}$有上界. 由定理 12.2.1 可知正项级数 $\sum\limits_{n=1}^{\infty} u_n$ 收敛.

(2) 由反证法，假设级数 $\sum\limits_{n=1}^{\infty} v_n$ 收敛，则由(1)中结论知级数 $\sum\limits_{n=1}^{\infty} u_n$ 收敛，这与条件矛盾，所以级数 $\sum\limits_{n=1}^{\infty} v_n$ 发散.

由收敛级数的性质 12.1.1 和上面的定理 12.2.2，得到下面的推论.

推论 12.2.1 假设 $\sum\limits_{n=1}^{\infty} u_n$ 和 $\sum\limits_{n=1}^{\infty} v_n$ 均为正项级数，若级数 $\sum\limits_{n=1}^{\infty} v_n$ 收敛，且存在自然数 N，使得当 $n>N$ 时，有 $u_n \leqslant k v_n\ (k>0)$成立，则级数 $\sum\limits_{n=1}^{\infty} u_n$ 收敛；若级数 $\sum\limits_{n=1}^{\infty} v_n$ 发散，且当 $n>N$ 时，有 $u_n \geqslant k v_n\ (k>0)$成立，则级数 $\sum\limits_{n=1}^{\infty} u_n$ 发散.

例 12.2.1 判定级数 $\sum\limits_{n=1}^{\infty} \dfrac{1}{\sqrt{n(n+1)}}$ 的敛散性.

解 因为

$$\frac{1}{\sqrt{n(n+1)}} > \frac{1}{n+1},$$

故令

$$u_n = \frac{1}{\sqrt{n(n+1)}}, \quad v_n = \frac{1}{n+1},$$

级数$\sum_{n=1}^{\infty}\frac{1}{n+1}$ (调和级数)发散, 由定理 12.2.2 知级数$\sum_{n=1}^{\infty}\frac{1}{\sqrt{n(n+1)}}$发散.

下面介绍正项级数中一类重要且常用的级数

$$\sum_{n=1}^{\infty}\frac{1}{n^p}=1+\frac{1}{2^p}+\frac{1}{3^p}+\cdots+\frac{1}{n^p}+\cdots$$

的敛散性, 这个级数称为 ***p* 级数**, 其中常数 $p>0$.

当 $p\leqslant 1$ 时, 因为$\frac{1}{n^p}\geqslant\frac{1}{n}$, 而级数$\sum_{n=1}^{\infty}\frac{1}{n}$发散, 由定理 12.2.2 知 p 级数发散.

当 $p>1$ 时, 因为 $k-1\leqslant x\leqslant k$, 故$\frac{1}{k^p}\leqslant\frac{1}{x^p}$, 所以有$\frac{1}{k^p}=\int_{k-1}^{k}\frac{1}{k^p}\mathrm{d}x\leqslant\int_{k-1}^{k}\frac{1}{x^p}\mathrm{d}x$, 从而级数$\sum_{n=1}^{\infty}\frac{1}{n^p}$的前 n 项和

$$s_n=1+\sum_{k=2}^{n}\frac{1}{k^p}\leqslant 1+\sum_{k=2}^{n}\int_{k-1}^{k}\frac{1}{x^p}\mathrm{d}x=1+\int_{1}^{n}\frac{1}{x^p}\mathrm{d}x<1+\frac{1}{p-1},$$

故原级数收敛.

结论: 当 $0<p\leqslant 1$ 时, p 级数$\sum_{n=1}^{\infty}\frac{1}{n^p}$发散; 当 $p>1$ 时, p 级数$\sum_{n=1}^{\infty}\frac{1}{n^p}$收敛.

考虑到不等式的放缩有些时候并不是很容易操作, 下面介绍比较审敛法的极限形式, 应用上更加方便.

定理 12.2.3(比较审敛法的极限形式) 设$\sum_{n=1}^{\infty}u_n$和$\sum_{n=1}^{\infty}v_n$都是正项级数, 且有$\lim_{n\to\infty}\frac{u_n}{v_n}=l$, 则

(1) 当 $0<l<+\infty$时, 级数$\sum_{n=1}^{\infty}u_n$与$\sum_{n=1}^{\infty}v_n$同时收敛或同时发散;

(2) 当 $l=0$ 时, 若级数$\sum_{n=1}^{\infty}v_n$收敛, 则级数$\sum_{n=1}^{\infty}u_n$必收敛;

(3) 当 $l=+\infty$时, 若级数$\sum_{n=1}^{\infty}v_n$发散, 则级数$\sum_{n=1}^{\infty}u_n$必发散.

证 (1) 因为$\lim_{n\to\infty}\frac{u_n}{v_n}=l$, 由极限定义可知, 对$\varepsilon=\frac{l}{2}$, 存在正整数 N, 当 $n>N$ 时, 有

$$l-\frac{l}{2}<\frac{u_n}{v_n}<l+\frac{l}{2},$$

即

$$\frac{l}{2}v_n<u_n<\frac{3l}{2}v_n,$$

再根据比较审敛法, 即得所要证的结论.

(2) 当 $l=0$ 时, 存在正整数 N, 当 $n>N$ 时, 有 $u_n<v_n$, 由比较审敛法, $\sum_{n=1}^{\infty}v_n$收敛, 则级数$\sum_{n=1}^{\infty}u_n$收敛.

(3) 当 $l=+\infty$时，显然，存在正整数 N，当 $n>N$ 时，有 $u_n>v_n$，再由比较审敛法，$\sum\limits_{n=1}^{\infty} v_n$ 发散，则级数 $\sum\limits_{n=1}^{\infty} u_n$ 发散.

有了比较审敛法的极限形式，利用 p 级数的敛散性，可以判定下面级数的敛散性.

例 12.2.2 判定级数 $\sum\limits_{n=1}^{\infty} \ln\left(1+\dfrac{1}{n^2}\right)$ 的敛散性.

解 因为 $\lim\limits_{n\to\infty}\dfrac{\ln\left(1+\dfrac{1}{n^2}\right)}{\dfrac{1}{n^2}}=1$，而级数 $\sum\limits_{n=1}^{\infty}\dfrac{1}{n^2}$ 收敛，故由定理 12.2.3 知级数 $\sum\limits_{n=1}^{\infty}\ln\left(1+\dfrac{1}{n^2}\right)$ 收敛.

例 12.2.3 判定级数 $\sum\limits_{n=1}^{\infty}\sin\dfrac{1}{n}$ 的敛散性.

解 因 $\lim\limits_{n\to\infty}\dfrac{\sin\dfrac{1}{n}}{\dfrac{1}{n}}=1$，而级数 $\sum\limits_{n=1}^{\infty}\dfrac{1}{n}$ 发散，故由定理 12.2.3 知级数 $\sum\limits_{n=1}^{\infty}\sin\dfrac{1}{n}$ 发散.

例 12.2.4 判定级数 $\sum\limits_{n=1}^{\infty}\dfrac{n^2-n-1}{n^4+n^2}$ 的敛散性.

解 因 $\lim\limits_{n\to\infty}\dfrac{\dfrac{n^2-n-1}{n^4+n^2}}{\dfrac{1}{n^2}}=\lim\limits_{n\to\infty}\dfrac{n^2-n-1}{n^2+1}=1$，而级数 $\sum\limits_{n=1}^{\infty}\dfrac{1}{n^2}$ 收敛，故由定理 12.2.3 知级数 $\sum\limits_{n=1}^{\infty}\dfrac{n^2-n-1}{n^4+n^2}$ 收敛.

比较审敛法的关键是找到一个恰当的级数与之相比，从而判定敛散性. 在实际应用中，最常见的就是以等比级数或 p 级数作为参照对象来进行级数敛散性的判断.

将所给正项级数与等比级数比较，能得到在实用上很方便的比值审敛法和根值审敛法.

定理 12.2.4[比值审敛法，或称达朗贝尔(d'Alembert)判别法] 设 $\sum\limits_{n=1}^{\infty}u_n$ 为正项级数，若 $\lim\limits_{n\to\infty}\dfrac{u_{n+1}}{u_n}=\rho$，则

(1) 当 $\rho<1$ 时，级数 $\sum\limits_{n=1}^{\infty}u_n$ 收敛；

(2) 当 $\rho>1$ 或 $\rho=+\infty$时，级数 $\sum\limits_{n=1}^{\infty}u_n$ 发散；

(3) 当 $\rho=1$ 时，级数 $\sum\limits_{n=1}^{\infty}u_n$ 可能收敛也可能发散.

证 (1) 证明的思路是将级数与一个收敛的等比级数比较.

由于 $\rho<1$，可以找到一个正数 ε 使得 $\rho+\varepsilon=r<1$，又由于 $\lim\limits_{n\to\infty}\dfrac{u_{n+1}}{u_n}=\rho$，对于正数 ε，存在

$N>0$，当 $n>N$ 时，$\left|\frac{u_{n+1}}{u_n}-\rho\right|<\varepsilon$，即

$$\frac{u_{n+1}}{u_n}<\varepsilon+\rho=r,$$

所以

$$u_{n+1}<ru_n,$$

因此，得到下面的式子：

$$u_{N+2}<ru_{N+1},$$
$$u_{N+3}<ru_{N+2}<r^2u_{N+1},\cdots,$$

因此有

$$u_{N+k+1}<ru_{N+k}<r^ku_{N+1},$$

这样，得到了一个新的级数 $\sum_{k=1}^{\infty}r^ku_{N+1}=u_{N+1}\sum_{k=1}^{\infty}r^k$，由于 $0<r<1$，所以等比级数 $\sum_{k=1}^{\infty}r^ku_{N+1}$ 收敛，由定理 12.2.2 知，级数 $\sum_{k=1}^{\infty}u_{N+k+1}$ 收敛，再根据收敛级数的性质 12.1.3，增加了 $u_1, u_2, \cdots, u_{N+1}$ 项的级数 $\sum_{n=1}^{\infty}u_n$ 收敛.

(2) 当 $\rho>1$ 或 $\rho=+\infty$ 时，证明级数发散的关键是证明级数的通项 u_n 不趋向于零.

由于 $\lim\limits_{n\to\infty}\frac{u_{n+1}}{u_n}=\rho>1$ 或 $\lim\limits_{n\to\infty}\frac{u_{n+1}}{u_n}=+\infty$，一定存在 $N>0$，当 $n>N$ 时，$\frac{u_{n+1}}{u_n}>1$，即 $u_{n+1}>u_n$，所以 $\lim\limits_{n\to\infty}u_n\neq 0$，故级数 $\sum_{n=1}^{\infty}u_n$ 发散.

(3) 举例说明，$\sum_{n=1}^{\infty}\frac{1}{n}$ 与 $\sum_{n=1}^{\infty}\frac{1}{n^2}$ 都满足 $\lim\limits_{n\to\infty}\frac{u_{n+1}}{u_n}=\rho=1$，但前者发散，后者收敛，故敛散性不定.

定理 12.2.5(根值审敛法，或称柯西判别法) 设 $\sum_{n=1}^{\infty}u_n$ 为正项级数，若 $\lim\limits_{n\to\infty}\sqrt[n]{u_n}=\rho$，则

(1) 当 $\rho<1$ 时，级数 $\sum_{n=1}^{\infty}u_n$ 收敛；

(2) 当 $\rho>1$ 或 $\rho=+\infty$ 时，级数 $\sum_{n=1}^{\infty}u_n$ 发散；

(3) 当 $\rho=1$ 时，级数 $\sum_{n=1}^{\infty}u_n$ 可能收敛也可能发散.

例 12.2.5 判定级数 $\sum_{n=1}^{\infty}\frac{n^3}{3^n}$ 的敛散性.

解 记 $u_n=\frac{n^3}{3^n}$，则

$$\lim_{n\to\infty}\frac{u_{n+1}}{u_n}=\lim_{n\to\infty}\frac{\dfrac{(n+1)^3}{3^{n+1}}}{\dfrac{n^3}{3^n}}=\lim_{n\to\infty}\frac{1}{3}\left(\frac{n+1}{n}\right)^3=\lim_{n\to\infty}\frac{1}{3}\left(1+\frac{1}{n}\right)^3=\frac{1}{3},$$

由比值审敛法知级数 $\sum\limits_{n=1}^{\infty}\dfrac{n^3}{3^n}$ 收敛.

例 12.2.6 判定级数 $\sum\limits_{n=1}^{\infty}\dfrac{n^n}{n!}$ 的敛散性.

解 记 $u_n=\dfrac{n^n}{n!}$，则有

$$\lim_{n\to\infty}\frac{u_{n+1}}{u_n}=\lim_{n\to\infty}\frac{\dfrac{(n+1)^{n+1}}{(n+1)!}}{\dfrac{n^n}{n!}}=\lim_{n\to\infty}\left(\frac{n+1}{n}\right)^n=\lim_{n\to\infty}\left(1+\frac{1}{n}\right)^n=\mathrm{e}>1,$$

由比值审敛法知原级数 $\sum\limits_{n=1}^{\infty}\dfrac{n^n}{n!}$ 发散.

利用比值审敛法判定级数 $\sum\limits_{n=1}^{\infty}\dfrac{n^n}{n!}$ 是发散的，事实上，

$$u_n=\frac{n^n}{n!}=\frac{n\cdot n\cdot n\cdot\cdots\cdot n}{1\cdot 2\cdot 3\cdot\cdots\cdot n}\geqslant n,\quad n\geqslant 2,$$

所以当 $n\to\infty$时，u_n 不趋向于零，这样进一步说明了由比值审敛法判断发散的级数不满足级数收敛的必要条件，即 $n\to\infty$时，一般项不趋向于零.

例 12.2.7 判断级数 $\sum\limits_{n=1}^{\infty}\left(\dfrac{2n-1}{5n+3}\right)^n$ 的敛散性.

解 记 $u_n=\left(\dfrac{2n-1}{5n+3}\right)^n$，则

$$\lim_{n\to\infty}\sqrt[n]{u_n}=\lim_{n\to\infty}\sqrt[n]{\left(\frac{2n-1}{5n+3}\right)^n}=\lim_{n\to\infty}\frac{2n-1}{5n+3}=\frac{2}{5}<1,$$

由根值审敛法知原级数收敛.

例 12.2.8 证明 $\lim\limits_{n\to\infty}\dfrac{10^n}{n!}=0$.

证 记 $u_n=\dfrac{10^n}{n!}$，则 $\lim\limits_{n\to\infty}\dfrac{u_{n+1}}{u_n}=\lim\limits_{n\to\infty}\dfrac{\dfrac{10^{n+1}}{(n+1)!}}{\dfrac{10^n}{n!}}=0<1$，由比值审敛法知级数 $\sum\limits_{n=1}^{\infty}\dfrac{10^n}{n!}$ 收敛，再由收敛级数的必要条件得到 $\lim\limits_{n\to\infty}\dfrac{10^n}{n!}=0$.

12.2.2 交错级数及其审敛法

前面讨论了正项级数的敛散性判别问题，下面讨论任意项级数中比较特殊的一种.

定义 12.2.2 若一级数各项的符号是正、负交错的，即

$$u_1-u_2+u_3-u_4+\cdots+(-1)^{n-1}u_n+\cdots=\sum_{n=1}^{\infty}(-1)^{n-1}u_n,$$

或

$$-u_1+u_2-u_3+\cdots+(-1)^n u_n+\cdots=\sum_{n=1}^{\infty}(-1)^n u_n,$$

其中 $u_n>0(n=1,2,\cdots)$，则称此级数为**交错级数**.

例如，下列级数就是交错级数:

$$1-\frac{1}{2}+\frac{1}{3}-\frac{1}{4}+\frac{1}{5}-\frac{1}{6}+\cdots=\sum_{n=1}^{\infty}\frac{(-1)^{n-1}}{n}.$$

交错级数的审敛法可由下面的定理给出.

定理 12.2.6(莱布尼茨定理) 若交错级数 $\sum\limits_{n=1}^{\infty}(-1)^{n-1}u_n$ 满足条件

(1) $u_n\geqslant u_{n+1}(n=1,2,\cdots)$;

(2) $\lim\limits_{n\to\infty}u_n=0$,

则级数 $\sum\limits_{n=1}^{\infty}(-1)^{n-1}u_n$ 收敛，并且 $\sum\limits_{n=1}^{\infty}(-1)^{n-1}u_n\leqslant u_1$，余项的绝对值 $|r_n|\leqslant u_{n+1}$，且 r_n 与 u_{n+1} 同号.

证 记 s_n 为级数 $\sum\limits_{n=1}^{\infty}(-1)^{n-1}u_n$ 的前 n 项部分和. 由条件(1)知 $u_n-u_{n+1}\geqslant 0$，故

$$\begin{aligned}0\leqslant s_{2n}&=(u_1-u_2)+(u_3-u_4)+\cdots+(u_{2n-1}-u_{2n})\\&=u_1-(u_2-u_3)-\cdots-(u_{2n-2}-u_{2n-1})-u_{2n}\leqslant u_1,\end{aligned}$$

可见数列 $\{s_{2n}\}$ 单调增加且有界，即 $\lim\limits_{n\to\infty}s_{2n}$ 存在，不妨设其为 s.

又由条件(2)知 $\lim\limits_{n\to\infty}u_{2n+1}=0$，故 $\lim\limits_{n\to\infty}s_{2n+1}=\lim\limits_{n\to\infty}(s_{2n}+u_{2n+1})=s$.

由 $\lim\limits_{n\to\infty}s_{2n}=\lim\limits_{n\to\infty}s_{2n+1}=s$ 得到 $\lim\limits_{n\to\infty}s_n=s$，故级数 $\sum\limits_{n=1}^{\infty}(-1)^{n-1}u_n$ 收敛且

$$\sum_{n=1}^{\infty}(-1)^{n-1}u_n=s\leqslant u_1,$$

余项

$$|r_n|=u_{n+1}-u_{n+2}+u_{n+3}-\cdots$$

可以看成首项为 u_{n+1} 的新的交错级数，由前面的结论可以知道 $|r_n|=\sum\limits_{k=1}^{\infty}u_{n+k}\leqslant u_{n+1}$.

例 12.2.9 判定交错级数 $\sum\limits_{n=1}^{\infty}(-1)^{n-1}\dfrac{1}{n}$ 的敛散性.

解 令 $u_n=\dfrac{1}{n}$，则 $u_n\geqslant u_{n+1}$ 且 $\lim\limits_{n\to\infty}u_n=0$，故由莱布尼茨定理知级数 $\sum\limits_{n=1}^{\infty}(-1)^{n-1}\dfrac{1}{n}$ 收敛.

例 12.2.10 判定交错级数 $\sum\limits_{n=1}^{\infty}(-1)^n\dfrac{2n}{4n-1}$ 的敛散性.

解 令 $u_n=\dfrac{2n}{4n-1}$，则 $\lim\limits_{n\to\infty}u_n=\dfrac{1}{2}\neq 0$，故原级数发散.

12.2.3 绝对收敛与条件收敛

现在讨论任意项级数的敛散性.

定理 12.2.7 若级数 $\sum_{n=1}^{\infty}|u_n|$ 收敛, 则级数 $\sum_{n=1}^{\infty}u_n$ 必收敛.

证 令 $v_n=\frac{1}{2}(u_n+|u_n|)\,(n=1,2,\cdots)$, 则有不等式 $0\leqslant v_n\leqslant|u_n|$. 注意到 $\sum_{n=1}^{\infty}v_n$ 是正项级数, 并且级数 $\sum_{n=1}^{\infty}|u_n|$ 收敛, 故由比较审敛法知, 级数 $\sum_{n=1}^{\infty}v_n$ 收敛. 又 $\sum_{n=1}^{\infty}u_n=\sum_{n=1}^{\infty}(2v_n-|u_n|)$, 由 $\sum_{n=1}^{\infty}v_n$ 收敛和 $\sum_{n=1}^{\infty}|u_n|$ 收敛可知, 级数 $\sum_{n=1}^{\infty}u_n$ 收敛.

对于任意项级数, 若用正项级数的审敛法判定级数 $\sum_{n=1}^{\infty}|u_n|$ 收敛, 则级数 $\sum_{n=1}^{\infty}u_n$ 必定收敛, 称为**绝对收敛**, 绝对收敛的级数一定是收敛的. 这就使得很多任意项级数的敛散性判定问题, 转化成为正项级数的敛散性判定问题.

若级数 $\sum_{n=1}^{\infty}u_n$ 收敛, 但 $\sum_{n=1}^{\infty}|u_n|$ 发散, 则称级数 $\sum_{n=1}^{\infty}u_n$ 为**条件收敛**.

例如, 级数 $\sum_{n=1}^{\infty}(-1)^{n-1}\frac{1}{n^2}$ 绝对收敛, 因为 $\sum_{n=1}^{\infty}\left|(-1)^{n-1}\frac{1}{n^2}\right|=\sum_{n=1}^{\infty}\frac{1}{n^2}$ 收敛. 又如, 级数 $\sum_{n=1}^{\infty}(-1)^{n-1}\frac{1}{n}$ 收敛, 但是 $\sum_{n=1}^{\infty}\left|(-1)^{n-1}\frac{1}{n}\right|=\sum_{n=1}^{\infty}\frac{1}{n}$ 发散, 所以级数 $\sum_{n=1}^{\infty}(-1)^{n-1}\frac{1}{n}$ 条件收敛.

例 12.2.11 判定无穷级数 $\sum_{n=1}^{\infty}\frac{\cos n}{n^2}$ 的敛散性, 若收敛, 指出是绝对收敛还是条件收敛.

解 首先判定级数 $\sum_{n=1}^{\infty}\left|\frac{\cos n}{n^2}\right|$ 的敛散性.

因为 $\left|\frac{\cos n}{n^2}\right|\leqslant\frac{1}{n^2}$, 而级数 $\sum_{n=1}^{\infty}\frac{1}{n^2}$ 收敛, 由比较审敛法知, 级数 $\sum_{n=1}^{\infty}\left|\frac{\cos n}{n^2}\right|$ 收敛. 故 $\sum_{n=1}^{\infty}\frac{\cos n}{n^2}$ 绝对收敛, 所以 $\sum_{n=1}^{\infty}\frac{\cos n}{n^2}$ 收敛, 且是绝对收敛.

例 12.2.12 判定无穷级数 $\sum_{n=1}^{\infty}(-1)^n\frac{\ln n}{n}$ 的敛散性, 若收敛, 指出是绝对收敛还是条件收敛.

解 首先判定级数 $\sum_{n=1}^{\infty}\left|(-1)^{n-1}\frac{\ln n}{n}\right|=\sum_{n=1}^{\infty}\frac{\ln n}{n}$ 的敛散性.

由于 $\frac{\ln n}{n}>\frac{1}{n}\,(\mathrm{n}\geqslant 3)$, 且级数 $\sum_{n=1}^{\infty}\frac{1}{n}$ 发散, 由比较审敛法知, 级数 $\sum_{n=1}^{\infty}\frac{\ln n}{n}$ 是发散的, 即级数 $\sum_{n=1}^{\infty}\left|(-1)^{n-1}\frac{\ln n}{n}\right|$ 发散.

另外，级数$\sum_{n=1}^{\infty}(-1)^{n-1}\frac{\ln n}{n}$为交错级数，令$u_n=\frac{\ln n}{n}$，则

$$\frac{\ln(n+1)}{n+1}-\frac{\ln n}{n}=\frac{1}{n(n+1)}\ln\left[\left(\frac{n+1}{n}\right)^n\cdot\frac{1}{n}\right],$$

这里，$\lim_{n\to\infty}\left(1+\frac{1}{n}\right)^n=\mathrm{e}$，且$\left(1+\frac{1}{n}\right)^n$随着 n 的增加单调增加，但$\left(1+\frac{1}{n}\right)^n<3$，所以 $n\geqslant 3$ 时，$\ln\left[\left(\frac{n+1}{n}\right)^n\cdot\frac{1}{n}\right]<0$，从而

$$\frac{\ln(n+1)}{n+1}<\frac{\ln n}{n}<0\quad(n\geqslant 3),$$

即

$$u_n>u_{n+1}\quad(n\geqslant 3),$$

又

$$\lim_{n\to\infty}u_n=\lim_{n\to\infty}\frac{\ln n}{n}=0,$$

由莱布尼茨定理，级数$\sum_{n=1}^{\infty}(-1)^{n-1}\frac{\ln n}{n}$收敛.

因此，级数$\sum_{n=1}^{\infty}(-1)^{n-1}\frac{\ln n}{n}$为条件收敛.

习 题 12.2

1. 利用比较审敛法或其极限形式判别下列级数的敛散性.

(1) $\sum_{n=1}^{\infty}\frac{1}{2n-1}$；　(2) $\sum_{n=1}^{\infty}\frac{1}{\sqrt{4n^2-3}}$；

(3) $\sum_{n=1}^{\infty}\sin\frac{\pi}{3^n}$；　(4) $\sum_{n=1}^{\infty}\frac{1+\sin n}{n^2}$；

(5) $\sum_{n=1}^{\infty}\frac{5}{n^2-n}$；　(6) $\sum_{n=1}^{\infty}\left(1-\cos\frac{1}{n}\right)$.

2. 利用比值审敛法判别下列级数的敛散性.

(1) $\sum_{n=1}^{\infty}\frac{n!}{15^n}$；　(2) $\sum_{n=1}^{\infty}\frac{2^n n!}{n^n}$；

(3) $\sum_{n=1}^{\infty}n^2\tan\frac{\pi}{4^{n+1}}$；　(4) $\sum_{n=1}^{\infty}\frac{1\times3\times5\times\cdots\times(2n-1)}{3^n\cdot n!}$.

3. 判别下列级数的敛散性.

(1) $\sum_{n=1}^{\infty}\frac{1}{\sqrt{4^n+3}}$；　(2) $\sum_{n=1}^{\infty}\frac{n!}{(n+2)!}$；

(3) $\sum_{n=1}^{\infty}\frac{2^n}{n^2+n}$；　(4) $\sum_{n=1}^{\infty}\sqrt{\frac{n^2+1}{n+n^2}}$；

(5) $\sum_{n=1}^{\infty} 3^n \sin\frac{\pi}{4^n}$;　　(6) $\sum_{n=1}^{\infty}\left(\frac{n}{2n+1}\right)^n$.

4. 判别下列级数是否收敛？如果是收敛的，是绝对收敛还是条件收敛？

(1) $\sum_{n=1}^{\infty}(-1)^n\left(\frac{3}{5}\right)^{n-1}$;　　(2) $\sum_{n=1}^{\infty}(-1)^{n-1}\frac{n}{n+2}$;

(3) $\sum_{n=1}^{\infty}(-1)^n\frac{1}{n\sqrt{n}}$;　　(4) $\sum_{n=1}^{\infty}(-1)^{n+1}\frac{1}{2n-1}$;

(5) $\sum_{n=1}^{\infty}\frac{\cos n\pi}{n^2}$;　　(6) $\sum_{n=1}^{\infty}(-1)^n\frac{1}{\ln(1+n)}$.

5. 证明下列极限.

(1) $\lim\limits_{n\to\infty}\frac{n!}{n^n}=0$;　　(2) $\lim\limits_{n\to\infty}\frac{3^n}{n!}=0$.

6. 试证：若级数 $\sum_{n=1}^{\infty}a_n^2$ 与 $\sum_{n=1}^{\infty}b_n^2$ 收敛，则级数 $\sum_{n=1}^{\infty}|a_nb_n|$、$\sum_{n=1}^{\infty}(a_n+b_n)^2$、$\sum_{n=1}^{\infty}\frac{|a_n|}{n}$ 也收敛.

12.3 幂 级 数

12.3.1 函数项级数的概念

前面研究了常数项级数的概念、性质及其审敛法，它的一般项都是一个确定的数. 在实际应用中，经常遇到一般项是由定义在某个区间上的函数所构成的和式问题. 下面，类似于常数项级数，给出函数项级数的概念，并研究其敛散性.

若给定一个定义在区间 I 上的函数列

$$u_1(x), u_2(x), \cdots, u_n(x), \cdots,$$

则由这个函数列所构成的表达式

$$u_1(x)+u_2(x)+\cdots+u_n(x)+\cdots$$

称为定义在区间 I 上的**(函数项)无穷级数**，简称为**(函数项)级数**，记为 $\sum_{n=1}^{\infty}u_n(x)$.

对于每一个取定的区间 I 上的点 x_0，函数项级数 $\sum_{n=1}^{\infty}u_n(x)$ 就变成了常数项级数

$$u_1(x_0)+u_2(x_0)+\cdots+u_n(x_0)+\cdots,$$

可以记作

$$\sum_{n=1}^{\infty}u_n(x_0)=u_1(x_0)+u_2(x_0)+\cdots+u_n(x_0)+\cdots.$$

这个级数可能收敛，也可能发散.

若 $x_0\in I$，常数项级数 $\sum_{n=1}^{\infty}u_n(x_0)$ 收敛，则称 x_0 为函数项级数 $\sum_{n=1}^{\infty}u_n(x)$ 的**收敛点**；若 $x_0\in I$，常数项级数 $\sum_{n=1}^{\infty}u_n(x_0)$ 发散，则称 x_0 为函数项级数 $\sum_{n=1}^{\infty}u_n(x)$ 的**发散点**；$\sum_{n=1}^{\infty}u_n(x)$ 的收敛点(发散点)

的全体称为$\sum_{n=1}^{\infty}u_n(x)$的**收敛域(发散域)**.

对于收敛域内的任意一个数 x, 函数项级数成为一个收敛的常数项级数, 并且有一个确定的和s. 这样, 在收敛域上, 函数项级数$\sum_{n=1}^{\infty}u_n(x)$的和是关于$x$的函数$s(x)$, 通常称$s(x)$为**函数项级数的和函数**, $s(x)$的定义域就是函数项级数的收敛域, 即在收敛域上,

$$\sum_{n=1}^{\infty}u_n(x)=s(x).$$

将函数项级数$\sum_{n=1}^{\infty}u_n(x)$的前 n 项的部分和记作 $s_n(x)$, 则在收敛域上有

$$\lim_{n\to\infty}s_n(x)=s(x),$$

记 $r_n(x)=s(x)-s_n(x)$, 称其为函数项级数$\sum_{n=1}^{\infty}u_n(x)$的**余项**, 对于收敛域中的 x, 有

$$\lim_{n\to\infty}r_n(x)=0.$$

12.3.2 幂级数及其收敛性

函数项级数中有一类简单又常见的级数, 它的各项都是由幂函数所构成, 形式如下:

$$a_0+a_1x+a_2x^2+\cdots+a_nx^n+\cdots,$$

称为关于 x 的**幂级数**, 记为$\sum_{n=0}^{\infty}a_nx^n$, 其中常数 $a_0, a_1, a_2, \cdots, a_n, \cdots$ 叫做幂级数的**系数**.

同样地, 函数项级数 $a_0+a_1(x-x_0)+a_2(x-x_0)^2+\cdots+a_n(x-x_0)^n+\cdots$ 称为关于$(x-x_0)$的**幂级数**, 记为$\sum_{n=0}^{\infty}a_n(x-x_0)^n$.

研究级数

$$\sum_{n=0}^{\infty}x^n=1+x+x^2+\cdots+x^n+\cdots.$$

幂级数的前 n 项部分和函数为 $s_n(x)=1+x+x^2+\cdots+x^{n-1}$, 并且, 当$|x|<1$ 时, $\lim_{n\to\infty}s_n(x)=\lim_{n\to\infty}\frac{1-x^n}{1-x}=\frac{1}{1-x}$, 即幂级数收敛于和函数$s(x)=\frac{1}{1-x}$; 当$|x|\geqslant 1$时, 幂级数发散.

也就是说, 它的收敛域是开区间$(-1, 1)$, 发散域是$(-\infty, -1]$及$[1, +\infty)$, 且有

$$\frac{1}{1-x}=1+x+x^2+\cdots+x^n+\cdots \quad (-1<x<1).$$

通过这个例子可以看到, 这个幂级数的收敛域是一个区间. 事实上, 这个结论对于一般的幂级数也是成立的, 有如下定理.

定理 12.3.1[阿贝尔(Abel)定理] 若幂级数$\sum_{n=0}^{\infty}a_nx^n$当 $x=x_0(x_0\neq 0)$时收敛, 则$|x|<|x_0|$时, $\sum_{n=0}^{\infty}a_nx^n$绝对收敛; 若$\sum_{n=0}^{\infty}a_nx^n$当$x=x_0$时发散, 则$|x|>|x_0|$时, $\sum_{n=0}^{\infty}a_nx^n$发散.

证 设 $x_0\,(x_0\neq 0)$为幂级数的收敛点，即 $\sum_{n=0}^{\infty}a_nx_0^n$ 收敛. 由级数收敛的必要条件可知 $\lim_{n\to\infty}a_nx_0^n=0$，即数列$\{a_nx_0^n\}$收敛.

又由收敛数列必有界可知，$\{a_nx_0^n\}$有界，即存在一个 $M>0$，使得

$$\left|a_nx_0^n\right|\leqslant M \quad (n=0,1,2,\cdots),$$

这样，$\left|a_nx^n\right|=\left|a_nx_0^n\right|\cdot\left|\frac{x}{x_0}\right|^n\leqslant Mr^n$，其中 $r=\left|\frac{x}{x_0}\right|$.

当$|x|<|x_0|$时，$0<r<1$，等比级数 $\sum_{n=0}^{\infty}Mr^n$ 收敛，由比较审敛法可知级数 $\sum_{n=0}^{\infty}\left|a_nx^n\right|$ 收敛，也就是 $\sum_{n=0}^{\infty}a_nx^n$ 绝对收敛.

定理的第二部分利用反证法，结合定理的第一部分，可以很容易推出矛盾. 假设当 $x=x_0$ 时，级数 $\sum_{n=0}^{\infty}a_nx_0^n$ 发散，而另有一点 $x=x_1$ 满足条件$|x_1|>|x_0|$，是级数 $\sum_{n=0}^{\infty}a_nx^n$ 的收敛点，按照第一部分的结论，对于任意$|x|<|x_1|$，级数是收敛的，所以 $x=x_0$ 应是级数 $\sum_{n=0}^{\infty}a_nx^n$ 的收敛点，这与假设矛盾，定理得证.

定理 12.3.1 表明：若幂级数在$x=x_0$处收敛，则对于开区间$(-|x_0|,|x_0|)$内的任何x，幂级数都是收敛的；如果幂级数在 $x=x_0$ 处发散，则对于闭区间$[-|x_0|,|x_0|]$以外的任何 x，幂级数都是发散的.

这样，若幂级数在数轴上既有收敛点也有发散点(级数仅在原点收敛及整个数轴上所有点收敛这两种情况除外)，可以以原点为中心，朝着数轴的正负方向分别查找收敛点与发散点，总会找到两个临界点 P 和 P'(它们关于原点对称)，在 P 与 P'之间的点均是幂级数的收敛点，在 P 与 P'之外的点均是幂级数的发散点.

据此几何说明，得到下述重要推论.

推论 12.3.1 若幂级数 $\sum_{n=0}^{\infty}a_nx^n$ 不是仅在 $x=0$ 一点收敛，也不是在整个数轴上都收敛，则必有一个正数 R，使得

当$|x|<R$ 时，幂级数 $\sum_{n=0}^{\infty}a_nx^n$ 绝对收敛；

当$|x|>R$ 时，幂级数 $\sum_{n=0}^{\infty}a_nx^n$ 发散；

当 $x=\pm R$ 时，幂级数 $\sum_{n=0}^{\infty}a_nx^n$ 可能收敛可能发散.

这里的正数 R 通常称为幂级数 $\sum_{n=0}^{\infty}a_nx^n$ 的收敛半径；开区间$(-R,R)$称为幂级数 $\sum_{n=0}^{\infty}a_nx^n$ 的收敛区间. 再进一步由幂级数在 $x=\pm R$ 处的敛散性，就可以得到它的收敛域是$(-R,R)$或$(-R,R]$或$[-R,R)$或$[-R,R]$.

若幂级数 $\sum_{n=0}^{\infty} a_n x^n$ 仅在 $x=0$ 一点收敛，则规定收敛半径 $R=0$，这时收敛域为点 $x=0$；若幂级数 $\sum_{n=0}^{\infty} a_n x^n$ 在整个数轴上都收敛，则规定收敛半径 $R=+\infty$，这时收敛域为 $(-\infty,+\infty)$.

关于幂级数收敛半径的求法主要有比值法和根值法.

定理 12.3.2 若 $\sum_{n=0}^{\infty} a_n x^n$ 满足 $a_n \neq 0\ (n=0, 1, 2, \cdots)$，且 $\rho=\lim_{n\to\infty}\left|\frac{a_{n+1}}{a_n}\right|$，则幂级数的收敛半径为

$$R=\begin{cases}\frac{1}{\rho}, & \rho \neq 0, \\ +\infty, & \rho=0, \\ 0, & \rho=+\infty.\end{cases}$$

证 考察幂级数 $\sum_{n=0}^{\infty} a_n x^n$ 的各项取绝对值所成的级数

$$|a_0|+|a_1x|+|a_2x^2|+\cdots+|a_nx^n|+\cdots.$$

其相邻两项之比为 $\frac{|a_{n+1}x^{n+1}|}{|a_n x^n|}=\frac{|a_{n+1}|}{|a_n|}|x|$.

(1) 若 $\lim_{n\to\infty}\left|\frac{a_{n+1}}{a_n}\right|=\rho\ (\rho\neq 0)$ 存在，根据比值审敛法，则有：

当 $\rho|x|<1$，即 $|x|<\frac{1}{\rho}$ 时，级数 $\sum_{n=0}^{\infty}|a_n x^n|$ 收敛，从而级数 $\sum_{n=0}^{\infty} a_n x^n$ 绝对收敛；

当 $\rho|x|>1$，即 $|x|>\frac{1}{\rho}$ 时，级数 $\sum_{n=0}^{\infty}|a_n x^n|$ 发散，并且从某一个 n 开始 $|a_{n+1}x^{n+1}|>|a_nx^n|$，因此一般项 $|a_nx^n|$ 不能趋于零，所以 a_nx^n 也不能趋于零，从而级数 $\sum_{n=0}^{\infty} a_n x^n$ 发散.

于是，收敛半径 $R=\frac{1}{\rho}$.

(2) 若 $\rho=0$，则对任何 $x\neq 0$，有 $\frac{|a_{n+1}x^{n+1}|}{|a_n x^n|}\to 0\ (n\to\infty)$，所以级数 $\sum_{n=0}^{\infty}|a_n x^n|$ 收敛，从而级数 $\sum_{n=0}^{\infty} a_n x^n$ 绝对收敛.

于是，收敛半径 $R=+\infty$.

(3) 若 $\rho=+\infty$，则对于除 $x=0$ 外的其他一切 x 值，级数 $\sum_{n=0}^{\infty} a_n x^n$ 必发散，否则由阿贝尔定理知道存在某点 $x\neq 0$ 使得级数 $\sum_{n=0}^{\infty}|a_n x^n|$ 收敛.

于是，收敛半径 $R=0$.

例 12.3.1 求幂级数 $\sum_{n=1}^{\infty}(-1)^{n-1}\frac{x^n}{n}$ 的收敛半径与收敛域.

解 因为$\rho=\lim\limits_{n\to\infty}\left|\dfrac{a_{n+1}}{a_n}\right|=\lim\limits_{n\to\infty}\left|\dfrac{\dfrac{(-1)^n}{(n+1)}}{\dfrac{(-1)^{n-1}}{n}}\right|=1$，所以收敛半径 $R=1$.

并且对于端点:

当 $x=1$ 时，幂级数变成交错级数$\sum\limits_{n=1}^{\infty}(-1)^{n-1}\dfrac{1}{n}$，由莱布尼茨判别法知级数是收敛的;

当 $x=-1$ 时，幂级数变成$\sum\limits_{n=1}^{\infty}(-1)^{n-1}\dfrac{(-1)^n}{n}=-\sum\limits_{n=1}^{\infty}\dfrac{1}{n}$，它是发散的.

因此，该幂级数的收敛域为$(-1, 1]$.

例 12.3.2 求幂级数

$$1+x+\frac{1}{2!}x^2+\cdots+\frac{1}{n!}x^n+\cdots$$

的收敛半径与收敛域.

解 因为 $\rho=\lim\limits_{n\to\infty}\left|\dfrac{a_{n+1}}{a_n}\right|=\lim\limits_{n\to\infty}\left|\dfrac{\dfrac{1}{(n+1)!}}{\dfrac{1}{n!}}\right|=0$，所以收敛半径 $R=+\infty$. 因此，级数的收敛域为$(-\infty, +\infty)$.

按照正项级数的根值审敛法，还可以得到求幂级数收敛半径的另一重要结论.

定理 12.3.3 对于幂级数$\sum\limits_{n=0}^{\infty}a_nx^n$，若$\lim\limits_{n\to\infty}\sqrt[n]{|a_n|}=\rho$，则

(1) 当 $0<\rho<+\infty$时，$R=\dfrac{1}{\rho}$; (2) 当 $\rho=0$ 时，$R=+\infty$; (3) 当 $\rho=+\infty$时，$R=0$.

证 $\lim\limits_{n\to\infty}\sqrt[n]{|a_nx^n|}=\lim\limits_{n\to\infty}\sqrt[n]{|a_n|}|x|=\rho|x|$，由根值审敛法可证明结论.

在实际问题中，经常会遇到形式为$\sum\limits_{n=0}^{\infty}a_n\varphi^n(x)$的幂级数，称为**复合幂级数**. 还会遇到形式为$\sum\limits_{n=0}^{\infty}a_nx^{kn}$ (k 为大于 1 的正整数)的幂级数，称为**缺项幂级数**.

通常地，对于复合幂级数$\sum\limits_{n=0}^{\infty}a_n\varphi^n(x)$，令 $t=\varphi(x)$，则$\sum\limits_{n=0}^{\infty}a_n\varphi^n(x)$化为幂级数$\sum\limits_{n=0}^{\infty}a_nt^n$，设该幂级数的收敛区间为$(-R, R)$，则级数$\sum\limits_{n=0}^{\infty}a_n\varphi^n(x)$的收敛区间由不等式$-R<\varphi(x)<R$ 确定，也可相应考虑收敛域. 对于缺项幂级数$\sum\limits_{n=0}^{\infty}a_nx^{kn}$，一般建议考虑回到常数项级数敛散性的判定方法来求得相应的收敛域.

例 12.3.3 求幂级数$\sum\limits_{n=1}^{\infty}\dfrac{(x-1)^n}{2^nn}$的收敛域.

解 令 $t=x-1$，则级数变为$\sum\limits_{n=1}^{\infty}\dfrac{t^n}{2^nn}$，因为

$$\rho=\lim_{n\to\infty}\sqrt[n]{a_n}=\lim_{n\to\infty}\sqrt[n]{\frac{1}{2^n n}}=\frac{1}{2},$$

所以收敛半径 $R=2$.

并且在 $t=-2$ 处级数为交错级数 $\sum_{n=1}^{\infty}\frac{(-1)^n}{n}$，收敛；在 $t=2$ 处级数为调和级数 $\sum_{n=1}^{\infty}\frac{1}{n}$，发散. 从而级数 $\sum_{n=1}^{\infty}\frac{t^n}{2^n n}$ 的收敛域为[−2, 2). 因此, 原级数的收敛域为[−1, 3).

例 12.3.4 求幂级数 $\sum_{n=1}^{\infty}\frac{(-1)^n}{n+1}x^{2n+1}$ 的收敛半径.

解 该级数为缺项级数, 可以用比值法求收敛半径:

$$\lim_{n\to\infty}\left|\frac{\dfrac{(-1)^{n+1}}{n+2}x^{2n+3}}{\dfrac{(-1)^n}{n+1}x^{2n+1}}\right|=|x|^2,$$

当$|x|^2<1$, 即$|x|<1$时, 级数收敛, 反之级数发散. 因此, 级数的收敛半径 $R=1$.

例 12.3.5 求级数 $\sum_{n=1}^{\infty}\frac{(-1)^n}{n}\left(\frac{1}{1+x}\right)^n$ 的收敛域.

解 该级数为复合幂级数, 令 $t=\varphi(x)=\frac{1}{1+x}$, 易知, 幂级数 $\sum_{n=1}^{\infty}\frac{(-1)^n}{n}t^n$ 的收敛域为(−1, 1]. 因此, $-1<\frac{1}{1+x}\leqslant 1\ (x\neq -1)$, 解得收敛域为$(-\infty,-2)\cup[0,+\infty)$.

12.3.3 幂级数的运算

设幂级数

$$\sum_{n=0}^{\infty}a_nx^n=a_0+a_1x+a_2x^2+\cdots+a_nx^n+\cdots$$

及

$$\sum_{n=0}^{\infty}b_nx^n=b_0+b_1x+b_2x^2+\cdots+b_nx^n+\cdots$$

分别在区间$(-R_1,R_1)$及$(-R_2,R_2)$内收敛, 对于这两个幂级数, 可以进行下列四则运算.

(1) 加法

取 $R=\min\{R_1,R_2\}$, 在$(-R,R)$内, 这两个幂级数之和是收敛的, 且有

$$\sum_{n=0}^{\infty}a_nx^n+\sum_{n=0}^{\infty}b_nx^n=\sum_{n=0}^{\infty}(a_n+b_n)x^n.$$

(2) 减法

取 $R=\min\{R_1,R_2\}$, 在$(-R,R)$内, 这两个幂级数之差是收敛的, 且有

$$\sum_{n=0}^{\infty}a_nx^n-\sum_{n=0}^{\infty}b_nx^n=\sum_{n=0}^{\infty}(a_n-b_n)x^n.$$

(3) 乘法

取 $R=\min\{R_1, R_2\}$，在$(-R, R)$内，这两个幂级数之积是收敛的，且有

$$\left(\sum_{n=0}^{\infty}a_nx^n\right)\cdot\left(\sum_{n=0}^{\infty}b_nx^n\right)=\sum_{n=0}^{\infty}\left[\left(\sum_{k=0}^{n}a_kb_{n-k}\right)x^n\right].$$

(4) 除法

假设 $b_0\neq0$，可以认为这两个幂级数之商得到一个新级数，即

$$\frac{\sum\limits_{n=0}^{\infty}a_nx^n}{\sum\limits_{n=0}^{\infty}b_nx^n}=\sum_{n=0}^{\infty}c_nx^n,$$

也就是说可以理解为$\left(\sum\limits_{n=0}^{\infty}b_nx^n\right)\cdot\left(\sum\limits_{n=0}^{\infty}c_nx^n\right)=\sum\limits_{n=0}^{\infty}a_nx^n$，它们的系数满足 $a_n=\sum\limits_{k=0}^{n}b_kc_{n-k}$.

但是，这里必须指出：若取 $R=\min\{R_1, R_2\}$，幂级数$\sum\limits_{n=0}^{\infty}c_nx^n$ 的收敛区间不一定是$(-R, R)$，或许比这个区间小得多.

我们知道，有限个连续函数的和仍然是连续函数，有限个函数的和的导数及积分也分别等于它们的导数及积分的和. 但是对于无穷多个函数的和是否也具有这些性质呢？对于幂级数来说，回答是肯定的，因此对于幂级数可以不加证明地给出如下的重要性质.

性质 12.3.1 幂级数$\sum\limits_{n=0}^{\infty}a_nx^n$ 的和函数 $s(x)$在其收敛域 I 上连续.

性质 12.3.2 幂级数$\sum\limits_{n=0}^{\infty}a_nx^n$ 的和函数$s(x)$在其收敛区间$(-R, R)$上可积，并有逐项积分公式

$$\int_0^x s(x)\,\mathrm{d}x=\int_0^x\left(\sum_{n=0}^{\infty}a_nx^n\right)\mathrm{d}x=\sum_{n=0}^{\infty}\int_0^x a_nx^n\mathrm{d}x=\sum_{n=0}^{\infty}\frac{a_n}{n+1}x^{n+1}\quad(\text{收敛半径不变}).$$

性质 12.3.3 幂级数$\sum\limits_{n=0}^{\infty}a_nx^n$ 的和函数 $s(x)$在其收敛区间$(-R, R)$上可导，并且有逐项求导公式

$$s'(x)=\left(\sum_{n=0}^{\infty}a_nx^n\right)'=\sum_{n=0}^{\infty}(a_nx^n)'=\sum_{n=1}^{\infty}na_nx^{n-1}\quad(\text{收敛半径不变}).$$

反复应用上述结论可得：幂级数$\sum\limits_{n=0}^{\infty}a_nx^n$ 的和函数 $s(x)$在其收敛区间$(-R, R)$内具有任意阶导数.

例 12.3.6 求$\sum\limits_{n=1}^{\infty}nx^{n-1}$ 的和函数.

解 已知幂级数的收敛域为$(-1, 1)$. 设当 $x\in(-1, 1)$时，$s(x)=\sum\limits_{n=1}^{\infty}nx^{n-1}$，则有

$$s(x)=\sum_{n=1}^{\infty}(nx^{n-1})=\sum_{n=1}^{\infty}(x^n)'=\left(\sum_{n=1}^{\infty}x^n\right)'=\left(\frac{x}{1-x}\right)'=\frac{1}{(1-x)^2},$$

因此，幂级数的和函数 $s(x)=\dfrac{1}{(1-x)^2}$，$x\in(-1,1)$.

例 12.3.7 求幂级数 $\sum\limits_{n=0}^{\infty}\dfrac{1}{2n+1}x^{2n+1}$ 的和函数，并求 $\sum\limits_{n=0}^{\infty}\dfrac{1}{2n+1}\left(\dfrac{1}{2}\right)^{2n}$ 的值.

解 不难求得幂级数的收敛区间为(−1, 1).

令 $s(x)=\sum\limits_{n=0}^{\infty}\dfrac{1}{2n+1}x^{2n+1}$，$x\in(-1,1)$，则

$$s'(x)=\sum_{n=0}^{\infty}\left(\frac{1}{2n+1}x^{2n+1}\right)'=\sum_{n=0}^{\infty}x^{2n}=\sum_{n=0}^{\infty}(x^2)^n=\frac{1}{1-x^2},x^2<1.$$

从而 $s(x)-s(0)=\int_0^x s'(x)\,\mathrm{d}x=\int_0^x\dfrac{1}{1-x^2}\mathrm{d}x=\dfrac{1}{2}\ln\left|\dfrac{1+x}{1-x}\right|$.

又 $s(0)=0$，所以幂级数的和函数为 $s(x)=\dfrac{1}{2}\ln\left|\dfrac{1+x}{1-x}\right|$，$x\in(-1,1)$.

当 $x=\dfrac{1}{2}$ 时，$s\left(\dfrac{1}{2}\right)=\sum\limits_{n=0}^{\infty}\dfrac{1}{2n+1}\left(\dfrac{1}{2}\right)^{2n+1}=\dfrac{1}{2}\ln\dfrac{1+\frac{1}{2}}{1-\frac{1}{2}}=\dfrac{1}{2}\ln 3$，所以

$$\sum_{n=0}^{\infty}\frac{1}{2n+1}\left(\frac{1}{2}\right)^{2n}=2s\left(\frac{1}{2}\right)=\ln 3.$$

例 12.3.8 求 $\sum\limits_{n=0}^{\infty}(2n+1)x^n$ 的和函数.

解 已知幂级数的收敛域为(−1, 1). 当 $x\in(-1,1)$ 时，令 $s(x)=\sum\limits_{n=0}^{\infty}(2n+1)x^n$，则

$$s(x)=\sum_{n=0}^{\infty}2nx^n+\sum_{n=0}^{\infty}x^n=\sum_{n=1}^{\infty}2nx^n+\sum_{n=0}^{\infty}x^n,$$

其中，

$$\sum_{n=1}^{\infty}2nx^n=2x\sum_{n=1}^{\infty}nx^{n-1}=2x\sum_{n=1}^{\infty}(x^n)'=2x\left(\sum_{n=1}^{\infty}x^n\right)'=2x\left(\frac{x}{1-x}\right)'=\frac{2x}{(1-x)^2},$$

$$\sum_{n=0}^{\infty}x^n=\frac{1}{1-x},$$

因此，幂级数的和函数

$$s(x)=\frac{2x}{(1-x)^2}+\frac{1}{1-x}=\frac{1+x}{(1-x)^2},\quad x\in(-1,1).$$

习 题 12.3

1. 试求下列函数项级数的收敛域.

(1) $\sum\limits_{n=0}^{\infty}\dfrac{1}{x^n}$；　(2) $\sum\limits_{n=0}^{\infty}\dfrac{1}{\mathrm{e}^{nx}}$；　(3) $\sum\limits_{n=1}^{\infty}\dfrac{1}{n}\sin\dfrac{\pi x}{n}$.

2. 试确定下列幂级数的收敛半径.

(1) $\sum_{n=0}^{\infty}\frac{x^n}{n(n+1)}$； (2) $\sum_{n=0}^{\infty}\frac{n}{n+1}x^n$； (3) $\sum_{n=1}^{\infty}3^{n^2}x^{n^2}$；

(4) $\sum_{n=1}^{\infty}\frac{x^n}{n+\sqrt{n}}$； (5) $\sum_{n=1}^{\infty}\frac{(n!)^2}{(2n)!}x^n$； (6) $\sum_{n=0}^{\infty}\frac{2n+1}{4^n}x^{2n}$.

3. 试确定下列幂级数的收敛域.

(1) $\sum_{n=0}^{\infty}\frac{x^n}{3^n n}$； (2) $\sum_{n=0}^{\infty}\frac{(x+1)^n}{n4^{n-1}}$； (3) $\sum_{n=0}^{\infty}\frac{3^n x^n}{n!}$； (4) $\sum_{n=0}^{\infty}\frac{2n+1}{4^n x^{2n}}$.

4. 求级数 $\sum_{n=1}^{\infty}\frac{(-1)^{n-1}x^{2n}}{n(2n-1)}$ 的和函数.

5. 求级数 $\sum_{n=0}^{\infty}\frac{2^n(n+1)}{n!}$ 的和.

12.4 函数展开成幂级数及其应用

由 12.3 节知 $1+x+x^2+\cdots+x^n+\cdots=\frac{1}{1-x}\ (-1<x<1)$, 但在许多应用中, 遇到的却是它的反问题, 即给定函数 $f(x)$, 在某个区间内, 能否找到一个幂级数使其在该区间内收敛, 而且和函数等于 $f(x)$. 例如, 函数 $\frac{1}{1-x}$ 在区间 $(-1,1)$ 内可以展开成幂级数 $1+x+x^2+\cdots+x^n+\cdots$, 此时称函数 $\frac{1}{1-x}$ 在区间 $(-1,1)$ 内可以展开成幂级数. 因此在本节中, 要解决的问题是: ①函数 $f(x)$在什么条件下可以展开成幂级数 $\sum_{n=0}^{\infty}a_n(x-x_0)^n$？②如果能展开, 展开式是否唯一?

12.4.1 函数展开成幂级数

如果函数 $f(x)$在点 x_0 的某邻域内任意阶可导, 将形如

$$f(x_0)+f'(x_0)(x-x_0)+\frac{f''(x_0)}{2!}(x-x_0)^2+\cdots+\frac{f^{(n)}(x_0)}{n!}(x-x_0)^n+\cdots$$

的幂级数称为函数 $f(x)$在点 x_0 处的**泰勒级数(Taylor series)**. 且称 $R_n(x)=f(x)-s_n(x)=f(x)-\sum_{k=0}^{n}\frac{f^{(k)}(x_0)}{k!}(x-x_0)^k$ 为函数 $f(x)$在点 x_0 处的泰勒展开式的**余项**.

余项 $R_n(x)$的形式主要有:

佩亚诺(Peano)型余项, 即 $R_n(x)=o[(x-x_0)^n]$ [只要求在点 x_0 的某邻域内有 n 阶导数 $f^{(n)}(x_0)$ 存在];

拉格朗日(Lagrange)型余项, 即 $R_n(x)=\frac{f^{(n+1)}(\xi)}{(n+1)!}(x-x_0)^{n+1}$, ξ 在 x 与 x_0 之间, 或

$$R_n(x)=\frac{f^{(n+1)}[x_0+\theta(x-x_0)]}{(n+1)!}(x-x_0)^{n+1},\quad 0<\theta<1.$$

特别地，当 $x=0$ 时，得

$$f(0)+f'(0)x+\frac{f''(0)}{2!}x^2+\cdots+\frac{f^{(n)}(0)}{n!}x^n+\cdots,$$

称该级数为函数 $f(x)$ 的**麦克劳林级数**.

相应地，若具有下列表达式

$$f(x)=\sum_{n=0}^{\infty}\frac{f^{(n)}(x_0)}{n!}(x-x_0)^n \quad 和 \quad f(x)=\sum_{n=0}^{\infty}\frac{f^{(n)}(0)}{n!}x^n,$$

则分别称为函数 $f(x)$在点 x_0 处的**泰勒展开式**和函数 $f(x)$的**麦克劳林展开式**.

首先，回顾一下泰勒中值定理.

泰勒中值定理 若函数 $f(x)$在 x_0 的某邻域 $U(x_0)$内具有 $n+1$ 阶导数，则在 x 与 x_0之间存在一点 ξ，使得

$$f(x)=f(x_0)+f'(x_0)(x-x_0)+\frac{1}{2!}f''(x_0)(x-x_0)^2+\frac{1}{3!}f'''(x_0)(x-x_0)^3+\cdots$$
$$+\frac{1}{n!}f^{(n)}(x_0)(x-x_0)^n+\frac{1}{(n+1)!}f^{(n+1)}(\xi)(x-x_0)^{n+1},\quad x\in U(x_0).$$

上述公式称为函数 $f(x)$在点 x_0 的 ***n* 阶泰勒公式**.

公式中的前 $n+1$ 项

$$f(x_0)+f'(x_0)(x-x_0)+\frac{1}{2!}f''(x_0)(x-x_0)^2+\cdots+\frac{1}{n!}f^{(n)}(x_0)(x-x_0)^n$$

称为函数 $f(x)$在点 x_0 的 ***n* 阶泰勒多项式**.

公式中的最后一项 $\frac{1}{(n+1)!}f^{(n+1)}(\xi)(x-x_0)^{n+1}$ 称为函数的**泰勒公式的余项**，记作 $R_n(x)$，即 $R_n(x)=\frac{1}{(n+1)!}f^{(n+1)}(\xi)(x-x_0)^{n+1}$，其中 ξ 在 x 与 x_0 之间.

当 $x_0=0$ 时，泰勒公式变为

$$f(x)=f(0)+f'(0)x+\frac{1}{2!}f''(0)x^2+\frac{1}{3!}f'''(0)x^3+\cdots+\frac{1}{n!}f^{(n)}(0)x^n+\frac{1}{(n+1)!}f^{(n+1)}(\xi)x^{n+1},$$

其中 ξ 在 0 与 x 之间. 称上式为函数 $f(x)$的 ***n* 阶麦克劳林公式**.

下面研究函数在什么条件下能展开成泰勒级数.

定理 12.4.1 设函数 $f(x)$在点 x_0 的某邻域 $U(x_0)$内任意阶可导，则 $f(x)$在该邻域内能展开成泰勒级数的充要条件是 $f(x)$的泰勒公式的余项满足

$$\lim_{n\to\infty}R_n(x)=0,\quad x\in U(x_0).$$

证 由函数 $f(x)$展开为 n 阶泰勒公式，有

$$|f(x)-s_n(x)|=|R_n(x)|,$$

从而

$$f(x)=\lim_{n\to\infty}s_n(x)\Leftrightarrow \lim_{n\to\infty}R_n(x)=0.$$

下面证展开式的唯一性.

设函数 $f(x)$在 x_0 的某邻域 $U(x_0)$内能展开成$(x-x_0)$的幂级数的形式，即

$$f(x)=a_0+a_1(x-x_0)+a_2(x-x_0)^2+\cdots+a_n(x-x_0)^n+\cdots,$$

则根据和函数的性质知, $f(x)$在 $U(x_0)$内应具有任意阶导数, 故逐项求导可得

$$f'(x)=a_1+2a_2(x-x_0)+\cdots+na_n(x-x_0)^{n-1}+\cdots,$$

$$f''(x)=2!\cdot a_2+3\cdot 2a_3(x-x_0)+\cdots+n(n-1)a_n(x-x_0)^{n-2}+\cdots,$$

$$\cdots$$

$$f^{(n)}(x)=n!\cdot a_n+(n+1)\cdot n\cdot\cdots\cdot 3\cdot 2a_{n+1}(x-x_0)+\cdots,$$

令 $x=x_0$, 可得 $a_n=\dfrac{f^{(n)}(x_0)}{n!}$ $(n=0, 1, 2, \cdots)$.

显然, 展开式是唯一的.

下面重点介绍如何将 $f(x)$在 $x_0=0$ 处展开成 x 的幂级数, 即麦克劳林级数. 其方法主要有两种: 直接展开法和间接展开法.

1. 直接展开法(泰勒级数法)

直接展开法可以分为以下步骤:

第一步　求出 $f(x)$的各阶导数 $f'(x), f''(x), \cdots, f^{(n)}(x), \cdots$, 若在 $x=0$ 处 $f(x)$的某阶导数不存在, 则停止进行, 这说明 $f(x)$不能展开成 x 的幂级数.

第二步　求出函数及其各阶导数在 $x=0$ 处的值

$$f(0), f'(0), f''(0), \cdots, f^{(n)}(0), \cdots.$$

第三步　写出幂级数 $f(0)+f'(0)x+\dfrac{f''(0)}{2!}x^2+\cdots+\dfrac{f^{(n)}(0)}{n!}x^n+\cdots$, 并求出收敛域.

第四步　证明在收敛域内 $\lim\limits_{n\to\infty}R_n(x)=0$.

例 12.4.1　将函数 $f(x)=e^x$ 展开成 x 的幂级数.

解　显然 $f^{(n)}(x)=e^x$ $(n=0, 1, 2, \cdots)$, 因此 $f^{(n)}(0)=1$ $(n=0, 1, 2, \cdots)$, 这里 $f^{(0)}(0)=f(0)$. 于是得麦克劳林级数

$$1+x+\frac{x^2}{2!}+\frac{x^3}{3!}+\cdots+\frac{x^n}{n!}+\cdots,$$

它的收敛半径 $R=+\infty$.

对于任何有限的数 x、ξ(ξ 介于 0 与 x 之间), 余项的绝对值为

$$|R_n(x)|=\left|\frac{e^{\xi}}{(n+1)!}x^{n+1}\right|<e^{|x|}\frac{|x|^{n+1}}{(n+1)!}.$$

因为 $e^{|x|}$有限, 而$\dfrac{|x|^{n+1}}{(n+1)!}$是收敛级数$\sum\limits_{n=0}^{\infty}\dfrac{|x|^{n+1}}{(n+1)!}$的一般项, 故当 $n\to\infty$时, $e^{|x|}\cdot\dfrac{|x|^{n+1}}{(n+1)!}\to 0$, 即当 $n\to\infty$时, 有$|R_n(x)|\to 0$, 于是得展开式

$$e^x=1+x+\frac{x^2}{2!}+\cdots+\frac{x^n}{n!}+\cdots,\quad -\infty<x<+\infty.$$

例 12.4.2　将函数 $f(x)=\sin x$ 展开成 x 的幂级数.

解　显然 $f^{(n)}(x)=\sin\left(x+n\cdot\dfrac{\pi}{2}\right)$ $(n=0, 1, 2, \cdots)$, 因此 $f^{(n)}(0)$顺序循环地取 $0, 1, 0, -1, \cdots$ $(n=0, 1, 2, \cdots)$, 于是得麦克劳林级数

$$x-\frac{x^3}{3!}+\frac{x^5}{5!}-\cdots+(-1)^{n-1}\frac{x^{2n-1}}{(2n-1)!}-\cdots,$$

它的收敛半径 $R=+\infty$.

对于任何有限的数 x、ξ(ξ 介于 0 与 x 之间), 余项的绝对值为

$$|R_n(x)|=\left|\frac{\sin\left[\xi+\frac{(n+1)\pi}{2}\right]}{(n+1)!}x^{n+1}\right|\leqslant\frac{|x|^{n+1}}{(n+1)!}.$$

所以当 $n\to\infty$时, 有$|R_n(x)|\to 0$, 于是得展开式

$$\sin x=x-\frac{x^3}{3!}+\frac{x^5}{5!}-\cdots+(-1)^{n-1}\frac{x^{2n-1}}{(2n-1)!}-\cdots,\quad -\infty<x<+\infty.$$

例 12.4.3 将函数 $f(x)=(1+x)^m$ 展开成 x 的幂级数, 其中 m 为任意常数.

解 所给函数的各阶导数为

$$f'(x)=m(1+x)^{m-1},$$
$$f''(x)=m(m-1)(1+x)^{m-2},$$
$$\cdots$$
$$f^{(n)}(x)=m(m-1)(m-2)\cdots(m-n+1)(1+x)^{m-n},$$
$$\cdots$$

所以

$$f^{(n)}(0)=m(m-1)\cdots(m-n+1),\ \cdots,$$
$$f(0)=1,\quad f'(0)=m,\quad f''(0)=m(m-1),\ \cdots,$$

于是得级数

$$1+mx+\frac{m(m-1)}{2!}x^2+\cdots+\frac{m(m-1)\cdots(m-n+1)}{n!}x^n+\cdots.$$

这级数相邻两项的系数之比的绝对值

$$\left|\frac{a_{n+1}}{a_n}\right|=\left|\frac{m-n}{n+1}\right|\to 1\quad(n\to\infty).$$

因此, 对于任何常数 m, 这级数在开区间$(-1, 1)$内收敛, 设其收敛到函数 $F(x)$:

$$F(x)=1+mx+\frac{m(m-1)}{2!}x^2+\cdots+\frac{m(m-1)\cdots(m-n+1)}{n!}x^n+\cdots,\quad -1<x<1.$$

下面证明 $F(x)=(1+x)^m$ $(-1<x<1)$. 逐项求导, 得

$$F'(x)=m\left[1+\frac{m-1}{1}x+\cdots+\frac{m(m-1)\cdots(m-n+1)}{(n-1)!}x^{n-1}+\cdots\right],$$

两边各乘以$(1+x)$, 并把含有 x^n $(n=1, 2, \cdots)$的两项合并起来. 根据恒等式

$$\frac{(m-1)\cdots(m-n+1)}{(n-1)!}+\frac{(m-1)\cdots(m-n)}{n!}=\frac{m(m-1)\cdots(m-n+1)}{n!},\quad n=1,2,\cdots,$$

有

$$\begin{aligned}&(1+x)F'(x)\\&=m\left[1+mx+\frac{m(m-1)}{2!}x^2+\cdots+\frac{m(m-1)\cdots(m-n+1)}{n!}x^n+\cdots\right]\\&=mF(x)\quad(-1<x<1).\end{aligned}$$

现令 $\varphi(x)=\dfrac{F(x)}{(1+x)^m}$，于是 $\varphi(0)=F(0)=1$，且

$$\varphi'(x)=\frac{(1+x)^m F'(x)-m(1+x)^{m-1}F(x)}{(1+x)^{2m}}=\frac{(1+x)^{m-1}[(1+x)F'(x)-mF(x)]}{(1+x)^{2m}}=0.$$

所以 $\varphi(x)=1$，即 $F(x)=(1+x)^m$.

因此在区间$(-1, 1)$内，有展开式

$$(1+x)^m=1+mx+\frac{m(m-1)}{2!}x^2+\cdots+\frac{m(m-1)\cdots(m-n+1)}{n!}x^n+\cdots,\quad -1<x<1.$$

m 为正整数时，$(1+x)^m$ 为多项式，展开式为其自身.

m 不是正整数时，可在区间$(-1, 1)$内展开为

$$(1+x)^m=1+mx+\frac{m(m-1)}{2!}x^2+\cdots+\frac{m(m-1)(m-2)\cdots(m-n+1)}{n!}x^n+\cdots.$$

在区间的端点，展开式是否成立要看 m 的数值而定，当 $m\leqslant -1$ 时，收敛域为$(-1, 1)$；当 $-1<m<0$ 时，收敛域为$(-1, 1]$；当 $m>0$ 时，收敛域为$[-1, 1]$.

利用二项式$(1+x)^m$ 的展开式，可得到很多函数的展开式. 例如，当 $m=-1$ 时，有

$$\frac{1}{1+x}=1-x+x^2-\cdots+(-1)^n x^n+\cdots,\quad x\in(-1,1),$$

当 $m=\pm\dfrac{1}{2}$ 时，有

$$\sqrt{1+x}=1+\frac{1}{2}x-\frac{1}{2\times4}x^2+\frac{1\times3}{2\times4\times6}x^3-\frac{1\times3\times5}{2\times4\times6\times8}x^4+\cdots,\quad -1\leqslant x\leqslant 1,$$

$$\frac{1}{\sqrt{1+x}}=1-\frac{1}{2}x+\frac{1\times3}{2\times4}x^2-\frac{1\times3\times5}{2\times4\times6}x^3+\frac{1\times3\times5\times7}{2\times4\times6\times8}x^4+\cdots,\quad -1<x\leqslant 1.$$

2. 间接展开法

例 12.4.4 将函数 $f(x)=\dfrac{1}{1+x^2}$ 展开成 x 的幂级数.

解 已知 $\dfrac{1}{1-x}=\sum\limits_{n=0}^{\infty}x^n$，$-1<x<1$，则

$$\frac{1}{1+x^2}=\frac{1}{1-(-x^2)}=\sum_{n=0}^{\infty}(-x^2)^n=\sum_{n=0}^{\infty}(-1)^n x^{2n},\quad -1<x<1.$$

例 12.4.5 将函数 $f(x)=\cos x$ 展开成 x 的幂级数.

解 由例 12.4.2 知

$$\sin x=\sum_{n=1}^{\infty}(-1)^{n-1}\frac{x^{2n-1}}{(2n-1)!}=\sum_{n=0}^{\infty}(-1)^n\frac{x^{2n+1}}{(2n+1)!},\quad -\infty<x<+\infty,$$

则由逐项可导性知,

$$\cos x=(\sin x)'=\sum_{n=0}^{\infty}\left[(-1)^n\frac{x^{2n+1}}{(2n+1)!}\right]'=\sum_{n=0}^{\infty}(-1)^n\frac{x^{2n}}{(2n)!},\quad -\infty<x<+\infty .$$

例 12.4.6 将 $f(x)=\ln(1+x)$展开成 x 的幂级数.

解 已知

$$\frac{1}{1+x}=\frac{1}{1-(-x)}=\sum_{n=0}^{\infty}(-x)^n=\sum_{n=0}^{\infty}(-1)^n x^n,\quad |x|<1,$$

且

$$[\ln(1+x)]'=\frac{1}{1+x},$$

则由逐项可积性知

$$\ln(1+x)=\int_0^x\frac{1}{1+t}\mathrm{d}t=\sum_{n=0}^{\infty}(-1)^n\int_0^x t^n\mathrm{d}t=\sum_{n=0}^{\infty}(-1)^n\frac{x^{n+1}}{n+1},\quad |x|<1.$$

因为上式右端的幂级数当 $x=1$ 时变为交错级数 $\sum_{n=0}^{\infty}(-1)^n\frac{1}{n+1}$, 故由莱布尼茨定理知级数收敛. 而函数 $\ln(1+x)$在 $x=1$ 处有定义且连续, 故上述展开式对 $x=1$ 也成立. 于是

$$\ln(1+x)=\sum_{n=0}^{\infty}(-1)^n\frac{x^{n+1}}{n+1}=x-\frac{x^2}{2}+\frac{x^3}{3}-\cdots+(-1)^n\frac{x^{n+1}}{n+1}+\cdots,\quad -1<x\leqslant 1.$$

例 12.4.7 将函数 $f(x)=\sin x$ 展开成$\left(x-\frac{\pi}{4}\right)$的幂级数.

解 由于

$$\begin{aligned}\sin x&=\sin\left[\frac{\pi}{4}+\left(x-\frac{\pi}{4}\right)\right]\\&=\sin\frac{\pi}{4}\cos\left(x-\frac{\pi}{4}\right)+\cos\frac{\pi}{4}\sin\left(x-\frac{\pi}{4}\right)\\&=\frac{1}{\sqrt{2}}\left[\cos\left(x-\frac{\pi}{4}\right)+\sin\left(x-\frac{\pi}{4}\right)\right],\end{aligned}$$

并且由例 12.4.2 和例 12.4.5 易知

$$\sin\left(x-\frac{\pi}{4}\right)=\sum_{n=0}^{\infty}(-1)^n\frac{\left(x-\frac{\pi}{4}\right)^{2n+1}}{(2n+1)!},\quad -\infty<x<+\infty,$$

$$\cos\left(x-\frac{\pi}{4}\right)=\sum_{n=0}^{\infty}(-1)^n\frac{\left(x-\frac{\pi}{4}\right)^{2n}}{(2n)!},\quad -\infty<x<+\infty.$$

故

$$\sin x=\sum_{n=0}^{\infty}(-1)^n\frac{1}{\sqrt{2}}\left[\frac{\left(x-\frac{\pi}{4}\right)^{2n}}{(2n)!}+\frac{\left(x-\frac{\pi}{4}\right)^{2n+1}}{(2n+1)!}\right],\quad -\infty<x<+\infty.$$

例 12.4.8 将函数 $f(x)=\dfrac{1}{x^2+4x+3}$ 展开成$(x-1)$的幂级数.

解 由于

$$
\begin{aligned}
f(x)&=\frac{1}{x^2+4x+3}=\frac{1}{(x+1)(x+3)}=\frac{1}{2(1+x)}-\frac{1}{2(3+x)}\\
&=\frac{1}{4\left(1+\dfrac{x-1}{2}\right)}-\frac{1}{8\left(1+\dfrac{x-1}{4}\right)},
\end{aligned}
$$

且由例 12.4.3 知

$$
\frac{1}{1+\dfrac{x-1}{2}}=\sum_{n=0}^{\infty}\left(-\frac{x-1}{2}\right)^n=\sum_{n=0}^{\infty}(-1)^n\frac{1}{2^n}(x-1)^n,\quad -1<x<3,
$$

$$
\frac{1}{1+\dfrac{x-1}{4}}=\sum_{n=0}^{\infty}\left(-\frac{x-1}{4}\right)^n=\sum_{n=0}^{\infty}(-1)^n\frac{1}{4^n}(x-1)^n,\quad -3<x<5,
$$

所以

$$
\begin{aligned}
f(x)&=\sum_{n=0}^{\infty}(-1)^n\left(\frac{1}{4}\cdot\frac{1}{2^n}-\frac{1}{8}\cdot\frac{1}{4^n}\right)(x-1)^n\\
&=\sum_{n=0}^{\infty}(-1)^n\left(\frac{1}{2^{n+2}}-\frac{1}{2^{2n+3}}\right)(x-1)^n,\quad -1<x<3.
\end{aligned}
$$

常见基本初等函数展开成幂级数形式:

(1) $e^x=\displaystyle\sum_{n=0}^{\infty}\frac{x^n}{n!}$, $-\infty<x<+\infty$;

(2) $\sin x=\displaystyle\sum_{n=0}^{\infty}(-1)^n\frac{x^{2n+1}}{(2n+1)!}$, $-\infty<x<+\infty$;

(3) $\cos x=\displaystyle\sum_{n=0}^{\infty}\frac{(-1)^n}{(2n)!}x^{2n}$, $-\infty<x<+\infty$;

(4) $(1+x)^m=1+mx+\dfrac{m(m-1)}{2!}x^2+\cdots+\dfrac{m(m-1)\cdots(m-n+1)}{n!}x^n+\cdots$, $-1<x<1$;

(5) $\ln(1+x)=\displaystyle\sum_{n=1}^{\infty}(-1)^{n-1}\frac{x^n}{n}$, $x\in(-1,1]$;

(6) $\arctan x=\displaystyle\sum_{n=0}^{\infty}(-1)^n\frac{x^{2n+1}}{2n+1}$, $x\in[-1,1]$.

12.4.2 函数展开成幂级数的应用

1. 近似计算

例 12.4.9 利用 $\sin x=x-\dfrac{1}{3!}x^3$ 求 sin1 的近似值, 并估计误差.

解 $\sin 1=1-\dfrac{1}{3!}=0.833\,333\cdots$, 其误差余项为

$$R_n(x)=\frac{\sin\left(\xi+\frac{n+1}{2}\pi\right)}{(n+1)!},\quad \xi\in[0,1].$$

因此, 估计其误差为

$$|R_2(x)|\leqslant\left|\frac{1}{3!}\right|=0.166\,666\cdots.$$

例 12.4.10 计算积分 $I=\int_0^1 \mathrm{e}^{-x^2}\mathrm{d}x$, 精确到 0.000 1.

解 $\mathrm{e}^{-x^2}=\sum_{n=0}^{\infty}(-1)^n\frac{x^{2n}}{n!}$, $x\in(-\infty,+\infty)$, 因此

$$\int_0^1 \mathrm{e}^{-x^2}\mathrm{d}x=\int_0^1\left[\sum_{n=0}^{\infty}(-1)^n\frac{x^{2n}}{n!}\right]\mathrm{d}x=\sum_{n=0}^{\infty}(-1)^n\int_0^1\frac{x^{2n}}{n!}\mathrm{d}x$$
$$=\sum_{n=0}^{\infty}(-1)^n\frac{1}{(2n+1)n!}.$$

上式是莱布尼茨型级数, 其余和的绝对值不超过余和首项的绝对值. 为使

$$\frac{1}{(2n+1)n!}<\frac{1}{10\,000},$$

可取 $n\geqslant 6$. 故从第 0 项到第 6 项这前 7 项之和达到要求的精度, 于是

$$I=\int_0^1 \mathrm{e}^{-x^2}\mathrm{d}x\approx 1-\frac{1}{3}+\frac{1}{5\cdot 2}-\frac{1}{7\cdot 6}+\frac{1}{9\cdot 24}-\frac{1}{11\cdot 120}-+\frac{1}{13\cdot 720}$$
$$=1-0.333\,33+0.100\,00-0.023\,81+0.004\,63-0.000\,76+0.000\,11$$
$$=0.746\,8.$$

例 12.4.11 某公园计划建造一个长半轴为 100 m、短半轴为 50 m 的椭圆形荷花池. 并沿着荷花池的外围修一条小道, 已知修这样一条小道每米需要花费 50 元人民币, 求修这条小道的总费用.

分析 这个问题为求椭圆周长的问题. 首先利用平面曲线的弧长, 导出椭圆周长的定积分公式; 然后利用函数的幂级数展开式导出椭圆周长的近似公式; 最后求出修小道所需的总费用.

解 第一步, 由弧长的曲线积分, 导出椭圆周长的定积分公式. 由椭圆在第一象限的参数方程 $x=100\cos\theta, y=50\sin\theta, 0\leqslant\theta\leqslant\frac{\pi}{2}$, 可得椭圆的弧长元素为

$$\mathrm{d}s=\sqrt{\left(\frac{\mathrm{d}x}{\mathrm{d}\theta}\right)^2+\left(\frac{\mathrm{d}y}{\mathrm{d}\theta}\right)^2}\,\mathrm{d}\theta=\sqrt{100^2\sin^2\theta+50^2\cos^2\theta}\mathrm{d}\theta$$
$$=\sqrt{100^2(1-\cos^2\theta)+50^2\cos\theta}\mathrm{d}\theta$$
$$=100\sqrt{1-\frac{3}{4}\cos^2\theta}\mathrm{d}\theta.$$

将椭圆在第一象限的弧记为 s_1, 由对称性, 椭圆的周长为

$$s=4\int_{s_1}\mathrm{d}s=400\int_0^{\frac{\pi}{2}}\sqrt{1-\frac{3}{4}\cos^2\theta}\mathrm{d}\theta.$$

上式中被积函数 $\sqrt{1-\frac{3}{4}\cos^2\theta}$ 的原函数不是初等函数，因此不能直接积分得到结果，我们称 $\int_0^{\frac{\pi}{2}}\sqrt{1-\frac{3}{4}\cos^2\theta}\mathrm{d}\theta$ 为**完全椭圆积分**.

第二步，用函数的幂级数展开式推导椭圆周长的近似公式.

已知幂级数展开式为

$$\sqrt{1+x}=1+\frac{1}{2}x-\frac{1}{2\cdot 4}x^2+\frac{1\cdot 3}{2\cdot 4\cdot 6}x^3-\cdots,\quad -1\leqslant x\leqslant 1,$$

又因为

$$-1\leqslant -\frac{3}{4}\cos^2\theta\leqslant 1,\quad 0\leqslant\theta\leqslant\frac{\pi}{2},$$

所以椭圆周长的近似公式

$$s=400\int_0^{\frac{\pi}{2}}\sqrt{1-\frac{3}{4}\cos^2\theta}\mathrm{d}\theta\approx 400\int_0^{\frac{\pi}{2}}\left(1-\frac{3}{8}\cos^2\theta\right)\mathrm{d}\theta=162.5\pi .$$

第三步，计算修小道所需费用.

修小道所需费用为 $50\times 162.5\pi\approx 25\,512.5$(元).

2. 利用展开式求高阶导数

例 12.4.12 设 $f(x)=\begin{cases}\dfrac{\sin x}{x}, & x\neq 0,\\ 1, & x=0,\end{cases}$ 证明对任意的 $n, f^{(n)}(0)$存在并求其值.

解 因为 $\sin x=\sum\limits_{n=0}^{\infty}(-1)^n\dfrac{x^{2n+1}}{(2n+1)!}, x\in(-\infty,+\infty)$，所以当 $x\neq 0$ 时,

$$f(x)=\frac{\sin x}{x}=\sum_{n=0}^{\infty}(-1)^n\frac{x^{2n}}{(2n+1)!}=1+\sum_{n=1}^{\infty}(-1)^n\frac{x^{2n}}{(2n+1)!},$$

直接验证可知上式当 $x=0$ 时也成立. 因此在$(-\infty,+\infty)$内有

$$f(x)=1+\sum_{n=1}^{\infty}(-1)^n\frac{x^{2n}}{(2n+1)!},\quad x\in(-\infty,+\infty).$$

函数 $f(x)$作为 x 的幂级数的和函数，对任意的 $n, f^{(n)}(0)$存在，且

$$f^{(n)}(0)=\begin{cases}\dfrac{(-1)^m(2m)!}{(2m+1)!}, & n=2m,\\ 0, & n=2m+1,\end{cases}\qquad m=0,1,2,\cdots,$$

即

$$f^{(n)}(0)=\begin{cases}\dfrac{(-1)^m}{2m+1}, & n=2m,\\ 0, & n=2m+1,\end{cases}\qquad m=0,1,2,\cdots.$$

3. 求解微分方程

例 12.4.13 求微分方程 $y''-2xy'-4y=0$ 满足初始条件 $y(0)=0$ 和 $y'(0)=1$ 的解.

解 设幂级数 $y=\sum\limits_{n=0}^{\infty}a_nx^n$ 为方程的解，首先利用初始条件可以得到

$$a_0=0,\quad a_1=1,$$

因此

$$y=x+a_2x^2+a_3x^3+\cdots+a_nx^n+\cdots,$$
$$y'=1+2a_2x+3a_3x^2+\cdots+na_nx^{n-1}+\cdots,$$
$$y''=2a_2+3\cdot 2a_3x+\cdots+n\cdot(n-1)a_nx^{n-2}+\cdots.$$

代入方程 $y''-2xy'-4y=0$，由幂级数的加减运算可以得到

$$a_2=0, a_3=1, a_4=0, \cdots, a_n=\frac{2}{n-1}a_{n-2}, \cdots.$$

故有

$$a_{2k+1}=\frac{1}{k!},\qquad a_{2k}=0.$$

因而

$$y=x+x^3+\frac{x^5}{2!}+\cdots+\frac{x^{2k+1}}{k!}+\cdots=x\left(1+x^2+\frac{x^4}{2!}+\cdots+\frac{x^{2k}}{k!}+\cdots\right)=xe^{x^2}$$

为方程满足所给初值条件的解.

习　题　12.4

1. 将下列函数展开成 x 的幂级数.

(1) $f(x)=e^{-x^2}$；　　(2) $f(x)=\sqrt{1-x^2}$；

(3) $f(x)=\arctan\dfrac{x+3}{x-3}$；　　(4) $f(x)=\ln\left(x+\sqrt{x^2+1}\right)$.

2. 将函数 $f(x)=\int_0^x e^{-t}dt$ 展开成 x 的幂级数.

3. 将函数 $f(x)=\dfrac{1}{x}$ 展开成 $x-1$ 的幂级数.

4. 将函数 $f(x)=\dfrac{1}{x^2+3x+2}$ 展开成 $x+4$ 的幂级数.

5. 试用幂级数求微分方程 $(1-x)y'+y=1+x$ 满足 $y(0)=0$ 的特解.

12.5　傅里叶级数

幂级数或泰勒级数的基本思想是将一个一般函数展开成一个无穷项级数和的形式. 然而，人们在科学技术研究中经常会遇到一些复杂的周期现象，如复杂的周期振动. 为了对它们进行定量分析，通常对它们进行类似的分解. 法国数学家傅里叶在研究偏微分方程的边值问题时发现，任何周期函数都可以用正弦函数和余弦函数构成的无穷级数来表示(选择正弦函数与余弦函数作为基函数是因为它们是正交的)，即傅里叶级数(Fourier series)，一种特殊的三角级数，傅里叶级数在数学物理、电磁学、无线通信及工程中都有着重要的应用.

12.5.1 问题的提出

我们已学过周期函数的概念及性质，知道周期函数反映了客观世界的周期运动. 三角函数如正弦函数和余弦函数，就是典型的周期函数. 在实际问题中，除了三角函数外，还会遇到非三角函数的周期函数，它们反映了比较复杂的周期运动. 例如，电子技术中常用的周期为 T 的矩形波(图 12.5.1)

$$u(t)=\begin{cases}-1, & -\pi\leqslant t<0,\\ 1, & 0\leqslant t<\pi.\end{cases}$$

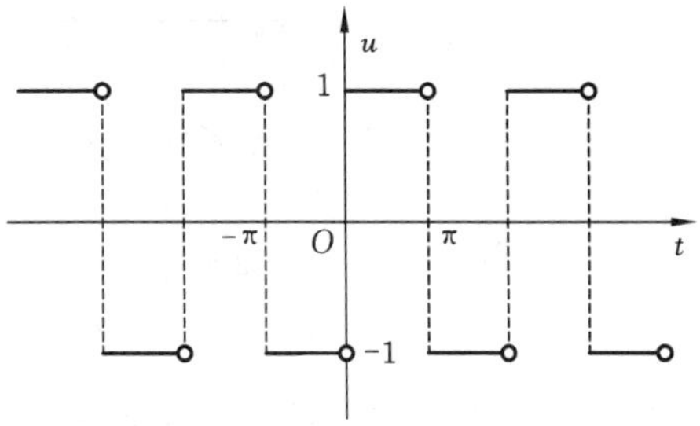

图 12.5.1

如何深入研究非三角周期函数呢？根据前面介绍的幂级数，我们可以考虑将该类周期函数展开成简单的周期函数，如三角函数组成的幂级数，因此对于

$$u(t)=\begin{cases}-1, & -\pi\leqslant t<0,\\ 1, & 0\leqslant t<\pi.\end{cases}$$

可以将其看成不同频率正弦波 $\dfrac{4}{\pi}\sin t$ 、$\dfrac{4}{\pi}\cdot\dfrac{1}{3}\sin 3t$ 、$\dfrac{4}{\pi}\cdot\dfrac{1}{5}\sin 5t$ 、$\dfrac{4}{\pi}\cdot\dfrac{1}{7}\sin 7t$、$\cdots$ 的逐个叠加，如图 12.5.2～图 12.5.4 所示.

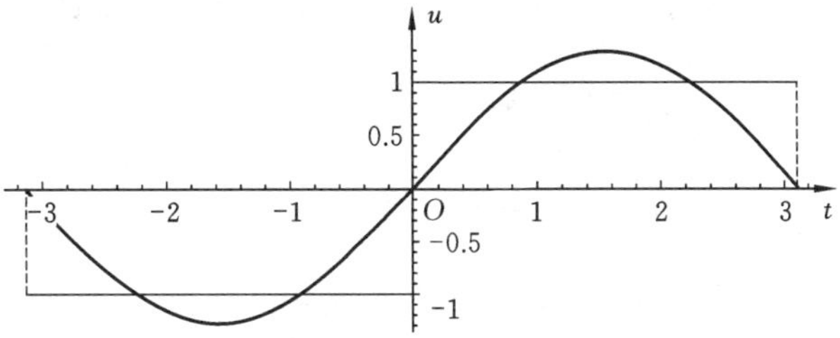

图 12.5.2　$u=\dfrac{4}{\pi}\sin t$

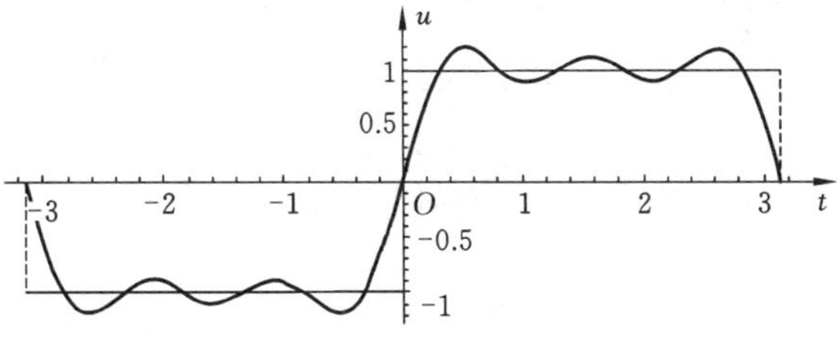

图 12.5.3　$u=\dfrac{4}{\pi}\left(\sin t+\dfrac{1}{3}\sin 3t+\dfrac{1}{5}\sin 5t\right)$

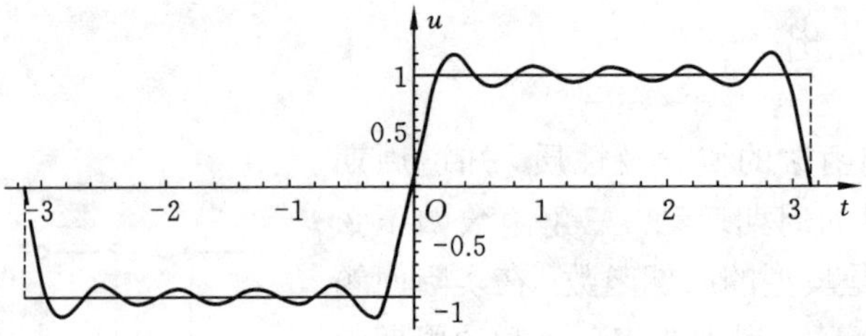

图 12.5.4　$u=\dfrac{4}{\pi}\left(\sin t+\dfrac{1}{3}\sin 3t+\dfrac{1}{5}\sin 5t+\dfrac{1}{7}\sin 7t+\dfrac{1}{9}\sin 9t\right)$

12.5.2　三角级数、三角函数系的正交性

一般地, 将具有如下形式的函数项级数

$$\frac{a_0}{2}+\sum_{n=1}^{\infty}(a_n\cos nx+b_n\sin nx)$$

称为**三角级数**, 其中 a_0、a_n、b_n $(n=1,2,3,\cdots)$都是常数.

并且称三角函数 $1, \cos x, \sin x, \cos 2x, \sin 2x, \cdots, \cos nx, \sin nx, \cdots$ 构成的序列称为**三角函数系**.

不难得出, 三角函数系 $1, \cos x, \sin x, \cos 2x, \sin 2x, \cdots, \cos nx, \sin nx, \cdots$ 任意两个不同函数的乘积在区间$[-\pi,\pi]$的积分为 0, 称为三角函数系在区间$[-\pi,\pi]$上**正交**, 即

$$\int_{-\pi}^{\pi}\cos nx\mathrm{d}x=0\quad(n=1,2,3,\cdots),$$

$$\int_{-\pi}^{\pi}\sin nx\mathrm{d}x=0\quad(n=1,2,3,\cdots),$$

$$\int_{-\pi}^{\pi}\sin nx\cos mx\mathrm{d}x=0\quad(n,m=1,2,3,\cdots),$$

$$\int_{-\pi}^{\pi}\sin nx\sin mx\mathrm{d}x=0\quad(n,m=1,2,3,\cdots,m\neq n),$$

$$\int_{-\pi}^{\pi}\cos nx\cos mx\mathrm{d}x=0\quad(n,m=1,2,3,\cdots,m\neq n).$$

以上等式, 可以利用三角函数中积化和差后计算定积分来验证. 例如, 利用等式

$$\cos nx\cos mx=\frac{1}{2}[\cos(n+m)x+\cos(n-m)x],$$

可得

$$\begin{aligned}\int_{-\pi}^{\pi}\cos nx\cos mx\mathrm{d}x&=\frac{1}{2}\int_{-\pi}^{\pi}[\cos(n+m)x+\cos(n-m)x]\mathrm{d}x\\&=\frac{1}{2}\left[\frac{\sin(n+m)x}{n+m}+\frac{\sin(n-m)x}{n-m}\right]_{-\pi}^{\pi}\\&=0\quad(n,m=1,2,3,\cdots,m\neq n).\end{aligned}$$

其他等式类似可证.

不仅如此，还可以得到三角函数系中两个相同函数的乘积在区间$[-\pi, \pi]$上的积分不等于零，有

$$\int_{-\pi}^{\pi} 1^2 \mathrm{d}x = 2\pi,$$

$$\int_{-\pi}^{\pi} \sin^2 nx\mathrm{d}x = \pi \quad (n = 1, 2, \cdots),$$

$$\int_{-\pi}^{\pi} \cos^2 nx\mathrm{d}x = \pi \quad (n = 1, 2, \cdots).$$

12.5.3 函数展开成傅里叶级数

设$f(x)$是周期为2π的周期函数，且能展开成三角级数：

$$f(x) = \frac{a_0}{2} + \sum_{n=1}^{\infty}(a_n \cos nx + b_n \sin nx).$$

自然地，我们的问题是：①什么条件下函数可以展开成三角级数？②展开成三角级数后，系数a_n、b_n如何确定？即如何通过$f(x)$把$a_0, a_1, b_1, \cdots$确定出来？为此，假设上式右端三角级数可以逐项积分. 具体的步骤如下.

(1) 求a_0，事实上

$$\int_{-\pi}^{\pi} f(x)\mathrm{d}x = \int_{-\pi}^{\pi} \frac{a_0}{2}\mathrm{d}x + \int_{-\pi}^{\pi}\left[\sum_{k=1}^{\infty}(a_k \cos kx + b_k \sin kx)\right]\mathrm{d}x$$

$$= \int_{-\pi}^{\pi} \frac{a_0}{2}\mathrm{d}x + \sum_{k=1}^{\infty}\left(a_k \int_{-\pi}^{\pi}\cos kx\mathrm{d}x + b_k \int_{-\pi}^{\pi}\sin kx\mathrm{d}x\right)$$

$$= \frac{a_0}{2}\cdot 2\pi,$$

因此有

$$a_0 = \frac{1}{\pi}\int_{-\pi}^{\pi} f(x)\mathrm{d}x.$$

(2) 求a_n，用$\cos nx$乘以$f(x) = \frac{a_0}{2} + \sum_{n=1}^{\infty}(a_n \cos nx + b_n \sin nx)$两端，并从$-\pi$到$\pi$积分，可得

$$\int_{-\pi}^{\pi} f(x)\cos nx\mathrm{d}x = \frac{a_0}{2}\int_{-\pi}^{\pi}\cos nx\mathrm{d}x + \sum_{k=1}^{\infty}\left(a_k \int_{-\pi}^{\pi}\cos kx\cos nx\mathrm{d}x + b_k \int_{-\pi}^{\pi}\sin kx\cos nx\mathrm{d}x\right)$$

$$= a_n \int_{-\pi}^{\pi}\cos^2 nx\mathrm{d}x = a_n\pi,$$

因此有

$$a_n = \frac{1}{\pi}\int_{-\pi}^{\pi} f(x)\cos nx\mathrm{d}x \quad (n = 1, 2, 3, \cdots).$$

(3) 求b_n，类似于a_n的求法，有

$$\int_{-\pi}^{\pi} f(x)\sin nx\mathrm{d}x = \frac{a_0}{2}\int_{-\pi}^{\pi}\sin nx\mathrm{d}x + \sum_{k=1}^{\infty}\left(a_k \int_{-\pi}^{\pi}\cos kx\sin nx\mathrm{d}x + b_k \int_{-\pi}^{\pi}\sin kx\sin nx\mathrm{d}x\right) = b_n\pi,$$

因此有

$$b_n=\frac{1}{\pi}\int_{-\pi}^{\pi}f(x)\sin nx\mathrm{d}x \quad (n=1, 2, 3, \cdots).$$

综合得

$$\begin{cases} a_n=\dfrac{1}{\pi}\displaystyle\int_{-\pi}^{\pi}f(x)\cos nx\mathrm{d}x \quad (n=0,1,2,3,\cdots), \\ b_n=\dfrac{1}{\pi}\displaystyle\int_{-\pi}^{\pi}f(x)\sin nx\mathrm{d}x \quad (n=1,2,3,\cdots). \end{cases}$$

称系数 $a_0, a_1, b_1, \cdots$ 为函数 $f(x)$ 的**傅里叶系数**. 将傅里叶系数代入三角级数 $\frac{a_0}{2}+\sum_{n=1}^{\infty}(a_n\cos nx+b_n\sin nx)$，称该级数为 $f(x)$ 的**傅里叶级数**.

接下来，我们来解答函数 $f(x)$ 在什么条件下可以展开成傅里叶级数？不加证明地给出如下定理.

定理 12.5.1[收敛定理，狄利克雷(Dirichlet)充分条件] 设 $f(x)$ 是周期为 2π 的周期函数，若它满足:

(1) 在一个周期内除有限个第一类间断点外，处处连续;

(2) 在一个周期内至多只有有限个极值点,

则 $f(x)$ 的傅里叶级数收敛，并且

当 x 是 $f(x)$ 的连续点时，级数收敛于 $f(x)$;

当 x 是 $f(x)$ 的间断点时，级数收敛于 $\frac{1}{2}\left[f(x^-)+f(x^+)\right]$.

狄利克雷充分条件告诉我们，只要函数 $f(x)$ 在 2π 的一个周期内，连续或只有有限个第一类间断点，并且不做无限次振动，则 $f(x)$ 的傅里叶级数在连续点处收敛于该点的函数值，在间断点处收敛于左极限和右极限的算术平均值，可见函数展开成傅里叶级数的条件比函数展开成幂级数的条件低得多.

例 12.5.1 设 $u(t)$ 是周期为 2π 的周期函数，它在 $[-\pi,\pi]$ 上的表达式为

$$u(t)=\begin{cases} E_m, & 0\leqslant t<\pi, \\ -E_m, & -\pi\leqslant t<0, \end{cases}$$

将 $u(t)$ 展开成傅里叶级数(图 12.5.5).

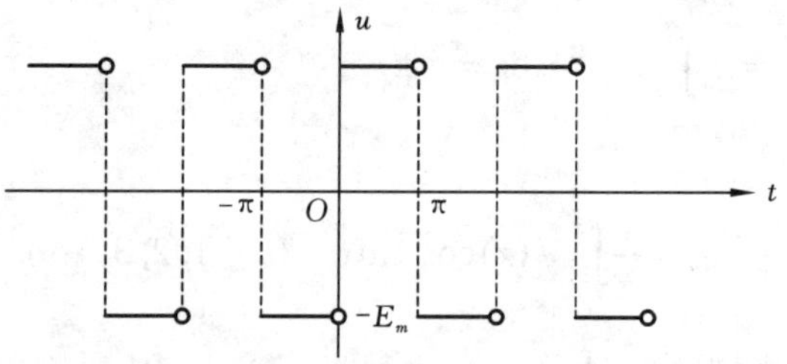

图 12.5.5

解 显然，所给函数满足狄利克雷充分条件. 在点 $t=k\pi$ $(k=0, \pm1, \pm2, \cdots)$ 处不连续.

$$\frac{-E_m+E_m}{2}=\frac{E_m+(-E_m)}{2}=0,$$

当 $t\neq k\pi$ 时，收敛于 $u(t)$.

$$\begin{aligned}a_n&=\frac{1}{\pi}\int_{-\pi}^{\pi}u(t)\cos nt\mathrm{d}t\\&=\frac{1}{\pi}\int_{-\pi}^{0}(-E_m)\cos nt\mathrm{d}t+\frac{1}{\pi}\int_{0}^{\pi}E_m\cos nt\mathrm{d}t\\&=0\quad(n=0,1,2,\cdots),\end{aligned}$$

$$b_n=\frac{1}{\pi}\int_{-\pi}^{\pi}u(t)\sin nt\mathrm{d}t=\frac{1}{\pi}\int_{-\pi}^{0}(-E_m)\sin nt\mathrm{d}t+\frac{1}{\pi}\int_{0}^{\pi}E_m\sin nt\mathrm{d}t$$

$$=\frac{2E_m}{n\pi}(1-\cos n\pi)=\frac{2E_m}{n\pi}[1-(-1)^n]$$

$$=\begin{cases}\dfrac{4E_m}{(2k-1)\pi}, & n=2k-1,k=1,2,\cdots,\\0, & n=2k,k=1,2,\cdots.\end{cases}$$

所以，函数展开成傅里叶级数为

$$u(t)=\sum_{n=1}^{\infty}\frac{4E_m}{(2n-1)\pi}\sin(2n-1)t\quad(-\infty<t<+\infty,\ t\neq0,\ \pm\pi,\ \pm2\pi,\ \cdots).$$

对于非周期函数，如果函数 $f(x)$ 只在区间 $[-\pi,\pi]$ 上有定义，并且满足狄利克雷充分条件，也可展开成傅里叶级数. 具体做法为周期延拓，即在 $(-\pi,\pi]$ 或 $[-\pi,\pi)$ 外补充函数 $f(x)$ 的定义，使它拓广成周期为 2π 的周期函数 $F(x)$. 然后将 $F(x)$ 展开成傅里叶级数，在 $(-\pi,\pi)$ 内，令 $F(x)\equiv f(x)$，这样即可得 $f(x)$ 的傅里叶展开式.

例 12.5.2 将函数 $f(x)=\begin{cases}-x, & -\pi\leqslant x<0,\\ x, & 0\leqslant x\leqslant\pi\end{cases}$ 展开成傅里叶级数.

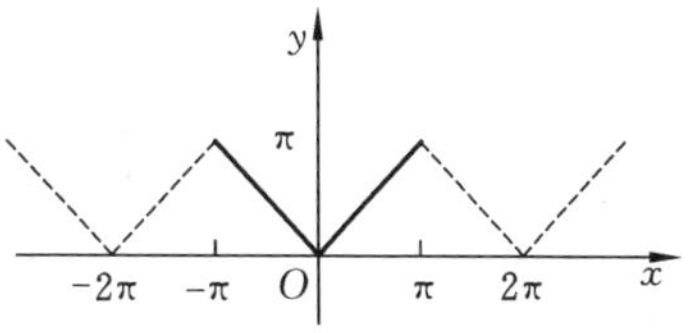

图 12.5.6

解 所给函数满足狄利克雷充分条件，拓广的周期函数在 $[-\pi,\pi]$ 收敛于 $f(x)$，其函数图像如图 12.5.6 所示.

计算傅里叶系数如下：

$$a_0=\frac{1}{\pi}\int_{-\pi}^{\pi}f(x)\mathrm{d}x=\frac{1}{\pi}\int_{-\pi}^{0}(-x)\mathrm{d}x+\frac{1}{\pi}\int_{0}^{\pi}x\mathrm{d}x=\pi;$$

$$\begin{aligned}a_n&=\frac{1}{\pi}\int_{-\pi}^{\pi}f(x)\cos nx\mathrm{d}x\\&=\frac{1}{\pi}\int_{-\pi}^{0}(-x)\cos nx\mathrm{d}x+\frac{1}{\pi}\int_{0}^{\pi}x\cos nx\mathrm{d}x\\&=\frac{2}{n^2\pi}(\cos n\pi-1)=\frac{2}{n^2\pi}[(-1)^n-1]\\&=\begin{cases}-\dfrac{4}{(2k-1)^2\pi}, & n=2k-1,k=1,2,\cdots,\\0, & n=2k,k=1,2,\cdots,\end{cases}\end{aligned}$$

$$b_n=\frac{1}{\pi}\int_{-\pi}^{\pi}f(x)\sin nx\mathrm{d}x$$

$$=\frac{1}{\pi}\int_{-\pi}^{0}(-x)\sin nx\mathrm{d}x+\frac{1}{\pi}\int_{0}^{\pi}x\sin nx\mathrm{d}x=0\quad (n=1,2,3,\cdots).$$

因此所得的傅里叶展开式为

$$f(x)=\frac{\pi}{2}-\frac{4}{\pi}\sum_{n=1}^{\infty}\frac{1}{(2n-1)^2}\cos(2n-1)x\quad (-\pi\leqslant x\leqslant\pi).$$

例 12.5.3 设 $f(x)$ 以 2π 为周期, 在一个周期内 $f(x)=\begin{cases}x, & -\pi\leqslant x<0,\\ 0, & 0\leqslant x<\pi,\end{cases}$ 将 $f(x)$ 展开成傅里叶级数.

解 $f(x)$ 在 $x=(2k+1)\pi\ (k=0,\pm1,\pm2,\cdots)$ 处不连续, 则对应的傅里叶级数在这些点处收敛于

$$\frac{f(2k\pi+\pi-0)+f(2k\pi+\pi+0)}{2}=\frac{f(\pi-0)+f(\pi+0)}{2}=-\frac{\pi}{2}.$$

在 $x\neq(2k+1)\pi$ 处, 收敛于 $f(x)$.

$$a_n=\frac{1}{\pi}\int_{-\pi}^{\pi}f(x)\cos nx\mathrm{d}x=\frac{1}{\pi}\int_{-\pi}^{0}x\cos nx\mathrm{d}x=\frac{1}{\pi}\left(\frac{x\sin x}{n}+\frac{\cos x}{n^2}\right)\Bigg|_{-\pi}^{0}$$

$$=\frac{1}{n^2\pi}(1-\cos n\pi)=\begin{cases}\dfrac{2}{n^2\pi}, & n=1,3,5,\cdots,\\ 0, & n=2,4,6,\cdots;\end{cases}$$

$$a_0=\frac{1}{\pi}\int_{-\pi}^{0}x\mathrm{d}x=\frac{1}{\pi}\left(\frac{x^2}{2}\right)\Bigg|_{-\pi}^{0}=-\frac{\pi}{2};$$

$$b_n=\frac{1}{\pi}\int_{-\pi}^{\pi}f(x)\sin nx\mathrm{d}x=\frac{1}{\pi}\int_{-\pi}^{0}x\sin nx\mathrm{d}x=\frac{1}{\pi}\left(-\frac{x\cos x}{n}+\frac{\sin nx}{n^2}\right)\Bigg|_{-\pi}^{0}$$

$$=-\frac{\cos n\pi}{n}=(-1)^{n+1}\frac{1}{n}.$$

所以

$$f(x)=-\frac{\pi}{4}+\left(\frac{2}{\pi}\cos x+\sin x\right)-\frac{1}{2}\sin 2x+\left(\frac{2}{3^2\pi}\cos x+\frac{1}{3}\sin 3x\right)-\frac{1}{4}\sin 4x+\cdots$$

$$(-\infty<x<+\infty,x\neq\pm\pi,\pm3\pi,\cdots).$$

例 12.5.4 设 $f(x)$ 是以 2π 为周期的连续函数, 且 $f(x)=\frac{a_0}{2}+\sum_{n=1}^{\infty}(a_n\cos nx+b_n\sin nx)$ 可逐项积分, 试证明: $\frac{1}{\pi}\int_{-\pi}^{\pi}f^2(x)\mathrm{d}x=\frac{a_0^2}{2}+\sum_{n=1}^{\infty}(a_n^2+b_n^2)$, 其中 a_n、b_n 为 $f(x)$ 的傅里叶系数.

证 因为 $f(x)=\frac{a_0}{2}+\sum_{n=1}^{\infty}(a_n\cos nx+b_n\sin nx)$, 所以有

$$f^2(x)=\frac{a_0}{2}f(x)+\sum_{n=1}^{\infty}[a_nf(x)\cos nx+b_nf(x)\sin nx],$$

又因为$f(x)$可逐项积分，所以

$$\int_{-\pi}^{\pi}f^2(x)\,\mathrm{d}x=\int_{-\pi}^{\pi}\frac{a_0}{2}f(x)\mathrm{d}x+\sum_{n=1}^{\infty}\left[\int_{-\pi}^{\pi}a_nf(x)\cos nx\mathrm{d}x+\int_{-\pi}^{\pi}b_nf(x)\sin nx\mathrm{d}x\right]$$

$$=\frac{a_0}{2}\int_{-\pi}^{\pi}f(x)\mathrm{d}x+\sum_{n=1}^{\infty}\left[a_n\int_{-\pi}^{\pi}f(x)\cos nx\mathrm{d}x+b_n\int_{-\pi}^{\pi}f(x)\sin nx\mathrm{d}x\right]$$

$$=\frac{\pi a_0^2}{2}+\sum_{n=1}^{\infty}(\pi a_n^2+\pi b_n^2),$$

即

$$\frac{1}{\pi}\int_{-\pi}^{\pi}f^2(x)\mathrm{d}x=\frac{a_0^2}{2}+\sum_{n=1}^{\infty}(a_n^2+b_n^2).$$

同幂级数的展开式类似，也可以利用函数的傅里叶展开式求一些特殊级数的和.

例 12.5.5 求无穷级数$\sum_{n=1}^{\infty}\frac{1}{n^2}$、$\sum_{n=1}^{\infty}\frac{1}{(2n-1)^2}$、$\sum_{n=1}^{\infty}\frac{1}{(2n)^2}$、$\sum_{n=1}^{\infty}\frac{(-1)^{n-1}}{n^2}$的和.

解 由例 12.5.2 的结果可得$|x|=\frac{\pi}{2}-\frac{4}{\pi}\sum_{k=1}^{\infty}\frac{1}{(2k-1)^2}\cos(2k-1)x$, $-\pi\leqslant x\leqslant\pi$.

当$x=0$时，$f(0)=0,\frac{\pi^2}{8}=1+\frac{1}{3^2}+\frac{1}{5^2}+\cdots$，设

$$\sigma=1+\frac{1}{2^2}+\frac{1}{3^2}+\frac{1}{4^2}+\cdots,$$

$$\sigma_1=1+\frac{1}{3^2}+\frac{1}{5^2}+\cdots=\frac{\pi^2}{8},$$

$$\sigma_2=\frac{1}{2^2}+\frac{1}{4^2}+\frac{1}{6^2}+\cdots,$$

$$\sigma_3=1-\frac{1}{2^2}+\frac{1}{3^2}-\frac{1}{4^2}+\cdots,$$

因为

$$\sigma_2=\frac{\sigma}{4}=\frac{\sigma_1+\sigma_2}{4},\quad \sigma_2=\frac{\sigma_1}{3}=\frac{\pi^2}{24},$$

所以有

$$\sigma=\sum_{n=1}^{\infty}\frac{1}{n^2}=\sigma_1+\sigma_2=\frac{\pi^2}{8}+\frac{\pi^2}{24}=\frac{\pi^2}{6},$$

$$\sigma_1=\sum_{n=1}^{\infty}\frac{1}{(2n-1)^2}=\frac{\pi^2}{8},$$

$$\sigma_2=\sum_{n=1}^{\infty}\frac{1}{(2n)^2}=\frac{\sigma_1}{3}=\frac{\pi^2}{24},$$

$$\sigma_3=\sum_{n=1}^{\infty}\frac{(-1)^{n-1}}{n^2}=2\sigma_1-\sigma=\frac{\pi^2}{12}.$$

习 题 12.5

1. 若函数 $\varphi(-x)=\psi(x)$, 问: $\varphi(x)$与 $\psi(x)$的傅里叶系数 a_n、b_n 与 α_n、β_n $(n=0, 1, 2, \cdots)$之间有何关系?

2. 设 $f(x)$是定义在$[a, b]$上的函数, 应该如何选择 A、B, 才能使 $F(t)=f(At+B)$成为$[-\pi, \pi]$上定义的函数.

3. 将下列函数在指定区间上展开成傅里叶级数.

(1) $f(x)=x+\pi, x\in(-\pi, \pi)$;

(2) $f(x)=\begin{cases}-x, & -\pi<x\leqslant 0,\\ 0, & 0<x<\pi;\end{cases}$

(3) $f(x)=\begin{cases}0, & -\pi\leqslant x\leqslant 0,\\ \sin x, & 0<x\leqslant\pi;\end{cases}$

(4) $f(x)=|\sin x|, x\in(-\pi, \pi)$;

(5) $f(x)=\sin\dfrac{x}{2}, x\in(-\pi, \pi)$.

12.6 周期函数的傅里叶级数

12.6.1 奇函数、偶函数的傅里叶级数

一般情况下, 函数的傅里叶展开式中既含有正弦项, 也含有余弦项. 但是也有一些函数的傅里叶展开式只含有其中的一种. 为什么会这样呢? 实际上这些情况与所给函数 $f(x)$的奇偶性密切相关. 因此可以给出如下定理来解决这一类函数的傅里叶展开.

定理 12.6.1 设 $f(x)$为周期为 2π 的周期函数, 则

(1) 当 $f(x)$为奇函数时, 其傅里叶系数为

$$a_n=0 \quad (n=0, 1, 2, \cdots),$$

$$b_n=\frac{2}{\pi}\int_0^{\pi} f(x)\sin nx\mathrm{d}x \quad (n=1, 2, 3, \cdots),$$

其傅里叶展开式为$\sum\limits_{n=1}^{\infty} b_n \sin nx$;

(2) 当 $f(x)$为偶函数时, 其傅里叶系数为

$$a_n=\frac{2}{\pi}\int_0^{\pi} f(x)\cos nx\mathrm{d}x \quad (n=0, 1, 2, \cdots),$$

$$b_n=0 \quad (n=1, 2, 3, \cdots),$$

其傅里叶展开式为$\dfrac{a_0}{2}+\sum\limits_{n=1}^{\infty} a_n\cos nx$.

形如$\sum\limits_{n=1}^{\infty} b_n \sin nx$, 只含有正弦项的傅里叶级数, 称为**正弦级数**; 形如$\dfrac{a_0}{2}+\sum\limits_{n=1}^{\infty} a_n\cos nx$, 只含有常数项和余弦项的傅里叶级数, 称为**余弦级数**.

例 12.6.1 $f(x)$为周期为 2π 的周期函数，它在$[-\pi, \pi]$上的表达式为$f(x)=x$，将$f(x)$展开成傅里叶级数.

解 首先，所给函数满足收敛定理的条件，它在点 $x=(2k+1)\pi$ $(k=0, \pm1, \pm2, \cdots)$处不连续，因此$f(x)$的傅里叶级数在点$x=(2k+1)\pi$ 处收敛于

$$\frac{f(\pi^-)+f(\pi^+)}{2}=\frac{\pi+(-\pi)}{2}=0,$$

在连续点 $x\,[x\neq(2k+1)\pi]$处收敛于 $f(x)$，和函数的图形如图 12.6.1 所示.

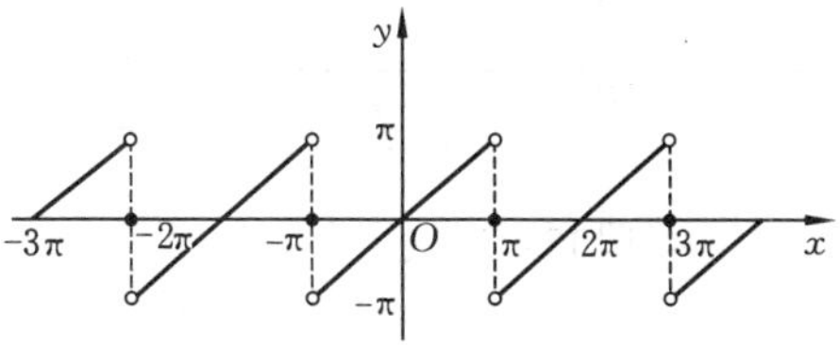

图 12.6.1

其次，若不计 $x=(2k+1)\pi$ $(k=0, \pm1, \pm2, \cdots)$，则$f(x)$是周期为 2π 的奇函数，显然，

$$a_n=0 \quad (n=0, 1, 2, \cdots),$$

$$\begin{aligned} b_n &= \frac{2}{\pi}\int_0^\pi f(x)\sin nx\mathrm{d}x=\frac{2}{\pi}\int_0^\pi x\sin x\mathrm{d}x \\ &= \frac{2}{\pi}\left(-\frac{x\cos nx}{n}+\frac{\sin nx}{n^2}\right)\Bigg|_0^\pi \\ &= -\frac{2}{\pi}\cos n\pi=\frac{2}{n}(-1)^{n+1} \quad (n=0,1,2,\cdots). \end{aligned}$$

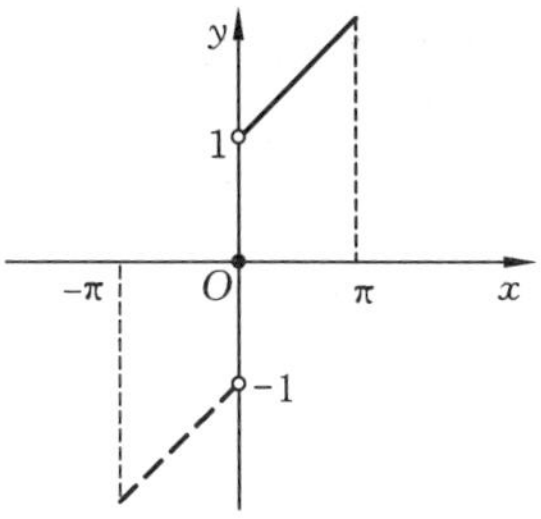

图 12.6.2

于是$f(x)$的傅里叶级数展开式为

$$f(x)=2\left[\sin x-\frac{1}{2}\sin 2x+\frac{1}{3}\sin 3x-\cdots+\frac{(-1)^{n+1}}{n}\sin nx-\cdots\right]$$

$$(-\infty<x<\infty, x\neq\pm\pi, \pm3\pi, \cdots).$$

例 12.6.2 将函数$f(x)=x+1$ $(0\leqslant x\leqslant\pi)$分别展开成正弦级数和余弦级数.

解 先求正弦级数，为此对函数进行奇延拓(图 12.6.2)，有

$$b_n=\frac{2}{\pi}\int_0^\pi f(x)\sin x\mathrm{d}x=\frac{2}{\pi}\int_0^\pi (x+1)\sin x\mathrm{d}x=\frac{2}{\pi}\left[-\frac{(x+1)\cos nx}{n}+\frac{\sin nx}{n^2}\right]_0^\pi$$

$$=\frac{2}{n\pi}[1-(\pi+1)\cos n\pi]=\begin{cases}\dfrac{2}{\pi}\dfrac{\pi+2}{n}, & n=1,3,5,\cdots,\\ -\dfrac{2}{n}, & n=2,4,6,\cdots.\end{cases}$$

将求得的 b_n 代入正弦级数得

$$x+1=\frac{2}{\pi}\left[(\pi+2)\sin x-\frac{\pi}{2}\sin 2x+\frac{1}{3}(\pi+2)\sin 3x-\frac{\pi}{4}\sin 4x+\cdots\right] \quad (0<x<\pi).$$

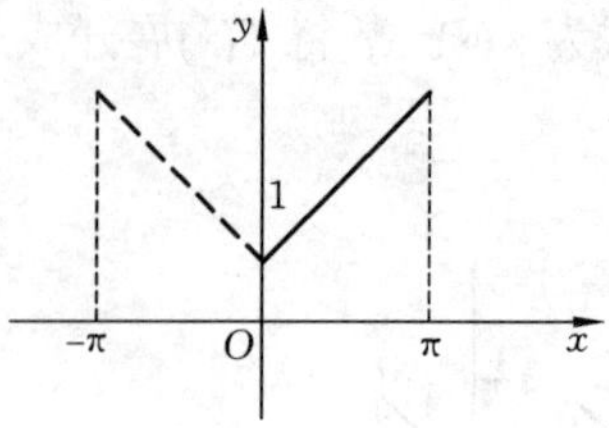

图 12.6.3

在端点 $x=0$ 及 $x=\pi$ 处，级数的和显然为零，它不代表原级数的值.

接下来求余弦级数，为此对其进行偶延拓(图 12.6.3)，有

$$
\begin{aligned}
a_n &= \frac{2}{\pi}\int_0^{\pi}(x+1)\cos nx\mathrm{d}x \\
&= \frac{2}{\pi}\left[\frac{(x+1)\sin nx}{n}+\frac{\cos nx}{n^2}\right]\Bigg|_0^{\pi} \\
&= \frac{2}{n^2\pi}(\cos n\pi-1) \\
&= \begin{cases} 0, & n=2,4,6,\cdots, \\ (-1)\dfrac{4}{n^2\pi}, & n=1,3,5,\cdots. \end{cases}
\end{aligned}
$$

将求得的 a_n 代入余弦级数得

$$
x+1=\frac{\pi}{2}+1-\frac{4}{\pi}\left(\cos x+\frac{1}{3^2}\cos 3x+\frac{1}{5^2}\cos 5x+\cdots\right) \quad (0\leqslant x\leqslant \pi).
$$

在奇延拓与偶延拓时，要把延拓后的函数 $F(x)$与原函数 $f(x)$区分开来，当限制在指定区间上时，$F(x)=f(x)$必须说明清楚，以免发生混淆.

例 12.6.3 将函数 $f(x)=|x|, x\in[-\pi,\pi]$展开成傅里叶级数.

解 所给函数满足收敛定理的条件，而且函数为偶函数，因此可以展开成余弦函数，即

$$
b_n=0,
$$

$$
a_0=\frac{2}{\pi}\int_0^{\pi}x\mathrm{d}x=\pi,
$$

$$
\begin{aligned}
a_n &= \frac{2}{\pi}\int_0^{\pi}x\cos nx\mathrm{d}x=\frac{2}{n\pi}x\sin nx\Big|_0^{\pi}-\frac{2}{n\pi}\int_0^{\pi}\sin nx\mathrm{d}x \\
&= \frac{2}{n^2\pi}\cos nx\Big|_0^{\pi}=\frac{2}{n^2\pi}(\cos n\pi-1)=\begin{cases} -\dfrac{4}{n^2\pi}, & n\text{为奇数}, \\ 0, & n\text{为偶数}. \end{cases}
\end{aligned}
$$

函数 $f(x)$在$[-\pi,\pi]$上连续且按段光滑，又 $f(-\pi)=f(\pi)$，因此有

$$
|x|=\frac{\pi}{2}-\frac{4}{\pi}\sum_{k=1}^{\infty}\frac{\cos(2k-1)x}{(2k-1)^2}, \quad x\in[-\pi,\pi].
$$

例 12.6.4 在区间$(-\pi,\pi)$内把函数 $f(x)=x^2$ 展开成傅里叶级数.

解法一(直接展开) 显然 $f(x)=x^2$ 为偶函数，因此可以展开成余弦函数，即

$$
b_n=0,
$$

$$
a_0=\frac{2}{\pi}\int_0^{\pi}x^2\mathrm{d}x=\frac{2}{3}\pi^2,
$$

$$a_n=\frac{1}{\pi}\int_{-\pi}^{\pi}x^2\cos nx\mathrm{d}x=\frac{2}{\pi}\int_0^{\pi}x^2\cos nx\mathrm{d}x=\frac{2}{\pi}\left(\frac{x^2\sin nx}{n}\Big|_0^{\pi}-\frac{2}{n}\int_0^{\pi}x\sin nx\mathrm{d}x\right)$$

$$=\frac{2}{n\pi}\left(\frac{x}{n}\cos nx\Big|_0^{\pi}-\frac{1}{n}\int_0^{\pi}\cos nx\mathrm{d}x\right)=\frac{4}{nx}\frac{(-1)^n\pi}{n}=\frac{(-1)^n 4}{n^2},\quad n=1,2,\cdots.$$

函数 $f(x)$在区间$(-\pi,\pi)$内连续且按段光滑，因此有

$$x^2=\frac{\pi^3}{3}+4\sum_{n=1}^{\infty}(-1)^n\frac{\cos nx}{n^2},\quad x\in(-\pi,\pi).$$

由于 $f(-\pi)=f(\pi)$，所以该展开式在$[-\pi,\pi]$上也成立.

解法二[间接展开：对例 12.6.1 中 $f(x)=x$ 的展开式做积分运算] 由例 12.6.1，在区间$(-\pi,\pi)$内有 $x=2\sum_{n=1}^{\infty}(-1)^{n-1}\frac{\sin nx}{n}$. 对该式两端积分，由傅里叶级数可逐项积分，有

$$\frac{x^2}{2}=\int_0^x t\mathrm{d}t=2\sum_{n=1}^{\infty}(-1)^{n-1}\frac{1}{n}\int_0^x\sin nt\mathrm{d}t=2\sum_{n=1}^{\infty}\frac{(-1)^n}{n^2}(\cos nx-1)$$

$$=2\sum_{n=1}^{\infty}\frac{(-1)^{n+1}}{n^2}+2\sum_{n=1}^{\infty}(-1)^n\frac{\cos nx}{n^2}.$$

为求得 $\sum_{n=1}^{\infty}\frac{(-1)^{n+1}}{n^2}$，上式两端在$[-\pi,\pi]$上积分，有

$$\frac{\pi^2}{3}=\int_{-\pi}^{\pi}\frac{x^2}{2}\mathrm{d}x=2\sum_{n=1}^{\infty}\frac{(-1)^{n+1}}{n^2}\int_{-\pi}^{\pi}\mathrm{d}x+2\sum_{n=1}^{\infty}\frac{(-1)^n}{n^2}\int_{-\pi}^{\pi}\cos nx\mathrm{d}x$$

$$=4\pi\sum_{n=1}^{\infty}\frac{(-1)^{n+1}}{n^2},$$

故

$$\sum_{n=1}^{\infty}\frac{(-1)^{n+1}}{n^2}=\frac{\pi^2}{12},$$

因此

$$x^2=\frac{\pi^2}{3}+4\sum_{n=1}^{\infty}(-1)^n\frac{\cos nx}{n^2},\quad x\in(-\pi,\pi).$$

12.6.2 周期为 2*l* 的周期函数的傅里叶级数

设函数 $f(x)$以 $2l$ 为周期，在区间$[-l,l]$上可积，作代换 $x=\frac{lt}{\pi}$，则函数 $F(t)=f\left(\frac{lt}{\pi}\right)$以 2π 为周期，由于 $x=\frac{lt}{\pi}$是线性函数，$F(t)$在区间$[-\pi,\pi]$上可积，所以，利用自变量的变量替换，可以得到如下定理.

定理 12.6.2 设周期为 $2l$ 的周期函数 $f(x)$满足收敛定理的条件，则它的傅里叶级数展开式为

$$f(x)=\frac{a_0}{2}+\sum_{n=1}^{\infty}\left(a_n\cos\frac{n\pi x}{l}+b_n\sin\frac{n\pi x}{l}\right)\quad(x\in C),$$

其中,

$$a_n=\frac{1}{l}\int_{-l}^{l}f(x)\cos\frac{n\pi x}{l}\mathrm{d}x \quad (n=0, 1, 2, \cdots),$$

$$b_n=\frac{1}{l}\int_{-l}^{l}f(x)\sin\frac{n\pi x}{l}\mathrm{d}x \quad (n=1, 2, \cdots),$$

$$C=\left\{x \mid f(x)=\frac{1}{2}[f(x^-)+f(x^+)]\right\}.$$

当$f(x)$为奇函数时,

$$f(x)=\sum_{n=1}^{\infty}b_n\sin\frac{n\pi x}{l} \quad (x\in C),$$

其中 $b_n=\frac{2}{l}\int_0^l f(x)\sin\frac{n\pi x}{l}\mathrm{d}x \quad (n=1, 2, 3, \cdots)$.

当$f(x)$为偶函数时,

$$f(x)=\frac{a_0}{2}+\sum_{n=1}^{\infty}a_n\cos\frac{n\pi x}{l} \quad (x\in C),$$

其中 $a_n=\frac{2}{l}\int_0^l f(x)\cos\frac{n\pi x}{l}\mathrm{d}x \quad (n=0, 1, 2, \cdots)$.

证 作变量替换 $z=\frac{\pi x}{l}$, $-l\leqslant x\leqslant l$ 就变成了$-\pi\leqslant z\leqslant\pi$, 因此 $f(x)=f\left(\frac{lz}{\pi}\right)=F(z)$, $F(z)$以 2π 为周期, 并且满足收敛定理的条件, 故可将$F(z)$展开成傅里叶级数

$$f(z)=\frac{a_0}{2}+\sum_{n=1}^{\infty}(a_n\cos nz+b_n\sin nz),$$

其中

$$a_n=\frac{1}{\pi}\int_{-\pi}^{\pi}F(z)\cos nz\mathrm{d}z,$$

$$b_n=\frac{1}{\pi}\int_{-\pi}^{\pi}F(z)\sin nz\mathrm{d}z.$$

因为 $z=\frac{\pi x}{l}$, $F(z)=f(x)$, 所以有

$$f(x)=\frac{a_0}{2}+\sum_{n=1}^{\infty}\left(a_n\cos\frac{n\pi}{l}x+b_n\sin\frac{n\pi}{l}x\right),$$

其中

$$a_n=\frac{1}{l}\int_{-l}^{l}f(x)\cos\frac{n\pi}{l}x\mathrm{d}x,$$

$$b_n=\frac{1}{l}\int_{-l}^{l}f(x)\sin\frac{n\pi}{l}x\mathrm{d}x.$$

类似地可以证明其他部分.

例 12.6.5 设$f(x)$是周期为 4 的周期函数, 它在$[-2, 2)$上的表达式为

$$f(x)=\begin{cases}0, & -2\leqslant x<0,\\ k, & 0\leqslant x<2,\end{cases} \quad 常数k\neq 0.$$

将$f(x)$展开成傅里叶级数(图 12.6.4).

解 在本题中, $l=2$, 由定理 12.6.2 中的公式可得

$$a_n=\frac{1}{l}\int_{-l}^{l}f(x)\cos\frac{n\pi x}{l}\mathrm{d}x$$

$$=\frac{1}{2}\int_0^2 k\cos\frac{n\pi x}{2}\mathrm{d}x=0,\quad n=0,1,2,\cdots;$$

$$b_n=\frac{1}{l}\int_{-l}^{l}f(x)\sin\frac{n\pi x}{l}\mathrm{d}x=\frac{1}{2}\int_0^2 k\sin\frac{n\pi x}{2}\mathrm{d}x$$

$$=\frac{k}{n\pi}+(-1)^{n+1}\frac{k}{n\pi}=\begin{cases}\dfrac{2k}{n\pi}, & n=1,3,5,\cdots,\\ 0, & n=2,4,6,\cdots.\end{cases}$$

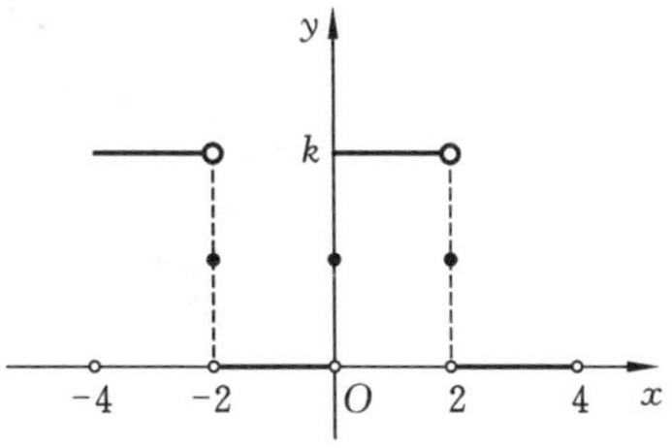

图 12.6.4

因此, 所求函数的傅里叶展开式为

$$f(x)=\frac{k}{2}+\frac{2k}{\pi}\left(\sin\frac{\pi x}{2}+\frac{1}{3}\sin\frac{3\pi x}{2}+\frac{1}{5}\sin\frac{5\pi x}{2}+\cdots\right)$$

$$(-\infty<x<+\infty,\ x\neq 0,\ \pm 2,\ \pm 4,\ \cdots).$$

例 12.6.6 将函数 $f(x)=10-x\ (5<x<15)$ 展开成傅里叶级数.

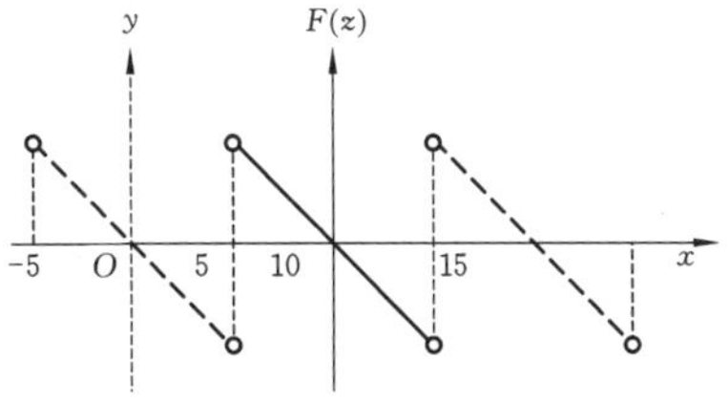

图 12.6.5

解法一 作变量替换 $z=x-10$, 则 $5<x<15$ 变成为 $-5<z<5$, 因此有

$$f(x)=f(z+10)=-z=F(z),$$

补充函数 $F(z)=-z(-5<z<5)$的定义, 令 $F(-5)=5$, 然后将 $F(z)$作周期延拓($T=10$), 显然延拓后的周期函数满足收敛定理的条件, 且在$-5<z<5$ 内收敛于 $F(z)$, 函数图像如图 12.6.5 所示.

因此有

$$a_n=0\quad (n=0,1,2,\cdots),$$

$$b_n=\frac{2}{5}\int_0^5(-z)\sin\frac{n\pi z}{2}\mathrm{d}z=(-1)^n\frac{10}{n\pi}\quad (n=1,2,\cdots),$$

即

$$F(z)=\frac{10}{\pi}\sum_{n=1}^{\infty}\frac{(-1)^n}{n}\sin\frac{n\pi z}{5}\quad (-5<z<5).$$

因此

$$f(x)=10-x=\frac{10}{\pi}\sum_{n=1}^{\infty}\frac{(-1)^n}{n}\sin\left[\frac{n\pi}{5}(x-10)\right]=\frac{10}{\pi}\sum_{n=1}^{\infty}\frac{(-1)^n}{n}\sin\frac{n\pi}{5}x\quad (5<x<15).$$

解法二 由定理中的公式可得

$$a_0=\frac{1}{5}\int_5^{15}(10-x)\mathrm{d}x=0,$$

$$a_n=\frac{1}{5}\int_5^{15}(10-x)\cos\frac{n\pi x}{5}\mathrm{d}x=2\int_5^{15}\cos\frac{n\pi x}{5}\mathrm{d}x-\frac{1}{5}\int_5^{15}x\cos\frac{n\pi x}{5}\mathrm{d}x=0\quad (n=1,2,\cdots),$$

$$b_n = \frac{1}{5}\int_5^{15}(10-x)\sin\frac{n\pi x}{5}\,\mathrm{d}x = (-1)^n\frac{10}{n\pi} \quad (n=1, 2, \cdots).$$

因此有

$$f(x) = 10 - x = \frac{10}{\pi}\sum_{n=1}^{\infty}\frac{(-1)^n}{n}\sin\frac{n\pi}{5}x \quad (5<x<15).$$

习 题 12.6

1. 将下列函数展开成正弦级数或余弦级数.

(1) $f(x)=\begin{cases} x, & 0\leqslant x<1, \\ 2-x, & 1\leqslant x<2 \end{cases}$ (按正弦展开);

(2) $f(x)=x-\dfrac{x^2}{2}$, $x\in(0, 1)$(按正弦展开);

(3) $f(x)=\pi-2x$, $x\in(0, \pi)$(按余弦展开);

(4) $f(x)=\begin{cases} x, & 0\leqslant x<1, \\ 2-x, & 1\leqslant x<2 \end{cases}$ (按余弦展开).

2. 将下列各周期函数展开成傅里叶级数.

(1) $f(x)=x^2+1$, $x\in(-2, 2)$;

(2) $f(x)=2x-3$, $x\in(-3, 3)$;

(3) $f(x)=\begin{cases} 0, & -2\leqslant x<-1, \\ x, & -1<x\leqslant 1, \\ 0, & 1<x\leqslant 2. \end{cases}$

数学家简介 12

傅里叶

傅里叶(Fourier, 1768～1830), 法国欧塞尔人, 著名数学家、物理学家.

1780 年, 就读于地方军校. 1795 年, 任巴黎综合工科大学助教, 跟随拿破仑军队远征埃及, 成为伊泽尔省格伦诺布尔地方长官. 1817 年, 当选法国科学院院士. 1822 年, 担任该院终身秘书, 后又任法兰西学院终身秘书和理工科大学校务委员会主席, 敕封为男爵. 主要贡献是在研究《热的传播》和《热的分析理论》的基础上, 创立一套数学理论, 对 19 世纪的数学和物理学的发展都产生了深远影响.

1822 年, 傅里叶出版了专著《热的解析理论》. 这部经典著作将欧拉、伯努利等人在一些特殊情形下应用的三角级数方法发展成内容丰富的一般理论, 三角级数后来就以傅里叶的命字命名.

他还开发了三维分析, 是代表物理单位的方法, 如速度和加速度, 其基本层面的质量, 时间和长度, 以获得他们之间的关系. 其他物理的贡献是傅里叶的建议, 关于热量的导电扩散的偏微分方程, 也就是传授给每一个学生的数学物理.

他提出的傅里叶变换，具有如下特点：它是线性算子，若赋予适当的范数，它还是酉算子；逆变换容易求出，而且形式与正变换非常类似；正弦基函数是微分运算的本征函数，从而使得线性微分方程的求解可以转化为常系数的代数方程的傅里叶求解，在线性时不变的物理系统内，频率是个不变的性质，从而系统对于复杂激励的响应可以通过组合其对不同频率正弦信号的响应来获取；它可以化复杂的卷积运算为简单的乘积运算，从而提供了计算卷积的一种简单手段；离散形式的傅里叶变换可以利用数字计算机快速的算出；它在物理学、数论、组合数学、信号处理、概率、统计、密码学、声学、光学等领域都有着广泛的应用.

总 习 题 12

1. 选择题.

(1) 下列级数收敛的是(　　).

A. $\sum_{n=1}^{\infty}\frac{1}{\sqrt[n]{5}}$　　B. $\sum_{n=1}^{\infty}\frac{1}{n^{\frac{1}{5}}}$　　C. $\sum_{n=1}^{\infty}\frac{1}{n^{0.5}}$　　D. $\sum_{n=1}^{\infty}\frac{1}{5^n}$

(2) 下列级数条件收敛的是(　　).

A. $\sum_{n=1}^{\infty}\frac{(-1)^n n}{2n+10}$　　B. $\sum_{n=1}^{\infty}\frac{(-1)^{n-1}}{\sqrt{n^3}}$

C. $\sum_{n=1}^{\infty}(-1)^{n-1}\left(\frac{1}{2}\right)^n$　　D. $\sum_{n=1}^{\infty}(-1)^{n-1}\frac{3}{\sqrt{n}}$

(3) 设幂级数 $\sum_{n=0}^{\infty}a_n(x+1)^n$ 在 $x_1=3$ 时条件收敛，则该级数的收敛半径 R 为(　　).

A. $R=1$　　B. $R=2$　　C. $R=3$　　D. $R=4$

(4) 幂级数 $\sum_{n=1}^{\infty}\frac{(x+2)^n}{\sqrt{n}}$ 的收敛域为(　　).

A. $[-3,-1]$　　B. $[-1,1]$　　C. $[-3,-1)$　　D. $(-1,1)$

(5) 周期为 2 的函数 $f(x)$，它在一个周期上的表达式为 $f(x)=x$，$-1\leqslant x<1$，设它的傅里叶级数的和函数为 $s(x)$，则 $s\left(\frac{3}{2}\right)=($　　$)$.

A. 0　　B. 1　　C. $\frac{1}{2}$　　D. $-\frac{1}{2}$

(6) 若 $a_n>0$, $s_n=a_1+a_2+\cdots+a_n$，则数列 $\{s_n\}$ 有界是级数 $\sum_{n=1}^{\infty}a_n$ 收敛的(　　).

A. 充分条件，但非必要条件　　B. 必要条件，但非充分条件

C. 充分必要条件　　D. 既非充分条件，又非必要条件

(7) 设幂级数 $\sum_{n=1}^{\infty}a_n(x-2)^n$ 在 $x=-2$ 时收敛，则该级数在 $x=5$ 处(　　).

A. 发散　　B. 条件收敛

C. 绝对收敛　　D. 不能判定其敛散性

(8) 下列级数发散的是(　　).

A. $\sum_{n=1}^{\infty}\frac{n^n}{n!}$　　B. $\sum_{n=1}^{\infty}\sin^n\frac{1}{9}$　　C. $\sum_{n=1}^{\infty}\frac{2^n}{3^n+2}$　　D. $\sum_{n=1}^{\infty}\frac{1}{5^n n}$

(9) 幂级数$\sum_{n=1}^{\infty}(-1)^n\frac{x^{2n+1}}{3^n(2n+1)}$的收敛域为(　　).

A. $\left[-\sqrt{3},\sqrt{3}\right]$　　B. $\left(-\sqrt{3},\sqrt{3}\right]$　　C. $(-3, 3)$　　D. $[-3, 3]$

(10) 设常数$K>0$, 则级数$\sum_{n=1}^{\infty}(-1)^{n-1}\frac{K+n}{n^2}$(　　).

A. 发散　　B. 绝对收敛

C. 条件收敛　　D. 收敛性与K的取值有关

(11) 幂级数$\sum_{n=1}^{\infty}(-1)^{n-1}\frac{1}{n}x^n$的收敛域为(　　).

A. $(-1, 1)$　　B. $(-1, 1]$　　C. $[-1, 1)$　　D. $[-1, 1]$

(12) 设α为常数, 则级数$\sum_{n=1}^{\infty}(-1)^n\left(\sqrt{1+\frac{a^2}{n^2}}-1\right)$(　　).

A. 绝对收敛　　B. 条件收敛

C. 发散　　D. 收敛性与α的取值有关

(13) 若级数$\sum_{n=1}^{\infty}u_n$收敛, 则(　　).

A. $\sum_{n=1}^{\infty}|u_n|$收敛　　B. $\sum_{n=1}^{\infty}(u_{n+100}+u_n)$发散

C. $\sum_{n=1}^{\infty}u_{n+100}$收敛　　D. $\sum_{n=1}^{\infty}\left(u_n+\frac{1}{n}\right)$收敛

(14) 下列级数中条件收敛的是(　　).

A. $\sum_{n=1}^{\infty}(-1)^n\frac{n}{n+1}$　　B. $\sum_{n=1}^{\infty}(-1)^n\frac{1}{\sqrt{n}}$

C. $\sum_{n=1}^{\infty}(-1)^n\frac{1}{n^2}$　　D. $\sum_{n=1}^{\infty}\frac{1}{\sqrt{n}}$

(15) 周期为2π的函数$f(x)$在其一个周期内的表达式为$f(x)=|x|\ (-\pi\leqslant x<\pi)$, 设其傅里叶级数的和函数为$s(x)$, 则$s\left(-\frac{3}{2}\pi\right)=$(　　).

A. $\frac{3}{2}\pi$　　B. $-\frac{1}{2}\pi$　　C. $\frac{1}{2}\pi$　　D. 0

2. 求幂级数$\sum_{n=1}^{\infty}(-1)^{n-1}\frac{1}{n}x^n$的收敛半径、收敛域及和函数.

3. 将函数$f(x)=\frac{x}{2+x-x^2}$展开成x的幂级数.

4. 求幂级数$\sum_{n=0}^{\infty}(2^{n+1}-1)x^n$的和函数.

5. 求级数$\sum_{n=1}^{\infty}2^n\sin\frac{x^n}{3^n}$的收敛域.

6. 求幂级数 $\sum_{n=1}^{\infty}\frac{(-1)^n x^{2n+1}}{n(2n-1)}$ 的收敛域及和函数 $s(x)$.

7. 判断级数 $\frac{4+3}{5}+\frac{4^2-3^2}{5^2}+\cdots+\frac{4^n+(-1)^{n-1}3^n}{5^n}+\cdots$ 的敛散性，如收敛求其和.

8. 设银行存款的年利率为 $r=0.05$，并以年复利计算.某基金会希望通过存款 A 万元实现第一年提取 19 万元，第二年提取 28 万元，以此类推，第 n 年提取 $10+9n$ 万元，并能按此规律一直提取下去，问 A 至少应为多少万元？

9. 将函数 $f(x)=x-1, x\in[0,2]$ 展开成周期为 4 的余弦级数.

参 考 文 献

东北师范大学微分方程教研室, 2005. 常微分方程. 2 版. 北京: 高等教育出版社.

石洛宜, 黄毅青, 2020. 数学分析. 北京: 科学出版社.

史悦, 李晓莉, 2020. 高等数学(经管类)(上册). 2 版. 北京: 北京邮电大学出版社.

同济大学数学系, 2016.高等数学. 北京: 人民邮电出版社.

徐小湛, 2005. 高等数学学习手册. 北京: 科学出版社.

杨爱珍, 殷承元, 叶玉全, 等, 2017. 高等数学习题及习题集精解. 2 版. 上海: 复旦大学出版社.

赵振海, 刘自新, 2020. 高等数学 180 问: 高等数学全程同步辅导. 北京: 清华大学出版社.

习题答案与提示

第 7 章

习题 7.1

1. 略.
2. (1) $C=-25$; (2) $C_1=0, C_2=1$.
3. $y''-5y'+6y=0$.
4. $yy'+2x=0$.
5. $\dfrac{\mathrm{d}P}{\mathrm{d}T}=\dfrac{kP}{T^2}$, k 为比例系数.

习题 7.2

1. (1) B; (2) B; (3) A; (4) A; (5) B; (6) A.
2. (1) $\tan x\cdot\tan y=C$;
   (2) $|x|<1$ 时, $\arcsin y-\arcsin x=C$; $|x|>1$ 时, $\ln\left|y+\sqrt{y^2-1}\right|=\ln\left|x+\sqrt{x^2-1}\right|+C$;
   (3) $y=x\mathrm{e}^{Cx}$ $(x>0)$; (4) $y\mathrm{e}^{\frac{x}{y}}=C$;
   (5) $\tan(x-y+1)=x+C$; (6) $y=\dfrac{1}{3}x^2+\dfrac{1}{2}x+1+\dfrac{C}{x}$;
   (7) $2x\ln y=\ln^2 y+C$; (8) $x=Cy^4-\dfrac{1}{2}y^2$.
3. (1) $(\mathrm{e}^x+1)(\mathrm{e}^y-1)=2(\mathrm{e}^2-1)$; (2) $\sin\dfrac{y}{x}=-\ln|x|$; (3) $y=\dfrac{1}{2}-\dfrac{1}{x}+\dfrac{1}{2x^2}$.
4. (1) $(C\mathrm{e}^{-x^2}-x^2+1)y=1$; (2) $y^{-2}=\mathrm{e}^{-x^2}(2x+C)$.
5.(1) 令 $u=x-y, x+\cot\dfrac{x-y}{2}=C$; (2) 令 $u=xy$, $y=\dfrac{1}{x}\mathrm{e}^{Cx}$; (3) 令 $u=x^2+y^2$, $C\mathrm{e}^{x^2}=x^2+y^2$.
6. $x^2-y^2=1$.
7. $f(x)=\mathrm{e}^x-1$.
8. (1) $\begin{cases}F'(x)+2F(x)=4\mathrm{e}^{2x},\\ F(0)=0;\end{cases}$ (2) $F(x)=\mathrm{e}^{2x}-\mathrm{e}^{-2x}$.
9. $\dfrac{\mathrm{d}y}{\mathrm{d}t}=80-\dfrac{45y}{8000-5t}$, 1512.58g.
10. $y(t)=\dfrac{1000\times 3^{t/3}}{9+3^{t/3}}$.

习题 7.3

1. (1) C; (2)B.
2. (1) $y=\frac{1}{6}x^3-\sin x+C_1x+C_2$; (2) $y=C_1\ln|x|+C_2$; (3) $y=-\ln|\cos(x+C_1)|+C_2$.
3. (1) $y=\tan\left(x+\frac{\pi}{4}\right)$; (2) $y=\ln\frac{e^x+e^{-x}}{2}$.
4. $y=\frac{x^3}{6}+\frac{x}{2}+1$.
5. $y=Cx^{\frac{1}{2k-1}}$.

习题 7.4

1. (1) B; (2) D; (3) A.
2. (1) 线性无关; (2) 线性无关; (3) 线性相关.
3. 略.
4. 提示: 利用高阶线性非齐次微分方程通解的结构证明.

习题 7.5

1. (1) B; (2) B; (3) C.
2. (1) $y=C_1\cos x+C_2\sin x$; (2) $y=C_1+C_2e^{-x}$;
   (3) $y=C_1e^{-\frac{4}{3}x}+C_2e^{2x}$; (4) $y=e^x(C_1\cos 2x+C_2\sin 2x)+C_3+C_4x$.
3. $y=e^{2x}\sin 3x$.
4. $y''-4y'+4y=0$.

习题 7.6

1. (1) D; (2) D; (3) D.
2. (1) $C_1e^x+C_2e^{2x}+3xe^{2x}$; (2) $C_1e^x+C_2e^{2x}-\frac{1}{4}\sin 2x+\frac{3}{4}\cos 2x$;
   (3) $C_1e^x+C_2e^{2x}+3xe^{2x}-\frac{1}{4}\sin 2x+\frac{3}{4}\cos 2x$.
3. $f(x)=(\cos x+\sin x+e^2)/2$, 提示: 通过二次求导化为 $f''(x)+f(x)=e^x$, 初始条件 $f(0)=1, f'(0)=1$.
4. e^x.
5. $a=-3, b=2, c=-1$.
6. $f(x)=\left(\frac{3}{4}+\frac{1}{2}x\right)e^x+\frac{1}{4}e^{-x}$.

7. $H=\frac{m^2g}{k^2}\left(e^{-\frac{k}{m}t_0}-1\right)+\frac{mg}{k}t_0$.

习题 7.7

1. (1) 0; (2) $2x+1, 2$; (3) $3^x(2x^2+6x+3)$.

2. (1)一阶线性差分方程; (2)三阶线性差分方程; (3)一阶非线性差分方程.

3. $y_x=C7^x$.

4. $y_x=\frac{1}{9}5^x+C2^x$.

5. (1) $y_t=C(-1)^t$; (2) $y_t=C2^t-6(3+2t+t^2)$;

(3) $y_t=C-\frac{1}{2}t+\frac{1}{2}t^2$; (4) $y_t=C(-1)^t+\frac{1}{3}\cdot 2^t$;

6. (1) $y_t=\frac{5}{6}\left(-\frac{1}{2}\right)^t+\frac{1}{6}$; (2) $y_t=2+3t$;

7. (1) $y_t=4+C_1\left(\frac{1}{2}\right)^t+C_2\left(-\frac{7}{2}\right)^t, y_t=4+\frac{3}{2}\left(\frac{1}{2}\right)^t+\frac{1}{2}\left(-\frac{7}{2}\right)^t$;

(2) $y_t=\left(\sqrt{2}\right)^t\left(C_1\cos\frac{\pi}{4}t+C_2\sin\frac{\pi}{4}t\right), y_t=\left(\sqrt{2}\right)^t\cdot 2\cos\frac{\pi}{4}t$.

8. $y_t=C\alpha^t+\frac{I+\beta}{I-\alpha}, C_t=C\alpha^t+\frac{\alpha I+\beta}{I-\alpha}$.

9. $y_t=C(1+\gamma-\alpha\gamma)^t+\frac{\beta}{1-\alpha}$,

$C_t=C\alpha(1+\gamma-\alpha\gamma)^t+\frac{\beta}{1-\alpha}$, $I_t=C(1-\gamma)(1+\gamma-\alpha\gamma)^t$.

10. $Y_t=C\cdot\left(\frac{\delta\gamma}{\delta\gamma-\alpha}\right)^t-\frac{\beta}{\alpha}$,

$S_t=C\cdot\alpha\left(\frac{\delta\gamma}{\delta\gamma-\alpha}\right)^t$,

$I_t=C\cdot\frac{\alpha}{\delta}\left(\frac{\delta\gamma}{\delta\gamma-\alpha}\right)^t$.

11. $D_n(t)=C_1 2^x(ab+1+\sqrt{2ab+1})^x+C_2 2^x(ab+1-\sqrt{2ab+1})^x$.

总习题 7

1. (1) D; (2) D; (3) C.

2. (1) 三; (2) $xy=2$; (3) $y=\frac{1}{5}x^3+\sqrt{x}$; (4) $y=C_1+C_2x^{-2}$;

(5) $y''-2y'-3y=0$; (6) $y=a\sin 3x+b\cos 3x$;

(7) $y=C_1(x-1)+C_2(x^2-1)+1$; (8) $x^2+(xy')^2=4$.

3. (1) $x^a(y+b)^b=Ce^{y-x}$; (2) $x^2=y(x+C)$; (3) $(x-y)^2+2x=C$;

(4) $\sin(y+C_1)=C_2e^x$; (5) $y=e^t(C_1\cos 2t+C_2\sin 2t)$.

4. $y=\frac{x}{2-x}$.

5. $y=\mathrm{e}^{x}-\mathrm{e}^{-\frac{1}{2}+x+\mathrm{e}^{-x}}$.

6. (1)$y''-y=\sin x$;　　　　(2) $y=\mathrm{e}^{x}-\mathrm{e}^{-x}-\dfrac{1}{2}\sin x$.

7. 1.05 km.提示: $m\dfrac{\mathrm{d}v}{\mathrm{d}t}=-kv$, $v(t)=v_0\mathrm{e}^{-\frac{k}{m}t}$,

$$x=\int_0^{+\infty}v(t)\,\mathrm{d}t=-\frac{mv_0}{k}\mathrm{e}^{-\frac{k}{m}t}\Big|_0^{+\infty}=\frac{mv_0}{k}=1.05\,\mathrm{km}.$$

8. (1) $q(12)=q_0\mathrm{e}^{12k}=q_0\mathrm{e}^{12\frac{\ln 2}{4}}=8q_0$;　　　　(2) $q_0=1.25\times10^3$.

9. (1) 当$\alpha\neq\mathrm{e}^{\beta}$时, $y_t=C\alpha^2+\dfrac{1}{\mathrm{e}^{\beta}-\alpha}\mathrm{e}^{\beta t}$, 当$\alpha=\mathrm{e}^{\beta}$时, $y_t=C\alpha^2+t\mathrm{e}^{\beta(t-1)}$;

(2) $y_t=C(-3)^t+\left(-\dfrac{2}{25}+\dfrac{1}{5}t\right)\cdot2^t$.

10. (1) $y_t=3\left(-\dfrac{1}{2}\right)^t$;　　　　(2) $y_t=C(-7)^t+2$.

11. (1) $y_t=4t+C_1(-2)^t+C_2$, $y_t=4t+\dfrac{4}{3}(-2)^t-\dfrac{4}{3}$;

(2) $y_t=-\dfrac{7}{100}+\dfrac{1}{10}t+C_1(-1)^t+C_2(-4)^t$, $y_t=-\dfrac{7}{100}+\dfrac{1}{10}t+\dfrac{1}{12}(-1)^t-\dfrac{1}{75}(-4)^t$.

12. 每月需付 751.19 元, 共付利息 5 071.40 元.

第 8 章

习题 8.1

1. (1) IV;　　(2) III;　　(3) VIII;　　(4) VII.
2. (1) xOy 面;　　(2) xOz 面;　　(3) y 轴;　　(4) z 轴.
3. 坐标面$(a, b, -c)$, $(-a, b, c)$, $(a, -b, c)$; 坐标轴$(a, -b, -c)$, $(-a, b, -c)$, $(-a, -b, c)$; 原点$(-a, -b, -c)$.
4. (1)$|AB|=\sqrt{14}$; (2) $P(1, 0, 0)$;　　(3) M 点的轨迹方程为 $x-2y-1=0$.
5. (1) $|\boldsymbol{a}|=3$; $\cos\alpha=\dfrac{2}{3}$, $\cos\beta=\dfrac{2}{3}$, $\cos\gamma=-\dfrac{1}{3}$; $\boldsymbol{e_a}=\dfrac{2}{3}\boldsymbol{i}+\dfrac{2}{3}\boldsymbol{j}-\dfrac{1}{3}\boldsymbol{k}$.

   (2) $|\boldsymbol{b}|=\sqrt{3}$; $\cos\alpha=\dfrac{1}{3}$, $\cos\beta=\dfrac{1}{\sqrt{3}}$, $\cos\gamma=\dfrac{1}{\sqrt{3}}$; $\boldsymbol{e_b}=\dfrac{1}{\sqrt{3}}\boldsymbol{i}+\dfrac{1}{\sqrt{3}}\boldsymbol{j}+\dfrac{1}{\sqrt{3}}\boldsymbol{k}$.
6. $(2,\sqrt{2},4)$, $(2,\sqrt{2},2)$.

习题 8.2

1. (1) $\boldsymbol{a}\cdot\boldsymbol{b}=1$;　　(2) $(2\boldsymbol{a}+3\boldsymbol{b})\cdot(3\boldsymbol{a}-\boldsymbol{b})=28$.
2. (1) $(0, -8, -24)$; (2) $-\boldsymbol{j}-\boldsymbol{k}$.
3. $\cos\left(\overrightarrow{AB},\overrightarrow{CD}\right)=\dfrac{2}{\sqrt{41}}$; $\mathrm{Prj}_{\overrightarrow{CD}}\overrightarrow{AB}=2$.

4. $\pm\frac{1}{5}(4\boldsymbol{j}-3\boldsymbol{k})$.

5. $\sqrt{14}$.

6. $\frac{5}{2}$.

7. 略.

8. $\lambda=2\mu$.

习题 8.3

1. (1) 平行于 z 轴; (2)经过原点; (3)经过 x 轴.

2. $7x-3y+z-4=0$.

3. $x-3y-2z=0$.

4. $2x+3y+z-6=0$.

5. $x+3y=0$.

6. $2x+2y-3z=0$.

7. $\cos\alpha=\frac{1}{3}$; $\cos\beta=\frac{2}{3}$; $\cos\gamma=\frac{2}{3}$.

习题 8.4

1. $\frac{x-4}{2}=y+1=\frac{z-3}{5}$.

2. $\frac{x}{-2}=\frac{y-\frac{3}{2}}{1}=\frac{z-\frac{5}{2}}{3}$; $\begin{cases}x=-2t,\\ y=\frac{3}{2}+t,\\ z=\frac{5}{2}+3t.\end{cases}$

3. $8x-9y-22z-59=0$.

4. $\left(-\frac{5}{3},\frac{2}{3},\frac{2}{3}\right)$.

5. $\frac{x+3}{1}=\frac{y-5}{22}=\frac{z+9}{2}$.

6. $\frac{3}{2}\sqrt{2}$.

7. $\frac{x+1}{13}=\frac{y}{16}=\frac{z-1}{25}$.

8. $\frac{\pi}{2}$.

9. 0.

10. $\begin{cases}x+y-z-1=0,\\ x-2y+5z-8=0.\end{cases}$

习题 8.5

1. (1) 椭球面;　(2) 单叶双曲面;　(3) 双叶双曲面;　(4) 椭圆抛物面;　(5) 圆锥面.

2. (1) $y^2+z^2=5x$;　(2) $x^2+y^2+z^2=9$;　(3) $4x^2-9y^2-9z^2=36$; $4x^2+4z^2-9y^2=36$.

3. (1) 表示平行于 y 轴的一条直线; 表示一张平行于 yOz 面的平面.

   (2) 表示一条斜率是 1, 在 y 轴上的截距也是 1 的直线; 表示一张平行于 z 轴的平面.

   (3) 表示中心在原点, 半径是 4 的圆; 表示母线平行于 z 轴, 准线为 $x^2+y^2=4$ 的圆柱面.

   (4) 表示双曲线; 表示母线平行于 z 轴的双曲面.

4. 略.

5. $(x-1)^2+(y+2)^2=9$.

6. (1) $\left(x-\dfrac{a}{2}\right)^2+y^2=\left(\dfrac{a}{2}\right)^2$;　(2) $-\dfrac{x^2}{4}+\dfrac{y^2}{9}=1$;　(3) $\dfrac{x^2}{9}+\dfrac{z^2}{4}=1$;

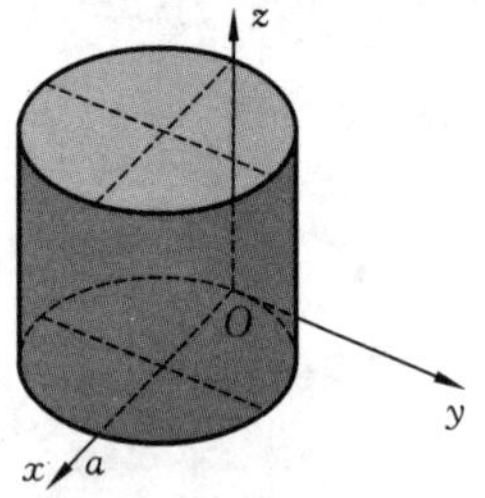

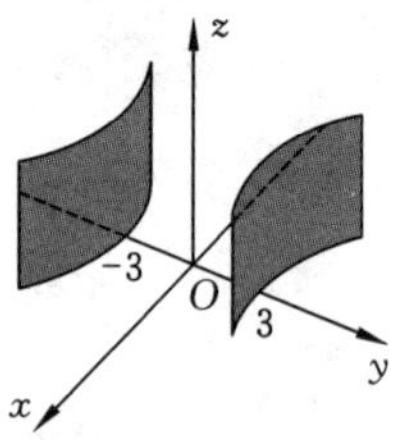

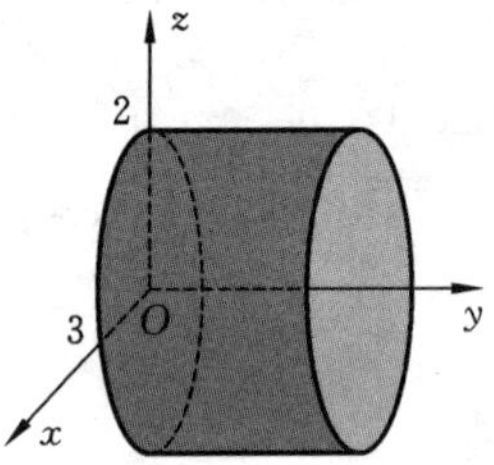

(4) $z=2-x^2$;　(5) $\dfrac{z}{3}=\dfrac{x^2}{4}+\dfrac{y^2}{9}$.

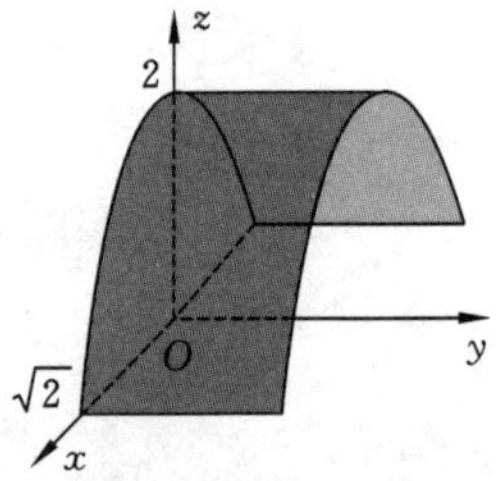

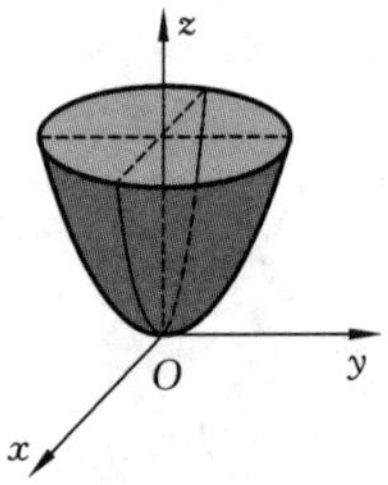

7. $z=\dfrac{x^2}{(2a)^2}-\dfrac{y^2}{(2b)^2}$, 为双曲抛物面.

习题 8.6

1. 略.

2. $\begin{cases} x=\dfrac{3}{\sqrt{2}}\cos t, \\ y=\dfrac{3}{\sqrt{2}}\cos t, \quad 0\leqslant t\leqslant 2\pi . \\ z=3\sin t, \end{cases}$

3. $\begin{cases} y^2+z^2-4z=0, \\ y^2+4x=0. \end{cases}$

4. xOy 面: $\begin{cases} x^2+y^2=a^2, \\ z=0; \end{cases}$ yOz 面: $\begin{cases} y=a\sin\dfrac{z}{b}, \\ x=0; \end{cases}$ xOz 面: $\begin{cases} x=a\cos\dfrac{z}{b}, \\ y=0. \end{cases}$

5. xOy 面: $\begin{cases} x^2+y^2\leqslant 4, \\ z=0; \end{cases}$ yOz 面: $\begin{cases} y^2\leqslant z\leqslant 4, \\ x=0; \end{cases}$ xOz 面: $\begin{cases} x^2\leqslant z\leqslant 4, \\ y=0. \end{cases}$

6. xOy 面: $\begin{cases} x^2+y^2\leqslant ax, \\ z=0; \end{cases}$ xOz 面: $\begin{cases} x^2+z^2\leqslant a^2, \\ y=0, \end{cases}$ $x\geqslant 0, z\geqslant 0$.

总习题 8

1. (1) $5\sqrt{2}$; (2) $d_x=\sqrt{34}$, $d_y=\sqrt{41}$, $d_z=5$;

(3) 到 xOy 面的距离 $d_1=5$, 到 xOz 面的距离 $d_2=3$, 到 yOz 面的距离 $d_3=4$.

2. $\pm 2(3\boldsymbol{i}-\boldsymbol{j}+\sqrt{15}\boldsymbol{k})$.

3. $\boldsymbol{a}=\pm 2\sqrt{2}(3\boldsymbol{i}+4\boldsymbol{j})$.

4. $r=1$.

5. $x-5y-3z-16=0$.

6. $x+y+z-2=0$.

7. $\left(\dfrac{27}{7},-\dfrac{3}{7},\dfrac{5}{7}\right)$.

8. $y^2+z^2=1+\dfrac{9}{4}(x-1)^2$, $\dfrac{7\pi}{4}$.

9. (1) xOy 面上的椭圆 $\dfrac{x^2}{4}+\dfrac{y^2}{9}=1$ 绕 x 轴旋转一周而形成的, 或是 xOz 面上的椭圆 $\dfrac{x^2}{4}+\dfrac{z^2}{9}=1$ 绕 x 轴旋转一周而形成的;

(2) xOy 面上的双曲线 $x^2-\dfrac{y^2}{4}=1$ 绕 y 轴旋转一周而形成的, 或是 yOz 面上的双曲线 $-\dfrac{y^2}{4}+z^2=1$ 绕 y 轴旋转一周而形成的;

(3) xOy 面上的双曲线 $x^2-y^2=1$ 绕 x 轴旋转一周而形成的, 或是 xOz 面上的双曲线 $x^2-z^2=1$ 绕 x 轴旋转一周而形成的;

(4) xOz 面上的曲线 $(z-a)^2=x^2$ 绕 z 轴旋转一周而形成的, 或是 yOz 面上的曲线 $(z-a)^2=y^2$ 绕 z 轴旋转一周而形成的.

10. $3x^2+2z^2=16$.

11. $\begin{cases} 2x^2-2x+y^2=8, \\ z=0. \end{cases}$

第 9 章

习题 9.1

1. (1) 闭区域, 无界; (2) 开区域, 有界.

2. 略.

3. (1) $\{(x,y)\mid y^2>4x-8\}$; (2) $\{(x,y)\mid x+y\geqslant 0, x-y>0\}$;

(3) $\{(x,y,z)\mid 1<x^2+y^2+z^2\leqslant 9\}$.

4. $\dfrac{x^2(1-y)}{1+y}$.

5. (1)ln2; (2) 0; (3) 2; (4) 3; (5) 0.

6. 略.

7. (1) $\{(x,y)\mid x^2-y^2=1\}$; (2) $\{(x,y)\mid y^2<2x\}$.

8. 在除原点以外的点处连续.

习题 9.2

1. (1) $\dfrac{\partial f}{\partial x}=3y$, $\dfrac{\partial f}{\partial y}=3x-8y^3$; (2) $\dfrac{\partial f}{\partial x}=\mathrm{e}^{3y}$, $\dfrac{\partial f}{\partial y}=3x\mathrm{e}^{3y}$;

(3) $\dfrac{\partial z}{\partial x}=-\dfrac{y}{x^2}+\dfrac{1}{y}$, $\dfrac{\partial z}{\partial y}=\dfrac{1}{x}-\dfrac{x}{y^2}$;

(4) $\dfrac{\partial z}{\partial x}=\dfrac{1}{\sqrt{x^2+y^2}}$, $\dfrac{\partial z}{\partial y}=\dfrac{y}{\sqrt{x^2+y^2}}\cdot\dfrac{1}{x+\sqrt{x^2+y^2}}$;

(5) $\dfrac{\partial z}{\partial x}=-\dfrac{2}{y}\csc\dfrac{2x}{y}$, $\dfrac{\partial z}{\partial y}=-\dfrac{2x}{y^2}\csc\dfrac{2x}{y}$;

(6) $\dfrac{\partial u}{\partial x}=-\dfrac{z(x-y)^{z-1}}{1+(x-y)^{2z}}$, $\dfrac{\partial u}{\partial y}=-\dfrac{z(x-y)^{z-1}}{1+(x-y)^{2z}}$, $\dfrac{\partial u}{\partial z}=\dfrac{(x-y)^z\ln(x-y)}{1+(x-y)^{2z}}$;

(7) $\dfrac{\partial z}{\partial x}=y[\cos(xy)-\sin(2xy)]$, $\dfrac{\partial z}{\partial y}=x[\cos(xy)-\sin(2xy)]$;

(8) $\dfrac{\partial s}{\partial u}=v^2(1+uv)^{v-1}$, $\dfrac{\partial s}{\partial \upsilon}=(1+uv)^v\left[\ln(1+uv)+\dfrac{uv}{1+uv}\right]$;

(9) $\dfrac{\partial f}{\partial x}=\cos x^2$; $\dfrac{\partial f}{\partial y}=-\cos y^2$;

(10) $\dfrac{\partial f}{\partial x}=-z\mathrm{e}^{x^2y^2}$, $\dfrac{\partial f}{\partial y}=z\mathrm{e}^{y^2z^2}$, $\dfrac{\partial f}{\partial z}=y\mathrm{e}^{y^2z^2}-x\mathrm{e}^{x^2z^2}$.

2. 1.

3. −2.

4. 略.

5. $\dfrac{\pi}{4}$.

6. (1) $\dfrac{\partial^2 z}{\partial x^2}=y^4\mathrm{e}^{xy^2}$, $\dfrac{\partial^2 z}{\partial x\partial y}=2y\mathrm{e}^{xy^2}+2xy^3\mathrm{e}^{xy^2}$, $\dfrac{\partial^2 z}{\partial y^2}=2x\mathrm{e}^{xy^2}+4x^2y^2\mathrm{e}^{xy^2}$;

(2) $\dfrac{\partial^2 z}{\partial x^2}=-2\cos(2x+4y)$; $\dfrac{\partial^2 z}{\partial x\partial y}=-4\cos(2x+4y)$; $\dfrac{\partial^2 z}{\partial y^2}=-8\cos(2x+4y)$.

7. 0, 4, 4, 0.

8. 略.

9. 略.

习题 9.3

1. (1) $dz = ydx+(x+2y)dy$; (2) $dz = -e^y\sin x dx + e^y\cos x dy$;

(3) $dz = \left(\frac{1}{y}+\frac{y}{1+x^2y^2}\right)dx + \left(-\frac{x}{y^2}+\frac{x}{1+x^2y^2}\right)dy$;

(4) $du = \frac{x}{x^2+y^2}dx + \frac{y}{x^2+y^2}dy$;

(5) $du = \cos(xyz)(yzdx + xzdy + xydz)$;

(6) $dw = \frac{1}{(x^2+y^2)^{\frac{3}{2}}}(-xydx + x^2dy)$.

2. $dz = -6dx-4dy$.

3. (1) $dz = \frac{1}{y}dx - \frac{x}{y^2}dy$; (2) $\Delta z \approx -0.0098$, $dz = -0.01$.

4. 略.

5. 2.039.

6. 0.124 cm.

习题 9.4

1. $\frac{dz}{dt} = e^{\sin t - 2t^3}(\cos t - 6t^2)$.

2. $\frac{dw}{dt} = ye^t + (x+z^2-2yz)e^t\sin t + (x+z^2+2yz)e^t\cos t$.

3. $\frac{\partial z}{\partial \rho} = (2xy-y^2)\cos\theta + (x^2-2xy)\sin\theta$;

$\frac{\partial z}{\partial \theta} = (x^2-2xy)\rho\cos\theta + (y^2-2xy)\rho\sin\theta$.

4. $\frac{\partial z}{\partial s} = \frac{4st+\ln t}{1+(2x+y)^2}$; $\frac{\partial z}{\partial t} = \frac{2s^2t+s}{t[1+(2x+y)^2]}$.

5. 85, 178, 54.

6. $\frac{\partial w}{\partial u} = (2v+x-2xz)e^{y-z^2}$, $\frac{\partial w}{\partial v} = (2u-x-2xz)e^{y-z^2}$.

7. (1) $\frac{\partial u}{\partial r} = 2f_1' - 4f_2'$, $\frac{\partial u}{\partial s} = -f_1' + 2sf_2'$;

(2) $\frac{\partial u}{\partial x} = \frac{1}{y}f_1'$, $\frac{\partial u}{\partial y} = -\frac{x}{y^2}f_1' + \frac{1}{z}f_2'$, $\frac{\partial u}{\partial z} = -\frac{y}{z^2}f_2'$;

(3) $\frac{\partial u}{\partial x} = 2xf_1' + xe^{xz}f_2'$, $\frac{\partial u}{\partial y} = 2yf_1'$, $\frac{\partial u}{\partial z} = f_3' + xe^{xz}f_2'$;

(4) $\frac{\partial z}{\partial x} = \frac{3xf_1' - f(3x-y,\cos y)}{x^2}$, $\frac{\partial z}{\partial y} = -\frac{f_1' + f_2'\sin y}{x}$.

8. $\frac{\partial z}{\partial x} = -\frac{y}{x^2}f'\left(\frac{y}{x}\right) + y\varphi'(xy)$, $\frac{\partial z}{\partial y} = \frac{1}{x}f'\left(\frac{y}{x}\right) + x\varphi'(xy)$.

9. 62.

10. 略.

11. (1) $\dfrac{\partial^2 z}{\partial x^2}=2f'+4x^2f''$, $\dfrac{\partial^2 z}{\partial y^2}=2f'+4y^2f''$, $\dfrac{\partial^2 z}{\partial x\partial y}=4xyf''$;

(2) $\dfrac{\partial^2 z}{\partial x^2}=2yf_2'+y^4f_{11}''+4xy^3f_{12}''+4x^2y^2f_{22}''$,

$\dfrac{\partial^2 z}{\partial y^2}=2xf_1'+4x^2y^2f_{11}''+4x^3yf_{12}''+x^4f_{22}''$,

$\dfrac{\partial^2 z}{\partial x\partial y}=2xf_1'+2xf_2'+2xy^3f_{11}''+5x^2y^2f_{12}''+2x^3yf_{22}''$;

(3) $\dfrac{\partial^2 z}{\partial x^2}=\mathrm{e}^{x+y}f_3'-\sin xf_1'+\cos^2 xf_{11}''+2\mathrm{e}^{x+y}\cos xf_{13}''+\mathrm{e}^{2(x+y)}f_{33}''$,

$\dfrac{\partial^2 z}{\partial y^2}=\mathrm{e}^{x+y}f_3'-\cos yf_2'+\sin^2 yf_{22}''-2\mathrm{e}^{x+y}\sin yf_{23}''+\mathrm{e}^{2(x+y)}f_{33}''$,

$\dfrac{\partial^2 z}{\partial x\partial y}=\mathrm{e}^{x+y}f_3'-\cos x\sin yf_{12}''+\mathrm{e}^{x+y}\cos xf_{13}''-\mathrm{e}^{x+y}\sin yf_{32}''+\mathrm{e}^{2(x+y)}f_{33}''$.

12. $\dfrac{\partial^2 z}{\partial x\partial y}=x\mathrm{e}^{2y}f_{11}''+\mathrm{e}^{y}f_{13}''+x\mathrm{e}^{y}f_{21}''+f_{23}''+\mathrm{e}^{y}f_1'$.

13. 2 ℃/s.

14. 略.

习题 9.5

1. $\dfrac{\mathrm{d}y}{\mathrm{d}x}=\dfrac{y^2}{1-xy}$.

2. $\dfrac{\partial z}{\partial x}=\dfrac{1+y^2z^2}{1+y+y^2z^2}$; $\dfrac{\partial z}{\partial y}=\dfrac{-z}{1+y+y^2z^2}$.

3. $\dfrac{\partial x}{\partial y}=-\dfrac{2y}{2x-4}$; $\dfrac{\partial x}{\partial z}=-\dfrac{2z}{2x-4}$.

4. $\mathrm{d}z=\dfrac{\left[yf\left(\dfrac{z}{x}\right)-2x\right]\mathrm{d}x+\left[xf\left(\dfrac{z}{x}\right)-2y\right]\mathrm{d}y}{2z-yf'\left(\dfrac{z}{x}\right)}$.

5. $-\dfrac{1}{5}$.

6. $\dfrac{\partial^2 z}{\partial x^2}=\dfrac{2y^2z\mathrm{e}^z-2xy^3z-y^2z^2\mathrm{e}^z}{(\mathrm{e}^z-xy)^3}$.

7. 略.

8. (1) $\dfrac{\mathrm{d}y}{\mathrm{d}x}=-\dfrac{x(6z+1)}{2y(3z+1)}$, $\dfrac{\mathrm{d}z}{\mathrm{d}x}=\dfrac{x}{3z+1}$;

(2) $\dfrac{\partial u}{\partial y}=\dfrac{-uf_1'(2xvg_2'-1)-f_2'g_1'}{(yf_1'-1)(2xvg_2'-1)-f_2'g_1'}$, $\dfrac{\partial v}{\partial y}=\dfrac{g_1'(yf_1'+uf_1'-1)}{(yf_1'-1)(2xvg_2'-1)-f_2'g_1'}$.

9. 略.

习题 9.6

1. 切线方程 $\dfrac{x-\frac{1}{2}}{1}=\dfrac{y-2}{-4}=\dfrac{z-1}{8}$；法平面方程 $2x-8y+16z-1=0$.

2. $(-1, 1, -1)$或$\left(-\dfrac{1}{3},\dfrac{1}{9},-\dfrac{1}{27}\right)$.

3. 切线方程 $\dfrac{x-1}{1}=\dfrac{y-1}{-1}=\dfrac{z+2}{0}$；法平面方程 $x-y=0$.

4. 切平面方程 $2x-4y-z=3$；法线方程 $\dfrac{x-1}{2}=\dfrac{y+1}{-4}=\dfrac{z-3}{-1}$.

5. 切平面方程 $x+2y-4=0$；法线方程 $\dfrac{x-2}{1}=\dfrac{y-1}{2}=\dfrac{z}{0}$.

6. $x+4y+6z=21, x+4y+6z=-21$.

7. 略.

8. 略.

9. 略.

习题 9.7

1. $\dfrac{\sqrt{5}}{5}$.

2. $\dfrac{1}{\sqrt{3}}$.

3. $-2\sqrt{14}$.

4. $\boldsymbol{i}$ 或 $\dfrac{4}{5}\boldsymbol{i}-\dfrac{3}{5}\boldsymbol{j}$.

5. 5.

6. $3\boldsymbol{i}-2\boldsymbol{j}-6\boldsymbol{k}$; $6\boldsymbol{i}+3\boldsymbol{j}$.

7. $4\boldsymbol{i}+8\boldsymbol{j}$; $y=2x-3$.

8. $\dfrac{1}{\sqrt{21}}(2\boldsymbol{i}-4\boldsymbol{j}+\boldsymbol{k})$；$\sqrt{21}$.

9. (1) $\dfrac{32}{\sqrt{3}}$；　(2) $(38, 6, 12)$, $2\sqrt{406}$.

习题 9.8

1. 极大值 $f(2,-2)=8$.

2. 极小值 $f\left(\dfrac{1}{2},-1\right)=-\dfrac{\mathrm{e}}{2}$.

3. 极大值 $f(2k\pi, 0)=2\ (k\in \mathbf{Z})$.

4. 极小值 $f\left(\dfrac{ab^2}{a^2+b^2},\dfrac{a^2b}{a^2+b^2}\right)=\dfrac{a^2b^2}{a^2+b^2}$.

5. 最大值 $f(4,0)=16$；最小值 $f(1,2)=-3$.

6. 最远点$\left(-\frac{12}{5},-\frac{3}{5}\right)$；最近点$\left(\frac{12}{5},\frac{3}{5}\right)$.

7. 当两直角边都是$\frac{l}{\sqrt{2}}$时，可得最大周长.

8. 当矩形的边长为$\frac{C}{3}$及$\frac{C}{6}$时，绕短边旋转所得圆柱体的体积最大.

9. 当长、宽、高都是$\frac{2a}{\sqrt{3}}$时，可得最大体积.

总习题 9

1. (1) 充分; (2) 必要; (3) $\{(x,y)|x+y>0, x+y\neq 1\}$; (4) e^y; (5) ye^y;
   (6) 0; (7) x; (8) $\frac{3\pi}{4}$; (9) $1-2x$.

2. (1) C; (2) B; (3) C; (4) C; (5) B.

3. (1) $\frac{\partial^2 z}{\partial x^2}=\frac{2(y-x^2)}{(y+x^2)^2}$，$\frac{\partial^2 z}{\partial x\partial y}=\frac{\partial^2 z}{\partial y\partial x}=-\frac{2x}{(y+x^2)^2}$，$\frac{\partial^2 z}{\partial y^2}=-\frac{1}{(y+x^2)^2}$；
   (2) $\frac{\partial^2 z}{\partial x^2}=y(y-1)x^{y-2}$，$\frac{\partial^2 z}{\partial x\partial y}=\frac{\partial^2 z}{\partial y\partial x}=x^{y-1}(1+y\ln x)$，$\frac{\partial^2 z}{\partial y^2}=x^y(\ln x)^2$.

4. $\pi^2 e^{-2}$.

5. $\Delta z=0.02$; $dz=0.03$.

6. $\frac{\partial z}{\partial x}=yf_1'+2f_2'$；$\frac{\partial^2 z}{\partial x\partial y}=f_1'+xyf_{11}''+(2x-3y)f_{12}''-6f_{22}''$.

7. $dz=\frac{2x-\varphi'}{1+\varphi'}dx+\frac{2y-\varphi'}{1+\varphi'}dy$；$\frac{\partial u}{\partial x}=-\frac{2(2x+1)\varphi''}{(1+\varphi')^3}$.

8. $\frac{\partial z}{\partial x}=e^{-u}(v\cos v-u\sin v)$；$\frac{\partial z}{\partial y}=e^{-u}(u\cos v+v\sin v)$.

9. $(-3,-1,3)$; $\frac{x+3}{1}=\frac{y+1}{3}=\frac{z-3}{1}$.

10. $\frac{\sqrt{2a^2+2b^2}}{ab}$.

11. (1) $\boldsymbol{i}+\boldsymbol{j}$, $\sqrt{2}$； (2) $-\boldsymbol{i}-\boldsymbol{j}$, $-\sqrt{2}$； (3) $\boldsymbol{i}-\boldsymbol{j}$ 或 $-\boldsymbol{i}+\boldsymbol{j}$.

12. $p=\dfrac{c_0-k\ln M+\frac{1}{a}-k}{1-ak}$.

第 10 章

习题 10.1

1. $\iint\limits_{x^2+y^2\leqslant 1} f^2(xy)\mathrm{d}\sigma$.

2. 4.

3. (1) $\iint\limits_D \ln(x+y)\mathrm{d}x\mathrm{d}y \geqslant \iint\limits_D [\ln(x+y)]^2\mathrm{d}x\mathrm{d}y$;

(2) $\iint\limits_D \ln(x+y)\mathrm{d}x\mathrm{d}y \leqslant \iint\limits_D [\ln(x+y)]^2\mathrm{d}x\mathrm{d}y$.

4. (1) $0 \leqslant I \leqslant 2$; (2) $36\pi \leqslant I \leqslant 100\pi$.

5. (1) $\frac{1}{6}$; (2) $\frac{1}{3}\pi a^3$.

6. $4f(0,0)$. 提示: 利用积分中值定理.

习题 10.2

1. (1) $\int_0^1 \mathrm{d}y\int_{y-1}^{1-y} f(x,y)\mathrm{d}x$; (2) $\int_0^1 \mathrm{d}x\int_{x-1}^{1-x} f(x,y)\mathrm{d}y$;

(3) $\int_1^2 \mathrm{d}x\int_{\frac{x}{2}}^{1+x^2} f(x,y)\mathrm{d}y$; (4) $\int_{-1}^2 \mathrm{d}y\int_{y^2}^{y+2} f(x,y)\mathrm{d}x$.

2. (1) $\int_0^1 \mathrm{d}x\int_x^1 f(x,y)\mathrm{d}y$; (2) $\int_{-1}^0 \mathrm{d}y\int_{-2\arcsin y}^{\pi} f(x,y)\mathrm{d}x + \int_0^1 \mathrm{d}y\int_{\arcsin y}^{\pi-\arcsin y} f(x,y)\mathrm{d}x$;

(3) $\int_0^1 \mathrm{d}y\int_{1-\sqrt{1-y^2}}^{2-y} f(x,y)\mathrm{d}x$; (4) $\int_0^x \mathrm{d}v\int_v^x f(v)\mathrm{d}u$.

3. (1) $\frac{6}{55}$; (2) $\frac{13}{6}$; (3) $\frac{2}{5}$; (4) $\frac{2}{3}$; (5) $\frac{6}{5}$.

4. (1) $\frac{1}{2}(1-\cos 4)$; (2) $\frac{1}{2}(1-\mathrm{e}^{-4})$. 提示: 交换积分次序.

5. (1) $\int_0^{\frac{\pi}{2}} \mathrm{d}\theta\int_{(\cos\theta+\sin\theta)^{-1}}^1 f(r\cos\theta, r\sin\theta)r\mathrm{d}r$; (2) $\int_{\frac{\pi}{4}}^{\frac{\pi}{3}} \mathrm{d}\theta\int_0^{2\sec\theta} f(r)r\mathrm{d}r$;

(3) $\int_{-\frac{\pi}{2}}^{\frac{\pi}{2}} \mathrm{d}\theta\int_0^1 r^2\cos\theta f(\theta)\mathrm{d}r$; (4) $\int_0^{\frac{\pi}{4}} \mathrm{d}\theta\int_{\sec\theta\tan\theta}^{\sec\theta} f(r\cos\theta, r\sin\theta)r\mathrm{d}r$.

6. (1) $-6\pi^2$; (2) $\frac{\pi}{4}(2\ln 2-1)$; (3) $2-\frac{\pi}{2}$; (4) $\frac{3}{64}\pi^2$.

7. $I = \iint\limits_D \frac{1}{1+x^2+y^2}\mathrm{d}x\mathrm{d}y = \pi\ln 2$. 提示: 利用对称性.

8. (1) $f'(t) - 2\pi t f(t) = 2\pi t\mathrm{e}^{\pi t^2}$; (2) $f(t) = \mathrm{e}^{\pi t^2}(\pi t^2+1)$.

9. $\text{原式} = \lim\limits_{t\to 0^+}\dfrac{\int_0^{2\pi}\mathrm{d}\theta\int_0^t f(r)r\mathrm{d}r}{\frac{2}{3}\pi t^3} = \lim\limits_{t\to 0^+}\dfrac{2\pi\int_0^t f(r)r\mathrm{d}r}{\frac{2}{3}\pi t^3} = \cdots$.

习题 10.3

1. (1) $\int_0^1 \mathrm{d}x\int_0^{1-x}\mathrm{d}y\int_0^{xy} f(x,y,z)\mathrm{d}z$; (2) $\int_{-1}^1 \mathrm{d}x\int_{-\sqrt{1-x^2}}^{\sqrt{1-x^2}}\mathrm{d}y\int_{x^2+y^2}^1 f(x,y,z)\mathrm{d}z$;

(3) $\int_{-1}^1 \mathrm{d}x\int_{-\sqrt{1-x^2}}^{\sqrt{1-x^2}}\mathrm{d}y\int_{x^2+2y^2}^{2-x^2} f(x,y,z)\mathrm{d}z$; (4) $\int_0^a \mathrm{d}x\int_0^{b\sqrt{1-x^2/a^2}}\mathrm{d}y\int_0^{xy/c} f(x,y,z)\mathrm{d}z$.

2. (1) 3; (2) $\frac{1}{2}\left(\ln 2-\frac{5}{8}\right)$; (3) $\frac{1}{180}$; (4) 0; (5) $\frac{\pi}{4}-\frac{1}{2}$.

3. (1) $\frac{\pi a^2 b^2}{4}$; (2) $-\frac{44}{5}\pi$. 提示: 用“先二后一”法.

4. (1) $\frac{7}{12}\pi$; (2) 8π.

5. (1) $\frac{\pi}{10}$; (2) $\frac{1}{48}$.

6. (1) $\frac{59}{480}\pi R^5$; (2) $\frac{3}{2}\pi$.

习题 10.4

1. D.
2. $\sqrt{2}\pi$.
3. $\left(0,0,\frac{3}{8}c\right)$.
4. $\sqrt{\frac{2}{3}}R$.
5. $\frac{72}{5}\rho$.
6. $\frac{28}{9}$.
7. $\boldsymbol{F}=\left(0,0,2\pi Ga\rho\left(\frac{1}{\sqrt{R_2^2+a^2}}-\frac{1}{\sqrt{R_1^2+a^2}}\right)\right)$.

总习题 10

1. (1) A; (2) A; (3) B; (4) C; (5) C.
2. (1) $\int_0^2 dx\int_0^{1-x} f(x,y)dy$; (2) 8π; (3) 36; (4) 0; (5) 4; (6) $\frac{4}{15}\pi$.
3. 提示: 本题积分区域为全平面, 但只有当$0\leqslant x\leqslant 1$, $0\leqslant y-x\leqslant 1$时, 被积函数才不为零,

$$I=\iint\limits_{0\leqslant x\leqslant 1,0\leqslant y-x\leqslant 1} a^2 dxdy = a^2\int_0^1 dx\int_x^{x+1} dy = a^2 .$$

4. $\frac{1}{2}A^2$.
5. 提示: 交换积分次序.
6. $\frac{7}{8}$. 提示: 首先应设法去掉取整函数符号, 为此将积分区域分为两部分即可. 令

$$D_1=\{(x,y)\,|\,0\leqslant x^2+y^2<1, x\geqslant 0, y\geqslant 0\},$$
$$D_2=\{(x,y)\,|\,1\leqslant x^2+y^2\leqslant\sqrt{2}, x\geqslant 0, y\geqslant 0\},$$

则

$$\iint\limits_D xy[1+x^2+y^2]dxdy=\iint\limits_{D_1} xydxdy+2\iint\limits_{D_2} xydxdy .$$

7. $\frac{250}{3}\pi$.

第 11 章

习题 11.1

1. (1) 4π; (2) 4.

2. (1) $M=\int_L \rho(x,y)\mathrm{d}s$; (2) $I_x=\int_L y^2\rho(x,t)\mathrm{d}s$; (3) $\bar{x}=\dfrac{\int_L x\rho(x,y)\mathrm{d}s}{\int_L \rho(x,y)\mathrm{d}s}$.

3. (1) $2(\pi-4)$; (2) $9\sqrt{6}$; (3) 2; (4) $2a^2$.

4. 质心在扇形的对称轴上且与圆心距离为$\dfrac{R\sin\varphi}{\varphi}$.

5. $I_z=\dfrac{2}{3}\pi a^2\sqrt{a^2+k^2}(3a^2+4\pi^2k^2)$.

习题 11.2

1. (1) ①1; ②1; ③1. (2) $I=\int_a^b \mathrm{e}^{f(x,0)}\mathrm{d}x$.

2. (1) 0; (2) $\dfrac{4}{3}$; (3) 0.

3. $\dfrac{1}{2}$.

4. $-\dfrac{8}{15}$.

5. (1) $\int_L \dfrac{P(x,y)+2xQ(x,y)}{\sqrt{1+4x^2}}\mathrm{d}s$; (2) $\int_L\left[\sqrt{2x-x^2}P(x,y)+(1-x)Q(x,y)\right]\mathrm{d}s$.

习题 11.3

1. 0.
2. $\dfrac{16}{15}$.
3. $-\dfrac{12}{7}$.
4. 当 $0<R<1$ 时, 0; 当 $R>1$ 时, π.
5. 略.
6. $\dfrac{1}{3}x^3+x^2y-xy^2-\dfrac{1}{3}y^3+C$.
7. $a=1, b=0$, $\dfrac{1}{2}\ln(x^2+y^2)+\arctan\dfrac{x}{y}+C$.
8. $\dfrac{3}{8}\pi a^2$.

习题 11.4

1. (1) $4\pi R^4$; (2) $I_x=\iint\limits_{\Sigma}(y^2+z^2)\rho(x,y,z)\mathrm{d}S$; (3) $\iint\limits_{D}f[x,y,z(x,y)]\sqrt{1+z_x^2+z_y^2}\,\mathrm{d}x\mathrm{d}y$.

2. (1) $-\dfrac{27}{4}$; (2) $\dfrac{2\pi}{15}\left(25\sqrt{5}+1\right)$; (3) 0.

3. $\dfrac{2\pi}{15}\left(6\sqrt{3}+1\right)$.

4. $\left(0,0,\dfrac{4a}{3\pi}\right)$.

5. π.

习题 11.5

1. (1) ①0; ②$\dfrac{4}{3}\pi R^3$; ③0. (2) $\iint\limits_{\Sigma}(-z_xP-z_yQ+R)\mathrm{d}x\mathrm{d}y$.

2. (1) $\dfrac{1}{8}$; (2) -8π; (3) $\dfrac{1}{12}abc(a+b+c)$.

3. $\iint\limits_{\Sigma}\dfrac{2xP+2yQ+R}{\sqrt{1+4x^2+4y^2}}\mathrm{d}S$.

习题 11.6

1. (1) $4\pi a^2$; (2) $2V$.

2. $2\pi R^3$.

3. $\dfrac{\pi}{2}$.

4. $-\dfrac{\pi}{2}$.

5. $\dfrac{93}{5}(2-\sqrt{2})\pi$.

习题 11.7

1.(1) $-\sqrt{3}\,\pi R^2$; (2) -2π.

总习题 11

1. $\sqrt{2}+1$.

2. (1) $2\pi a^{2n+1}$; (2) $\mathrm{e}^a\left(2+\dfrac{\pi}{4}a\right)-2$; (3) 9.

3. $\dfrac{7}{3}$.

4. (1) $-\frac{\pi}{2}a^3$; (2) -2π; (3) 13.

5. $\frac{\pi ma^2}{8}$.

6. $-\frac{\sqrt{2}}{2}\arctan\frac{\sqrt{2}y}{x}$.

7. (1) $I_x=\int_L y^2\rho(x,y)\mathrm{d}s, I_y=\int_L x^2\rho(x,y)\mathrm{d}s$;

(2) $\overline{x}=\frac{\int_L x\rho(x,y)\mathrm{d}s}{\int_L \rho(x,y)\mathrm{d}s}$, $\overline{y}=\frac{\int_L y\rho(x,y)\mathrm{d}s}{\int_L \rho(x,y)\mathrm{d}s}$.

8. 236.

9. 0.

10. $-\cos 2x\sin 3y$.

11. (1) $-\frac{27}{4}$; (2) $\frac{64}{15}\sqrt{2}a^4$.

12. $\frac{2\pi}{15}(6\sqrt{3}+1)$.

13. $\frac{\pi R^3}{6}$.

14. (1) $\frac{3}{2}\pi$; (2) $\frac{1}{8}$.

15. $\frac{12}{5}\pi a^5$.

16. 提示: 令 $F(x,y)=\frac{1}{2}\int_0^{x^2+y^2}f(t)\mathrm{d}t$, 则 $\mathrm{d}F=f(x^2+y^2)(x\mathrm{d}x+y\mathrm{d}y)$.

17. $I_x=\frac{\pi a}{4}(2h^2+a^2)\sqrt{a^2+h^2}$.

18. $\Phi=0$.

第 12 章

习题 12.1

1. (1) $\frac{1}{1\cdot 2}+\frac{1}{2\cdot 3}+\frac{1}{3\cdot 4}+\frac{1}{4\cdot 5}+\frac{1}{5\cdot 6}+\cdots$;

(2) $\frac{1+\sin 1}{1^2}+\frac{1+\sin 2}{2^2}+\frac{1+\sin 3}{3^2}+\frac{1+\sin 4}{4^2}+\frac{1+\sin 5}{5^2}+\cdots$;

(3) $\frac{1}{2}+\frac{1\cdot 3}{2\cdot 4}+\frac{1\cdot 3\cdot 5}{2\cdot 4\cdot 6}+\frac{1\cdot 3\cdot 5\cdot 7}{2\cdot 4\cdot 6\cdot 8}+\frac{1\cdot 3\cdot 5\cdot 7\cdot 9}{2\cdot 4\cdot 6\cdot 8\cdot 10}+\cdots$;

(4) $-\frac{1}{5}+\frac{1}{5^2}-\frac{1}{5^3}+\frac{1}{5^4}-\frac{1}{5^5}+\cdots$.

2. (1) $\frac{1}{2n-1}$; (2) $(-1)^{n-1}\frac{n}{n+1}$; (3) $(-1)^n\frac{x^{2n-1}}{2n}$.

3. (1)发散; (2)收敛; (3)发散.

4. (1)发散; (2)收敛; (3)发散.

5. (1)发散; (2)收敛, 和为 $3s-u_1$.

习题 12.2

1. (1) 发散; (2) 发散; (3) 收敛; (4) 收敛; (5) 收敛; (6) 收敛.
2. (1) 发散; (2) 收敛; (3) 收敛; (4) 收敛.
3. (1) 收敛; (2) 收敛; (3) 发散; (4) 发散; (5) 收敛; (6) 收敛.
4. (1) 绝对收敛; (2) 发散; (3) 绝对收敛; (4) 条件收敛; (5) 绝对收敛; (6) 条件收敛.
5. 提示: 证明无穷级数 $\sum_{n=1}^{\infty}\frac{n!}{n^n}$ 和 $\sum_{n=1}^{\infty}\frac{3^n}{n!}$ 收敛.
6. 略.

习题 12.3

1. (1) $(-\infty,-1)\cup(1,+\infty)$; (2) $(0,+\infty)$; (3) $(-\infty,+\infty)$.
2. (1) $R=1$; (2) $R=1$; (3) $\mathrm{R}=\frac{1}{3}$; (4) $R=1$; (5) $R=4$; (6) $R=2$.
3. (1) $[-3,3)$; (2) $[-5,3)$; (3) $(-\infty,+\infty)$; (4) $\left(-\infty,-\frac{1}{2}\right)\cup\left(\frac{1}{2},+\infty\right)$.
4. $2x\arctan x-\ln(1+x^2)$.
5. $3\mathrm{e}^2$.

习题 12.4

1. (1) $\sum_{n=0}^{\infty}(-1)^n\frac{x^{2n}}{n!}$; (2) $1-\sum_{n=0}^{\infty}\frac{(2n-3)!!}{2n!!}x^{2n}$; (3) $-\frac{\pi}{4}+\sum_{n=0}^{\infty}\frac{(-1)^{n+1}}{3^{2n+1}}\frac{x^{2n+1}}{2n+1}$;

   (4) $x+\sum_{n=1}^{\infty}\frac{(-1)^n(2n-1)!!}{(2n)!!}\cdot\frac{x^{2n+1}}{2n+1}$.
2. $\sum_{n=0}^{\infty}\frac{(-1)^n}{(n+1)!}x^{n+1},\ x\in(-\infty,+\infty)$.
3. $\sum_{n=0}^{\infty}(-1)^n(x-1)^n$.
4. $\sum_{n=0}^{\infty}\left(\frac{1}{2^{n+1}}-\frac{1}{3^{n+1}}\right)(x+4)^n$.
5. $y=x+\sum_{n=2}^{\infty}\frac{1}{n(n-1)}x^n$.

习题 12.5

1. $a_n=\alpha_n,\ b_n=-\beta_n$.

   $a_n=\frac{1}{\pi}\int_{-\pi}^{\pi}\varphi(x)\cos nx\mathrm{d}x=\frac{1}{\pi}\int_{\pi}^{-\pi}\varphi(-t)\cos(-nt)\mathrm{d}(-t)=\frac{1}{\pi}\int_{-\pi}^{\pi}\varphi(-x)\cos nx\mathrm{d}x=\frac{1}{\pi}\int_{-\pi}^{\pi}\psi(x)\cos nx\mathrm{d}x\ (n=0,1,2,\cdots)$.

2. $A(-\pi)+B=a$，$A\pi+B=b$，即 $A=\dfrac{b-a}{2\pi}$，$B=\dfrac{b+a}{2}$.

3. (1) $\pi+\sum_{n=1}^{\infty}(-1)^{n+1}\dfrac{2}{n}\sin nx$；　(2) $\dfrac{\pi}{4}+\sum_{n=1}^{\infty}\left\{\dfrac{1}{n^2\pi}[(-1)^n-1]\cos nx+\dfrac{1}{n}\sin nx\right\}$；

(3) $\dfrac{1}{\pi}-\dfrac{2}{\pi}\sum_{n=1}^{\infty}\dfrac{1}{4n^2-1}\cos 2nx$；(4) $\dfrac{2}{\pi}-\dfrac{4}{\pi}\sum_{n=1}^{\infty}\dfrac{1}{4n^2-1}\cos 2nx$；(5) $\dfrac{8}{\pi}\sum_{n=1}^{\infty}\dfrac{(-1)^{n+1}n}{4n^2-1}\sin nx$.

习题 12.6

1. (1) $\sum_{n=1}^{\infty}\dfrac{8}{n^2\pi^2}\sin\dfrac{n\pi}{2}\sin\dfrac{n\pi x}{2}$；(2) $\sum_{n=1}^{\infty}\left\{\dfrac{(-1)^{n+1}}{n\pi}+\dfrac{2[1-(-1)^n]}{n^3\pi^3}\right\}\sin n\pi x$；

(3) $\dfrac{8}{\pi}\sum_{n=1}^{\infty}\dfrac{\cos(2n-1)x}{(2n-1)^2}$；　(4) $\dfrac{1}{2}+\sum_{n=1}^{\infty}\dfrac{4}{n^2\pi^2}\left(2\cos\dfrac{n\pi}{2}-\cos n\pi-1\right)\cos\dfrac{n\pi x}{2}$.

2. (1) $\dfrac{7}{3}+\sum_{n=1}^{\infty}(-1)^n\dfrac{16}{n^2\pi^2}\cos\dfrac{n\pi x}{2}$；(2) $-3+\dfrac{6}{\pi}\sum_{n=1}^{\infty}\dfrac{(-1)^{n+1}}{n}\sin\dfrac{n\pi x}{3}$；

(3) $\sum_{n=1}^{\infty}\left(\dfrac{4}{n^2\pi^2}\sin\dfrac{n\pi}{2}-\dfrac{2}{n\pi}\cos\dfrac{n\pi}{2}\right)\sin\dfrac{n\pi x}{2}$.

总习题 12

1. (1) D;　(2) D;　(3) D;　(4) C;　(5) D;　(6) C;　(7) C;　(8) A;
(9) A;　(10) C;　(11) B;　(12) A;　(13) C;　(14) B;　(15) C.

2. $R=1$, 收敛域为$(-1, 1]$, 和函数为 $\ln(1+x)$.

3. $f(x)=\dfrac{1}{3}\left[-\sum_{n=0}^{\infty}(-1)^n x^n+\sum_{n=0}^{\infty}\dfrac{1}{2^n}x^n\right]$.

4. $\dfrac{1}{2x^2-3x+1}$.

5. $\left[-\dfrac{3}{2},\dfrac{3}{2}\right)$.

6. $s(x)=2x^2\arctan x-x\ln(1+x^2)$，$x\in[-1,1]$.

7. 收敛, $\dfrac{35}{8}$.

8. $A=3980$.

9. $f(x)=-\dfrac{8}{\pi^2}\sum_{n=1}^{\infty}\dfrac{1}{(2n-1)^2}\cos\dfrac{(2n-1)\pi x}{2}$，$x\in[0,2]$.